1+X 职业技术·职业资格培训教材

计算机文字录入处理员

（初级 中级）

主　　编　　周伟俊
编　　者　　赵曙秋
　　　　　　陈　薇
　　　　　　陈小禾
审　　稿　　虞　洁

中国劳动社会保障出版社

图书在版编目(CIP)数据

计算机文字录入处理员：初级、中级/周伟俊主编. —北京：中国劳动社会保障出版社，2004

职业技术・职业资格培训教材

ISBN 7-5045-3227-4

Ⅰ. 计… Ⅱ. 周… Ⅲ. 文字处理-技术培训-教材 Ⅳ. TP391.1

中国版本图书馆 CIP 数据核字(2004)第 017348 号

中国劳动社会保障出版社出版发行

(北京市惠新东街1号 邮政编码：100029)

出 版 人：张梦欣

*

新华书店经销

北京地质印刷厂印刷 三河市华东印刷装订厂装订

787 毫米×1092 毫米 16 开本 24.5 印张 532 千字

2004 年 4 月第 1 版 2013 年 1 月第 5 次印刷

定价：34.00 元

读者服务部电话：010-64929211/64921644/84643933

发行部电话：010-64961894

出版社网址：http://www.class.com.cn

内容简介

本书由劳动和社会保障部教材办公室、上海市职业培训指导中心依据上海1+X职业技能鉴定考核细目——计算机文字录入处理员（初级 中级）组织编写。本书从强化培养操作技能，掌握一门实用技术的角度出发，较好地体现了本职业当前最新的实用知识与操作技术，对于提高从业人员基本素质，掌握文字录入处理员的核心内容与技能有直接的帮助和指导作用。

本书在编写中摒弃了传统教材注重系统性、理论性和完整性的编写方法，而是根据本职业的工作特点，从掌握实用操作技能，以能力培养为根本出发点，采用模块化的编写方式，主要内容包括计算机基础知识、键盘指法与五笔字型、Windows 98基本操作、Word 2000基本操作、Excel 2000基本操作、因特网基本操作、网络基本知识以及工具软件的使用等。

本书可用于计算机文字录入处理员（初级 中级）职业技能培训与鉴定考核教材，也可供全国中等职业学校学生学习掌握先进文字录入处理知识与技术，或进行岗位培训、就业培训使用。

前　言

职业资格证书制度的推行，对广大劳动者系统地学习相关职业的知识和技能，提高就业能力、工作能力和职业转换能力有着重要的作用和意义，也为企业合理用工以及劳动者自主择业提供了依据。

随着我国科技进步、产业结构调整以及市场经济的不断发展，特别是加入世界贸易组织以后，各种新兴职业不断涌现，传统职业的知识和技术也愈来愈多地融进当代新知识、新技术、新工艺的内容。为适应新形势的发展，优化劳动力素质，上海市劳动和社会保障局在提升职业标准、完善技能鉴定方面做了积极的探索和尝试，推出了1+X的鉴定考核细目和题库。1+X中的1代表国家职业标准和鉴定题库，X是为适应上海市经济发展的需要，对职业标准和题库进行的提升，包括增加了职业标准未覆盖的职业，也包括对传统职业的知识和技能要求的提高。

上海市职业标准的提升和1+X的鉴定模式，得到了国家劳动和社会保障部领导的肯定。为配合上海市开展的1+X鉴定考核与培训的需要，劳动和社会保障部教材办公室、上海市职业培训指导中心联合组织有关方面的专家、技术人员共同编写了职业技术·职业资格培训系列教材。

职业技术·职业资格培训教材严格按照1+X鉴定考核细目进行编写，教材内容充分反映了当前从事职业活动所需要的最新核心知识与技能，较好地体现了科学性、先进性与超前性。聘请编写1+X鉴定考核细目的专家，以及相关行业的专家参与教材的编审工作，保证了教材与鉴定考核细目和题库的紧密衔接。

职业技术·职业资格培训教材突出了适应职业技能培训的特色，按等级、分模块单元的编写模式，使学员通过学习与培训，不仅能够有助于通过鉴定考核，而且能够有针对性地系统学习，真正掌握本职业的实用技术与操作技能，从而实现我会做什么，而不只是我懂什么。每个模块单元所附模拟测试题和答案用于检验学习效果，教材后附本级别的知识模拟试卷和技能模拟试卷，使受培训者巩固提高所学知识与技能。

本教材虽结合上海市对职业标准的提升而开发，适用于上海市职业培训和职业资格鉴定考核，同时，也可为全国其他省市开展新职业、新技术职业培训和鉴定考核提供借鉴或参考。

新教材的编写是一项探索性工作，由于时间紧迫，不足之处在所难免，欢迎各使用单位及个人对教材提出宝贵意见和建议，以便教材修订时补充更正。

劳动和社会保障部教材办公室

上海市职业培训指导中心

目录

初级

中　级

初　级

第一单元　计算机基础知识

第一节　计算机概述

一、计算机的发展

第一台计算机诞生至今已过去50多年了，在这期间，计算机以惊人的速度发展着，首先是晶体管取代了电子管，继而是微电子技术的发展，使得计算机处理器和存储器上的元件越做越小，数量越来越多，计算机的运算速度和存储容量迅速增加。1994年12月，美国Intel公司宣布研制成功世界上最快的超级计算机，它每秒可进行3 280亿次加法运算(是第一台电子计算机的6 600万倍)。如果让人完成它一秒钟进行的运算量的话，需要一个人昼夜不停地计算一万多年。

二、计算机的特点

电子计算机是能高速、精确、自动地进行科学计算及信息处理的现代化电子设备。它与过去的计算工具相比，主要有以下几个特点：

1. 运算速度快

电子计算机能以极高的速度进行运算和逻辑判断，这是电子计算机最显著的特点。由于计算机运算速度快，使得许多过去无法快速处理好的问题能得到及时解决。如天气预报问题，要迅速分析处理大量的气象数据资料，才能做出及时的预报，用一台中型计算机只需几分钟就能完成了。

2. 计算精度高

电子计算机具有过去计算工具无法比拟的计算精度，一般可达到十几位，甚至几十位、几百位以上的有效数字的精度。事实上计算机的计算精度可由实际需要而定。这是因为在计算机中是用二进制表示数，采用的二进制位数越多越精确，人们可以用增加位数的方法来提高精确度。当然，这将使设备变得复杂，或使运算速度降低。

3. 具有“记忆”和逻辑判断能力

电子计算机是由主存储器（又称内存储器或内存）和辅助存储器（又称外存储器或外存）构成的存储系统，具有存储和“记忆”大量信息的能力，能存储输入的程序和数据，保留计算和处理的结果。

存储器的存储容量通常用能存储的字节数表示。这里，一个字节（Byte，常简写为B）是指8位（bit）二进制代码。一般计算机的主存储器的存储量可达几百KB（1 KB=1 024 Byte），甚至几MB（1 MB=1 024 KB），而辅助存储器的存储容量更是有惊人的海量。巨型计算机的存储系统，能轻而易举地把一个中等规模图书馆的全部图书资料信息存储起来。

同时，电子计算机具有逻辑判断能力。计算机能进行逻辑判断，根据判断的结果自动地确定下一步该做什么，从而使计算机解决各种不同的问题，具有很强的通用性。1976年，美国数学家阿皮尔（K. Apple）和海肯（W. Haken），用计算机进行了上百亿次的逻辑判断，证明了1 900多个定理，解决了100多年来未能解决的著名难题——四色问题。正是因为电子计算机具有“记忆”和逻辑判断能力，使它能先把输入的程序和数据存储起来，在进行时将程序和数据取出，进行翻译、判断、执行，实现工作自动化。

4. 可靠性强

随着微电子技术和计算机科学技术的发展，现代电子计算机连续无故障运行的时间可达几万、甚至几十万小时以上，也就是说，它能连续几个月、甚至几年工作而不出差错，具有极高的可靠性。如安装在宇宙飞船、人造卫星上的计算机，能长时间可靠地运行，以控制宇宙飞船和人造卫星的工作。

由于电子计算机具有上述几个方面的特点，因此，就获得了极其广泛的应用。

三、计算机的应用领域

计算机的应用几乎已经渗透到人类社会生活中的一切领域，计算机的应用对社会进步的影响正日益显著。从航天飞机到海洋开发，从产品设计到生产过程控制，从天气预报到地质勘探，从疾病诊疗到生物工程，从自动售票到情报探索等，都应用了电子计算机。归纳起来，电子计算机的应用主要有以下几个方面：

1. 数值计算

数值计算，亦称为科学计算，是指计算机用于完成科学研究和工程技术中所提出的数学问题的计算。

2. 信息处理

信息处理是指计算机对信息及时记录、整理、统计、加工成需要的数据。所谓信息，是指人们在从事工业、农业、军事、商业、管理、文化教育、医学卫生、科学研究等活动中的数字、符号、文字、语言、图形、图像等的总称。当今社会是一个信息化的社会，信息无处不在，无处不有，人们可以从广播、电视、报纸、书籍、电话、网络等各种渠道中得到信息。人们必须及时搜集、分析、加工、处理大量信息，这是信息社会的特征之一。

例如，对图书情报资料的计算机自动检索，使人们在信息爆炸的今天，能方便及时地得到所需的资料。银行业务的计算机化，使人们能持信用卡上街购物、外出旅行。近年来，计算机在企业管理、办公室自动化方面的应用也广泛普及。

目前，信息处理已成为计算机应用的一个最主要方面，估计约占全部应用的 90%以上。

3. 实时控制

实时控制，亦称过程控制，是指用计算机及时采集检测数据，按最佳值迅速对控制对象进行自动控制或自动调节。

利用计算机进行实时控制，不仅大大提高了控制的自动化水平，而且大大提高了控制的及时性和准确性，从而能改善劳动条件，提高质量、节约能源、降低成本。

4. 辅助设计

计算机辅助设计（CAD）是利用计算机的计算、逻辑判断等功能，帮助人们进行产品造型、建筑、电子等方面的工程技术设计。

当前，采用计算机进行辅助设计的范围很广，例如，室内装潢、汽车内外装饰、造桥、服装设计、集成电路等。

5. 智能模拟

智能模拟，即人工智能（AI），是计算机模拟人类的智能活动：判断理解、学习、图像识别、问题求解等。有关智能模拟的研究已取得不少成果，有的已走向应用。例如，能模拟高水平教师进行授课的系统、具有一定“思维能力”的智能机器人等。

6. 网络通信

计算机、通信和网络技术三者相结合，可以方便高效地收发信件，发布和获取各种信息资料，进行全社会范围的信息交流。例如，通过计算机网络与远隔千里的朋友实现交互式游戏，直接能在网上自由地选购商品，网络虚拟现实在家里学开飞机等。

计算机除了上述方面的应用之外，还有计算机辅助教学（CAI）、计算机管理教学（CMI）等。总之，现代科学技术的发展几乎使计算机的应用进入了一切领域。

四、计算机的发展趋势

自从第一台电子计算机（ENIAC）问世以来，计算机正以一种超乎寻常的速度向前发展着。它的应用已遍及到人类社会生活的各个领域。与此同时，随着应用的广泛和深入，又向计算机技术的发展提出了更高的要求。当前，计算机的发展表现为四种趋向：巨型化、微型化、网络化和智能化。

五、计算机系统的组成

计算机系统是一个由计算机硬件和计算机软件构成的完整系统，其中硬件是由主机和外围设备等组成，软件可分为系统软件和应用软件两大类，如图 1—1 所示。

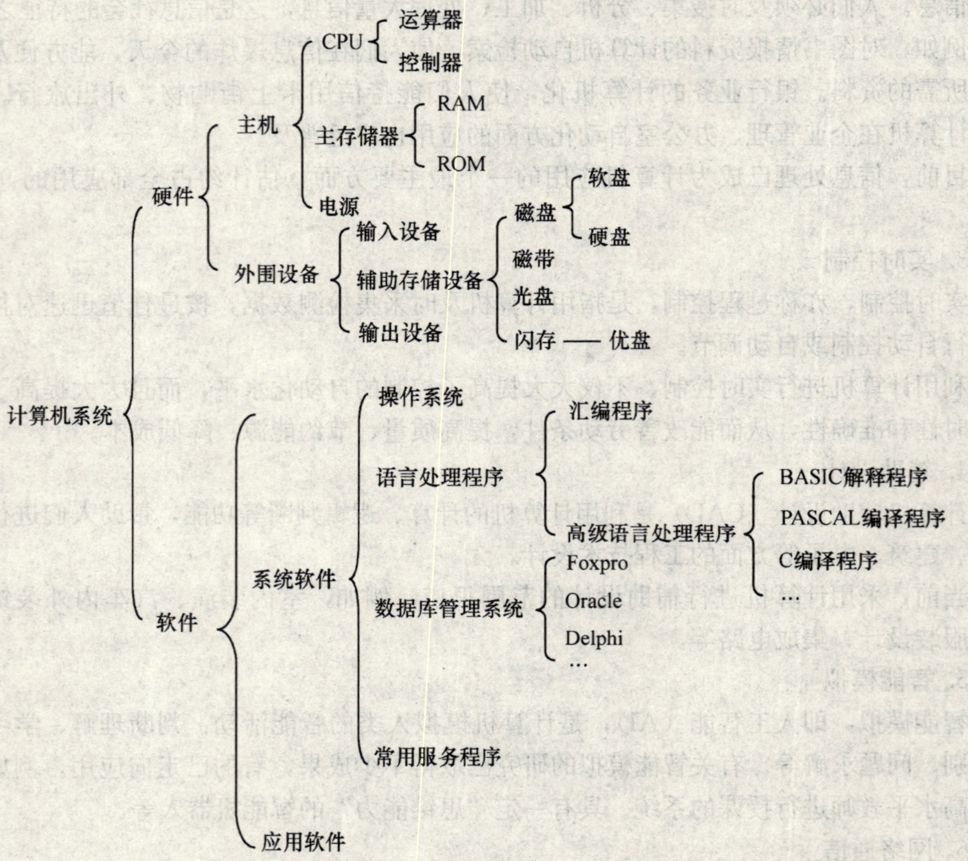

图 1—1　计算机系统的组成

第二节　硬件系统

一个完整的计算机系统是由硬件系统与软件系统这两大部分组成。硬件系统是由运算器、控制器、存储器、输入设备、输出设备等部件组成，它们之间的关系如图 1—2 所示。图中虚线为控制信号流程，实线为数据流程。

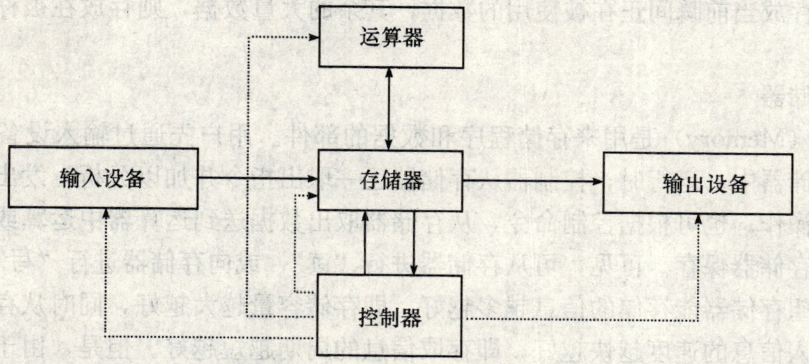

图 1—2 计算机硬件基本组成图

一、运算控制单元

1. 运算器

运算器（Arithmetical Unit）主要功能是完成对数据的算术运算、逻辑运算和逻辑判断等操作。在控制器的控制下，它对取自存储器或寄存在其内部寄存器的数据进行算术或逻辑运算，其结果暂存内部寄存器或送到存储器。

2. 控制器

控制器（Control Unit）主要作用是控制各部件的工作，使计算机能自动地执行程序。它从存储器顺序取出指令，并对指令进行分析，然后向有关部件发出相应的控制信号，使这些部件协调工作，完成指令所规定的操作。这样逐一执行一系列指令，就使计算机能够按照这一系列指令组成的程序的要求自动运行。

运算器和控制器合在一起被称为中央处理器，即 CPU，也称为运算控制单元。它是计算机的核心。

微型计算机的 CPU 采用现代高科技制成的集成电路片，又称为微处理器。目前，最具有代表性的产品是美国 Intel 公司的微处理器系列，它先后有 8080，8085，8088，8086，80386，80486，Pentium（俗称 586，其中有 Pentium Pro，Pentium MMX，Pentium Ⅱ，PentiumⅢ，Pentium Ⅳ等不同规格）等。这些芯片具有很好的兼容性，且功能不断增强，工作速度越来越快，内部结构也越来越复杂。

生产 CPU 的公司不仅仅是 Intel 公司，还有 IBM，Apple，Motorola，AMD，Cyrix 等，它们都是著名的制造 CPU 产品的公司。由于微机的核心部件是 CPU，人们习惯用 CPU 档次来表示微机的规格。

CPU 本身并不能直接为用户解决各种实际问题，它的功能只是高速、准确地执行人们预先安排的指令，每一项指令完成一次最基本的算术运算或逻辑判断。

CPU 执行的指令，以及用于计算的原始数据、中间结果、最终答案，都需要以 CPU 能够接受的形式存放在计算机中。CPU 本身包含有少量存放这些数据的机构，称为寄存器。它用于存放当前瞬间正在被使用的数据，其余的大量数据，则存放在被称为存储器的部件中。

二、存储器

存储器（Memory）是用来存储程序和数据的部件。用户先通过输入设备把程序和数据存储在存储器中。运行时，控制器从存储器逐一取出指令并加以分析，发出控制命令以完成指令的操作；也可根据控制命令，从存储器取出数据送到运算器中运算或把运算器中的结果送到存储器保存。可见，可从存储器进行“读”，或向存储器进行“写”。

人们希望存储器能存储的信息越多越好，即存储容量越大越好，同时从存储器读出或向存储器写入信息的速度越快越好，即存取信息的周期越短越好。但是，由于技术和价格上的原因，存储器的存储容量和存取周期之间存在着矛盾。因此，在计算机中，要把存储器分成若干层次。通常把存储器分成内存储器（简称内存）和外存储器（简称外存）两类。内存储器与运算器和控制器直接相连，存放当前要运行的程序和所用数据，故也叫主存。它的存取速度快，通常用大规模集成电路芯片组成，但价格较贵，容量不能做得太大。外存储器存放计算机暂时不用的信息，需要时才调入内存，故也叫辅助存储器。它的存取速度相对来说较慢，但价格比较便宜，容量可做得很大，如磁盘、光盘等。

1. 内存储器

计算机的内存储器中有一小部分用于存放特殊的专用数据，CPU 对它们只取不存，这一部分称为只读存储器，简称 ROM。其余部分可存可取，称为随机存储器，简称 RAM。

当计算机做一项工作时，需要执行大量的指令，接受、产生大量的数据，因此，内存需要有很大的容量。字节是存储器的基本单位，一个字节可存放一个 0 至 255 之间的整数，或一个英文字母（一个汉字一般需要两个字节存放），或一个标点符号。容量的计算单位还有 KB（简称 K），MB（简称兆），GB（简称 G），它们之间的换算关系为：

1 KB=1 024 B，1 MB=1 024 KB，1 GB=1 024 MB。

内存中每一个基本单位都被赋予一个唯一的序号，称为地址。CPU 凭借地址，准确地控制每个单位。

内存的大部分由 RAM 组成，在计算机工作时，能稳定准确地保存数据，但这种保存功能需要电源的支持，一旦电源被切断或关闭，存于其中的数据就会完全丢失。

2. 外存储器

内存虽有不小的容量，但相对于计算机所面对的应用任务而言，仍远远不足以存放所有的数据，另一方面，内存不能在断电时保存数据，因此，需要使用更大容量、能长期保存数据的存储器，这就是外存储器。

目前，计算机上最常用的外存储器是磁盘。磁盘是涂覆着磁性物质的圆盘，工作时高速旋转，通过专门的电子线路和读写磁头（工作原理类似于录音磁头），可把计算机中的数据录到盘上（称为写入）或从盘上把数据传回到计算机（称为读出）。

磁盘又分软盘和硬盘两种。

软盘是带有护套的圆形薄膜，护套上有一个沿半径方向的长形孔，称为读写窗口，读写磁头就在这个窗口中与薄膜接触进行读写。

目前，微机较多使用的软盘主要是 1.44 MB，按其薄膜圆盘的尺寸，这种软盘称为 3.5 英寸盘。

软盘不固定装在微机内。微机上装有软盘驱动器，其中包含着带动软盘旋转的机构、读写磁头和电子线路。软盘与软盘驱动器的关系就像录音带与录音机的关系，当要读写某一片软盘上的数据时，先要把这片软盘插入软盘驱动器。

3.5 英寸盘的护套上有一个带有活动滑块的方形小孔，5.25 英寸盘的护套边缘上有一个方形缺口，如果移动滑块露出小孔，或用专门的不透光纸片贴住缺口，磁盘驱动器对这片软盘就只能读出原有数据而不能写入新的数据或改写原有数据。这个小孔和缺口分别称为写保护孔或写保护口。

硬盘的工作原理与软盘相似。硬盘的磁性圆盘用硬质材料制成，有很高的精密度。连同驱动器一起封闭在壳体中，一般固定安装在计算机内。由于精密度高，硬盘的容量比软盘大得多，一般微机使用的为几百兆字节到几十千兆字节，读写速度也比软盘高得多。

磁盘和磁盘驱动器是频繁、高速机械运动的精密部件，是计算机中最容易发生故障的部件，一旦损坏，记录在其中的数据丢失，会造成难以弥补的损失。在使用时应特别注意保护，做到以下几点：

- 软盘要避热，避灰，避潮，避磁。
- 不能用手或其他物体触碰软盘读写窗口内的薄膜表面。
- 带有硬盘的微机在运行时切忌剧烈振动。

光盘也是一种外存储器，它利用盘表面的光学特性来记录数据。目前微机上最普遍使用的是只读光盘（CD-ROM），数据由专门设备预先写在盘上，在微机上对这些数据只读不写。像软盘一样，要在微机上装有 CD-ROM 驱动器才能使用只读光盘。近年来，可读写光盘已在微机上使用。

随着软驱使用频率的日益减少，闪存盘取代软驱已成为必然趋势，Intel 公司曾经预言：软盘驱动器最终将被 USB 接口的高容量存储器所取代。闪存（Flash Memory）是不易丢失存储器（Non-Volatile Memory，NVM）中的一种。之所以有这个名称，是因为信息在一瞬间（闪电式的，Flash）被存储下来之后，即使除去电源，存储器中的信息依旧保留。这同只要一掉电信息就丢失的易失性存储器（如 DRAM，SRAM）形成鲜明的对照。另外，闪存是电可擦除的，也是在系统中可重新编程的。闪存比 EPROM 价格低，存储密度高。

目前，闪存中较常用的是优盘（U 盘），优盘是一个 USB 接口的无须物理驱动器的微型高容量移动存储产品，它采用的存储介质为闪存。优盘不需要额外的驱动器，将驱动器及存储介质合二为一，只要接上计算机上的 USB 接口就可独立地存储读写数据。优盘体积很小，仅大拇指般大小，重量极轻，约为 20 g，特别适合随身携带。优盘中无任何机械式装置，抗振性能极强。另外，优盘还具有防潮、防磁、耐高低温（－40～＋70℃）等特性，安全可靠性很好。目前优盘的容量有 16 MB，32 MB，64 MB，96 MB，128 MB，未来可达 2 GB。读优盘的速度是 750 KB/s，写优盘的速度是 450 KB/s。优盘至少可擦除 1 000 000 次。优盘尾部有一个拨动开关，当拨至关锁的位置时，优盘只可以读而不可以写。当拨至开锁的位置时，优盘既可以读也可以写。优盘里的数据至少可保存 10 年。计算机必须带有 USB 接口以及优盘所支持的操作系统（Operating System，OS）。目前优盘支持 Windows 98/98 SE/98 ME，及 Windows 2000。

计算机上还有一个特殊的存储器，用来存放一些关于本台机器的重要参数，例如，软盘驱动器和硬盘的规格、使用者设置的开机密码等，日期、时间等数据也保存在里面，这个存储器由 RAM 组成，当机器不工作时，由机内的电池维持对它的供电，以防止其中的数据丢失，并且使电子电路能持续不断地自动更新日期、时间数据。为了节省电池的消耗，这里的 RAM 以一种特殊的“CMOS 技术”制成，因而人们通常把这个存储器称为 CMOS。

如果由于电池失效或其他原因使其中的数据丢失，就会使整台计算机不能正常工作。

运算器、控制器、内存储器合起来被称为计算机的主机。

三、输入设备

计算机要按人的要求进行工作，就必须能接受人的命令，完成各种工作所需的原始数据也必须送入计算机内。承担这些任务，从计算机外部获取信息的设备称为输入设备。输入（Input）设备能把程序、数据、图形、图像、声音、控制现场的模拟量等信息，通过输入接口转换成计算机可以接受的电信号。常用的输入设备有键盘、鼠标、卡片输入机、光笔、数字化仪、扫描仪等。

键盘是最常用的输入设备。目前，计算机上通常使用 101 键的标准键盘。键盘上布列了字母、数字、符号等键，使用者通过按键把字母、数字、符号或控制信号等输入到计算机中。

键盘上的按键灵活与否，内部接点的接触好坏，直接影响输入数据时的准确性和速度。同时，键盘又是计算机上与操作者直接接触最多的部分，每个键的四周都有缝隙，又是封闭性最差的部分。因此，使用时应当十分注意保持清洁与干燥。

另一种常用的输入设备是鼠标。操作者手持鼠标在桌面或一块专用板上滑动，并在光标所选位置按下有关按钮，就能完成菜单选择、定位拾取等操作。鼠标使用方便，灵活、可靠。

图像扫描仪也是一种输入设备，使用图像扫描仪，能把照片、图纸的内容转换成计算机可接受的数据，送入计算机存储或处理加工。

对各种不同的应用，还有许多输入设备，可以用来输入图形、图像、声音等多种媒体的信息。

四、输出设备

计算机向使用者传递计算、处理结果的设备称为输出设备。输出（Output）设备能把计算机运行结果或过程，通过输出接口转换成人们所要求的直观形式或控制现场能接受的形式。常见的输出设备有显示器（CRT）、打印机、绘图仪等。

使用最多的输出设备是显示器，即习惯上所称的屏幕。目前大部分计算机上的显示器与电视机的屏幕相像，现在较多的计算机使用了液晶显示屏，显示器有彩色和单色之分，前者的显示鲜明生动，后者价廉但有利于保护视力。

显示器的一个重要指标是显示分辨率，用屏幕上能够显示的光点的列数和行数来表示。例如，640×480 表示屏幕的画面由 640 列 480 行微小的光点组成。分辨率越高（即数字越大），显示画面越细致清晰。分辨率高的显示器也可以根据需要以较低的分辨率工作，目前新的微机所配的显示器分辨率一般不低于 1 024×768。

从显示器输出信息只是暂时的显示，打印机在来自主机的命令的控制下，能把程序的内容和运行结果打印在纸上，以便保存。目前使用最广泛的是打印质量高、工作噪声低的喷墨打印机、激光打印机等，针式打印机因其噪声大，打印质量不高，只用在专业领域内。

与常见的英文或中文打字机不同，这些打印机不是用固定的字模打出相应的字符，而是在纸上产生许多很小的色点来构成字符。它们的内部有复杂的控制机构和传动机构，是容易发生故障的部件之一。使用时应注意保持清洁，装卸纸张时要细心操作，连续大量打印时要合理安排纸的放置位置。

绘图仪是一种图形输出设备。它可在绘图软件支持下，绘出各种复杂、精确的图形，是各种计算机辅助设计（CAD）的常用输出设备，也可以被看作输出设备。

调制解调器（Modem）是把计算机与电话线连接起来的外围设备，它既是输入设备，也是输出设备。

输入设备和输出设备统称为外围设备，有时简称外设或 I/O 设备。它们是外界和计算机主机联系的桥梁。如果把主机比作人的头脑，那么外围设备好比是人的感官和四肢。它们之间必须配备适当，才能使计算机的使用方便灵活，充分发挥效能。

第三节 软件系统

计算机是采用“存储程序和程序控制”的工作原理，即它的任何动作都离不开由人安排的指令。人们针对某一需要而为计算机编制的指令序列称为程序。程序连同有关的说明资料称为软件。配置恰当的硬件，再配上丰富的软件，计算机才能构成完整的计算机系统，发挥计算机的巨大作用。

计算机软件是相对于计算机硬件而言的。一般地说，软件是程序，程序运行是所需数据以及关于程序的设计、功能和使用等说明文档的全体。软件通常分为应用软件和系统软件两大类。

一、应用软件

在计算机硬件和系统软件的支持下，面向具体问题和具体用户的软件，称为应用软件。应用软件是一些具有一定功能并满足一定要求的应用程序的组合。

随着计算机应用的日益广泛深入，各种应用软件的数量不断增加，质量日趋完善，使用更加灵活方便，通用性越来越强，人们只要学习一些基础知识和基本操作方法，就可以利用这些应用软件进行数据处理、文字处理、辅助设计等，较常见的应用软件有以下几类：

1. 数据处理软件

数据处理就是对数据进行收集、存储、分析、综合、排序、检索等操作。常见的数据处理软件有如 Excel，Lotus1-2-3 等电子表格软件等。

字处理是数据处理的一个方面，它能用来编辑各类文件，对文件进行排版、存储、传送、打印等。字处理软件被称为电子秘书，能方便地进行起草文件、传真、信函和绘制表格等工作，在办公自动化方面发挥着巨大作用。常用的字处理软件有 Word，WordStar，WPS 等。

2. 计算机辅助设计（CAD）软件

目前，已推出多种计算机辅助设计的软件，它们都提供简单实用的操作命令，用于高效地绘制、修改工程图纸，进行设计中的常规计算，帮助设计者寻求较好的设计方案。最著名的如 AutoCAD。

除了 CAD 外，还有计算机辅助制造（CAM）和计算机辅助测试（CAT）。这三者组成一个集成系统，使设计、制造、测试成为一体，形成一个高度自动化的系统。

3. 教育与娱乐软件

教育软件用于帮助学习各种课程，增长知识。娱乐软件用于休闲娱乐。这两种功能有时可以集成在同一个软件中。

4. 专家系统（ES）

专家系统是利用某领域的专家知识来解决某些问题的计算机系统。目前，已有教学、医疗、气象、石油、地质等多种专家系统投入使用。

5. 信息获取和通信软件

依托计算机网络，寻找、获取、发送有用信息的软件，如 IE，Netscape 等。

6. 实时处理软件

实时处理是指计算机对输入的信息以足够快的速度进行处理，并在一定的时间内作出某种反应或进行某种控制。如实时控制系统和实时信息处理系统等。实时控制系统用于随时收集生产装置、交通工具等的运行状态信息，并以此为依据，按预定的方案实施自动或半自动控制，安全、准确地完成任务。

应用软件数量多，内容广泛。

二、系统软件

系统软件是计算机设计制造者提供的使用和管理计算机的软件。它包括操作系统、语言处理系统、数据库管理系统和常用服务程序等。

1. 操作系统

操作系统（OS——Operating System）是随着计算机硬件的发展和计算机应用的深入而产生的，它是系统软件的核心。操作系统是一种软件，它能对计算机的硬件和软件资源进行有效的管理，对计算机的工作流程进行合理的组织，使在一台计算机上同时或先后运行的不同应用软件有条不紊地合用硬件设备。在计算机上常见的操作系统有 DOS，Windows，UNIX 等。

（1）DOS 操作系统。DOS 是一个管理计算机资源，调度、控制计算机中程序运行，以最大限度地发挥计算机系统各部分的作用，方便用户使用计算机的单用户操作系统软件。在单用户操作系统下，只允许一个用户的作业在运行，这个用户占有了计算机系统的全部硬件、软件资源。

（2）Windows 操作系统。Windows 是一个多任务、多窗口的操作系统，它提供了友好的人机界面和自己的应用程序。其版本不断升级，从以前的 Windows 3. X，Windows 95，Windows 98 到目前的 Windows Me，Windows 2000，Windows XP 而且还在不断升级中。

（3）UNIX 操作系统。UNIX 是一个多用户分时操作系统。各个用户通过终端将作业送入计算机，计算机又通过终端向用户报告其作业的运行情况。计算机分时轮流地为各个终端用户服务，各个终端用户分时地共享计算机系统的资源。

（4）Linux 操作系统。基本上 Linux 是个类似 UNIX，以核心模组为基础的完全记忆体保护的多工作业系统，它是 Linus Torvalds 于 1991 年在 Helsinki 大学原创开发，并在 GNU（General Public License，一般公共执照下）发行。Linux 是个坚固、有力、扎实而且免费的作业系统，它可以在许多硬件上执行，例如，一般 PC、麦金塔电脑、Amiga、Alpha 等。Linux 更是许多人努力的成果，这是因为世界上有上几千位开发人员对 Linux 做出贡献，他们增加新的功能、修改错误，而且仍不断尽其所能改进它。

（5）网络操作系统。网络操作系统能有效地管理计算机网络的资源，并为网络用户提供相互通讯、资源共享、系统安全等方便灵活的网络使用环境。

2. 语言处理系统

语言处理系统是由各种程序设计语言的语言处理程序（也称为翻译程序）组成，它可以分为三类，即汇编程序、解释程序和编译程序。

（1）汇编程序。汇编程序（Assembler）将汇编语言编写的源程序翻译加工成机器语言表示的目标程序。

通常，汇编程序首先从头到尾，一个一个字符地顺序扫描源程序，把出现的符号名字造表并确定它们的内存位置；然后再次扫描源程序，按造出的表把符号化的汇编语言指令转化成机器指令，输出机器语言表示的目标程序。此外，汇编程序还提供查错、修改等功能，以及对源程序中出现的伪指令等做相应的处理。

（2）解释程序。解释程序（Interpreter）将高级程序设计语言编写的源程序按动态的运行顺序逐句进行翻译并执行。在这个过程中，若出现错误，系统会显示出错信息，待修正后才能继续下去。解释程序的这种工作方式，便于实现人机对话。解释程序一般比较短小，但它存在一个严重的缺陷——执行速度慢，对重复执行的语句在每次执行前都重复地对它进行翻译。

（3）编译程序。编译程序（Complier）能将用高级程序设计语言编写的源程序翻译成用汇编语言或机器语言表示的目标程序。

常用的高级程序语言，如 C，COBOL，PASCAL，FORTRAN 等，都配备相应的编译程序，采用编译方式对源程序进行编译；但也有既配有编译程序，采用编译方式对源程序进行编译，又配有解释程序，采用解释方式对源程序进行翻译，如编译 BASIC 和解释 BASIC 等。

近几年来，新一代的计算机程序设计语言相继推出，如 Visual Basic，JAVA，Prolog 等，其版本不断更新。Visual Basic 是基于 Basic 程序设计语言的一种简单易学、功能丰富的程序设计语言，它提供面向对象的可视化的程序设计方法、事件驱动的程序设计机制和交互式的集成开发环境，并支持动态数据交换、动态链接库，这种方法将代码和数据集成到一个独立的对象中去使用。JAVA 可在各式各样不同种机器、不同种操作平台的网络环境中开发软件，JAVA 正在逐步成为 Internet 应用的主要开发语言，它彻底改变了应用软件的开发模式；Prolog，Smaltalk，C++等是典型的人工智能语言，它们是一类适应于人工智能和知识工程领域的，具有符号处理和逻辑推理能力的计算机程序设计语言，能够用来编写程序求解非数值计算、知识处理、推理、规划、决策等具有智能的各种复杂问题。

3. 数据库管理系统

数据库管理系统（DBMS）是一组软件的集成，用来定义数据库，帮助和控制用户为增加、删除、修改和检索数据时对数据库的访问和使用，提供数据独立性、完整性和安全性保障。

数据库系统是一个记载和维护数据信息的系统，它由数据、硬件、软件和用户四部分构成。这里，数据是数据库系统的重要资源。在系统中，一般把它组织成一些数据库存储，它具有冗余小、可共享等特点。硬件是数据库管理系统的物质基础，它是指存储系统中数据的存储设备以及有关的控制设备，如磁盘、磁带等。软件是数据库管理系统，它能向用户提供一个使用方便灵活的友好的工作界面。用户一般是指数据库系统的管理员、应用程序设计人员和最终用户。

数据库管理系统可分为三种类型：层次型、网络型和关系型。早期的层次型数据库管理系统软件有 IBM 公司的 IMS 等，网络型数据库管理系统有 IDMS 和 IMAGE 等，关系型数据库管理系统现在已被大量使用，如 Foxpro，Oracle 和 Delphi 等。

如今数据库技术与网络通信技术、分布处理技术、人工智能技术、面向对象程序设计技术、并行处理技术等，互相渗透，互相结合，成为当今数据库技术发展的主要特征。

4. 常用服务程序

服务程序主要是用来方便用户对计算机的使用和管理人员对计算机的维护管理，如编辑程序、连接装配程序以及测试、诊断程序等。除此之外，还有外围存储介质转换程序、库管理程序、动态调试程序（Debug）以及其他多种服务程序。

必须指出，系统软件和应用软件之间并不存在明显的界限。随着计算机应用的广泛深入，各种各样的应用软件中就有了许多共同的东西；把这些共同的东西抽取出来，形成一个新的通用软件，它就逐渐成为系统软件了。如数据库一开始是作为应用软件出现的，现在已发展形成作为系统软件的数据库管理系统了。事实上，就是原来一目了然的硬件和软件的界线也在变化。比如，将许多成熟的软件用硬件的形式固定下来（软件固化）所形成的固件，就很难说它是硬件还是软件。

第四节 计算机日常维护

计算机的日常维护主要是对软件和硬件进行维护。

一、注重对软件的维护

1. 合理选择软件

软件是计算机的最佳“粮食”，如果没有各种各样的软件，计算机也只不过是一种摆设而已。但是，各个软件相互之间有许多的冲突，不要拿来软件就往计算机里面塞，也不要频繁地安装和卸载各类软件。软件虽多，并不一定用得着，软件装得少，也并不能说计算机发挥不了作用，应注重够用、实用。例如，字处理软件 Word 2000 和 WPS 2000，这两种软件其实只要有一种就足够了；再如有一套超级解霸就已经能够完成音乐播放、VCD 播放、MP3 制作、音频压缩等各种实用功能，就不必再去安装其他的多媒体软件。对于选择软件，我们应该坚持少而精的原则。

2. 及时维护操作系统

操作系统是控制和指挥计算机各个设备和软件资源的系统软件，一个安全、稳定、完整的操作系统有利于系统的稳定工作和使用寿命的延长。如果对操作系统不注重维护，那么将造成无数次的死机，系统运行速度不断降低，频繁地出现软件故障。

维护操作系统应做到以下三步：

(1) 经常对系统进行查毒、杀毒。用干净的系统启动盘来重新启动计算机，用 KV3000，KILL2000，PC—CILLIN 2000 等最新杀毒软件杀毒，每月至少查杀两次，确保计算机在没有病毒的干净环境下工作。使用来历不明的外来盘时，一定要先查毒一次，安装或使用后再查毒一遍，以免那些隐藏在压缩程序或文件里的病毒有机可乘。

（2）定时打开“控制面板”，查看“系统”的“设备管理器”中有没有带黄色“!”或红色“×”的设备选项。如果发现有此种情况，说明计算机的硬件设备有冲突，久而久之很容易使系统出现故障，应该及时删除该设备，然后进行“新硬件检测”重新安装该设备的驱动程序或进行驱动程序的升级工作，深挖细究，查出问题的原因，以解决系统的冲突问题。

（3）定期利用 Windows 98 操作系统的“附件→系统工具→磁盘清理程序”对磁盘进行清理、维护和碎片整理，彻底删除一些无效文件、垃圾文件和临时文件。这样使得磁盘空间及时释放，磁盘空间越大，系统操作性能越稳定，特别是 C 盘的空间尤为重要。

（4）使用“诺顿”或其他工具软件对 Windows 进行扫描清理，及时删除多余无用的动态链接库 DLL 文件，及时清理注册表文件中的垃圾信息。要知道这样的操作对软件的使用和系统的稳定增加了保障，无形中保障计算机使用的稳定性和系统寿命的延长。

系统维护的操作最好每月能保证两次，通过以上几步的维护，计算机一定工作得非常稳定和安全，不必担心系统出现故障。

二、注重硬件的维护

对硬件的维护，有很多操作者并不十分注重，其实硬件的维护更重要于软件的维护。软件一旦出现故障，最后的一招就是重装操作系统和各类软件。而硬件一旦出现故障，可不见得那么轻松了。如果平时经常注重对硬件的维护，那么计算机将会更长时间地为我们工作与服务。可以从以下几方面来维护电脑的硬件：

1. 保持安置计算机的房间环境整洁、干燥、清洁。尤其是工作台必须要经常清洁，及时擦除灰尘和其他污渍。计算机桌上千万不要堆放其他无关的东西，如锐器、钝器、茶杯、果壳等，特别是茶水如果不小心碰倒在桌上，必将带来灾难。及时消除这些隐患，给计算机安全带来了保障。在计算机工作间还应禁止吸烟，烟雾对计算机的损坏也不可小看。

2. 正确开机（先开外围设备电源，最后开主机电源），关机一定要让系统自动关闭。不要以为计算机用完后，可以像关其他电器一样切断电源开关就可以了，这样关机对计算机的损伤是很严重的，日积月累必将导致系统的崩溃和硬件的损坏。当用完计算机后，按“程序→关闭系统”后，待屏幕出现“现在安全地关闭系统”字样后才可切断电源。机器不用时一定要切断电源，万一出现雷雨天气或断电、电压不稳定等情况，对计算机的打击也不可轻视。

3. 当计算机在使用中出现意外断电或死机及系统非正常退出时，应尽快对硬盘进行扫描维护，及时修复文件或硬盘簇的错误。在这种情形下硬盘的某些文件或簇链接会丢失，给系统造成潜在的危险，如不及时扫描修复，会导致某些程序紊乱，有时甚至会影响系统的稳定运行。

4. 定期打开机箱进行维护。切断电源，将主机与其他外围设备连线拔掉，拆开机箱，查查里面的设备是否有异常痕迹，及时用柔软的刷子或布料擦除机箱内的灰尘（如主板、显卡、声卡、电源风扇等）。在不损伤硬件的情况下，建议把所有硬件插拔一次。

5. 对电源盒进行除尘。电源盒中是灰尘最多的部件，应该小心拆开电源盒，用电吹风或吸尘器等设备仔细地清扫灰尘，干净后再将电源盒装上。

6. 经常对光盘驱动器和软盘驱动器进行除尘。

7. 清除显示器和打印机中的灰尘。特别是显示器，千万不要轻易拆开，可用干净的软布轻擦屏幕或用吸尘器轻吸灰尘，切忌用湿布擦洗。

8. 清理键盘和鼠标。键盘和鼠标可用湿布或蘸少量酒精进行清洗，须注意清洗完毕后必须晾干后方可与主机连接。

通过以上的维护和保养，计算机的软件、硬件故障将会大大减少，使计算机能更稳定地为我们"效劳"。

第五节 计算机病毒防治

一、计算机病毒的产生

计算机病毒并不是真正的生物病毒，而是一种人为设计的程序，它能把自身精确地或有修改地复制到其他程序体内，并给计算机系统带来某种故障。这种自我繁殖和感染扩散与生物病毒的繁殖和感染极为相似，因此，把它形象地称为计算机病毒。

随着计算机及计算机网络的发展，伴随而来的计算机病毒传播问题越来越引起人们的关注。

网络时代，计算机病毒具有下列特点：

1. 主动通过网络和邮件系统传播

从当前流行的前十位计算机病毒来看，其中七个病毒都可以利用邮件系统和网络进行传播。有些宏病毒，它们虽然不能主动通过网络传播，但是，我们很多人使用 Office 系统创建和编辑文档，然后通过电子邮件交换信息。因此，宏病毒也是通过邮件进行传播的。因此，前十种病毒中，有九种是可以通过网络传播的。

2. 传播速度极快

由于病毒主要通过网络传播，因此，一种新病毒出现后，可以迅速通过国际互联网传播到世界各地。如"爱虫"病毒在一两天内迅速传播到世界的主要计算机网络，并造成欧美国家的计算机网络瘫痪。

3. 危害性极大

"爱虫""美丽莎"以及 CIH 等病毒都给世界计算机信息系统和网络带来灾难性的破

坏。有的造成网络拥塞，甚至瘫痪；有的造成重要数据丢失；还有的造成计算机内储存的机密信息被窃取；甚至还有的计算机信息系统和网络被其他人控制。

4. 变种多

目前，很多病毒使用高级语言编写，如“爱虫”是脚本语言病毒，“美丽莎”是宏病毒。因此，它们容易编写，并且很容易被修改，生成很多病毒变种。“爱虫”病毒在十几天中，出现 30 多种变种。“美丽莎”病毒也生成三四种变种，并且此后很多宏病毒都是利用了“美丽莎”的传染机理。这些变种的主要传染和破坏的机理与母本病毒一致。只是某些代码作了改变。

5. 难于控制

利用网络传播、破坏的计算机病毒，一旦在网络中传播、蔓延，很难控制。往往准备采取防护措施的时候，可能已经遭受病毒的侵袭。除非关闭网络服务，但是，这样做很难被人接受，同时关闭网络服务可能会蒙受更大的损失。

6. 难于根治，容易引起多次疫情

“美丽莎”病毒最早在 1999 年 3 月爆发，人们花了很多精力和财力控制住了它。但是，2003 年在美国它又死灰复燃，再一次形成疫情，造成破坏。之所以出现这种情况，一是由于人们放松了警惕性，新投入的使用系统未安装防病毒系统；再者是使用了过去保存的染病毒文档，激活了病毒，使其再次流行。

7. 具有病毒、蠕虫和后门（黑客）程序的功能

计算机病毒的编制技术随着网络技术的普及和发展也在不断提高和变化。过去病毒最大的特点是能够复制自身给其他的程序。现在计算机病毒具有了蠕虫的特点，可以利用网络进行传播，如：利用 E-mail。同时，有些病毒还具有了黑客程序的功能，一旦侵入计算机系统后，病毒控制者可以从入侵的系统中窃取信息，远程控制这些系统。呈现出计算机病毒功能的多样化，因而，更具有危害性。

二、计算机病毒的种类

根据国外统计资料，世界流行计算机病毒主要有以下几种：

- VBS _ KAKWORM. A
- TROJ _ PRETTY _ PARK
- TROJ _ SKA
- VBS _ LOVELETTER
- PE _ CIH
- W97M _ MELISSA
- TROJ _ MTX. A
- TROJ _ QAZ. A
- W97M _ ETHAN. A
- O97M _ TRISTATE

在这十种病毒中，其中通过网络主动传播的病毒占了七种，另外两种宏病毒可以感染人们编辑的文档，然后通过收发邮件进行传播，PE_CIH 可以通过介质、网络下载进行传播。计算机病毒主要根据病毒的传染性，对计算机系统进行分类，可以有如下几种：

1. 引导型病毒

感染磁盘的引导扇区，也就是常说的磁盘的 BOOT 区。我们在使用被感染的磁盘（无论是软盘还是硬盘）启动计算机时，它们就会首先取得系统控制权，驻留内存之后再引导系统，并伺机传染其他软盘或硬盘的引导区。纯粹的引导型计算机病毒一般不对磁盘文件进行感染。感染了引导型计算机病毒后，引导记录会发生变化。

2. 文件型病毒

大多数的计算机病毒都属于文件型计算机病毒。文件型计算机病毒一般只传染磁盘上的可执行文件（COM，EXE），在用户调用染毒的可执行文件时，计算机病毒首先被运行，然后计算机病毒驻留内存伺机传染其他文件，其特点是附着于正常程序文件，成为程序文件的一个外壳或部件。文件型计算机病毒通过修改 COM，EXE 或 OVL 等文件的结构，将计算机病毒代码插入到宿主程序，文件被感染后，长度、日期和时间等大多发生变化，也有些文件型计算机病毒传染前后文件长度、日期、时间不会发生任何变化，称之为隐形计算机病毒。隐形计算机病毒是在传染后对感染文件进行数据压缩，或利用可执行文件中有一些空的数据区，将自身分解在这些空区中，从而达到不被发现的目的。

3. 宏病毒

宏病毒（Macro Virus）传播依赖于包括 Word，Excel 和 PowerPoint 等应用程序在内的 Office 套装软件，只要使用这些应用程序的计算机就都有可能传染上宏病毒，并且大多数宏病毒都有发作日期。轻则影响正常工作，重则破坏硬盘信息，甚至格式化硬盘，危害极大。目前宏病毒在国内流行甚广，已成为计算机病毒的主流。

4. 电子邮件病毒

风靡全球的“美丽莎”（Melissa）、Papa 和 HAPPY99 等计算机病毒正是通过电子邮件的方式进行传播、扩散的，其结果是：邮件服务器瘫痪，用户信息和重要文档泄密，无法收发 E-mail，给个人、企业和政府部门造成严重的损失。

电子邮件计算机病毒实际上并不是一类单独的计算机病毒，严格来说它应该划入到文件型计算机病毒及宏病毒中去，只不过由于这些计算机病毒采用了独特的电子邮件传播方式（其中不少种类还专门针对电子邮件的传播方式进行了优化），因此，我们习惯于将它们称为电子邮件计算机病毒。

所谓电子邮件计算机病毒就是以电子邮件作为传播途径的计算机病毒，实际上该类计算机病毒和普通的计算机病毒一样，只不过是传播方式改变而已。

三、计算机病毒的防治

1. 依法治毒

我国在 1994 年颁布实施了《中华人民共和国信息系统安全保护条例》和 1997 年出台

的《刑法》中增加了有关对制作、传播计算机病毒进行处罚的条款。2000 年 5 月，公安部颁布实施了《计算机病毒防治管理办法》，进一步加强了我国对计算机的预防和控制工作。同时，为了保证计算机病毒防治产品的质量，保护计算机用户的安全，公安部建立了计算机病毒防治产品检验中心，在 1996 年颁布执行了中华人民共和国公共安全行业标准《GA135—1996 DOS 环境下计算机病毒的检测方法》和《GA243—2000 计算机病毒防治产品评级准则》。我们开展病毒防治工作要严格遵循这些标准和法规。

2. 建立一套行之有效的病毒防治体系

根据计算机病毒的特点，从根本上完全杜绝和预防计算机病毒的产生和发展是不可能的。我们目前面临的计算机病毒的攻击事件不但没有减少，而是日益增多，并且，病毒的种类越来越多，破坏方式日趋多样化。每出现一种新病毒，就要有一些用户成为病毒的受害者。面对此种形势，我们不能坐以待毙，而是要寻求一种解决方案，力争将计算机病毒的危害性降至最低。为此，公安部和国家计算机网络与安全管理中心在 2003 年 8 月决定，在建立在天津的计算机病毒防治产品检验中心的基础之上，建立国家计算机病毒应急处理中心。该中心是我国计算机应急体系（CERT）中的一部分。国内从事病毒研究的机构和病毒防治产品的开发厂家，以及各省市公共信息网络安全监察部门都是应急体系的成员，CERT 遵循的工作原则是“积极预防、及时发现、快速反应、确保恢复”。他们一旦发现计算机病毒，就及时向应急中心报告，对在我国发现的计算机病毒事件进行快速反应和处置，对重大计算机病毒疫情将报告公安部，向社会发布病毒疫情，减少计算机病毒对我国计算机信息系统和网络的破坏。

3. 制定严格的病毒防治技术规范

（1）重要部门的计算机，尽量专机专用与外界隔绝。

（2）不要随便使用在别的机器上使用过的可擦写存储介质（如：软盘、硬盘、可擦写光盘等）。

（3）坚持定期对计算机系统进行计算机病毒检测。

（4）坚持经常性的数据备份工作。这项工作不要因麻烦而忽略，否则后患无穷。

（5）坚持以硬盘引导，需用软盘引导，应确保软盘无病毒。

（6）对新购置的机器和软件不要马上投入正式使用，经检测后，试运行一段时间，未发现异常情况再正式运行。

（7）严禁玩电子游戏。

（8）对主引导区、引导扇区、FAT 表、根目录表、中断向量表、模板文件（Winsock. DLL，WSOCK32. DLL 和 Kernel32. DLL）等系统重要数据做备份。

（9）定期检查主引导区、引导扇区、中断向量表、文件属性（字节长度、文件生成时间等）、模板文件和注册表等。

（10）一旦遭受病毒攻击，应采取隔离措施。

（11）不要使用盗版光盘上的软件。

（12）接入因特网的用户，不要轻易下载使用免费的软件。

（13）不要轻易打开电子邮件的附件。

随着计算机网络的发展，计算机病毒对信息安全的威胁日益严重，我们一方面要掌握对出现的计算机病毒的防范措施，另一方面要加强对未来病毒发展趋势的研究，真正做到防患于未然。

第二单元 键盘指法与五笔字型

第一节 键盘指法

一、打字的正确姿势

初学计算机，首先必须重视键盘操作的正确姿势，才能既做到录入的准确快速，又保证操作者的舒适和健康。正确的操作姿势应该是：

1. 身体应保持挺直，背部与椅子呈垂直状态，身体稍偏于键盘的右方。

2. 应将全身的重量置于椅子上，坐椅要调整到便于双手操作的高度，两脚放平。不要弯腰低头看键盘，应学会“不看键盘”进行“盲打”。

3. 双肩放松，两肘轻轻靠于腋边，双手的手指轻放在规定的键位（即基本键）上，手腕平直。要养成运用双手进行操作的习惯，不要单手操作，更不要单指操作。

4. 显示器宜放在键盘的正后方，并调到适当的位置，可将键盘稍微向右移动，把需要输入的文稿放在键盘的左边，以便阅读文稿和观察显示屏。

二、基本键

基本键位是位于键盘的中间除“G”和“H”键外的一行键，即键盘上的“A”“S”“D”“F”“J”“K”“L”“;”8个键称为基本键，在打字时，左手的小指、无名指、中指、食指和右手的食指、中指、无名指、小指分别对应着轻放在这8个基本键位上，如图2—1所示，空格键一般用右手的大拇指。固定手指后，就不要再看键盘，应把视线集中在文稿上。

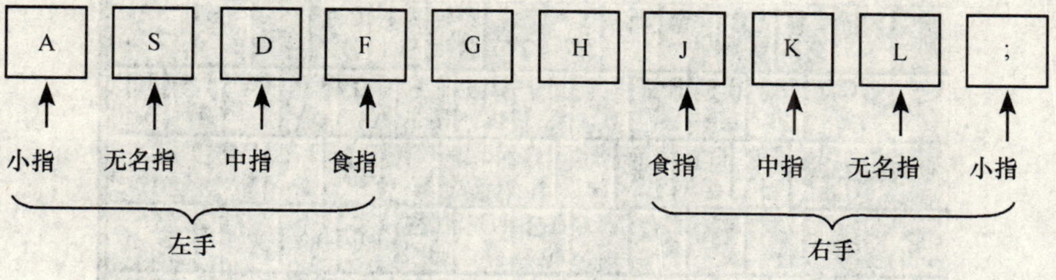

图 2—1　基本键位图

三、双手击键要领

要较快地输入文字，必须从开始学习计算机时就要养成良好的操作习惯，特别是要学会正确的操作指法。正确的计算机操作指法就是要充分发挥每一个手指功能，同时利用十个手指来协同进行输入，从而达到高速输入的目的。

在基本键位的基础上，对于其他字母、数字、符号键，右手管理键盘的右半侧，左手管理键盘的左半侧。

将左、右的手指分别平稳地放在基本键位上（拇指放在空格键上）。以基本键位为参考点，每个手指负责上下 4 排上的 4 个键位，实行分工击键，击键后，立即恢复到基本键位；非本区内的键位以就近击键为原则。

各手指在计算机键盘上的指法分工如下：

左小指—Q A Z 1

左无名指—W S X 2

左中指—E D C 3

左食指—R F V T G B 4 5

右食指—Y H N U J M 6 7

右中指—I K ，8

右无名指—O L ．9

右小指—P ；/ 0

大拇指—空格键

各手指在计算机键盘上的指法区域如图 2—2 所示。

四、击键要领

在击键时应注意：

1. 十个手指均规定有自己的操作键位区域，任何一个手指不得去按不属于自己分工区域的键，在操作中各个手指必须严格遵守这一规定进行操作。特别是无名指和小指可能在最开始上机操作时，由于不太听指挥，很容易造成其他手指“帮忙”的情况，因此从最开始就必须坚持这几个手指自己按自己的键。

2. 要求手指击键完毕后始终放在键盘的起始位置上，起始位置就是键盘上三行字母

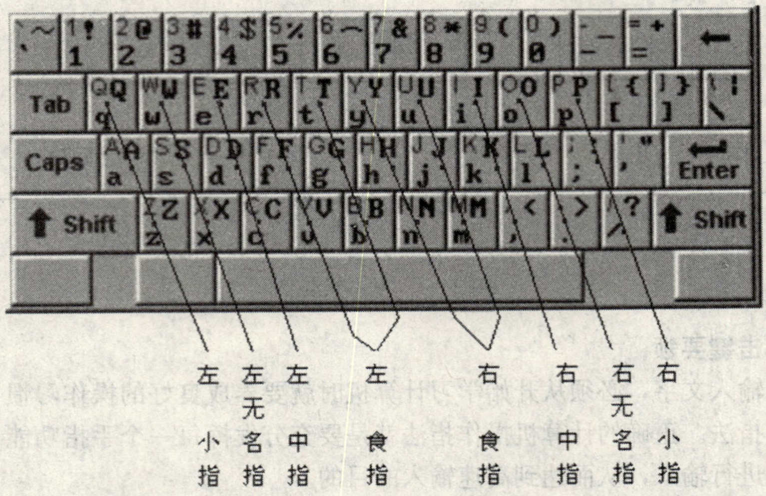

图 2—2 指法区域示意图

键的中间一行位置，十个手指分别位于这一行的“ＡＳＤＦＪＫＬ；”键上，大拇指位于空格键上。这样有利于下一次击键时定位准确。

3. 击键时，只需通过手指和手腕的运动来进行击键，不要通过手臂运动来击键。击键要用力适度，不能太重。

4. 在操作中，必须从最开始就坚持盲打操作，即不要用眼睛看键盘，只能通过大脑来想要击的键所处的位置，并指挥相应的手指来完成击键。如不坚持这一点，是不会真正成为录入高手的。

5. 对打字员和专业录入人员在训练中还应注意，眼睛不仅不能看键盘，同时也不能看屏幕，只可看要录入的纸稿。这样才能训练出真正意义上快速专业盲打人员。

第二节 五笔字型

五笔字型输入法是采用汉字横、竖、撇、捺、折五种基本笔画，以字根作为基础的字形结构编码方案。因此，在学习它的编码方法之前，首先要了解汉字的字形结构。

汉字的字形结构较复杂，通常从汉字的笔画、部首及字形三方面来考查分析其结构特征。

五笔字型编码方案认为，汉字是由字根拼装而成的，而字根是由笔画组成的。因此，首先介绍汉字的笔画和字根这两个基本概念，然后介绍汉字的字形问题。

五笔字型输入法的特点是：输入速度较快，对于中文文章的输入速度甚至超过同样的英文文章的输入速度。

一、汉字的三个层次

汉字是以象形文字为基础发展而来的，因此，一个正确的汉字并不是一系列笔画的简单排列或任意堆积而形成的，而是以这些象形文字作为部件而不断繁衍出来的。所谓部件，在五笔字型编码方案中称为字根，指由若干笔画交叉连接而形成的相对不变的结构或笔画块。一个完整的汉字是由一个或多个字根构成的，而字根又是由基本笔画组成的。我们平时说木子李、立早章，就是说“李”是由“木”和“子”组成的，“章”是由“立”和“早”组成。木、子、立、早都是构成汉字的字根。平时常说的弓长张，也是说“张”是由“弓”和“长”组成，但是，“长”在五笔字型方法中却不列为基本字根，还需要对它分解。

一般说来，字根是有形有义的，经过拼形组合，就可产生众多的汉字。而字根又由什么构成的呢？我们说它是由笔画构成的。因此，笔画、字根、单字是汉字结构的三个层次。

笔画组合产生字根，字根拼形构成汉字。

二、汉字的五个笔画

所谓笔画是指书写汉字时一次写成的一个连续不断的线段。一切汉字都是由笔画构成的，而汉字的笔画形态多变，字形错综复杂。汉字的笔画不但种类很多，而且大家使用的名称也都不统一。五笔字型把汉字的笔画分为五种，分别为横、竖、撇、捺、折。为了便于记忆，规定它们分别用代码1，2，3，4，5来表示。五笔字型五种笔画与代码对应见表2—1。

表 2—1　　五种笔画与代码对应表

笔画名称	代码	笔画走向
横	1	从左到右
竖	2	从上到下
撇	3	从右上到左下
捺	4	从左上到右下
折	5	带转折

1. “提笔”视为横

“现、特、扛、冲、场”各字左部末笔都是“提”，应视为横。

2. 点点均为捺

“学、家、寸、心”各字中的点都视为捺。

3. 左竖钩应作竖

“亅”视为竖。

4. 带转折的笔画，除左竖钩外，都归为折。

三、汉字的三种类型

汉字是一种平面文字，同样几个字根，组合不同，就是不同的字。如："吧"与"邑"。根据构成汉字的各字根之间的位置关系，可以把汉字分为三种类型：

1. 左右型（Ⅰ型）

汉字由左右两部分或左、中、右三部分构成，如：汉、湘、封、结等。

2. 上下型（Ⅱ型）

汉字由上下两部分或自上往下几部分组成，如：节、算、竖、花等。

3. 杂合型（Ⅲ型）

凡组成汉字的各个部分之间没有明确的左右或上下结构关系者（包括由基本字根单独组成的汉字，由内外部分组成的汉字和包围型的汉字）均归为杂合型汉字，如：王、犬、向、句、国、这、本等。

四、汉字的四种结构

基本字根可以拼合组成所有的汉字。在组成汉字时，字根间的位置关系有四种类型，即：单、散、连、交。

1. 单

单指汉字由单独一个基本字根构成。在130余个基本字根中，能单独构成汉字的就有90个左右，如：王、日、月、之、古等。

2. 散

散指构成汉字的字根不止一个，且字根之间保持一定的距离，不相连也不相交，是分散组合的。例如，"对"字的"又""寸"是分散的。有一些汉字看起来并不明显的分散，但是，能把它折成上下结构两个基本字根，例如，"天"字，可折分为"一""大"两个上下关系字根，这两个基本字根也是分散的。

3. 连

连一般指以下两种情况：

(1) 单笔画与基本字根相连。如：由"丿"连"目"构成"自"，由"一"连"卜"构成"下"，由"一"连"小"构成"不"等。

(2) 带点结构。如：勺、术、主、太、斗、头等。在这些字中的点与另外的基本字根可以不是真正相连，其间可连可不连，离得可稍远可稍近。因此，一个基本字根之前或之后的孤立点，在五笔字型中都视作为与基本字根是相连，属于杂合型，而不认为它们之间是上下结合或左右结合。

4. 交

交指两个或多个字根交叉构成的汉字。如："里"是由"日"和"土"交叉构成，"必"是由"心"和"丿"交叉构成等。

五、字根键盘与字根选取

1. 字根键盘

要达到以字根组字的目的，必须把五笔字型字根编码对应到计算机键盘上。为了便于记忆和操作，根据标准键盘的结构，五笔字型将其分为五个区，每区五个键，共计 25 个键，来对应于 25 个五笔字型编码代码。每一个区按五种笔画安排一类字根。各个区的字代码都是从小到大，由内向外依次排列的。

位于键盘中行左边的“GFDSA”键为一区（又称为横区），分别对应于编码 11，12，13，14，15，这些键的字根的第一笔都是横笔，如“G”键的编码为“11”，左边起第一个“1”表示横的代码，第二个“1”表示横区的第一个键，其余类推；位于键盘中行右边的“HJKL”和位于下行右边的“M”键为二区（又称为竖区），分别对应于编码 21，22，23，24，25；位于键盘上行左边的“TREWQ”键为三区（又称为撇区），分别对应于编码 31，32，33，34，35；位于键盘上行右边的“YUIOP”键为四区（又称为捺区），分别对应于编码 41，42，43，44，45；位于键盘下行右边的“N”和左边的“BVCX”为五区（又称为折区），分别对应于编码 51，52，53，54，55。

键盘字母键与五笔字型编码对应如图 2—3 所示。

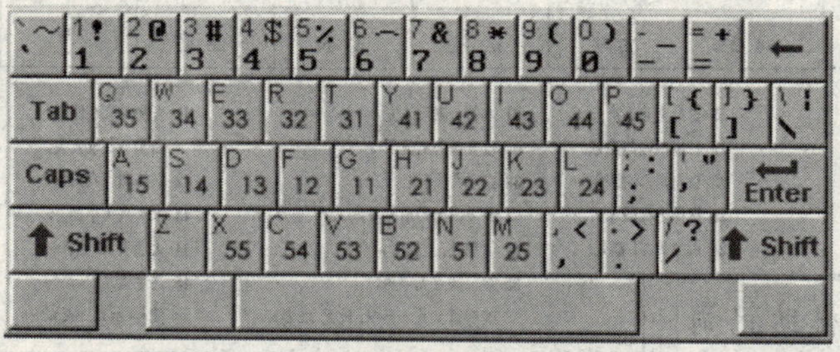

图 2—3　键盘字母键与编码对应图

2. 字根的选取

字根的分布与键位的分区键位的规律性，可以按下面的方法在键盘上找到所要的字根。依字根的第一个笔画（首笔）可找到字根的区（只有几个例外）如：“王、士、大、木、工、五、十、古、西、戈”的首笔为横（代码为 1），它们都在第一区。“禾、白、月、人、金、竹、手、用、八、儿”的首笔为撇（代码为 3），它们都在第三区。

一般来说，依字根的第二个笔画（次笔）可找到位。如：“王、禾、言、已”的第二笔为横（代码为 1），它们都在第 1 位。“戈、山、夕、丫、之”的第二笔为折（代码为 5），它们都在第 5 位。字根总表如图 2—4 所示。

六、成字字根的输入法

汉字是由字根组成的，五笔字型的编码思想就是利用字根来组字，就像堆积木一样。

汉字字根较多，并且较复杂。五笔字型规定了 130 个字根，所有汉字均是通过这 130 个字根来进行组合。

在 130 个基本字根中，有键名字根汉字，还有几十个字根自身就是一个汉字，称为成字字根汉字。

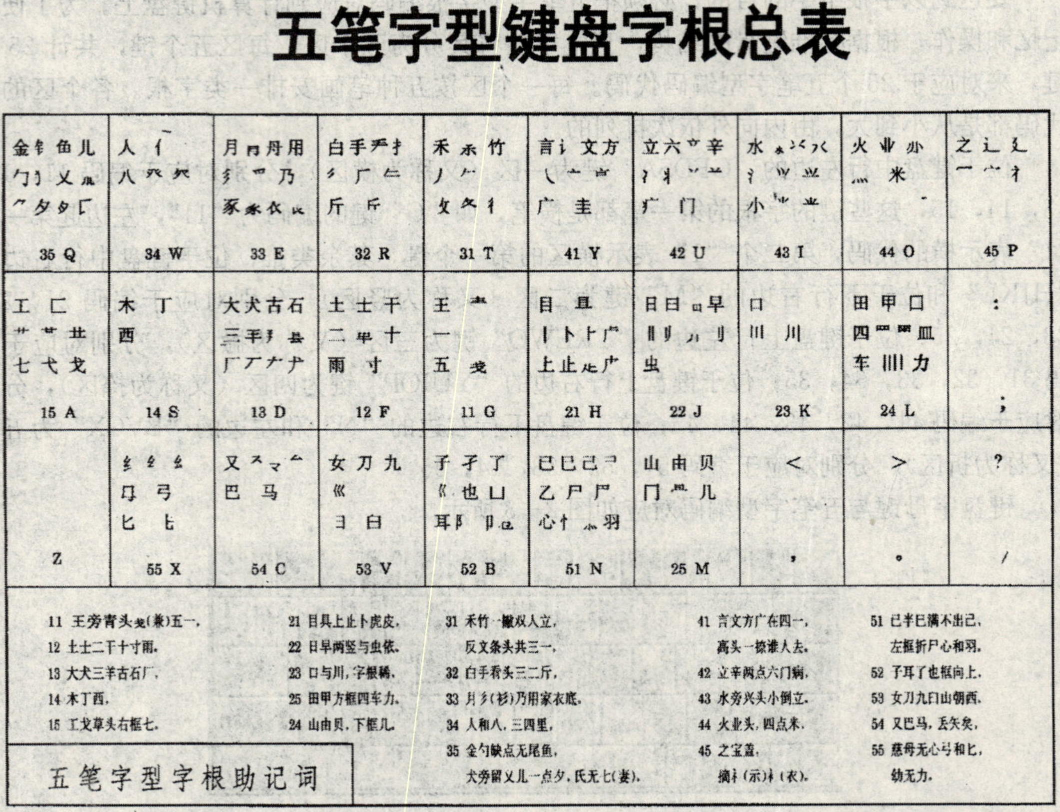
五笔字型键盘字根总表
35 Q
34 W
33 E
32 R
31 T
41 Y
42 U
43 I
44 O
45 P
15 A
14 S
13 D
12 F
11 G
21 H
22 J
23 K
24 L
Z
55 X
54 C
53 V
52 B
51 N
25 M
11 王旁青头戋(兼)五一，
12 土士二干十寸雨，
13 大犬三羊古石厂，
14 木丁西，
15 工戈草头右框七，
21 目具上止卜虎皮，
22 日早两竖与虫依，
23 口与川，字根稀，
25 田甲方框四车力，
24 山由贝，下框几，
31 禾竹一撇双人立，
反文条头共三一，
32 白手看头三二斤，
33 月彡(衫)乃用家衣底，
34 人和八，三四里，
35 金勺缺点无尾鱼，
犬旁留乂儿一点夕，氏无七(妻)，
41 言文方广在四一，
高头一捺谁人去，
42 立辛两点六门疒，
43 水旁兴头小倒立，
44 火业头，四点米，
45 之宝盖，
摘礻(示)衤(衣)，
51 已半巳满不出己，
左框折尸心和羽，
52 子耳了也框向上，
53 女刀九臼山朝西，
54 又巴马，丢矢矣，
55 慈母无心弓和匕，
幼无力，
五笔字型字根助记词

图 2—4 字根键盘图

1. 键名汉字

每个键上的第一个字根本身就是汉字，称为键名汉字，也称主字根汉字。它是每个键所包含的字根中最主要的一个，或者说，它是每个键的五笔字型中文键名，如：王、立、之、木等。

键名汉字的编码规则（即输入法）为：连击四下键名汉字所在的键。

例如：“王”的编码为 11 11 11 11（GGGG）

“日”的编码为 22 22 22 22（JJJJ）

“金”的编码为 35 35 35 35（QQQQ）

键名汉字共计 25 个，25 个键名汉字为：金、人、月、白、禾、言、立、水、火、之、工、木、大、土、王、目、日、口、田、纟、又、女、子、已、山。25 个键名汉字与编码键对应如图 2—5 所示。

2. 成字字根汉字

成字字根的编码公式是：

图 2—5　25 个键名汉字与编码键对应图

键名码＋首笔码＋次笔码＋末笔码

当要键入一个成字字根的汉字时，首先击一次该字根所在的键（即键名码、俗称“报户口”），然后再依次击它的第一个笔画、第二个笔画和最后一个笔画的单笔码键。

如：“西”字编码为：

S G H G

“西”在 S 键上

“西”的首笔画为横

“西”字的末笔画为横

“西”字的次笔画为竖

首笔码、次笔码、末笔码，不是按字根取码，而是按单笔画取码，横、竖、撇、捺、折五种单笔画取码即各区第一个字母键，其对应关系见表 2—2。

表 2—2　**单笔画与键码对应表**

单笔画种类	单笔画键码
横	G
竖	H
撇	T
捺	Y
折	N

如果一个成字字根汉字不满三个笔画，则以空格键结束编码。例如：

汉　字：	西	也	辛	力	丁	二	五	雨	厂
键名码：	S	B	U	L	S	F	G	F	D
首笔码：	G	N	Y	T	G	G	G	G	G
次笔码：	H	H	G	N	H	G	H	H	T
末笔码：	G	N	H	（空格）	（空格）	（空格）	G	Y	（空格）

如果一个成字字根汉字只有一笔，其编码为：键名码和首笔码，后面补两个 L。例如，成字字根“乙”，它是一笔画汉字，输入方法的编码为 NNLL；又例如“一”，它的输入编码为 GGLL。

七、汉字的拆分原则

五笔字型编码的一个关键问题是如何把一个汉字拆分成若干个基本字根。如果一个汉字本身就是一个基本字根，这时就无须再拆分。

如果一个汉字由两个以上的基本字根组成，其拆分的原则为：以汉字的书写为顺序，取大优先，兼顾直观，能散不连，能连不交。

1. 汉字的书写笔顺

汉字的书写笔顺是：先左后右、先上后下、先外后内。

对于那些字根间具有离散结构关系的汉字，即能够明显区分为左右型、上下型、或左右型中嵌套有上下型、上下型中嵌套有左右型的汉字，是较易按汉字的书写笔顺来拆分字根的。

例如，“新”只能拆成“立、木、斤”而不能拆成“立、斤、木”；“中”只能拆成“口、丨”而不能拆成“丨、口”；“夷”只能拆成“一、弓、人”，而不能拆成“大、弓”。

但是，在拆分过程中还应掌握“取大优先”这个原则。如：“章”可拆分为“立、早”，也可拆分为“立、日、十”，根据取大优先原则，后一种拆分方法是错误的。

2. 取大优先

取大优先也叫能大不小，意思是在拆分过程中，若一个汉字拆分为若干基本字根是有多种拆分方法，则以拆分出字根数最少的方案为优先。要字根数少，就得选用的字根尽可能大来实现。所谓尽可能大，是指再在该字根上加一笔就不再是 130 个中的基本字根了。

例如，“未”字的正确拆法是：“二、小”，遵循“取大优先”原则，不可以拆成：“一、木”。

“取大优先”，它是一个在汉字拆分中最常用的基本原则。

有明显散的关系的汉字，拆分字根是比较容易的。但是，对于那些没有明显散的关系的汉字（称为单体结构汉字或独体结构汉字），其拆分字根就比较困难，它还必须掌握能散不连、能连不交、兼顾直观等原则。

3. 兼顾直观

在拆分汉字时，还应兼顾到汉字的字根具有较好的直观性，便于联想记忆。

例如，“国”字，应该拆分为“口、王”，不能按“书写顺序”拆成“冂、王、一”。

4. 能散不连

如果在拆分过程中，既可把该汉字的字根间拆分为散的关系，又可拆分为连的关系时，则以前一种拆分方案为优先。这样的拆分常常有较好的直观性。如：“午”字可以拆分为“𠂉　十”，又可拆分为“丿　干”，前一种拆法属于“散”的情况，后一种拆法属于“连”的情况，根据能散不连的原则，前一种拆法正确。

5. 能连不交

如果在拆分过程中，该汉字的字根间既可拆分成连的关系，又可拆分成交的关系时，则以前一种拆分方案为优先。

例如，“于”应该拆分为“一 十”，不应拆分为“二 亅”；“天”应该拆分为“一 大”，不应拆分为“二 人”。

除了上述规则处，拆分时还应注意：不能把一个笔画割断用在两个字根中。例如，“果”字拆分为字根“日”与“木”是正确的，而把它拆分为字根“田”与“木”是错误的。

综上所述，汉字拆分为字根时要注意的要点和方法可以归结为以下口诀来记忆：

单无须拆、散拆简单、难在交连、笔画勿断、能散不连、兼顾直观、能连不交、取大优先。

八、简码及输入法

为了操作方便和提高输入速度，五笔字型规定了对常用汉字除按其全码可以输入外，还可以只取其前边的一个、两个或三个编码，就可输入该汉字，这就是五笔字型的简码操作。

五笔字型的简码汉字分为三级，取一个编码的称一级简码（也称高频字），取二个编码的称二级简码，取三个编码的称三级简码。

1. 一级简码

由于五笔字型只有 25 个编码键，因此，五笔字型的一级简码也只有 25 个，即每个编码键对应一个一级简码汉字。这 25 个汉字只需要按键一次再以空格键结束就可输出，因此，对于初学者来说必须记住这 25 个汉字（其中有几个汉字并不是真正取汉字的第一码）。每个编码键对应的一级简码汉字如图 2—6 所示。

图 2—6 一级简码汉字对应键

2. 二级简码

二级简码是取汉字五笔编码的前两个编码。用二级简码输入汉字时需用空格键作为结束码。从理论上讲二级简码按照排列组合计算共有 25×25＝625 个。许多常用的汉字都是二级简码汉字，因此，对于初学者应当尽量记住二级简码汉字，这样有利于提高输入速度。

3. 三级简码

三级简码是取汉字的前三个编码。三级简码字母与其全码的前三个相同，用空格键代替末字根或识别码。五笔字型的三级简码汉字相当多，有 25×25×25＝15 625 个，实际上，在五笔字型编码方案中只安排了4 400 多个。因此，在学习时不需要硬性记住，可在使用中逐步记住。总之，一、二、三级简码字共约5 000 个左右。

如果要想有很高的输入速度，必须从一开始就养成尽量使用简码来输入汉字的良好习惯。

九、词组输入法

五笔字型编码方案中设计了一个开放式结构的词汇库，所谓开放式，是指该词汇库允许用户根据自己的专业需要自行组织。

词组的输入方法与单个汉字的输入方法相统一，字或词的输入，编码一律为等长的四码，其方法如下：

1. 二字词

二字词是由两个汉字组成的词组，它在汉语词汇中所占的比重相当大，也是其他词组录入的基础。二字词的输入编码为：按照顺序分别取两字的前两个字根代码组成。如：

“汉字”的编码为：I　C　P　B

“顺序”的编码为：K　D　Y　C

“祖国”的编码为：P　Y　L　G

2. 三字词

由三个汉字组成的词组叫做三字词。输入时，先在前面的两个汉字的编码中，各取其第一个字根代码，然后在第三个汉字的编码中取前面的两个字根代码。如：

“研究院”的编码为：D　P　B　P

“计算机”的编码为：Y　T　S　M

“操作员”的编码为：R　W　K　M

3. 四字词和多字词

输入时，分别取第一、第二、第三和最末汉字的编码中的开头第一个字根代码。如：

“五笔字型”的编码为：G　T　P　G

“眼高手低”的编码为：H　Y　R　W

“中华人民共和国”的编码为：K　W　W　L

输入词组过程中如果有词汇重码出现，则同码的词汇都显示在提示行上，只需键入其词汇的序号即可。

十、末笔字型识别码

键名汉字和成字字根汉字以外的汉字称为键外汉字。键外汉字编码规则是：

1. 由4个字根组成的汉字，用这4个字根码组成该汉字的编码，4个以上字根的汉字，取其第一、第二、第三和最后一个的字根码组成该汉字的编码，即全码。其取码顺序是按正常的书写顺序，即先左后右，先上后下，先外后内的顺序。例如：

“紧”的编码为：J C X I

“貌”的编码为：E E R Q

“物”的编码为：T R Q R

2. 不足4个字根的汉字。按正常的书写笔顺取完其所有的字根代码外，还要补一个末笔画字型交叉识别码，即末笔字型识别码。若加识别码后还不足四码时，可击空格键来结束。识别码用该汉字的末笔画的笔形编号和该汉字的字型编号合成。笔画的笔形编号和字型编号都是一位数字，因而一个汉字的识别码由两位数字组成。我们把它看成是一个键的区位码，这就得到所谓末笔字型识别码，其码表见表2—3，还有一些编码的例子见表2—4。

表2—3 末笔字型识别码表

末笔画 \ 字型		左右型	上下型	杂合型
		1	2	3
横	1	11（G）	12（F）	13（D）
竖	2	21（H）	22（J）	23（K）
撇	3	31（T）	32（R）	33（E）
捺	4	41（Y）	42（U）	43（I）
折	5	51（N）	52（B）	53（V）

表2—4 举 例

汉字	字根代码	末笔编号	字型	字型编号	识别码	五笔字型编码
杜	SF	1	左右型	1	11（G）	SFG
析	SR	2	左右型	1	21（H）	SRH
岩	MD	1	上下型	2	12（F）	MDF
旯	JV	5	上下型	2	52（B）	JVB
未	FI	4	杂合型	3	43（I）	FII
旭	VJ	1	杂合型	3	13（D）	VJD

为了使取码简单、明确，关于末笔画有以下的规定：末字根为“力，刀，九，七”等时，一律认为末笔为折；对于所有包围型汉字，其末笔规定取被包围的一部分笔画结构的

末笔。如："国"的末笔应为"、"，其识别码为 43（I）；"远"的末笔应为"乙"，其识别码为 53（V）；"我""成"等字的末笔画取"丿"。

十一、万能键"Z"的使用

为了方便学习，解决初学者常常忘记编码的问题。传统的五笔字型设置有一个学习键，也称万能键。

由于五笔字型的编码键只有 25 个，而标准键盘有 26 个字母键，字母键 Z 没有被列入编码键。因此，五笔字型就把这一未用的 Z 键定义为万能键。Z 键在五笔字型编码方案中作模糊输入。所谓模糊输入是指：当汉字的某字根在拆分时模糊不清，或最后一个识别码模糊不清而无法编码时，则可借用 Z 来代替。Z 的功能相当于多义文件名中通配字符"*"的作用。使用 Z 编码后，必然产生重码，故必须进行重码汉字的选择操作。

1. 重码的处理

五笔字型编码方案中，对重码字按其使用频度作了分级处理。若有重码出现时，所有重码字都同时显示在提示行中，而较常用的那个字排在第一个位置上，这时机器响铃报警。如果第一位置上的字就是所需要的字，只要继续输入下一个汉字编码即可，该字会自动地进入编辑位置的光标处，好像不存在重码一样。如果所需的汉字刚好是其中频度较低的，则可以根据被选中汉字前的序号击相应的数字键即可。

为了进一步离散重码，在一级汉字中所出现的重码字中，其中相对于不太常用的那个重码字将其最后一码改用 L（24）代替，作为它的容错码。这样再遇重码时，比较常用的字按原码输入，不太常用的字可用容错码输入，两者都不必做任何特殊处理或增加击键，从而在一级字的范围内就可以不必担心遇到重码了。

2. 容错码处理

容错码包括容易搞错的码和允许搞错的码两个概念。在实际编码中常会出现各种错误，许多差错的产生有其原因，带有普遍的易发性。容错码承认那些容易写错的码其产生的合理性，把它们作为一类正常的可用码保留，使那些和规则不完全相符的码也可以正常使用，避免错码产生后找不到所需的汉字而必须重新编码输入。五笔字型编码方案中的容错码将近有 500 个，有以下几种类型：

（1）拆分容错。

（2）字型容错。

（3）末笔容错。例如："化"字的末笔可取折（乙），也可取撇。

（4）编码方案版本容错。五笔字型编码方案的优化版本与原版本的字根设计有些不同。例如，优化版本中取消了字根"合"，为照顾已学过原版本方案的人使用优化方案，与这些字根有关的字都以容错码的形式保存了原方案。

（5）异体容错。例如："迎"的异体字为"迊"，故按字根代码"GMHP"可出"迎"字。

（6）繁简容错。例如："国"的繁体字为"國"，故按字根代码"LAKG"亦可出

“国”字。

（7）低频重码字后缀。在重码处理中，曾把重码字中的低频字的末码改为 L，这就把它作为一个容错码看待。

例如：“喜”和“嘉”的正常编码是 FKUK，“嘉”为相对频度较低，再定义编码为 FKUL，这样用“嘉”的容错编码解决了重码问题。

3. “Z”键通常具有五个功能

（1）在输入汉字单字中，可用万能键来代替该汉字编码中的任何一个忘记了的编码。

例如：当需要输入“练”字时，只记住了前两个编码，第三个编码不知道，这时可用万能键 Z 来代表第三个编码而键入“XAZ”，系统将在提示行提示出以编码“XA”为开头的编码汉字，如图 2—7 所示。

图 2—7 用万能键来代替汉字编码中的任何一个编码

这时可寻找到第二个就是“练”字（在不同的计算机上其位置会不同），并且其编码为“XAN”，这样就知道了“练”字的第三码是“N”，可用数字键“2”来选取输出“练”字。

（2）当需要输入“印”字时，忘记了前两个编码，这时可用万能键 Z 来代表前两个编码而键入“ZZBH”，系统将在提示行提示出以编码“BH”为后两码的汉字，如图 2—8 所示。

图 2—8 用万能键来代替汉字编码中的前两个编码

这时可通过翻页寻找到第六页第一个字就是“印”字（在不同的计算机上其位置会不同），并且其编码为“QGBH”，这样就知道了“印”字的前两码是“QG”，可用数字键“1”或空格键来选取输出“印”字。在输出“印”字后，系统在提示窗口中还提示：“印”的简码为 QGB，如图 2—9 所示。

图 2—9 “印”字的简码

（3）在输入词组中，可用万能键来代替该词组编码中的任何一个或两个忘记了或编不出的编码。

例如，当需要输入“耕地”词组时，不知道“耕”字的第二个编码是什么，这时可用万能键 Z 来代表第二个编码而键入“DZFB”，系统将在提示行提示出与“DZFB”相配的字和词组，如图 2—10 所示。

图 2—10 用万能键来代替词组编码中的任何一个编码

这时可寻找到第二个就是词组“耕地”（在不同的计算机上其位置会不同），并且其编码为“DIFB”，这样就知道了“耕”字的第二码是“I”，可用数字键“2”来选取输出词组“耕地”。

（4）当需要输入“跳舞”一词时，忘记了“舞”字的第二码，这时可用万能键 Z 来代表“舞”字的编码而键入“KHRZ”，系统将在提示行提示出以编码“KHR”为头的汉字和词组，如图 2—11 所示。

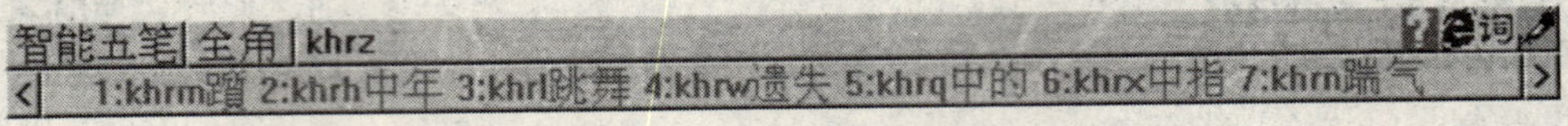

图 2—11 用万能键 Z 来代表“舞”字的编码

这时可通过翻页找到“跳舞”一词，并看看到其编码为“KHRL”，这样就知道了“舞”字的第二码是“L”，可用数字键来选取输出“跳舞”词组。

（5）在智能语句输入中，可用万能键来代替所输入语句第三个编码以后的任何一个忘记了的编码。

例如，当需要以智能语句方式输入“世界杯足球赛”语句时，可键入“ALSZZP”，如系统中已经有该语句数据，系统就可输出该语句。

4. 万能键＋空格键为重复输入刚输出的字或词。

5. 四码全为万能键，可输出智能陈桥系统难字表中存放的不易记住编码的汉字。

十二、听打

听打是文录员所具备的一项基本技能，要求做到把用耳朵听到的数据信息通过文字形式打印出来，在这中间，既要速度快，又要准确率高。

第三单元　Windows 98 基本操作

第一节　Windows 98（中文版）简介

Windows 98 是微软公司在 1998 年推出的又一款个人电脑操作系统，它是 Windows 95 的改进版。Windows 98 译成中文称为“视窗 98”，可以说，在 Windows 98 中，每个应用程序都是以一个窗口的形式出现的。屏幕上的一块矩形区域称为“窗口”。Windows 98 是一个完全独立的系统，它仍然保留了 Windows 95 的操作风格，但在操作界面、联机帮助及辅助工具向导等方面都有了很大的改进，还集成了网络功能和即插即用（Plug and Play）功能，是一个全新的 32 位操作系统。

与 Windows 95 相比，Windows 98 最显著的一个特点就是把微软的因特网浏览器技术整合到操作系统里，把最新的多媒体技术、网络技术和 Internet/Intranet 技术结合在一起，使得访问网络就像访问本地硬盘一样方便，从而更好地满足了人们越来越多的访问因特网资源的需要。Windows 98 是目前实际使用的主流操作系统。

一、友好的图形用户界面

1. 更加生动形象的图形化操作方式（专业术语称为“图形用户界面”）

我们要运行某一个程序，只需简单地在窗口内启动一个代表此程序的图形符号——图标（Icon），即可启动所需的程序。在 Windows 98 中，每个应用程序都有一个象征自己的图标，如“我的电脑”“我的文档”“回收站”等，使计算机更加便于使用。

2. Web 集成

在启动计算机后，Windows 98 有传统型和网页型两种桌面风格，传统型是和 Windows 95 桌面大致一样的，我们主要来看看特殊的网页风格。

在网页型的桌面上，图标的名字下面加了一道横线，有些像网页上的链接点，把鼠标放在上面，和网页一样，箭头会变成小手，单击一下，它就运行了，这就是 Windows 98 的新特性之一——Web 集成，可以用单击就执行桌面上的图标，比以前的双击要方便一些，这是按照网页上流行的形式设计的，给用户提供更加友好的图形用户界面。

二、多任务处理

Windows 98 是一个多任务操作系统，它能够在同一个时间段中处理多个任务，充分利用了 CPU 的资源空间，并提高了应用程序的响应能力。例如，在打印报表的同时，我们可以去执行其他的应用程序，一边放音乐，一边打印报表，一边用 Word 编辑另外一篇文章。

三、有效地利用计算机硬件

Windows 98 增加了几个系统工具，用于自动检测硬盘、系统文件和配置信息，可以自动修复一些一般性的系统错误。Windows 98 还内置了大量的驱动程序，基本上包括了市面上流行的各种品牌、各种型号硬件的最新驱动程序，而且硬件检测能力也有了很大的提高。同时，Windows 98 提供了 FAT32 文件分配系统，可支持 2 GB 以上的大分区，而对 FAT16 的硬盘，无须重新分区和格式化，直接用 FAT32 转换器就可以实现格式的转换。可以说，Windows 98 更充分有效地利用计算机越来越强大的硬件能力，更容易适应品种繁多的硬件设备。

四、运行环境

Windows 98 可以在当前大多数个人计算机上运行，一般来说，要成功地运行 Windows 98，必须满足的系统的最低配置要求是：

- 486DX66 以上的 CPU；
- 至少 16 MB 内存；
- 250 MB 左右的可用硬盘空间。

要充分发挥 Windows 98 的性能，硬件配置最好是 MMX166 以上的处理器、32 MB 以上的内存、VGA 或更高分辨率的显示器，并配备鼠标、CD-ROM 或 DVD 驱动器等设备。

第二节　Windows 98 的基本操作

一、Windows 98 的启动和退出

1. 启动 Windows 98

Windows 98 是一个操作系统软件，它操纵着我们使用的计算机，也使计算机变得易于使用。在系统中安装好 Windows 98 以后，启动 Windows 98 是一件很容易的事情，就像打开其他电器一样，只要轻轻地按下计算机的电源开关，启动计算机，系统就会自动启动 Windows 98，就可以进入到 Windows 98 工作环境，如图 3—1 所示。

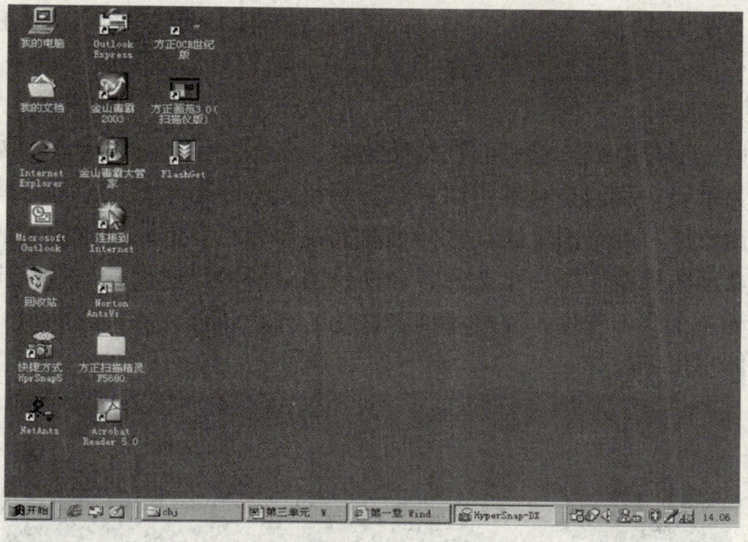

图 3—1　Windows 98 启动成功后的屏幕画面

如果操作者是一个网络用户或是与别人合用一台计算机，并且在 Windows 98 中设置了密码的话，屏幕上会出现一个对话框提示您输入密码（见图 3—2)，正确输入密码后，单击“确定”按钮或按回车键即可。如果您的计算机是一个人使用，则可以单击“取消”按钮而直接进入 Windows 98 环境。但如果在第一次安装 Windows 98 时未输入密码，则每次启动就不会出现这个对话框，会直接到达 Windows 98 的桌面。

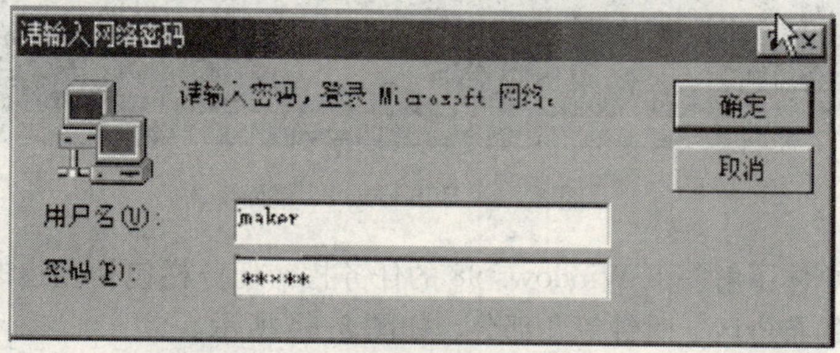

图 3—2　输入密码提示框

在注销 Windows 98 后也会出现一个 Windows 98 友好登录界面，如果原来未输入口令的话，那么只需用鼠标单击“确定”或“Esc”就可以了。

在启动完成后，Windows 98 会出现一个欢迎进入 Windows 98 的框图，可按提示浏览内容，或单击“关闭”按钮退出，另外，可以根据自己的喜好，决定是否选择“每次Windows 98启动时显示此屏幕”，如果不需要每次在Windows 98启动时显示此窗口的话，则需用鼠标单击“每次Windows 98启动时显示此屏幕（S）”前面方框中的“√”取消它，然后单击“关闭”键即进入桌面状态，那么在下一次启动时就不会再出现了。

那么，什么是桌面？其实，图3—1所示的就是Windows 98的桌面，我们之所以把它形象地比作一个桌面，是因为它就像办公桌一样，我们可以在这张“桌子”上完成Windows 98下的所有工作。下面，我们先熟悉一下桌面以及桌面上有些什么。

桌面主要由三部分组成，它们分别是任务栏、桌面图标、桌面台布，如图3—3所示，其中任务栏最为重要，我们会经常用到它，后面我们将详细介绍；为了方便，我们可以将自己常用的应用程序放到桌面上来，这样桌面上就会形成一个该应用程序的桌面图标，也叫快捷图标，桌面图标就像办公桌上的各种办公用品一样，它代表了一个应用程序，通过它可以快速启动一个应用程序，完成各种各样的工作；桌面台布则可以让Windows 98更加具有个性，体现审美品味。

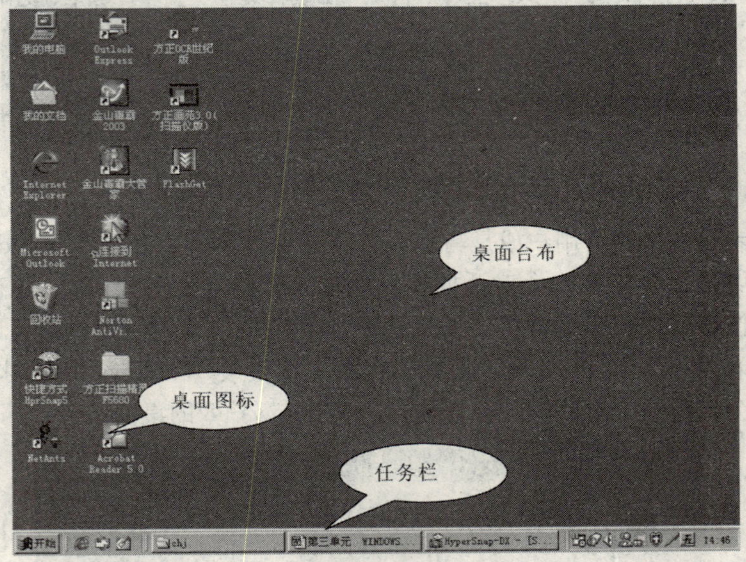

图3—3　Windows 98桌面

下面我们来总体了解一下Windows 98的任务栏。任务栏包括左边的开始按钮、快速启动按钮和右边的布告区、时钟等几部分，如图3—4所示。

“开始”按钮控制着通往Windows 98几乎所有部件的通路。从程序调用到关闭Windows 98的每个细节，都离不开它。

快速启动按钮是Windows 98的另一个特色，它提供了一种几乎是最快的启动一个应用程序的方法。

Windows 98快速启动按钮共有四个，单击它们，可以快速“查看频道”“启动Inter-

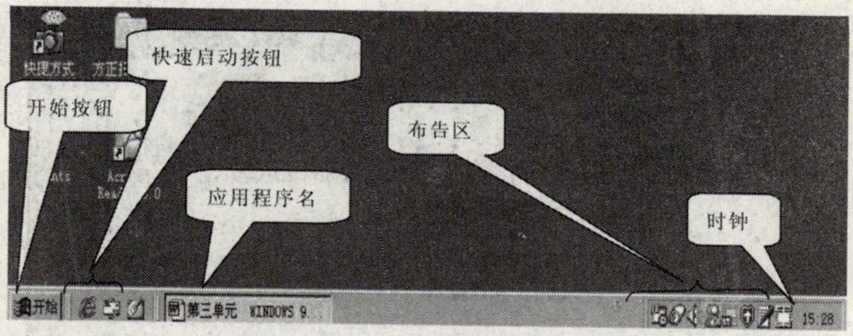

图 3—4　Windows 98 的任务栏

net Explorer 浏览器”“启动 Outlook Express”和“显示桌面”，其中，单击“显示桌面”按钮，它将最小化所有已打开的桌面窗口，再次单击，所有窗口又会恢复成最小化之前的大小。图 3—4 中没有“查看频道”这个快速启动按钮，如果想在桌面上显示频道，那么用鼠标在桌面空白处单击右键，选择“属性”，单击“Web”选项卡，选中“按 Web 页方式查看活动桌面”，下面的“Internet Explorer 频道栏”被选中，再点“确定”就可以了。

任务栏的中央空白区显示已经运行的应用程序名。比如，我们用鼠标双击打开“我的电脑”，任务栏上就会出现“我的电脑”按钮，表示这个程序正在运行，我们再双击“我的公文包”，任务栏上又出现“我的公文包”按钮，表明现在已有两个应用程序在运行。

布告区会通过各种图案形象地显示计算机软硬件的一些重要信息，比如装了声卡，这里就会有一个小喇叭，表明声卡已正常工作，单击它，会出现一个滑动杆，可随意调整计算机的音量，如图 3—5 所示。

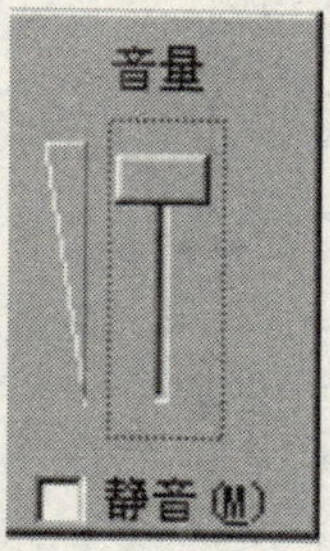

图 3—5　调整音量的滑动杆

时钟会显示计算机当前时间，若把鼠标移到它上面，就会显示当前的年、月、日等信息。

2. 退出

当完成工作后想要关闭计算机时，单击“开始”按钮，选择“关闭系统”选项，就会出现一个提示框（见图 3—6），上面提供了一些选项，分别是将“将您的计算机转入睡眠状态”“关闭计算机”“重新启动计算机”“重新启动计算机并切换到 MS-DOS 方式”。选择“关闭计算机”选项，单击“确定”按钮，计算机自动关闭。

二、使用鼠标

在 Windows 98 环境下，鼠标是一个常用的输入工具，也就是那个通常被称为老鼠的小东西。正是因为有了它，才让使用 Windows 以及很多 Windows 的软件变得十分容易。一般鼠标共有五种操作动作：移动、单击、双击、右击、拖动。

在 Windows98 环境下，随鼠标指针指向屏幕上的不同区域，也会发生相应的变化。Windows 98 鼠标指针形状及其操作说明见表 3—1。

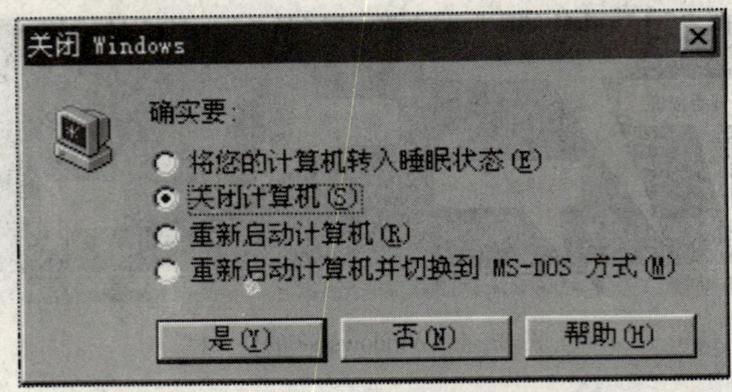

图 3—6　退出 Windows 98 提示框

表 3—1　Windows 98 鼠标指针形状及其操作说明

指针形状	操　作　说　明
	选择一个菜单和命令，单击一个按钮等操作
	帮助选择
	表示系统正在工作，不能使用鼠标
	精度选择
	文字选择
	调整水平大小
	调整垂直大小
	对角线调整
	对角线调整
	移动选择的对象
	链接选择

三、菜单和对话框操作

1. 菜单

Windows 98 启动后，单击“开始”按钮，屏幕出现如图 3—7 所示的一张表，这样的表称为菜单。菜单中的每一行对应一项操作，用鼠标单击某一行（或按下这行括号中写出的键），表示选择这项操作。

图 3—7 所示菜单中的“程序”“文档”“设置”“收藏夹”和“查找”右边都有一个三

角符号▸，这个符号表示，如果选中这一项，还会出现另一个菜单（子菜单），让操作者再做进一步选择。例如，图 3—8 就是在图 3—7 的菜单中选中“程序”后的情况。

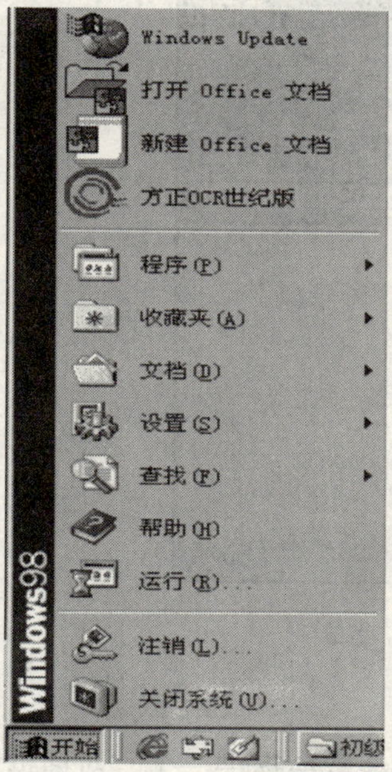

图 3—7　“开始”菜单

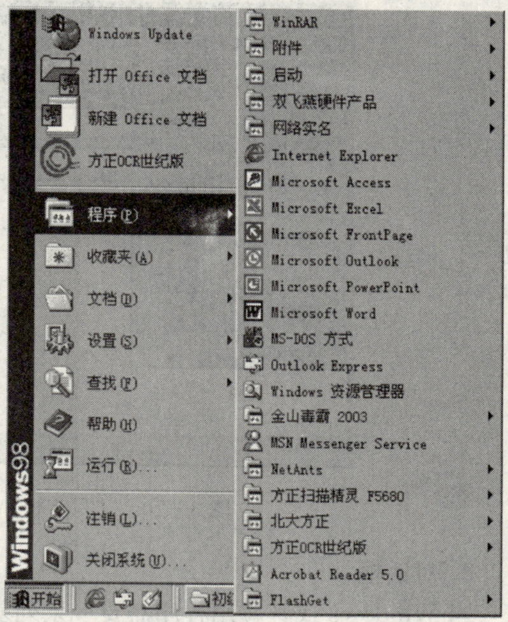

图 3—8　在菜单中选择某项

图 3—7 所示菜单中的“运行”“注销”和“关闭系统”右边的省略符号“…”，表示如果选中这一项，屏幕将会出现一个方框。这样的方框称为对话框，用来向操作者提供信息，或者让操作者提供数据、做出选择等。对话框的类型类似于窗口，但是，不能改变其大小。例如，选中图 3—7 所示菜单中的“运行”这一项，屏幕将出现如图 3—9 所示的“运行”对话框。

除了“开始”菜单，一般应用程序也有自己的菜单，其操作方法和“开始”菜单一

图 3—9　“运行”对话框

样。图 3—10 所示就是“写字板”应用程序的“文件”菜单。如果某个菜单项的颜色暗淡，则表示在当前情况下，这项选择是没有意义的，选中它不会有任何反应。

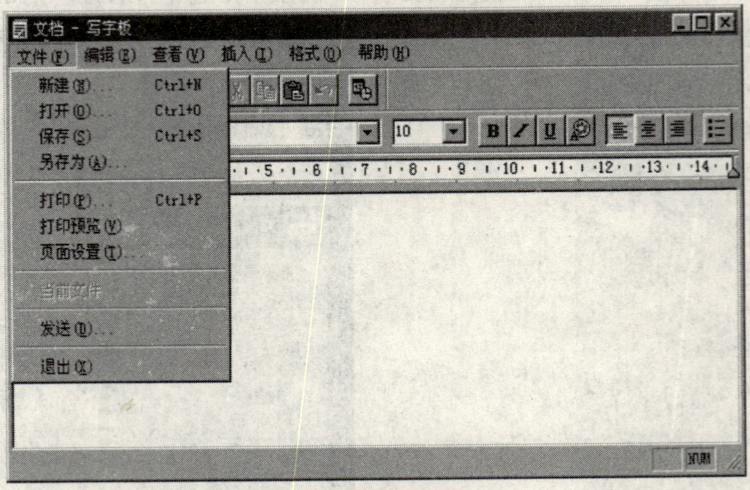

图 3—10　“写字板”应用程序的“文件”菜单

2. 对话框

当 Windows 或其应用程序需要一系列复杂的输入项时，经常会提供一个“对话框”。

在对话框中，可以输入各种输入项并做各种选择——当单击“确定”按钮时，这些输入项和选项就会生效。对话框的内容是根据需要安排的，因此，它们各不相同。但对话框都是由一些标准的部件组合而成，常见的有以下几种：

（1）命令按钮。如图 3—11a 所示，许多对话框中都有“确定”和“取消”按钮。在完成所有设置和输入项后，用“确定”按钮结束对话框的操作。如果发现本次操作根本不该做或有些设置和输入项错误，可使用“取消”按钮，把该对话框的操作取消掉。有些对话框中会出现“应用”按钮，它是用来确认并在对话框中所做的设置或输入项，但并不关闭该对话框。

（2）选项卡。选项卡可以使一个对话框显示多“页”信息，让操作者在若干组不同的内容中选择，如图 3—11b 所示。对话框中只显示一组内容，单击哪个选项卡，就显示哪个选项卡所对应的内容。

（3）文本框。如图 3—11c 所示，它是用来让操作者从键盘输入数据。把鼠标指针移到需要输入内容的方框上面，单击鼠标左键，使框内出现字符光标（一根闪烁的竖线），就可以开始输入数据了。

（4）列表框。如图 3—11d 所示，这是个所有可用选项的列表。列表可以通过滚动或向下拉开（一般称为“下拉”）以查看其中的内容。可以用鼠标从列表中选择需要的一个数据，选择的方法是单击数据所在的行。

（5）下拉列表框。如图 3—11e 所示，它的作用与列表框相同，但占用面积很小，单

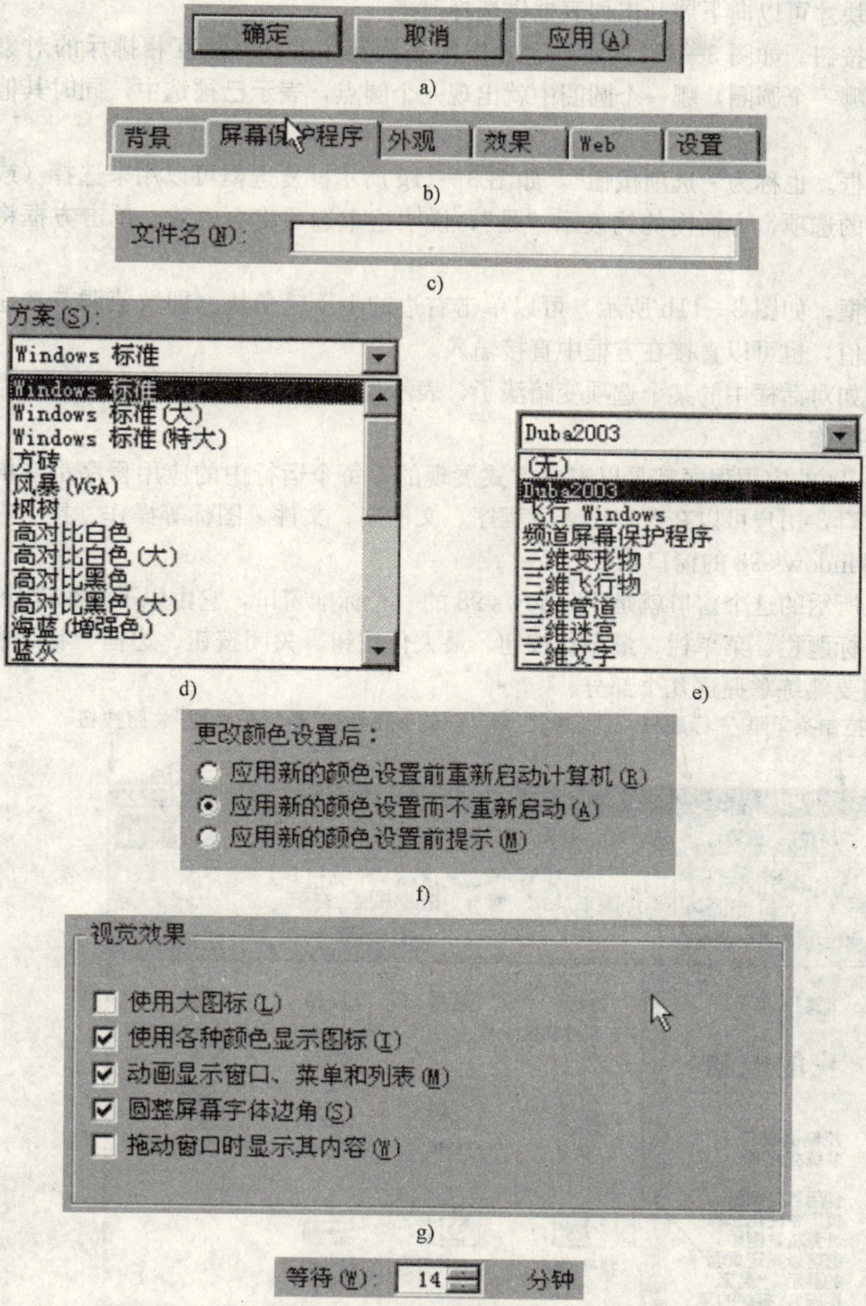

图 3—11　对话框中的常见部件

a）命令按钮　b）选项卡　c）文本框　d）列表框　e）下拉列表框　f）单选按钮　g）复选框　h）数值框

击右边的三角块才可以向下展开出列表框供选择。

（6）单选按钮。如图 3—11f 所示，它的作用是让操作者在一组互相排斥的对象中选择一个。单击哪一个圆圈，哪一个圆圈中就出现一个圆点，表示已被选中，同时其他项中的圆点会消失。

（7）复选框。也称为“选项按钮”，如图 3—11g 所示。复选框可以用来选择（或不选择）多个独立的选项，方框内的钩表示“是”，说明这个选项将会生效。单击方框将会改变选择。

（8）数值框。如图 3—11h 所示，可以单击右边的上下三角块（即数值调节按钮）来增减框内的数值，也可以直接在方框中直接输入。

注意：假如对话框中的某个选项变暗淡了，表示当前的任务不能使用这个选项功能。

四、窗口操作

Windows 98 的应用程序都是以窗口方式展现的，每个运行中的应用程序都在屏幕上表现为一个窗口，用户可以在窗口中查看程序、文件夹、文件、图标等操作。接下来我们来了解一下 Windows 98 的窗口构成。

图 3—12 所示的这个窗口就是 Windows 98 的一个标准窗口，它由以下几个部分组成：控制菜单框、标题栏、菜单栏、最小化按钮、最大化按钮、关闭按钮、边框、状态栏和滚动条等。我们要熟练掌握这几个部分。

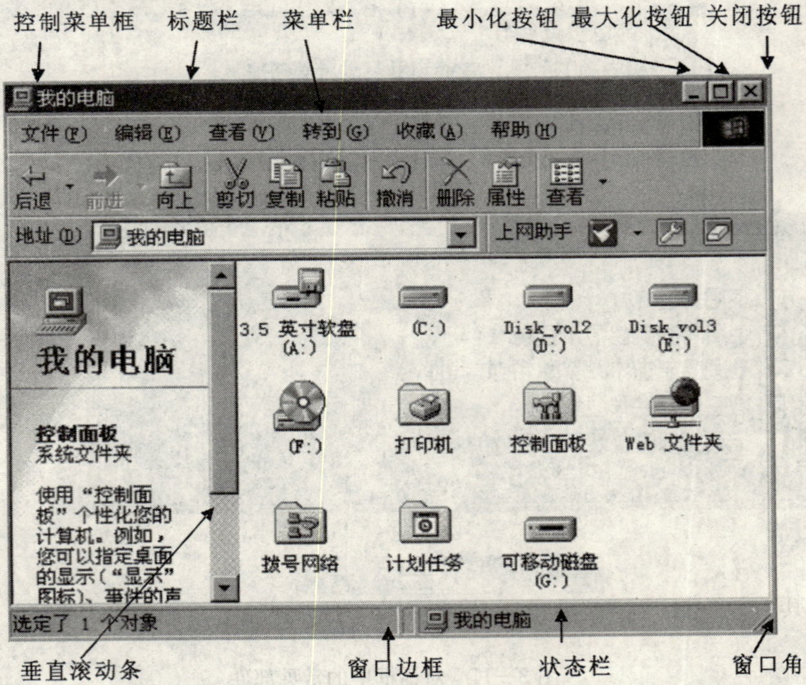

图 3—12　窗口

标题栏通常显示应用程序的名称，用鼠标拖动它还可以移动整个窗口，双击标题栏，还可以将此窗口放到最大，再次双击标题栏，又可以将窗口还原。多个窗口同时出现时，标题栏呈蓝色的窗口表示正在使用的程序。

窗口右上角有三个小按钮，最左边有一短横杠的就是最小化按钮。单击它就可以把窗口收起来放在任务栏上，并在任务栏上形成一个有效状态的“我的电脑”的按钮，但是程序并没有停止运行，如要恢复原来的窗口，用鼠标单击此按钮即可。

三个按钮中间的一个就是最大化按钮，单击它可使窗口放到最大，这时拖动标题栏也无法移动窗口。再看一下最大化按钮，它已经变成了还原按钮，如果要恢复窗口到原来大小，只要单击它就可以了。

三个按钮最右边的按钮就是关闭按钮，如果已结束了手头的工作，想要关闭应用程序，单击它就可以了。

围在窗口四周的是边框，它规定了窗口的界限，我们可以拖动边框自由地调整窗口的大小。要注意的是在窗口四个角上拖动的效果是不一样的。

窗口左上角的小图标就是控制按钮，所有的程序都有这样一个特定的按钮，用鼠标单击它，就会出现一个菜单，它提供了一系列操作窗口的命令，这些命令的功能基本上就是刚才介绍的按钮功能，如“最大化”“最小化”“关闭”“移动”“大小”等。

窗口的下方一般都有一个状态栏，它会显示一些和所打开程序有关的信息。如现在显示的信息告诉我们，“我的电脑”中已选定了 1 个对象。

有时窗口太小，显示不了所有的内容，这时窗口右边就会出现一个垂直滚动条，用鼠标拖动滑动钮或按住两端有三角形的控制钮，窗口中的内容就会不停地滚动，这样就可以很方便地找到所需要的内容。

下面将详细地介绍窗口的一些基本操作。

1. 激活窗口

在 Windows 98 中，屏幕上按照需要可能同时出现多个窗口，每个窗口都对应一项任务，但在任何时刻，这些窗口中只有一个是可操作的，称之为活动窗口。活动窗口的特征是标题栏的颜色与其他窗口不同，如果窗口相互重叠，那么活动窗口会出现在最前面，它会盖住其他窗口，而不会被其他窗口盖住。只要单击一个窗口的任何部位，就能使这个窗口成为活动窗口。

2. 打开窗口

打开窗口或应用程序的一般方法是：单击“开始”按钮，再单击一个命令、菜单、文件夹或文档。

以下是其他一些打开窗口或应用程序的方法：

- 单击桌面上的快捷方式图标。
- 打开“我的电脑”，单击应用程序或文档图标。
- 打开“Windows 98 资源管理器”，单击应用程序或文档图标。

• 单击独立的程序快捷键栏上的图标，例如，Microsoft Office 快捷键栏。

3. 关闭窗口

当窗口或应用程序完成工作后，可以保留这个打开窗口或关闭它。有许多方法可以关闭窗口：

（1）单击窗口右上角关闭按钮。

（2）双击控制菜单按钮（窗口左上角图标）。

（3）单击控制菜单按钮，然后选择“关闭”，如图 3—13 所示。

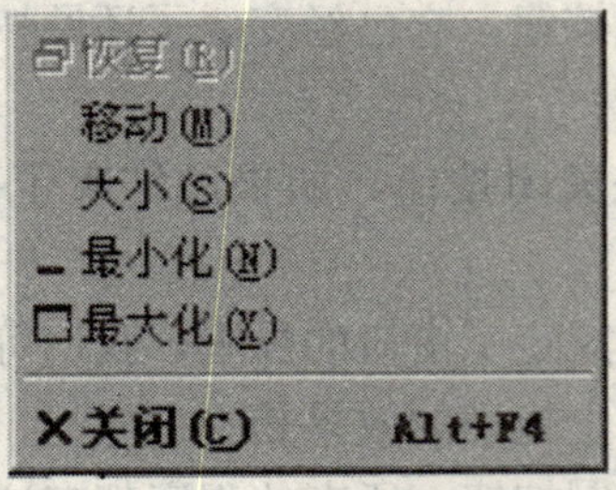

图 3—13　用单击控制菜单按钮来关闭窗口

（4）如果关闭的是一个应用程序，那么可以单击窗口的“文件”菜单，然后选择“退出”。

（5）右击屏幕底部任务栏上该窗口的按钮，系统显示该窗口按钮的快捷菜单，内容与图 3—15 相似，然后选择“关闭”。

（6）按“Alt+F4”键。

注意：假如在关闭一个应用程序窗口时没有保存里面的文档，程序会提示注意，并提供一个保存文档的机会，必须在应用程序窗口关闭前选择是否保存文档。

4. 窗口切换

Windows 98 的“多任务”功能使我们可以同时运行好几个程序，每个程序之间相互独立，互不影响。就好像一边聊天、一边收拾桌子、一边烧开水一样，只要指挥得当，Windows 98 的多任务功能可以把一切安排得井井有条。

例如，现在我们已经打开了“我的文档”“我的电脑”及“写字板”这三个程序，在任务栏上也相应显示了代表这三个应用程序的按钮，如图 3—14 所示。

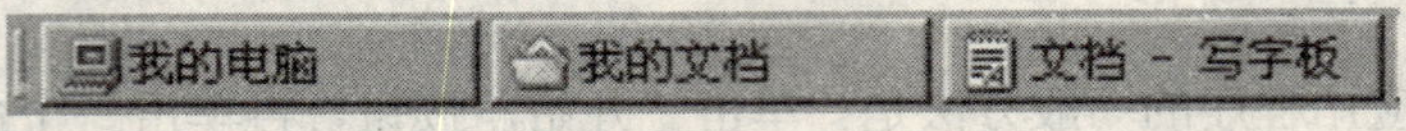

图 3—14　任务栏上的三个程序按钮

我们有四种方法实现程序间的切换：

（1）单击任务栏中该应用程序按钮。如我们现在要调用“我的电脑”，单击任务栏中“我的电脑”的按钮，可以看到“我的电脑”窗口展现在桌面上，这个窗口处于激活状态。

(2) 无论在桌面上处于激活状态的窗口是什么，只要能看到另一个被需要的程序窗口，比如说“我的文档”，单击它，就可以切换到“我的文档”的应用程序了。

(3) 按住键盘上的“Alt”键不放，然后按住键盘上的“Tab”键，屏幕上就会出现一个对话框，不断地单击“Tab”键，选取框就会在已经打开的程序图标中循环移动。移到所需要的程序后，松开“Alt”键，Windows 98 就会切换到该程序。

(4) 按下“Alt”键不放，再按住键盘左上角的“Esc”键，Windows 98 同样也会在已经打开的程序的窗口间循环，所以当忘记了某个程序的图标是什么模样时，可以使用这种方法来轻易地找到希望出现的窗口。

5. 最小化、最大化和还原窗口

用户可以对窗口进行最小化、最大化或还原。

(1) 最小化和最大化窗口。如果最小化的是一个应用程序的窗口，在任务栏上就会出现一个对应这个应用程序的临时按钮。在应用程序中，最小化一个文档窗口可缩小程序窗口中的文档。最大化一个文档窗口可以扩大文档为程序窗口的大小，可能达到全屏幕的大小。

最小化或最大化窗口的方法：一是单击窗口右上角的最小化或最大化按钮；二是单击窗口左上角的控制菜单如图 3—13 所示，选择“最小化”或“最大化”。

最小化窗口后，窗口变为任务栏上的一个按钮。最大化窗口后，窗口会占据全屏幕的大小，如果是文档，则会占据应用程序窗口的整个部分。要还原最小化的窗口，只需单击对应于该窗口的任务栏按钮。要还原应用程序中的最小化的文档，可单击程序窗口中的最小化了的文档按钮。

(2) 还原窗口。下面是将最小化或最大化的窗口恢复到原来状态的其他一些方法：

1) 单击窗口右上角的“还原”按钮。

2) 右击对应窗口的任务栏按钮，选择“恢复”。

3) 单击窗口左上角的图标打开控制菜单（见图 3—13），然后选择“还原”，将窗口恢复到原来的大小。

6. 清除桌面上的所有窗口

(1) 单击任务栏上的“显示桌面”按钮，自动最小化所有打开的窗口。

(2) 再次单击任务栏上的“显示桌面”按钮，使桌面恢复到原来的状态。

7. 窗口的移动

Windows 98 中经常会移动某个窗口，以便访问桌面图标或查看其他窗口的内容。在桌面上移动窗口的最方便的办法就是用鼠标拖动。其操作步骤如下：

(1) 把鼠标指针放在窗口的标题栏上。

(2) 按住鼠标左键。

(3) 把窗口拖到适当的位置，松开鼠标左键。

注意：如果一个程序最大化到全屏幕的大小，就不能再移动它的位置。在桌面上移动这个窗口前，需将应用程序缩小为较小的窗口。

8. 改变窗口大小

用户可以改变一个窗口的大小，使之更适合桌面上选择的空间，按下列步骤操作：

(1) 把鼠标指针放在窗口的任何一个角或边上，光标变成一个双向的箭头，如图 3—15 所示。

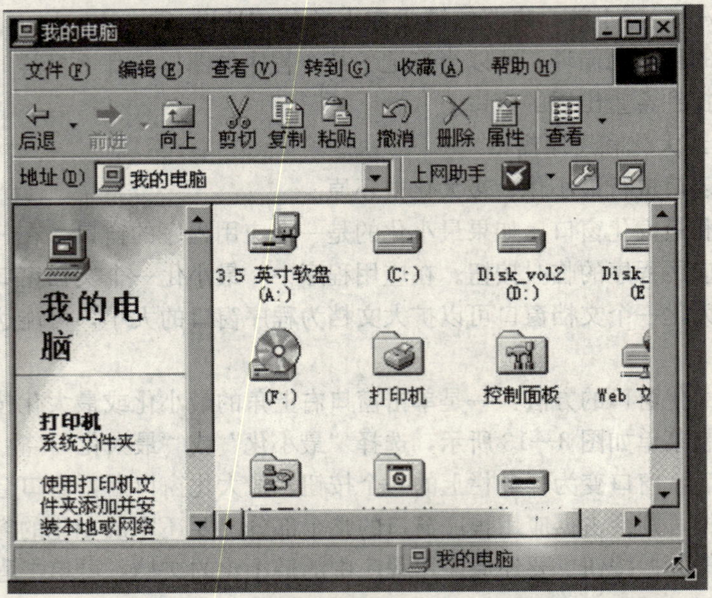

图 3—15　改变窗口的大小

(2) 按住鼠标左键。

(3) 拖窗口的边框到所要的大小，向内拖是缩小窗口，向外拖是扩大窗口，有一个轮廓线标明窗口的最终位置。

(4) 释放鼠标左键。

五、获得帮助

Windows 98 的功能多，很难全部记清楚，借助帮助系统可以了解 Windows 98 的详细信息。Windows 98 提供了联机帮助的功能，用户有任何疑难问题时，可由帮助系统来查询。

1. 启动帮助系统

单击“开始”按钮，然后在菜单中选择“帮助”命令，就可以看到帮助窗口，如图 3—16 所示，此外在应用程序中都有一个“帮助”菜单，或者按“F1”键也可以激活帮助窗口。

2. 浏览“帮助”主题

Windows 98 的帮助说明的结构类似于图书的章节编排架构，当单击“书本”图标时

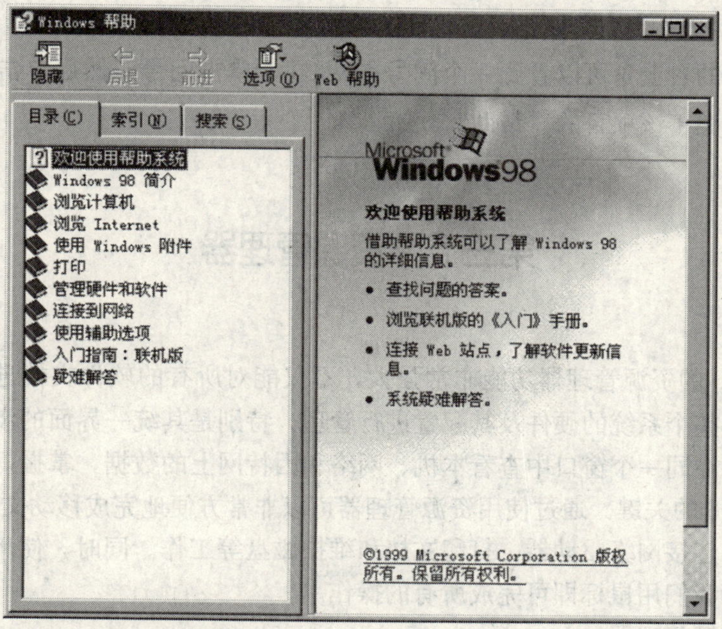

图 3—16 “帮助”窗口

可以看到包含的子标题或内容，单击需要的项目，帮助主题内容就会出现在窗口的右半部分中，如图 3—17 所示。

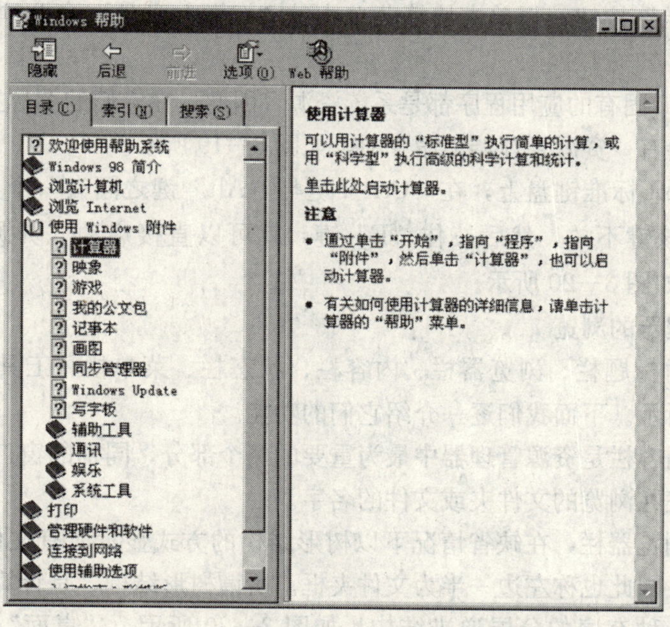

图 3—17 浏览“帮助”主题示例

3. 在对话框中获得“帮助”

有些对话框的右上角可以看到一个问号图标，单击问号，然后单击该对话框中的项目，可以获得关于该项目的“帮助”。

第三节　资源管理器

Windows 98 的资源管理器功能非常强大，不仅能对所有的软件文档进行管理，还能对回收站以至于整个系统的硬件及其配置进行管理，特别是其统一界面的浏览窗口和地址栏，使我们可以在同一个窗口中查看本机、网络和因特网上的数据，掌握好资源管理器是学好 Windows 98 的关键。通过使用资源管理器可以非常方便地完成移动文件、复制文件、启动应用程序、连接网络驱动器、打印文档和维护磁盘等工作。同时，使用资源管理器还可以简化操作，我们用鼠标即可完成所有的操作。

一、启动资源管理器

在 Windows 98 中有以下几种方法可以启动资源管理器：

1. 单击“开始”按钮，从“程序”菜单中选择“资源管理器”即可启动资源管理器，如图 3—18 所示。

2. 右击“开始”按钮，再单击快捷菜单中的“资源管理器”命令项，也可启动资源管理器。

3. Windows 98 固有的应用程序都是系统资源，因此，在它们的图标上单击鼠标右键，弹出的菜单中都会有“资源管理器”命令项，如图 3—19 所示。

4. 在 Microsoft 标准键盘上，在“Ctrl”键与“Alt”键之间有一个类似 Windows 图标的键，按下该键不放，然后按住“E”键，就可以直接启动“资源管理器”。Windows 资源管理器如图 3—20 所示。

二、资源管理器的浏览

资源管理器由标题栏、浏览器栏、内容栏、状态栏、菜单栏、工具栏、地址栏等组成，如图 3—20 所示。下面我们逐一介绍它们的功能。

浏览器栏和内容栏是资源管理器中最为重要的两个部分，同别的窗口一样，资源管理器的标题栏显示正在浏览的文件夹或文件的名字。

左边一半是浏览器栏，在缺省情况下以树形结构的方式显示所有文件夹列表的内容，简称为文件夹树，因此也称左边一半为文件夹框。所谓树形结构，是计算机中的一个专业术语，它表明了一种有序的分层递进结构。如图 3—20 所示，“桌面”相当于树根，而“我的电脑”及其下面的硬盘、软盘和其中的文件夹相当于不同层次的树杈，具体的文件

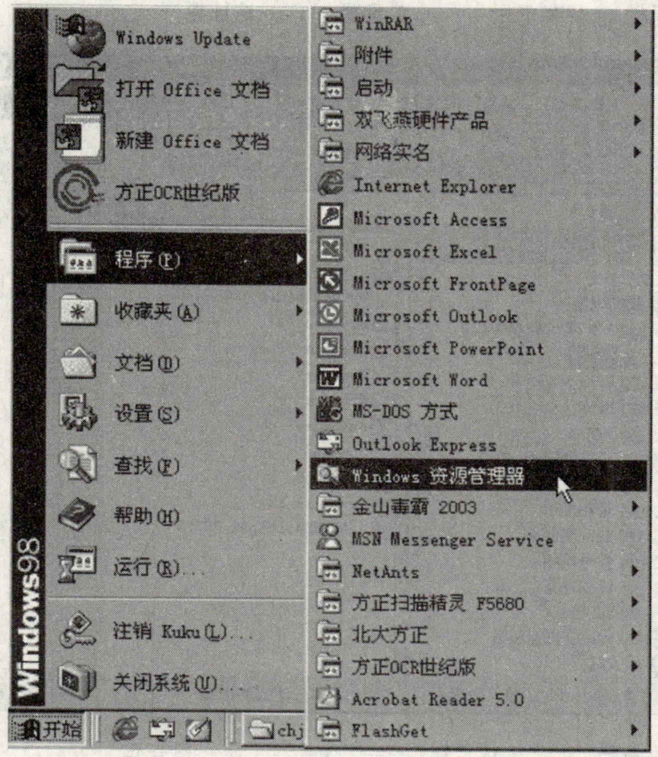

图 3—18 用“程序”菜单来启动 Windows 资源管理器

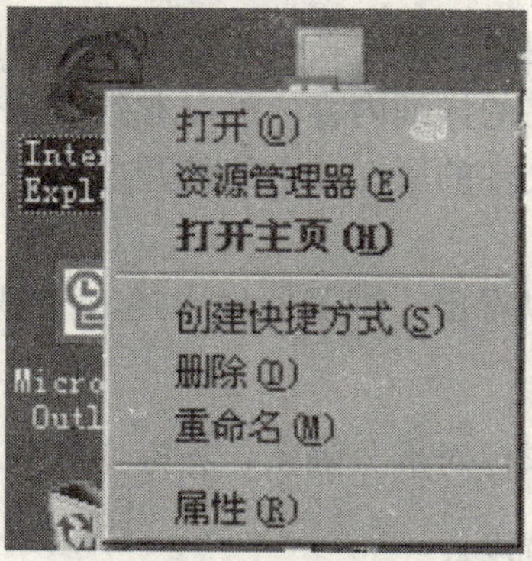

图 3—19 在 IE 上右击鼠标弹出的快捷菜单

相当于树叶，看上去很像一棵倒长的树。文件夹列表中除了包含系统硬盘、软盘及光驱等存储设备中的内容以外，还包含着很多系统信息，如在“我的电脑”下，还有“控制面板”“打印机”“拨号网络”“计划任务”等文件夹，同其他的文件夹不同，它们包含着系统的设置信息，是机器设备能够正常运行的保证。右边一半是内容栏，用来显示当前文件

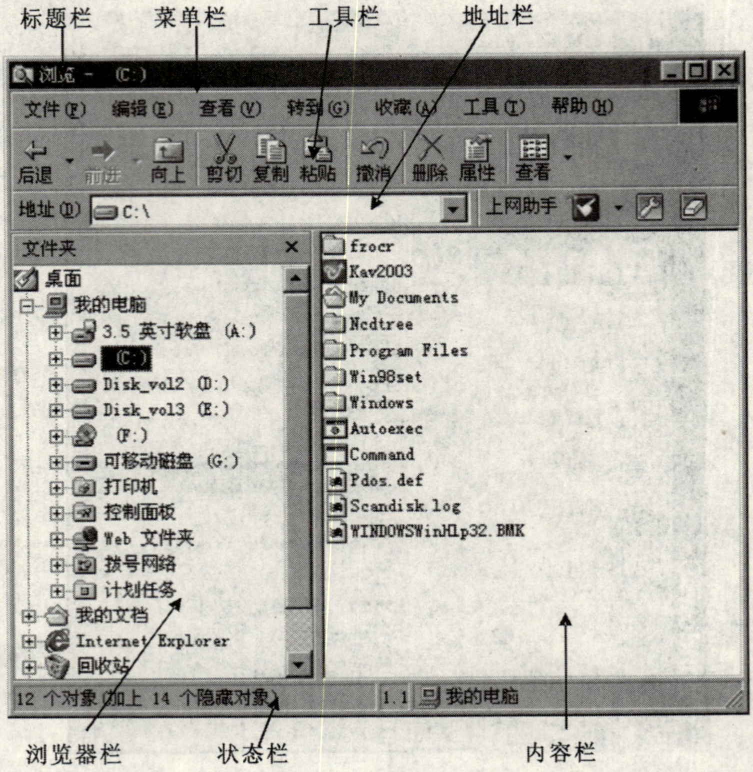

图 3—20　Windows 资源管理器窗口

夹的内容。当在文件夹树中选定另一文件夹时，该文件夹的内容随即显示在右半部的窗口中。内容栏显示当前打开文件夹的详细内容，可以看到在每个文件前都有一个图标，每个图标都有其具体含义，表明该文件的属性或它的打开方式。一般说来，双击一个文件都可以根据此文件的属性将其打开。

从图 3—20 中的滚动条可以看出，浏览器栏中还有未显示出来的内容，使用滚动条，可以使其余内容显示出来。

在两栏中间是分隔条，用鼠标对准分隔条，光标变成双向箭头，这时向左右拖曳，可以调整两栏在窗口中占据的宽度。

在 Windows 资源管理器中浏览文件和文件夹，可以根据用户的不同需要，改变资源管理器的显示方式，使操作更为便利。设置方法如下：

打开资源管理器的“查看”菜单（见图 3—21）。

单击“状态栏”，使这一项的左边打钩，资源管理器窗口的底部出现如图 3—22 所示的状态栏，显示当前选中的驱动器或文件夹的状态，包含多少文件和文件夹，占用多少磁盘容量，还有多少容量可用。如果要撤销状态栏，只要再次单击菜单中的“状态栏”。

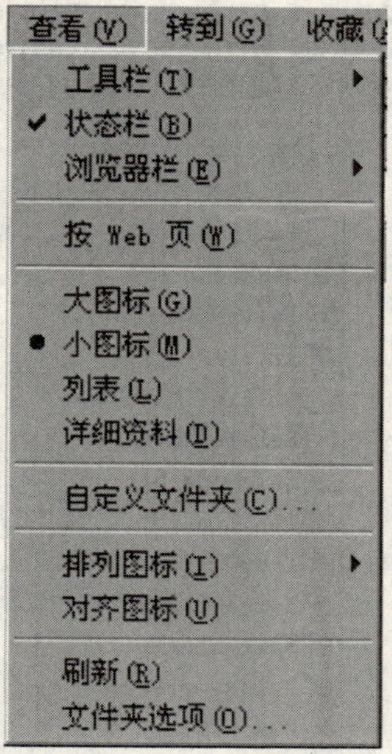

图 3—21 资源管理器的“查看”菜单

图 3—22 资源管理器的状态栏

在如图 3—21 所示的“查看”菜单中有“大图标”“小图标”“列表”“详细资料”这些菜单项，它们是决定文件夹内容栏的显示方式。选择“大图标”，文件和文件夹像图 3—23 那样显示；选择“小图标”，文件和文件夹就如图 3—24 所示；选择“列表”，显示方式与“小图标”类似，如图 3—25 所示；选择“详细资料”，每个文件或文件夹的性质、建立或

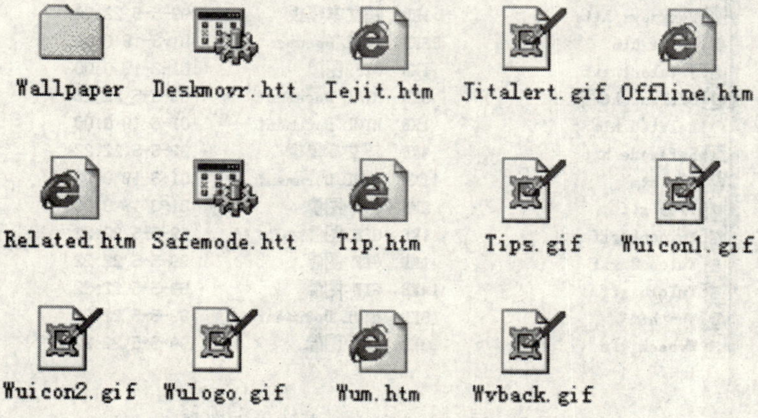

图 3—23 大图标

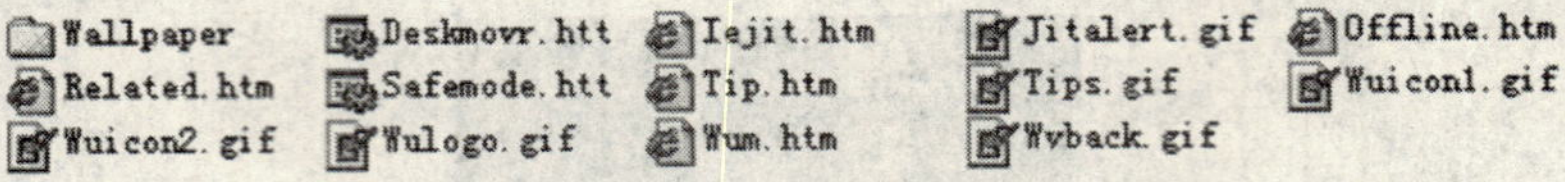

图 3—24　小图标

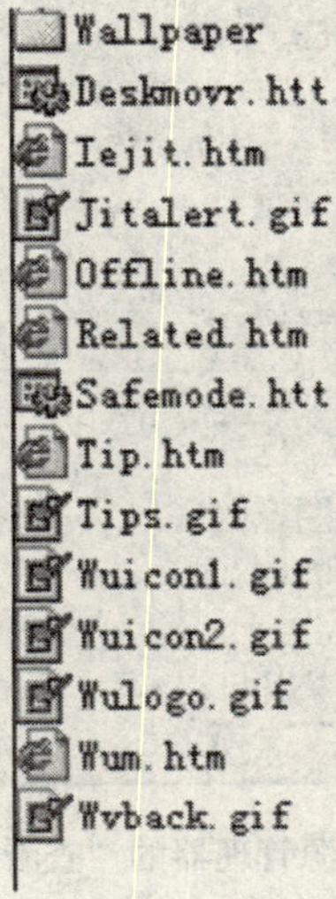

图 3—25　列表

最近一次修改的时间以及文件的大小都显示出来（文件夹的大小不显示），如图 3—26 所示。

当文件夹内容栏中内容很多时，按一定次序排列会有助于观看和寻找。在“查看”菜单中选择“排列图标”，出现下一级菜单，在其中选择“按名称”“按类型”“按大小”“按日期”，分别使文件夹内容栏中的文件和文件夹按名字、扩展名、大小、建立或最近一次

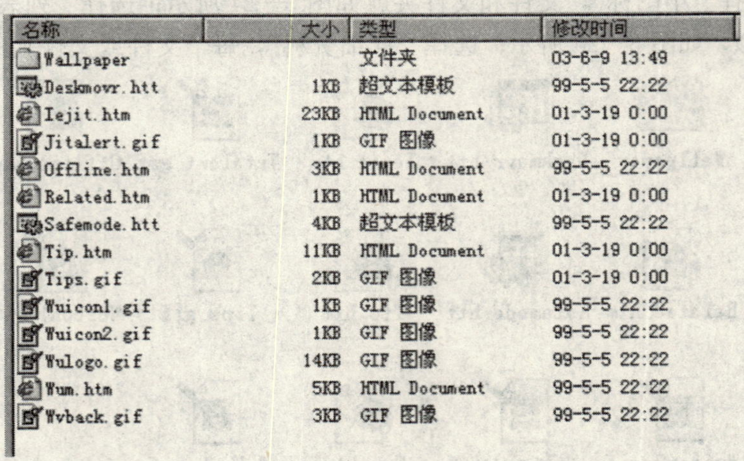

名称	大小	类型	修改时间
Wallpaper		文件夹	03-6-9 13:49
Deskmovr.htt	1KB	超文本模板	99-5-5 22:22
Iejit.htm	23KB	HTML Document	01-3-19 0:00
Jitalert.gif	1KB	GIF 图像	01-3-19 0:00
Offline.htm	3KB	HTML Document	99-5-5 22:22
Related.htm	1KB	HTML Document	01-3-19 0:00
Safemode.htt	4KB	超文本模板	99-5-5 22:22
Tip.htm	11KB	HTML Document	01-3-19 0:00
Tips.gif	2KB	GIF 图像	01-3-19 0:00
Wuicon1.gif	1KB	GIF 图像	99-5-5 22:22
Wuicon2.gif	1KB	GIF 图像	99-5-5 22:22
Wulogo.gif	14KB	GIF 图像	99-5-5 22:22
Wum.htm	5KB	HTML Document	99-5-5 22:22
Wvback.gif	3KB	GIF 图像	99-5-5 22:22

图 3—26　文件和文件夹的详细资料

修改的时间排列。

三、磁盘驱动器操作

文件系统是计算机资源的主要部分，在硬盘驱动器下保存着系统文件及应用程序，文件系统的维护、浏览也主要是针对驱动器来进行操作的。

1. 磁盘驱动器快捷菜单

在图 3—20 所示的资源管理器窗口中用鼠标右键单击 C 盘驱动器图标，则弹出快捷菜单，如图 3—27 所示。

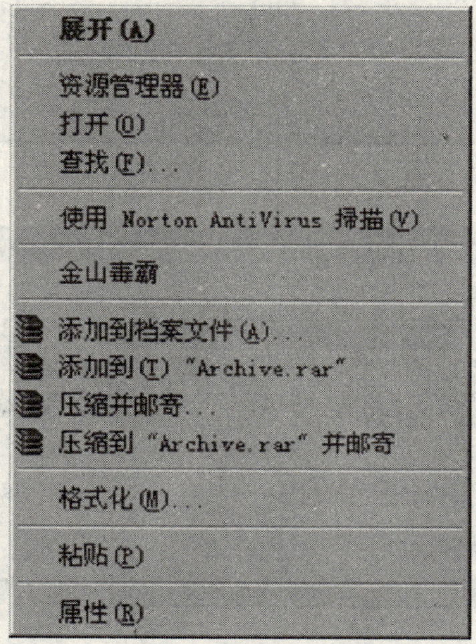

图 3—27 右击 C 盘驱动器图标弹出的快捷菜单

下面介绍驱动器快捷菜单中的一些选项。

(1) 打开。为浏览此驱动器的内容而打开一个单独的窗口。

(2) 查找。打开查找实用程序，帮助找到驱动器中的文件和文件夹，如图 3—28 所示。

(3) 格式化。打开一个对话框，系统显示如图 3—29 所示。在此对话框中，可以对计算机上的软盘及硬盘进行格式化操作。

图 3—29 所示为对软盘进行格式化的对话框。当然，用户也可以对硬盘进行格式化，只要是该硬盘中不含有正在使用的 Windows 系统即可。

(4) 属性。单击该项，显示一个属性对话框，可以在此对话框内浏览和改变驱动器的信息与设置。对于不同的驱动器类型，菜单的内容是不同的。图 3—30 所示是单击 C 盘系统显示的“属性”对话框。

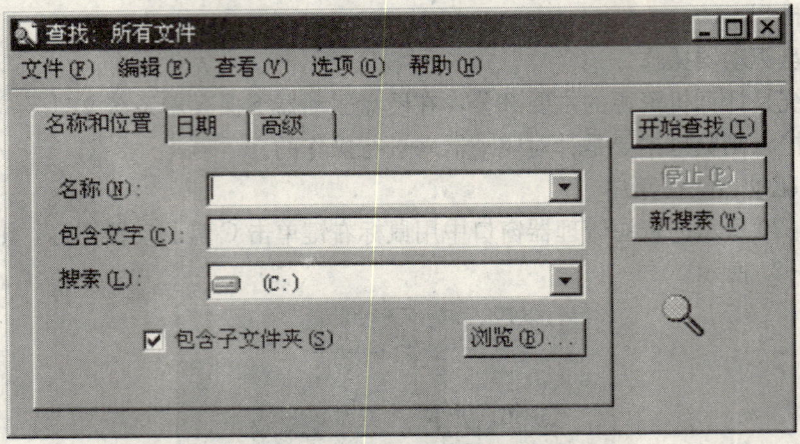

图 3—28　查找文件和文件夹对话框

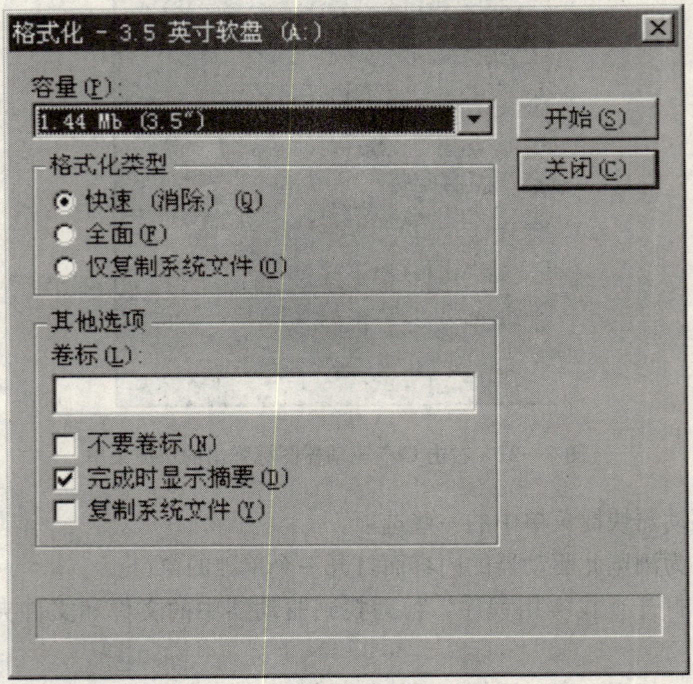

图 3—29　软盘格式化对话框

（5）驱动器的设置。在驱动器的快捷菜单中单击“属性”选项，系统显示如图 3—30 所示的对话框。其中有两个选项卡“常规”和“工具”。

1）常规。在此选项卡下列出了驱动器容量与使用情况，同时在此窗口内可以改变磁盘卷标，在卷标栏内键入一个新的名称，则为驱动器起了一个新名。在对话框的下半部分，磁盘空间使用情况用圆饼图标示出来，这样资源的使用情况一目了然。

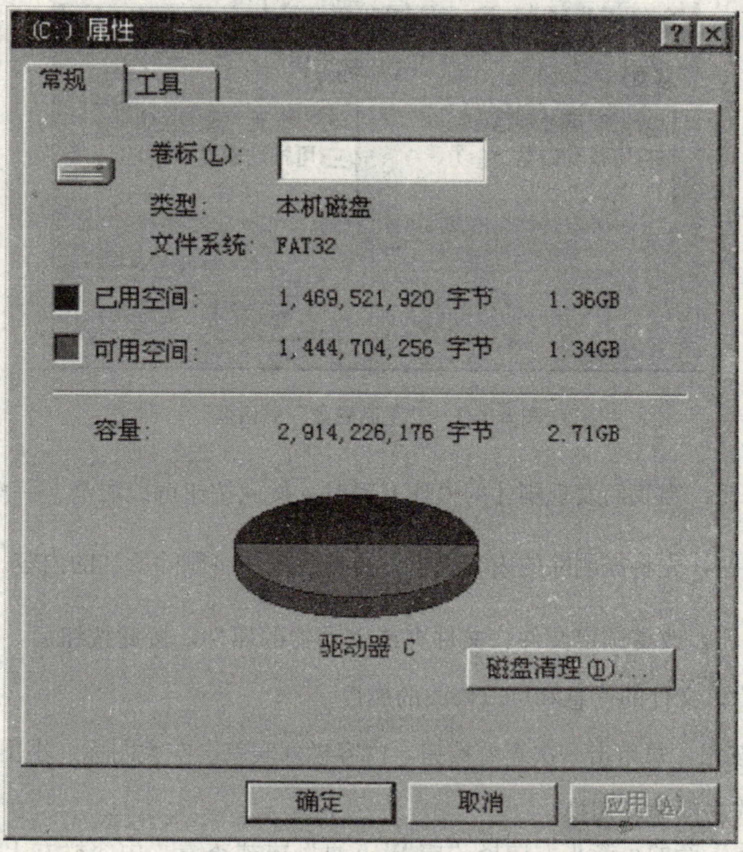

图 3—30 C 盘的属性对话框

2）工具。在此选项卡下，可以进行磁盘查错、备份及碎片整理操作。这些简单实用的磁盘工作使磁盘的使用更加高效可靠。

（6）复制磁盘。在软盘驱动器和可移动磁盘的右键菜单中有此选项。单击该选项，系统则出现如图 3—31 所示的对话框。选择了源盘及目标盘之后，单击“开始”按钮则开始软盘复制。

四、其他命令的操作

除了上述内容外，我们对资源管理器中的其他部分再作一些介绍。

剪切按钮，它可将选上的内容删除并拷贝到剪贴板上。

复制按钮，它可将需复制的内容复制在剪贴板中。

粘贴按钮，可以将剪贴板上的内容粘贴到指定的文件夹中。

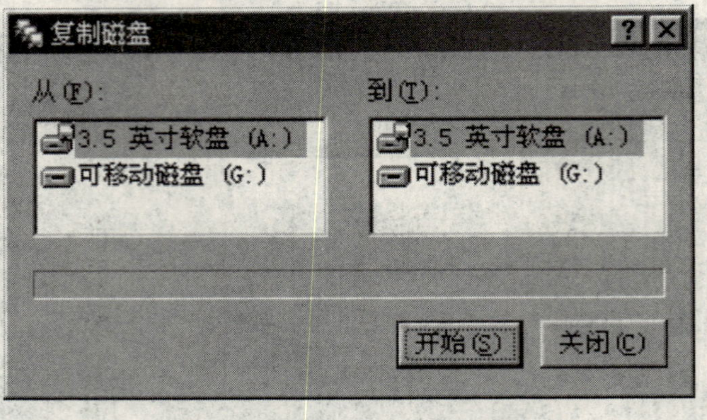

图 3—31　“复制磁盘”对话框

撤销按钮，当我们发现刚才的操作有误时，按此按钮可以取消上一次的操作。

删除按钮，先将需删除的内容选上，再按此按钮将删除所选的内容。

属性按钮，改变选定文件、文件夹或驱动器的属性，按此按钮后，会弹出一个对话框，上面显示该文件的信息和可以修改的属性。

查看按钮，每单击一次查看按钮，内容栏列表就会在大图标、小图标、列表、详细资料四种方式之间循环切换。

单击“查看”旁的小箭头，选择“按 Web 页”方式查看，内容栏左上角就会多出一块 Web 风格的内容，单击内容栏中的某个文件项，还可显示该文件某些属性。

地址栏也是工具栏的一部分，如果没有，可单击“查看”菜单，选择工具栏中的“地址栏”（见图 3—32）。地址这个概念来源于因特网，原是用以标识因特网上主机及 Web 网页位置的，Windows 98 中的地址栏不仅可访问 Web 网页，而且还可快速浏览所有的系统资源，如输入“C:\windows \ system”，则可直接访问该文件夹。

在缺省情况下，资源管理器窗口不显示链接栏，选中“查看”菜单工具栏的“链接”项即可显示，如图 3—33 所示。如果看不到链接栏的具体内容，可按住“链接”按钮前的小竖条，把它拖到地址栏中间的位置或干脆拖到地址栏的下一行。单击“链接栏”中的一个链接，就可快速启动 IE 并显示相应网页，用户可把自己最常访问的网址设在链接栏中以方便自己随时访问。

Windows 98 的菜单栏提供了一系列命令操作的标准方式，部分命令我们已经讲过了，下面简单介绍一下其他没讲过的命令。

1. 文件菜单

当我们选择了一个文本文件后再单击文件选项，可以看到有几个我们未涉及过的命令：

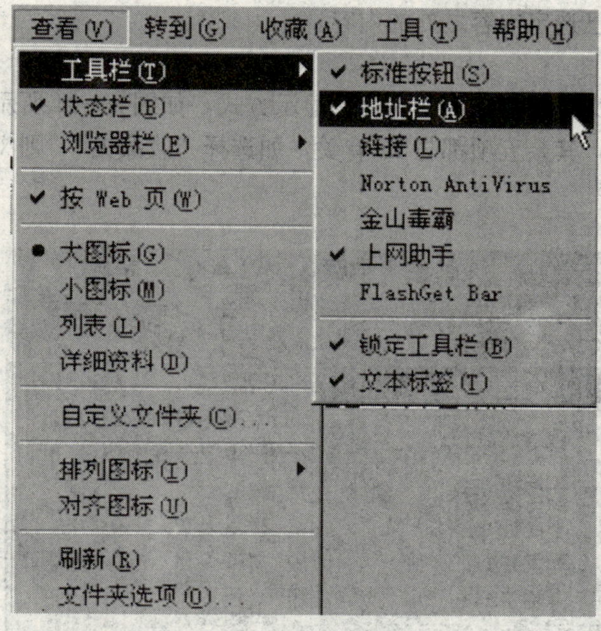

图 3—32　选用“地址栏”

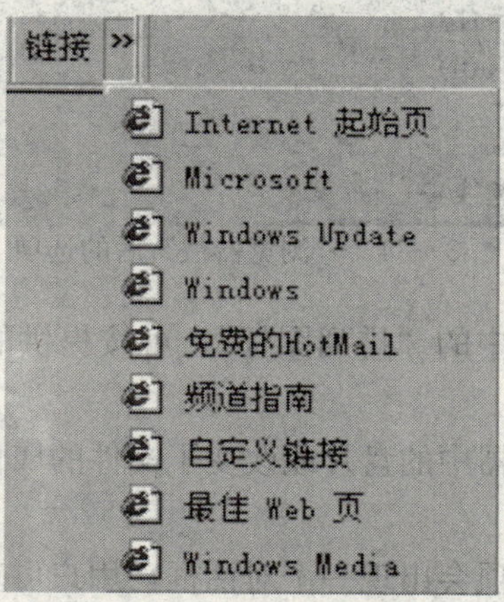

图 3—33　“链接”项

(1) 打开。以特定的方式打开选择的文件。

(2) 打印。如果已安装了打印机的话，可以把选择的文件输出到打印机。

(3) 快速查看。可以在不需编辑的情况下，快速浏览该文件的内容。

(4) 关闭。单击此项可关闭资源管理器。

2. 编辑菜单

单击菜单中“全部选定”项，可把当前内容栏中的所有内容全部选上。单击“反项选择”项，可选定当前已选定内容之外的内容。

3. 查看菜单

（1）浏览器栏。浏览器栏下面共有六种显示方式，如图3—34所示，前面我们已经讲过了“文件夹”方式，其余五项都与IE有关，如选择“收藏夹”，则浏览器栏就变成了收藏夹列表。

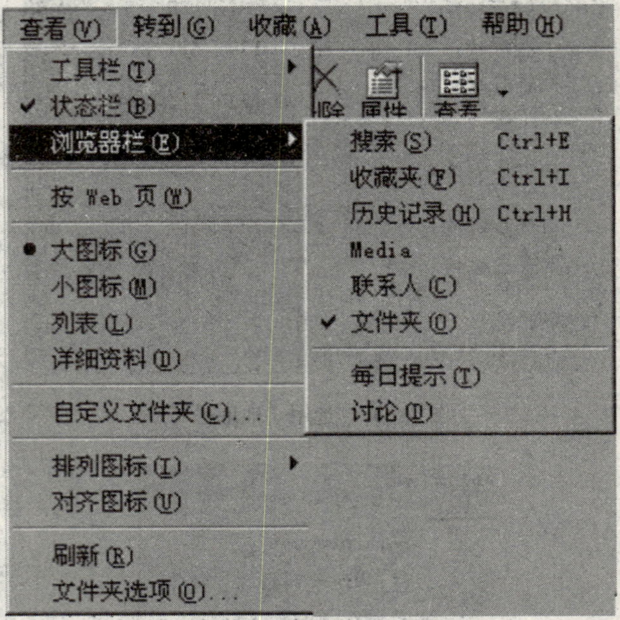

图3—34 “浏览器栏”后的选项

（2）排列图标。单击菜单中的“排列图标”，可按提供的方式对内容栏中的内容进行重新排序，如“按日期”排列。

（3）刷新。当更换了驱动器中的盘片或改变了文件的属性时，可用此命令及时获得当中的内容。

（4）文件夹选项。单击此项会出现一个对话框，用户可对显示的内容做更为细致的调整。譬如可把缺省的传统桌面风格更新为“Web风格”，单击确定，会发现桌面图标和任务栏中的所有项目名字下面都加了一条下划线，一旦鼠标移到某个文件上，箭头也会变成小手状，现在只要单击该文件即可执行，这跟Web网页的浏览方式完全一致。

4. 转到菜单（见图3—35）

它是Windows 98中新增加的，它提供了一系列进入因特网功能的快捷方式，单击“主页”“搜索”“频道指南”三个菜单项可直接转到相应的网页或地址选择栏，而“邮件”“新闻”“我的电脑”“通讯簿”“Internet 呼叫”则可不用退出当前的环境而直接启动这些应用程序或打开某个文件夹。

5. 收藏菜单

它也是 Windows 98 新增的功能，如图 3—36 所示。其最初的概念也来源于 IE，在 IE 中可把经常访问或精彩的网址集中于收藏夹中，Windows 98 的收藏夹除了上述功能之外，还可把主要的文件或资源放入收藏夹中，以方便存取。

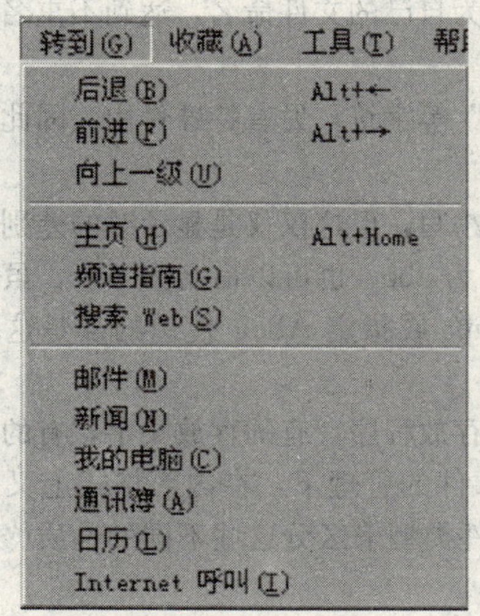

图 3—35　“转到”菜单

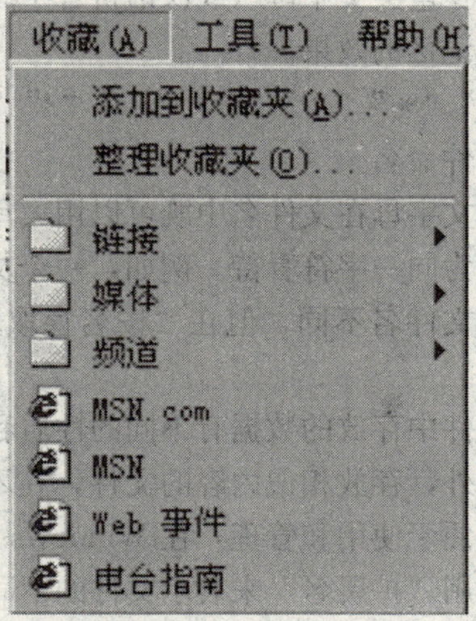

图 3—36　“收藏”菜单

6. 工具菜单

工具菜单的“查找”项功能与开始菜单的查找项完全一样，如图 3—37 所示。

图 3—37　“工具”菜单

五、文件名和文件类型

在计算机上，数据和各种信息都是保存在文件中的。文件是一组相互关联信息的集合，例如，文件可以是一个应用程序，如图像处理程序、打印程序，或者是一段文字如信函或备忘录那样的文本，或者由计算机数据等组成的信息。磁盘上的信息是以文件为基本单位组织存储的。存储在磁盘上的文件称为磁盘文件，简称文件。

一台计算机的外存储器中可以有很多文件，为了识别，每个文件都有唯一的确定的一个名字，称为文件名，在需要使用时，指定文件名，就可以“按名存取”。

文件名由英文字母、汉字、数字、标点符号等字符组成。Windows 98 可以使用多达

255个字符，即127个汉字的长文件名，譬如，可以把一个文件命名为“2003年3季度预算计划”，这显然比绞尽脑汁想一个文件缩写名强多了。这就使文件的管理者能够为每一个文件起一个好的名字，清楚地表达文件的内容、性质，便于从许多文件名中准确辨认。但是，过长的名字不便于记忆，包含汉字的名字不便于输入，因此，在一般情况下，人们还是用少量英文字母（或汉语拼音字母）和数字来为自己的文件命名，达到不重名、易输入、易记忆的效果。

“?”“*”“>”“<”“|”“/”“\”“"”“:”等字符，另有特殊作用，因此不允许用于文件命名。

英文字母在文件名中既可以用大写，也可以用小写，但这仅仅是显示时的差别，实际上被作为同一字符看待。例如，一个文件可以命名为abc，也可以命名为Abc，虽然以后看到的文件名不同，但在“按名存取”时，指定abc或指定Abc，使用的都是这一个文件。

文件中存放的数据有不同的性质和用途，有的存放程序，有的存放文字，有的存放图像。另外，存放相似内容的文件，在不同的应用软件的管理下，在内部格式上又会有差异。为便于使用和管理，在Windows 98中，用文件类型来区分这些不同的性质、用途和格式，用“扩展名”来表示文件的不同类型。

扩展名又称类型名，或次文件名，它用来说明文件的类型，一般不超过3个字符。扩展名加在文件名的最后，文件名原来的基本部分被称为“主名”。在一个文件名中，主名和扩展名之间用一个小圆点分隔。例如，下面的这些文件名都是“合法”的：

ABCD12，报表.DOC，abcdEFG1234.0，TEST#_123.TXT

而下面这些就是“不合法”的文件名：

ABC?12.TXT，成绩分析.1：2，TEST*.DAT

人们习惯用扩展名来称呼某一类型的文件，例如，以EXE为扩展名的程序文件叫“EXE文件”，以TXT为扩展名的简单文本文件叫“TXT文件”，以BMP为扩展名的图像文件叫“BMP文件”，以DBF为扩展名的数据库文件叫“DBF文件”，由Word产生的以DOC为扩展名的文档文件叫“DOC文件”，同样由Word产生的以RTF为扩展名的文档文件则叫“RTF文件”，等等。

为了取得更生动直观的效果，Windows 98还用形形色色的文件图标来表现文件的类型。图3—38中从左到右依次是GIF文件、DOC文件、XLS文件、TXT文件和EXE文件的文件图标。

另外，为了确保与以前带扩展名的DOS和Windows应用程序兼容，Windows 98保

图3—38　文件图标

留了文件扩展名，不过在缺省情况下，它们不显示。若要它们显示，则可选择“查看”菜单中的“文件夹选项...”，在其“查看”选项卡下修改有关文件扩展名的复选框即可，如图 3—39 所示。

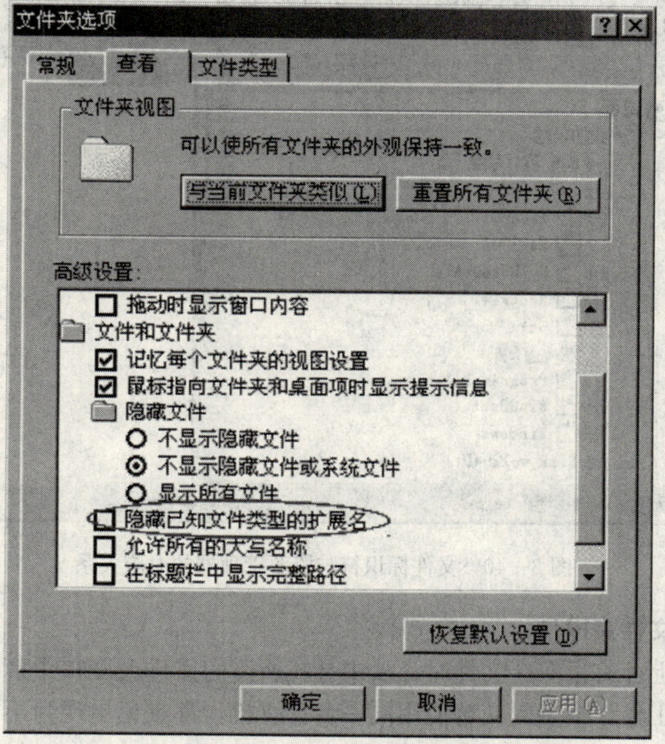

图 3—39　设置是否显示文件的扩展名

六、文件标识符

资源管理器以形象的方式表现磁盘上文件的组织结构，操作者能够方便直观地从中找到和指定任何一个文件。但是，在有些情况下，需要以文字形式来指定一个文件，这时就要使用文件标识符。

一个文件标识符由盘符、路径、文件名三部分组成，其中盘符指明文件所在的磁盘，由一个字母和冒号组成，例如，A：表示 A 盘，C：表示 C 盘；路径指明文件所在文件夹，从最外层的文件夹开始，逐层写出文件夹名，两个文件夹之间用反斜杠“\”分隔。各部分之间也用反斜杠“\”分隔。

综上所述，一个完整的文件标识符是：[<盘符>:] [<路径>\] <主文件名> [.<扩展名>]。

例如，在图 3—40 所示的结构中，文件夹 cj 中的文件 readme. txt 的文件标识符是“C:\osta\cj\readme. txt”。

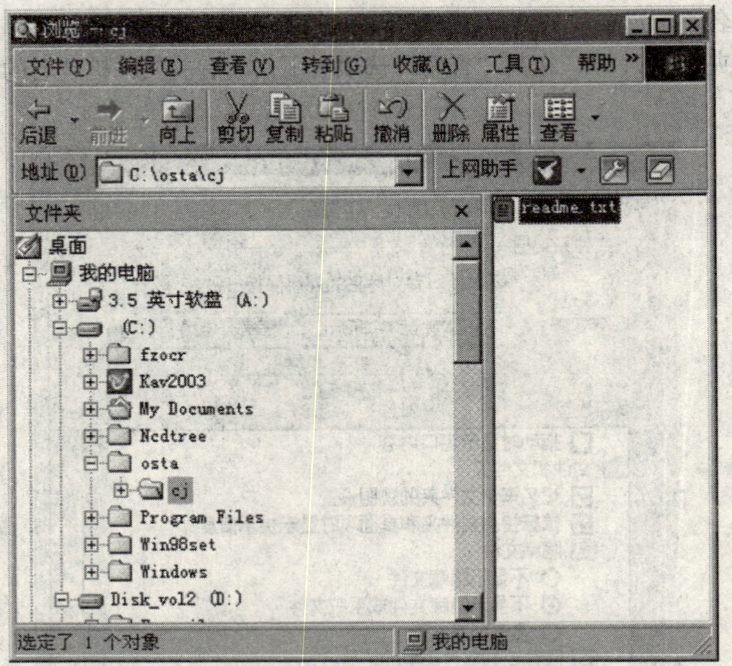

图 3—40 文件标识符与资源管理器的对应关系

七、文件和文件夹操作

当一个磁盘上存有很多个文件时，从中寻找所需的文件会变得很麻烦。另外，用同一台计算机做多项工作，或多人交替使用同一台计算机，都难免出现为不同的文件起同样的文件名的情况，这就要导致冲突和混乱。

为了解决这一问题，Windows 98 为用户提供了“文件夹”。顾名思义，文件夹就是放置文件的容器，但 Windows 98 中的文件夹，不是真实有形的物体，而是一种比喻，一种文件组织方法。

在 Windows 资源管理器用图标表示文件夹，图标表示软盘，图标表示硬盘，图标表示可移动磁盘。

1. 文件夹的操作

（1）创建一个新文件夹。用户如果要在某一个文件夹中建立一个新的文件夹，则首先需要选中该文件夹，例如，要在 C 盘文件夹“My Documents”下建立一个文件夹，应先选中“My Documents”图标，然后下拉“文件”菜单，选中“新建”选项以便弹出其下级子菜单。在子菜单中选择“文件夹”选项并单击，这时在资源管理器窗口中会显示“新文件夹”的图标，如图 3—41 所示。

现在就可以为该新建文件夹键入名字，即可完成此文件夹的创建。

（2）重新命名文件夹。用户可以用以下三种文件方法来重新命名文件夹。例如，要为

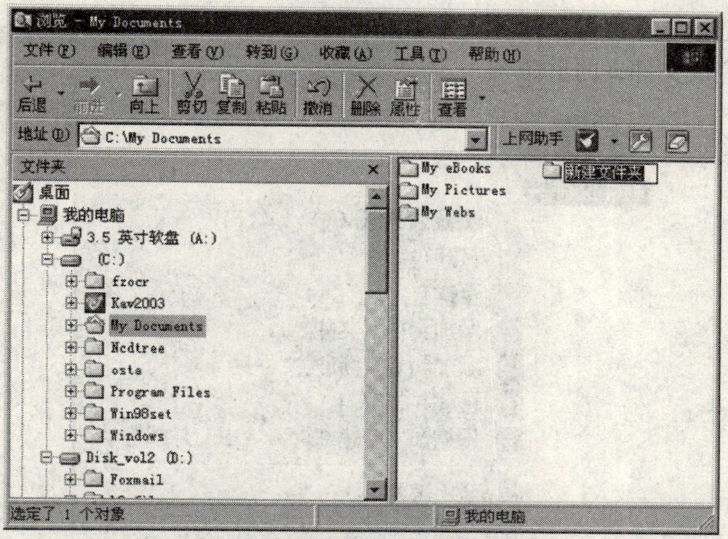

图 3—41 新建文件夹

“新建文件夹”重新命名，则这三种方法步骤如下：

1）使用“文件”菜单。选中“新建文件夹”文件夹图标，下拉“文件”菜单，单击“重命名”选项，则所要更改的文件夹名变为可编辑状态。键入想要的文件夹名字，例如，“NEW”，然后在窗口空白处单击鼠标或按回车键，则完成更改文件夹名的操作。此时名为“NEW”的文件夹显示在窗口中，如图 3—42 所示。

2）使用快捷菜单。用鼠标右击“新建文件夹”图标，如图 3—43 所示，系统将显示

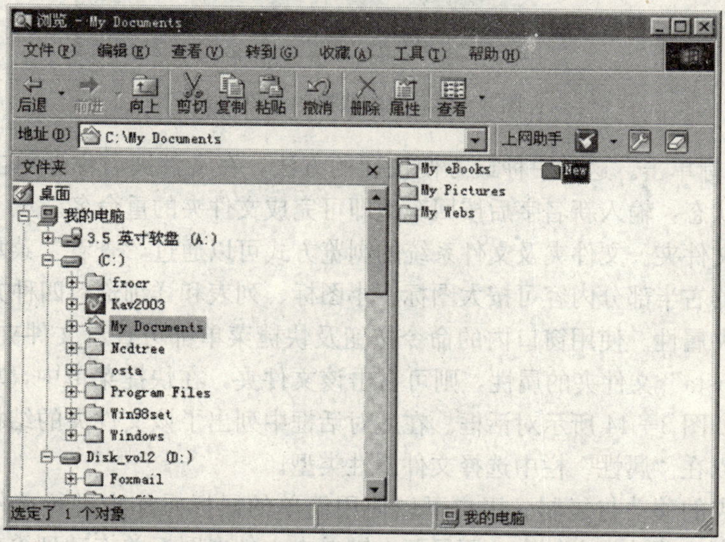

图 3—42 文件夹的重命名

其快捷菜单，选择“重命名”选项，并单击它，则文件名变为可编辑状态，输入新名字后按回车键即可完成文件夹的重命名。

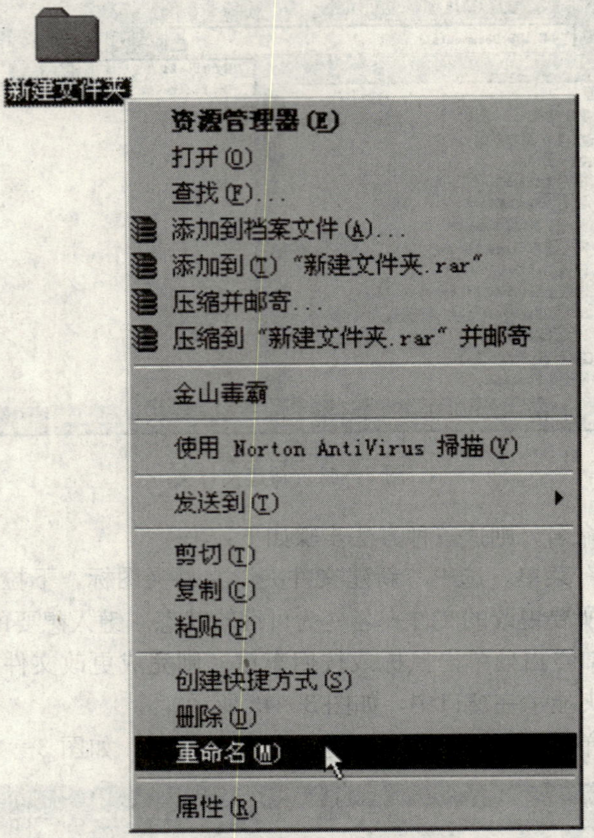

图 3—43　使用快捷菜单重命名

3）使用鼠标单击。这是一种最方便快捷的方法，在文件夹名称处单击则立即出现文件夹名的编辑状态，输入新名字后按回车键即可完成文件夹的重命名。

（3）浏览文件夹。文件夹及文件系统的浏览方式可以通过“查看”菜单中的选项来调整。资源管理器右半部分内容可按大图标、小图标、列表和详细资料四种方式显示。

（4）文件夹属性。使用窗口内的命令按钮及快捷菜单都可查看文件夹的属性。例如，要查看 C 盘“osta”文件夹的属性，则可右击该文件夹，在快捷菜单中，单击“属性”选项则系统显示如图 3—44 所示对话框。在此对话框中列出了该文件夹的结构及大小位置等信息，同时可以在“属性”栏中选择文件属性类型。

（5）文件夹的移动与复制。用户可以使用简单的鼠标操作来进行文件夹的移动与复制。选中要复制或移动的文件夹，用鼠标右键单击文件夹图标并拖动到希望移动或复制到的位置。

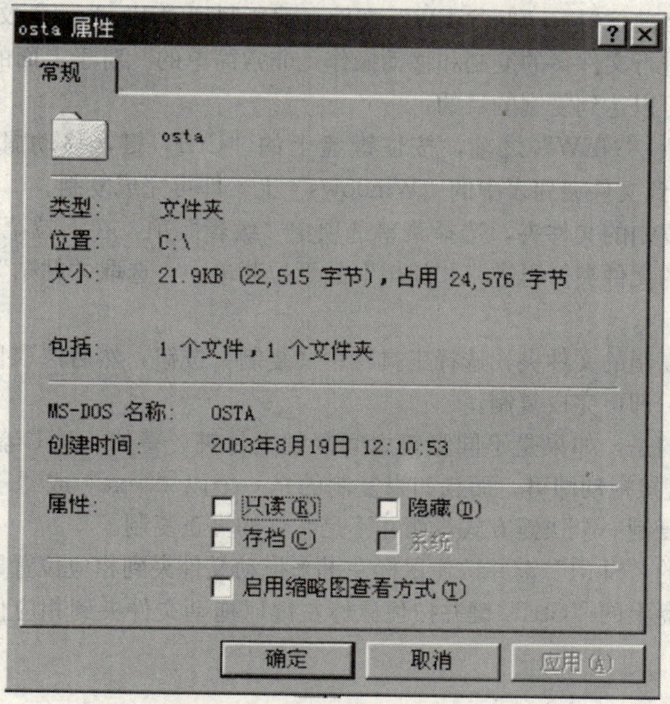

图 3—44　文件夹的属性

释放鼠标右键则会弹出一个菜单（见图 3—45），其中四个选项分别如下：

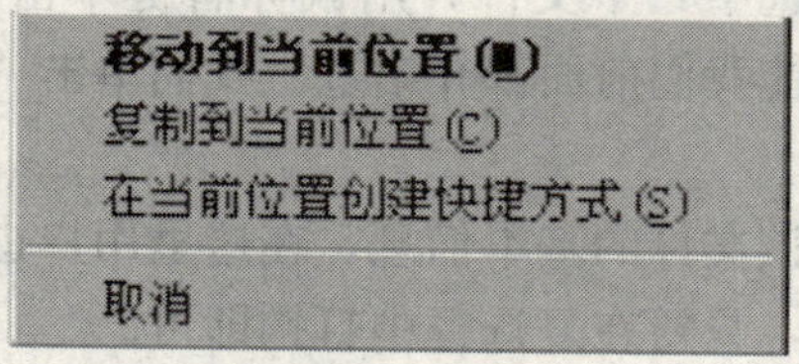

图 3—45　移动或复制文件夹的快捷菜单

1）移动到当前位置。选择此项则文件夹从原位置移到释放鼠标的位置，在原处该文件夹不再存在。

2）复制到当前位置。选择此项文件夹复制到鼠标释放的位置，但在原位置仍保留有原文件夹。

3）在当前位置创建快捷方式。选择此项则为文件夹创建了快捷启动方式。

4）取消。选择此项则不做当前操作。

例如，要将 C 盘下的“My Documents”文件夹中的“NEW”文件夹复制到 C 盘下的“Windows”文件夹中，则可用鼠标选中资源管理器左窗口中“My Documents”中的“NEW”文件夹，单击鼠标右键并拖动到“Windows”文件夹，释放鼠标并在弹出的菜单中选择“复制到当前位置”，则“NEW”文件夹就复制到“Windows”文件夹中。

由此可见，进行文件夹的复制和移动操作是非常简单的。对于上面的例子，事实上还有几种方式同样可以达到复制的目的。

• 拖动文件夹“NEW”之前，按住键盘上的“Ctrl”键，移动鼠标时会出现一个“+”号，将其拖到文件夹列表中的“Windows”上，即可完成复制。

• 选取所需复制的文件夹，选择菜单选项中“编辑”项，在下拉菜单中选择“复制”项，然后选取目的文件夹，再进入“编辑”的下拉菜单中，选取“粘贴”项，即可完成复制。

• 选取所需复制的文件夹，选择工具栏中“复制”按钮，然后选取目的文件夹，再单击“粘贴”按钮，即可完成复制。

这里要注意的是，如果是不同盘符之间复制文件夹，譬如，从C盘到D盘，不必按下“Ctrl”键，直接拖动即可，而且如果复制的是一个以“. exe”或“. com”结尾的可执行文件，系统只复制一个快捷方式，而并不是文件的真正复制。

按住键盘上的“Shift”键并按住鼠标左键来拖动文件夹到相应位置即可完成文件夹移动操作。按住键盘上的“Ctrl”键并按住鼠标左键以拖动文件夹到相应位置即可完成文件夹的复制操作。

2. 文件操作

磁盘上的文件操作是系统维护与管理的主要工作。在资源管理器中，所有的文件操作都可以方便快捷地完成。

（1）文件的快捷菜单。选中一个文件，用鼠标右键单击它的图标即可弹出其右键菜单，菜单中大多数选项的功能我们前面都介绍过。我们单击“属性”选项来看一下文件属性对话框，如图 3—46 所示。

对话框中详细地列出了该文件的基本信息。在这里用户也可以修改文件类型属性，以使文件隐藏或成为只读文件，只要在复选框中打钩即可。

（2）复制与移动文件。复制与移动是最基本的文件操作，在整理文件系统时经常要用到它们。复制是一个文件的复本，而使源文件原封不动。移动就是把文件从原来的地方移走，然后放在一个新的位置上。

事实上需要复制与移动文件的情况很多，因此 Windows 98 为这种操作提供了便捷快速的操作方法，与文件夹的移动和复制很相似。一般有以下三种简单易行的方法来移动和复制文件：

1）拖放。用鼠标单击一个文件并拖动到新的位置。拖放技术在能够同时看到要移动或复制的源对象与目标对象时使用起来最方便。在拖放一个对象以前可能需要做一些窗口大小及浏览方式的调整，以使目标对象及源对象可见。

例如，要把“C：\ OSTA \ CJ \ README. TXT”文件复制到“C：\ My Document \ NEW”文件夹中，用户可操作如下：

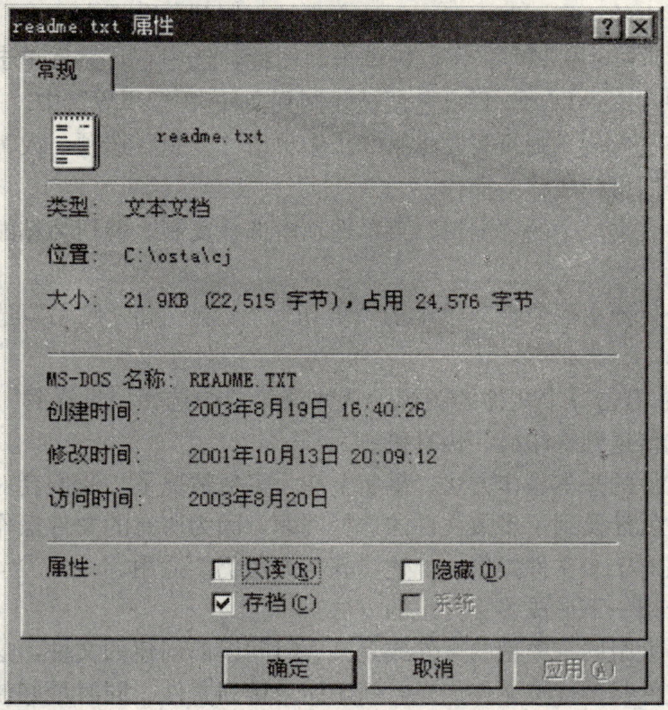

图 3—46 文件的“属性”窗口

①启动资源管理器，在左半部分展开“C：\ OSTA”文件夹，单击“CJ”选中该文件夹；

②用鼠标右击右边内容列表中的 README. TXT 文件图标并拖动到左窗口中的“NEW”文件夹图标上，此时的“NEW”文件夹图标反白显示，释放鼠标则弹出快捷菜单，如图 3—45 所示。

③单击“复制到当前位置”选项，则文件“README. TXT”就复制到了文件夹“NEW”中。

我们看到使用鼠标右键的拖动技术，释放鼠标后总有菜单弹出，所以根据菜单中的选项来选择所要做的操作，这就为是否真的希望进行复制或移动操作提供了确认方式，防止了移动与复制间的误操作。

2）剪切、复制和粘贴。在目标对象与源对象在窗口中都可见的情况下拖动技术是方便的，但如果已在一个文件夹的单独窗口中工作，而且目标是一个还没有打开的文件夹或者被别的文件夹遮挡而不可见，那么就无法使用拖放技术了。用户可以使用剪切、复制与粘贴技术来完成复制、移动操作。

我们同样以前面的文件复制为例来讲述，其操作步骤如下：

①选中“README. TXT”图标。

②单击工具栏中的“复制”按钮，则该文件被复制到剪贴板中。

③找到目标文件夹“NEW”，用鼠标单击其图标，选中它，然后单击工具栏中的“粘贴”按钮，则文件“README. TXT”便被复制到文件夹“NEW”中。

如果要移动该文件夹，则只需要将第②步中单击“复制”选项，改为单击“剪切”选项，其他步骤不变即可完成移动操作。

也可以从文件夹窗口中的“编辑”菜单选项中选择复制、剪切与粘贴命令来完成文件复制、移动操作。

利用鼠标右击后弹出的快捷菜单中的“剪切”“复制”和“粘贴”选项也可完成文件的复制、移动操作。

3）快捷菜单。右击一个文件的图标，从快捷菜单中选择“发送到”选项即可把相应文件复制到磁盘或传送到打印机、传真机。

以上介绍了文件的基本操作方法，事实上在大多数情况下，我们会对许多文件一起进行各种操作，这时就涉及到了多数文件的选择问题，因为所有的文件操作方式与文件的个数是无关的，所以对于多文件操作，上述步骤与方法仍然适用。

我们下面只介绍一下形成多文件组的方法：

如果要选择一大组同一类型的文件或是某一时间以前创建的文件，这时就需使文件列表规则化，即按文件类型或按文件创建时间顺序来排列文件。同时最好使文件浏览窗口最大化以便看到尽可能多的文件。

如在文件夹“OSTA”中，要选中所有扩展名为“DOC”的文件，则可使文件列表按文件类型顺序来排列。这时窗口如图 3—47 所示。

单击第一个 DOC 文件“C401. DOC”的图标，然后按住“Shift”键，再单击

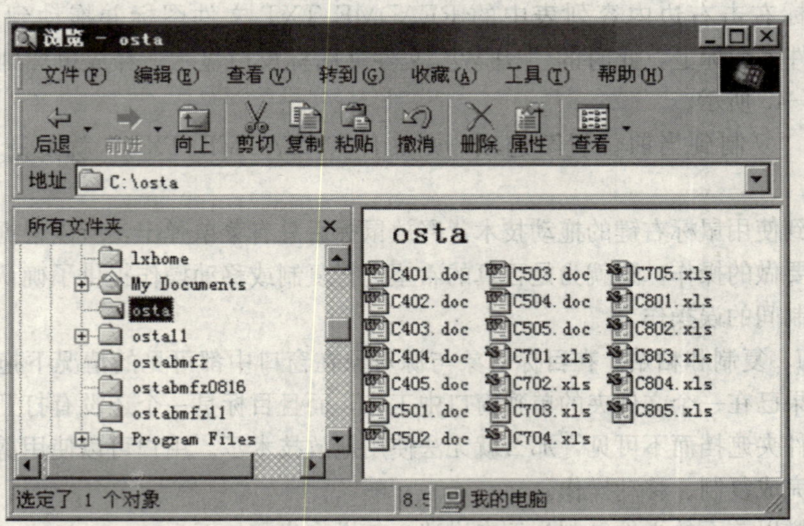

图 3—47 按文件类型来排列

"C505. DOC"，这时所有扩展名为"DOC"的文件都被选中并反白显示，如图 3—48 所示。

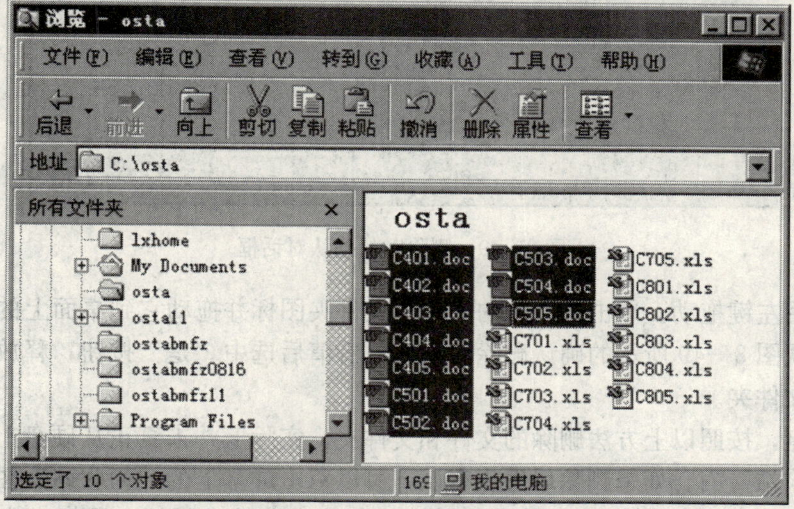

图 3—48 选中连续文件

在窗口内空白处单击鼠标则选中文件被取消。

要选择多个非连续的对象，则应按住"Ctrl"键，被单击的文件都被选中。

选择一串连续文件的另一个方法是，在要选择的文件周围拖动鼠标则出现一个虚框，虚框内包围的文件即反白显示，释放鼠标后，虚框包围的文件都被选中。

使用"编辑"菜单中的"全部选定"命令则可将窗口内的文件全部选中，使用"反向选择"命令则可选中所有当前操作中未被选中的文件，并且取消先前操作中所作的选择。

只要选好了一组对象，剩下要做的工作就是单击对象之一并拖动（拖动时每个对象的阴影都随着鼠标在屏幕上移动），并按前面介绍的基本操作步骤来做即可完成一组文件的操作。

3. 删除文件或文件夹

删除无用的文件和文件夹，可以使磁盘得到更有效的利用。

删除文件或文件夹可以有许多方法：

(1) 使用"文件"菜单。选中要删除的文件或文件夹，然后单击"文件"菜单，选择"删除"选项，屏幕出现如图 3—49 所示的确认删除对话框，看清后选中"是"按钮，即可删除该文件或文件夹。

(2) 使用快捷菜单。用鼠标右击要删除的文件或文件夹，在快捷菜单中单击"删除"选项，屏幕出现如图 3—49 所示的确认删除对话框，看清后选中"是"按钮，即可删除该文件或文件夹。

(3) 使用键盘。选中要删除的文件或文件夹，按键盘上的"Delete"键，屏幕出现如图 3—49 所示的确认删除对话框，看清后选中"是"按钮，即可删除该文件或文件夹。

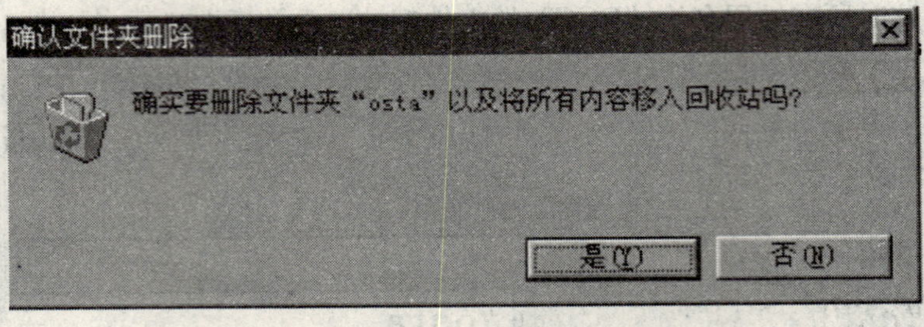

图 3—49　删除时的确认对话框

（4）使用左键拖动。单击要删除的文件或文件夹图标并拖动它到桌面上的回收站图标上，屏幕出现图 3—49 所示的确认删除对话框，看清后选中“是”按钮，释放鼠标即可删除该文件或文件夹。

对于硬盘，按照以上方法删除的文件和文件夹，实际上并未真正从硬盘上消失，而是保存在“回收站”内。如果删除后发现有误，可以双击屏幕上的“回收站”图标，产生如图 3—50 所示的窗口，在窗口中找到误删除的文件或文件夹图标，鼠标右击，弹出如图 3—51 所示快捷菜单，选择“还原”，即可恢复误删除的对象。

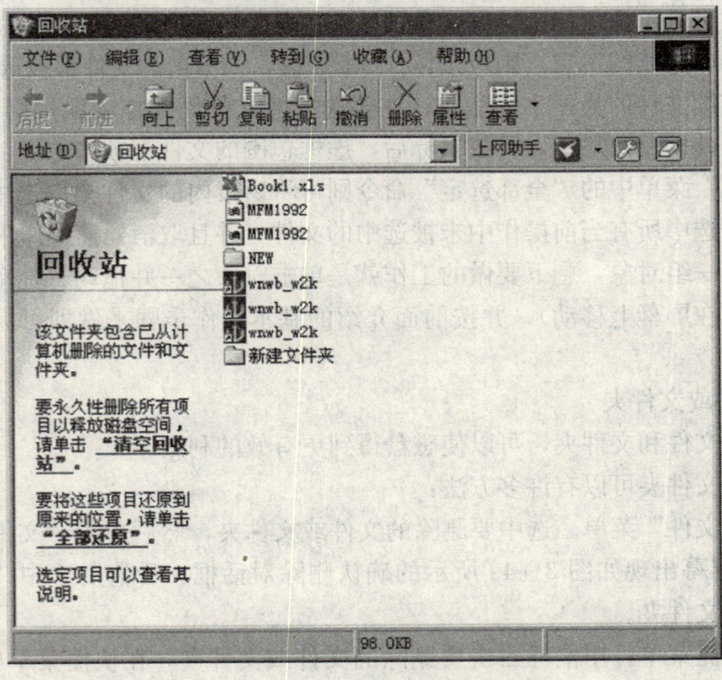

图 3—50　“回收站”窗口

回收站是建立在硬盘上的，被删除的文件和文件夹进入回收站，虽然为恢复准备了条件，但仍占据了硬盘的空间。如果硬盘容量不宽裕，就应当经常清理回收站，把那些肯定无用的文件和文件夹真正从硬盘上清除掉。在回收站窗口中，右击一个文件或文件夹图标后，选中“删除”，再在如图 3—52 所示的对话框中单击“是”按钮，就彻底清除了这个图标代表的文件或文件夹。

在回收站窗口的菜单栏上选择“文件”，再选中“清空回收站”，或者直接点击图 3—50 中左边的“清空回收站”，然后在图 3—53 的确认对话框中单击“是”按钮，即可清除回收站的全部内容。这就会永久删除所有项目以释放磁盘空间。

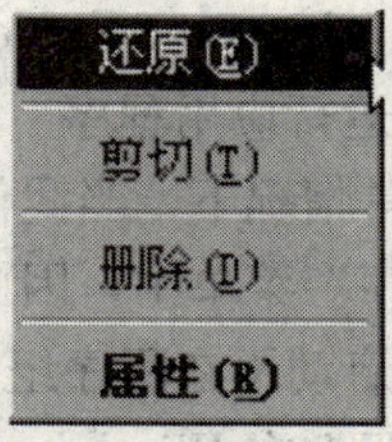

图 3—51 回收站中的“还原”快捷菜单

图 3—52 回收站的“确认文件删除”对话框

图 3—53 清空回收站对话框

第四节 运行应用程序

一、应用程序的启动与退出

应用程序是指为解决日常生活、工作中特定问题而编写的程序。Windows 98 是一个系统软件，它只是为各种应用软件提供良好的运行环境。为了完成某项工作，还要在运行 Windows 98 的基础上再运行相应的应用程序。例如，为了输入和编排文章，需要运行文字处理程序 Word 或 WPS；为了管理数据，需要运行电子制表程序 Excel 或 Lotus 1-2-3；为了使图形更加逼真、生动，需要运行 PhotoShop 或 CorelDRAW；为了到网上查找资料，需要运行 Internet Explorer 等。

1. 运行应用程序

通常情况下，当我们新购买一种应用软件后，都要进行安装。安装后的程序都会出现在“程序”菜单中，因此，我们通常在程序菜单中查找它的位置就可以启动它。

2. 启动不在程序组中的应用程序

实际上在 Windows 98 环境下，可以有多种方法启动应用程序。这些方法可以根据不同的使用场合选用。

这里介绍如何使用“运行”命令启动程序。

对于那些只是偶尔运行的某个应用程序或是此应用程序尚未加入到“程序”菜单中的组中，可以使用“运行”命令来启动需要的应用程序。使用该方法启动一个应用程序的操作步骤如下：

按下“开始”按钮，将鼠标指向“运行”并单击左键，可以看到弹出如图 3—54 所示的对话框。

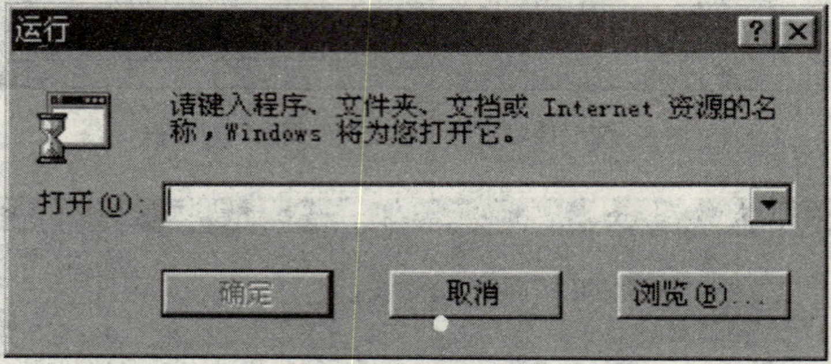

图 3—54 “运行”对话框

在“打开”文本框中输入要运行的应用程序文件的文件标识符，再单击“确定”按钮，就可开始运行。例如，要运行 Microsoft Word，可以在“打开”框中输入“C：\ Program Files \ Microsoft Office \ Office \ WINWORD. EXE”。如果不能确切地知道文件标识符，可以按“浏览”按钮，之后可以看到如图 3—55 所示的对话框出现。

单击“搜寻”下拉列表框，出现如图 3—55 所示的列表。在列表中选择需要的驱动器，然后逐层查看，找到所需的文件后，选中它，然后按下“打开”按钮或双击文件图标，被选的文件标识符就进入“运行”对话框的文本框内。

选择“确定”按钮或者按下“Enter”键（回车键），就可以启动程序了。

此外，我们还可以在桌面上为程序建立一个快捷图标，双击这个图标，或者在资源管理器下双击需要运行的文件的图标，来启动应用程序。

3. 启动多个应用程序

做好一件事情有时靠一个人是无法完成的，同样有的问题并不是一个应用软件能够完

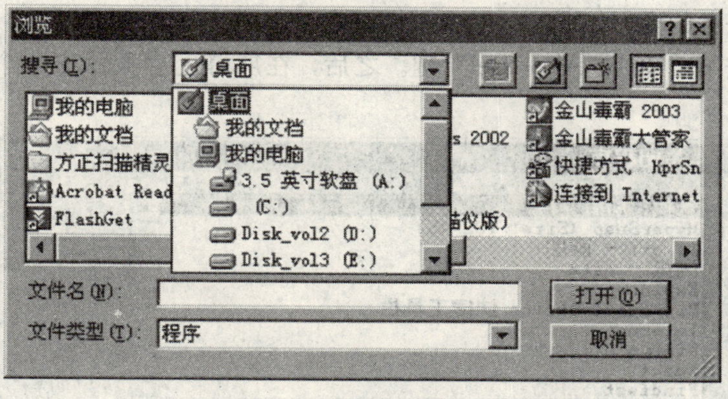

图 3—55 浏览程序文件

成的，这就需要用多个应用程序配合，各自拿出自己的看家本领才行。例如，在三维软件中建立模型，在 PhotoShop 中建立表面的材质，最后将它们合并到一起。这样就必须将这些软件启动。

启动多个程序的步骤和启动一个程序的操作没有分别。

虽然我们可以让 Windows 98 同时运行多个程序，但如果系统资源不够的话，会发现运行速度下降了，这时就必须扩充计算机的系统资源，扩充更多的内存，更换更大的硬盘等。

4. 退出应用程序

当在应用程序中完成所需的工作后，需要退出应用程序来释放它所占用的系统资源。在所有的应用程序中都提供了一条用于退出的命令，它们一般在“文件”菜单下。

也可以按下“应用程序”窗口上的关闭按钮来终止运行应用程序。

提示：在退出某些应用程序前一定要确认已经将自己的工作保存好，否则会看到一个提示对话框。例如，图 3—56 所示显示的信息，就是在记事本中没有对文档执行保存操作，而直接执行了“退出”操作。

图 3—56 退出应用程序前提示保存

5. 特殊情况下的结束任务

特殊情况下的结束任务是指：在工作中由于某种原因，必须将系统中工作的某些工作任务强行停止；或者将一个发生错误的应用程序终止，例如，对于一个陷入死循环的程序。这时结束任务的操作如下：

（1）同时按下“Ctrl＋Alt＋Del”键。之后，在屏幕上会显示出一个对话框，如图3—57所示。

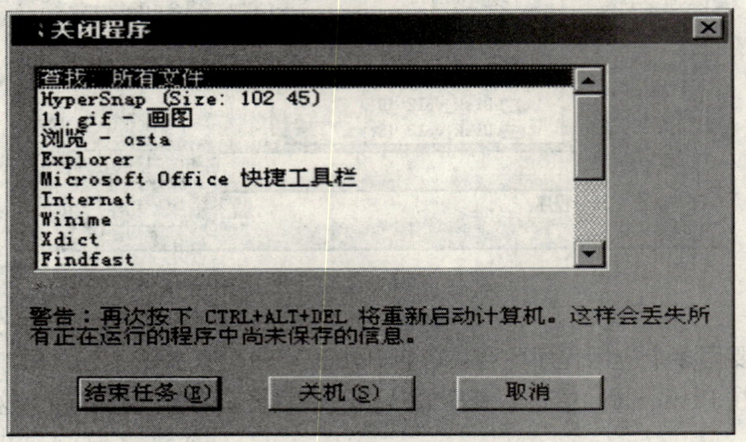

图 3—57　特殊情况下结束任务

（2）在任务列表中选择需要结束的应用程序，然后按下“结束任务”按钮。

二、应用程序的快捷方式

快捷方式是快速启动程序或打开文件或文件夹的方法，而不必转入“Windows 资源管理器”中它们的永久位置。快捷方式对经常使用的程序、文件和文件夹非常有用。如果为应用程序创建快捷启动方式并将其放置于桌面上，这样启动应用程序会变得非常简单方便。

1. 在桌面上创建应用程序的快捷方式

在桌面上创建应用程序的快捷方式的基本方法是：

（1）在“我的电脑”或“Windows 资源管理器”的右侧内容栏中，单击要为其创建快捷方式的项目（如应用程序）。

（2）在“文件”菜单上，单击“创建快捷方式”。

（3）将快捷方式拖放到桌面上。

例如，创建计算器“Calc. exe”的快捷方式。

方法一：在资源管理器窗口，将“Calc. exe”图标拖动到 Windows 98 桌面上即可。

方法二：右击桌面空白处，指向弹出菜单的“新建”选项，单击“快捷方式”选项，出现“创建快捷方式”对话框，如图 3—58 所示。

在命令行文本框中输入应用程序文件标识符 C：\Windows\Calc. exe，如果记不清楚文件标识符，可按“浏览”按钮进行查找。单击“下一步”按钮，出现如图 3—59 所示的对话框。输入快捷方式的名称以后，单击“完成”按钮。桌面上就会出现应用程序的快捷方式。也可按住“Ctrl”键，将“开始”菜单中的应用程序的快捷方式复制到桌面。

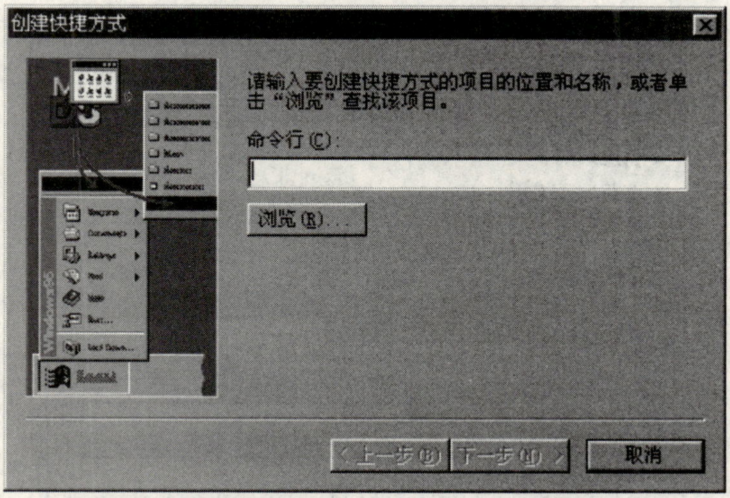

图 3—58 “创建快捷方式”对话框

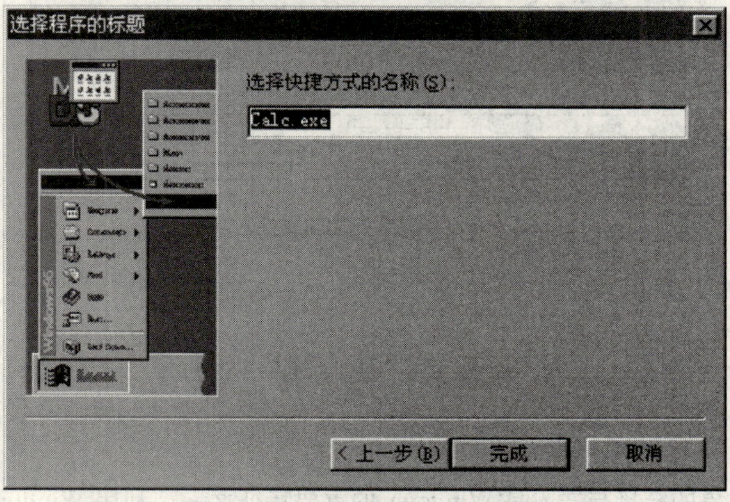

图 3—59 “选择程序的标题”对话框

2. 快捷方式的属性

右击快捷方式图标，单击弹出菜单的“属性”项，系统显示如图 3—60 所示的对话框，可以设置该快捷方式的属性。

如果不想再使用该快捷方式，可以方便地删除这个快捷方式图标，只需单击该图标，并按键盘上的“Del”键，确认后即可删除该快捷图标。

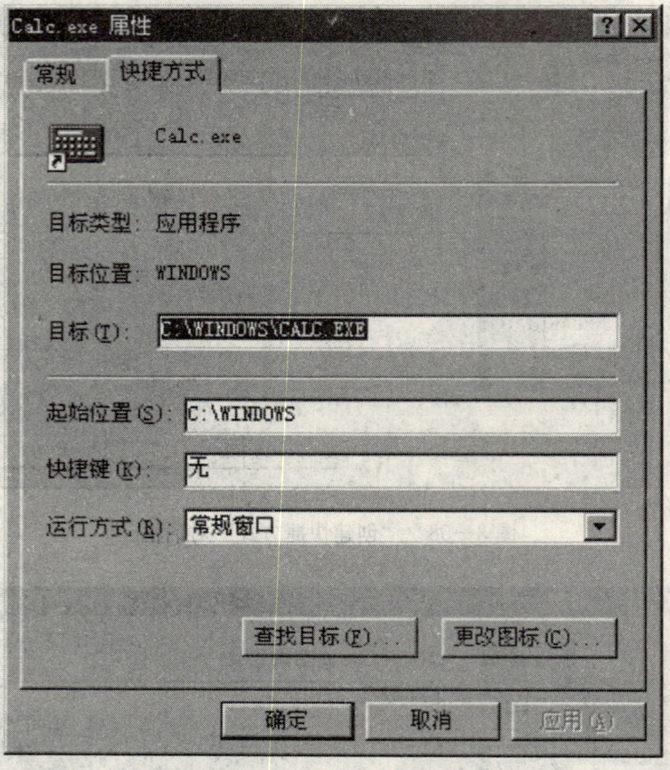

图 3—60 快捷方式的属性对话框

第五节 剪 贴 板

“OLE”对象的链接与嵌入是 Windows 的重要特征之一。利用 Windows 的这一特性，我们可以实现多种格式存储信息在不同格式的应用程序间传送信息。

例如，我们可以将一个图形复制到剪贴板，然后再用 PowerPoint 软件进行编辑；或者将 Word 中建立的一个表格，复制到 Excel 中进行处理等，这正是因为剪贴板有这一重要特性。

一、剪贴板定义

所谓剪贴板就是：在 Windows 程序或文件之间传递信息的临时存储区域，该区域不但可以储存正文，还可以存储图像、声音等其他信息。当我们在从应用程序复制或剪切信息时，信息被置于剪贴板上，然后可以将信息从剪贴板上粘贴到其他文档或应用程序中。这样，我们就可以将各文件、程序间不同的数据组成一个图文并茂、有声有色的新文件。

如果要查看剪贴板的内容，可以启动剪贴板查看程序。其方法是：按下“开始”按钮，在程序中选择“附件”中的“系统工具”的“剪贴板查看程序”。

提示：通常在安装 Windows 98 时并不安装剪贴板查看程序。若要安装该程序，可以这样做：

（1）单击“开始”，指向“设置”，然后单击“控制面板”。

（2）双击“添加/删除程序”。

（3）单击“Windows 安装程序”选项卡。

（4）单击某类别，然后单击“详细资料”。

注意：如果“添加/删除程序”对话框中没有列出该组件，该组件可能只包含在 Windows 98 光盘版中。在这种情况下，可以从联机服务（如位于主要的 Microsoft web 站点的 Microsoft 下载服务）下载该组件。

二、将信息复制到剪贴板

在中文 Windows 98 中，系统共有两种方法把信息复制到剪贴板上。它们分别是：第一种是把文件中选定的信息复制到剪贴板；第二种是把整个屏幕内容作为图片复制到剪贴板；或是把活动窗口中的信息作为图片复制到剪贴板。

1. 复制文件中选定信息到剪贴板

复制文件中选定信息到剪贴板一般都遵循下述的操作步骤：

（1）选定要复制或者是要移动的信息。这些信息可以是一段文字、声音或者是一个图形等。

（2）执行编辑菜单中的“复制”命令。

（3）在目标处执行粘贴操作，来完成信息的复制或移动操作。

注意：在剪贴板中，通常只能保留一次信息，如果多次执行上面的操作，剪贴板中只保留最后一次的信息。

2. 复制整个屏幕内容的图像到剪贴板

将整个屏幕中的信息复制到剪贴板，其操作是按下“Print Screen”即可。

提示：用“（Windows 徽标）＋Print Screen”，可以将屏幕复制到剪贴板（包括鼠标光标）。用“（Windows 徽标）＋Scroll Lock”，可以将屏幕复制到剪贴板（不包括鼠标光标）。

3. 复制活动窗口的图像到剪贴板

复制活动窗口中的图像和整个屏幕图像都将生成一个二进制的位图文件，其扩展名为 BMP。该功能的用途是很广泛的，利用这一功能我们可以制作许多图文并茂的文档。

复制活动窗口的图像到剪贴板的操作是非常简便的，只需按下“Alt＋Print Screen”键即可将一个活动的窗口（或者对话框）复制到剪贴板上。

三、保存剪贴板中的信息

保存在剪贴板的信息，退出 Windows 以后将被清除，因此，当将信息复制到剪贴板后，应尽快将其处理，或用剪贴板查看程序保存，或将其粘贴到相应的应用程序中。

1. 用剪贴板查看程序保存

将信息复制到剪贴板后，启动剪贴板查看程序，在“文件”菜单中选择“另存为”选项，在随即出现的“另存为”对话框中指定文件名和文件位置（扩展名默认为 CLP），再单击“保存”按钮，就生成了一个剪贴板文件，其中保存了当前剪贴板的所有信息。待到要用这部分信息时，可以在剪贴板查看程序中打开相应的剪贴板文件。

2. 粘贴到相应的应用程序中

例如，将开始菜单“运行”对话框以文件名“OSTA. DOC”保存在 A 盘文件夹下。步骤如下：

（1）先单击“开始”按钮，选择“运行”菜单项，然后按“Alt＋Print Screen”键；

（2）单击“运行”对话框中“取消”按钮，再运行 Word，在新建文档中单击“粘贴”按钮；

（3）单击“文件”菜单中的“另存为...”选项，在“另存为”对话框中的“保存位置”中选择“A:”，然后在文件名中输入“OSTA”，文件类型为“DOC”，最后单击“确定”按钮，关闭 Word。

第六节　桌面显示属性的设置

Windows 98 的桌面，我们既然可以把它形象地比作一个桌面，那么也可以根据自己的个人喜好来布置它，如在桌面上铺“台布”（即更改桌面的背景）、选择“台布”的图案（即更改桌面的外观）等。Windows 98 的桌面的设置可以充分体现出操作者的个性特征和个人爱好。这里仅介绍桌面显示属性的设置，它包括更改桌面的背景、屏幕保护程序、外观、桌面图标和视觉效果、Web 方式以及颜色等。要设置桌面显示属性，必须先打开“显示属性”对话框，才能完成一系列的操作。打开“显示属性”对话框，有以下几种操作方法：

方法一：单击“开始”，指向“设置”，单击“控制面板”，然后双击“显示”，可以打开“显示属性”对话框，如图 3—61 所示。

方法二：在桌面空白处右击鼠标，弹出快捷菜单，单击其中的“属性”选项，也可以打开“显示属性”对话框，如图 3—61 所示。

一、桌面背景的选用

在图 3—61 中可以对桌面的背景进行设置，基本操作方法如下：

步骤一：在“墙纸”栏中，单击要使用的背景，或单击“图案”按钮，选择或修改该背景“图案”（见图 3—62），上方的模拟显示器就会显示出选择的墙纸。

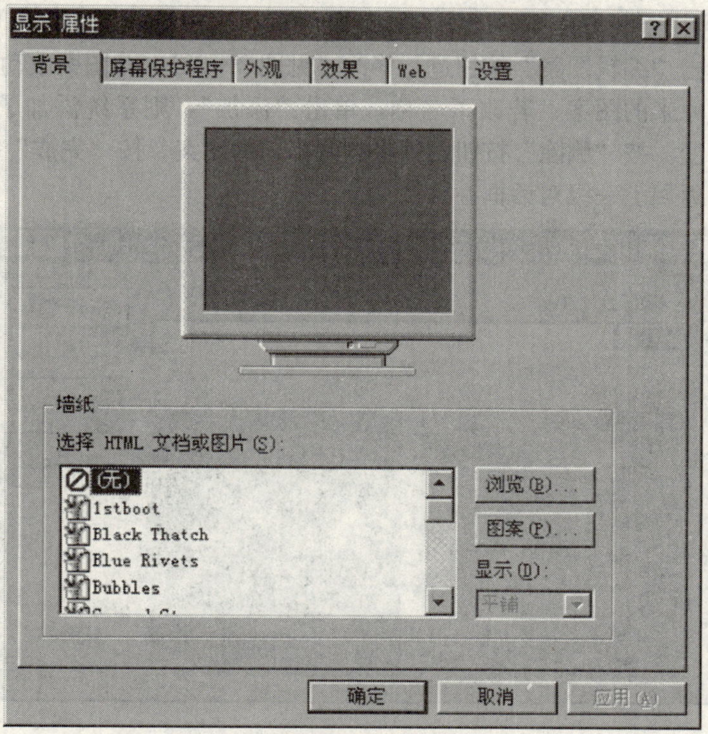

图 3—61 桌面的“背景”选项卡

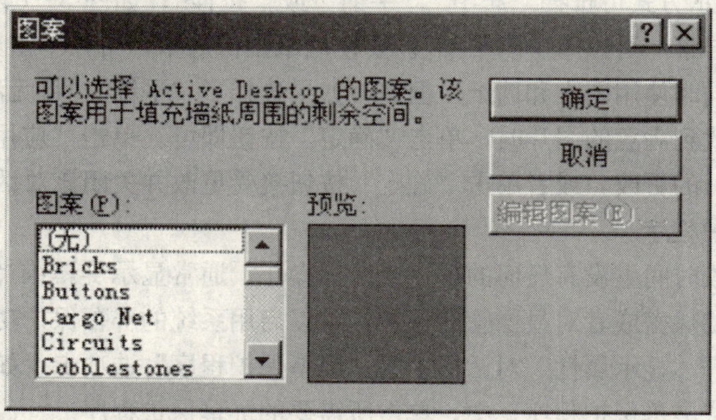

图 3—62 “图案”对话框

说明：多数图形文件，如位图（*.bmp），GIF（*.gif）和 JPEG（*.jpeg）图像可以用作“墙纸”。所谓“墙纸”，就是可在桌面上显示的图片或图像。既可从列表中选择墙纸，也可以使用自己的位图文件，如绘制或扫描的照片。要使用自己的文件，可以单击“浏览”按钮，然后指定文件的位置。

“图案”是可用于装饰桌面的图案设计。既可从列表中选择图案，也可以单击某个现有图案，然后单击“编辑图案”按钮进行修改（见图 3—63）。若图案改动后未改名就单击“更改”，则覆盖原来的图案；若改了名称，单击“添加”，则系统添加了一个可选图案，而原来的图案未变。按“删除”按钮，则将删除当前的图案。按“完成”按钮表示完成当前图案的编辑，返回上一级对话框。

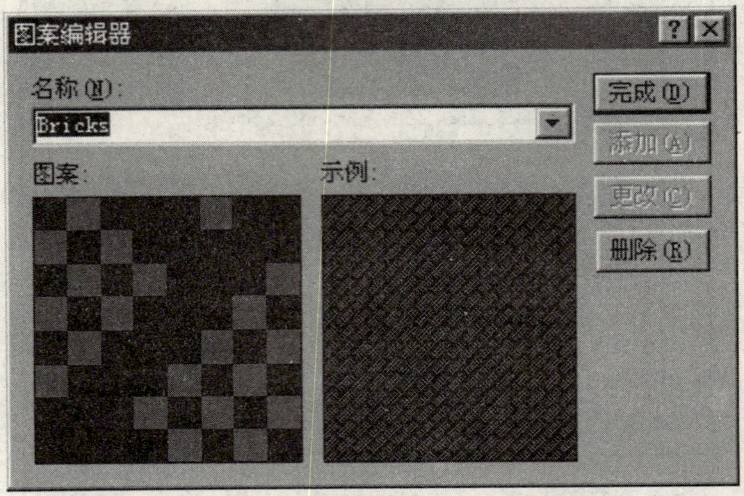

图 3—63 “图案编辑器”对话框

“墙纸”的显示方式可选择“居中”“平铺”或“拉伸”，如图 3—64 所示。要用小墙纸图像覆盖整个屏幕，可以单击“平铺”。要使墙纸图像居中，可以单击“居中”。

注意：可以同时使用图案和墙纸。但是，如果选择了“平铺”，将无法看到图案。

步骤二：当找到满意的图片时，单击“确定”按钮即可。单击“应用”按钮可在关闭对话框前看到所做的更改，或者单击“确定”按钮接受更改并关闭该对话框。

二、屏幕保护程序

当用户在一段时间里没有任何的键盘或鼠标操作，通常显示屏幕维持静止画面。出于对屏幕显示内容的保密或者对显像管的保护，可以启用系统的屏幕保护功能。操作如下：

步骤一：打开“显示属性”对话框中的“屏幕保护程序”选项卡，如图 3—65 所示。

步骤二：在“屏幕保护程序”中，单击所需要的屏幕保护程序。

在“等待”框中可以设定在无键盘或鼠标操作多少时间之后进入屏幕保护。如果计算机空闲时间超过“等待”中指定的分钟数，屏幕保护程序便启动。在屏幕保护程序启动后要将其清除，移动一下鼠标或按一下任何键即可。单击“预览”按钮则可以看到屏幕保护的实际效果。

步骤三：若要自定义屏幕保护程序，可以单击“设置”，它将对每个屏幕保护方案作进一步的个性化设置。

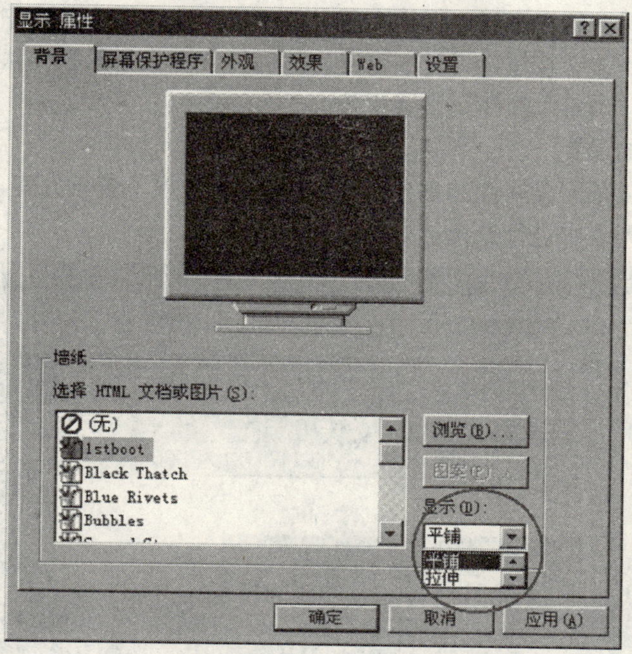

图 3—64 “墙纸”的显示方式

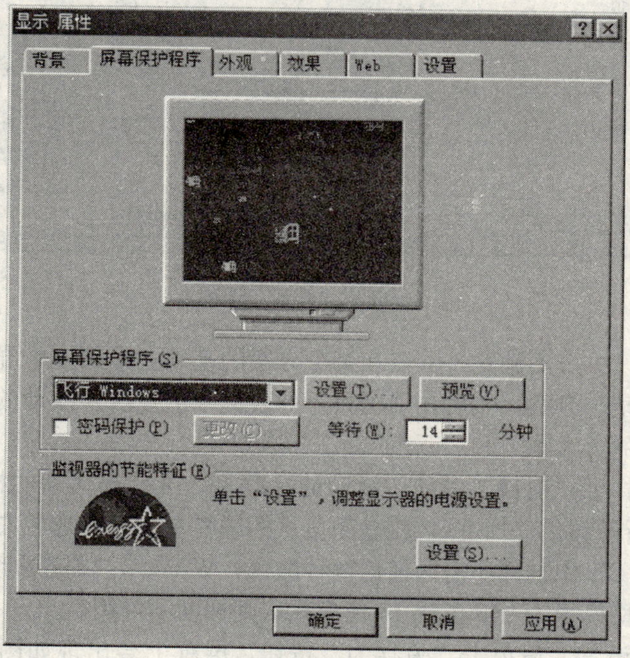

图 3—65 “屏幕保护程序”选项卡

若要指定屏幕保护程序密码来保护文件，就一定要选中图 3—65 中的“密码保护”复选框，然后单击“更改”按钮，再键入密码，然后再次键入密码以确认该密码。

步骤四：单击“确定”按钮则设置生效。

三、桌面外观的设置

外观方案是各屏幕元素属性的集合，Windows 98 预设了若干方案，用户可在“外观”选项卡的“方案”列表中进行选择，如图 3—66 所示。

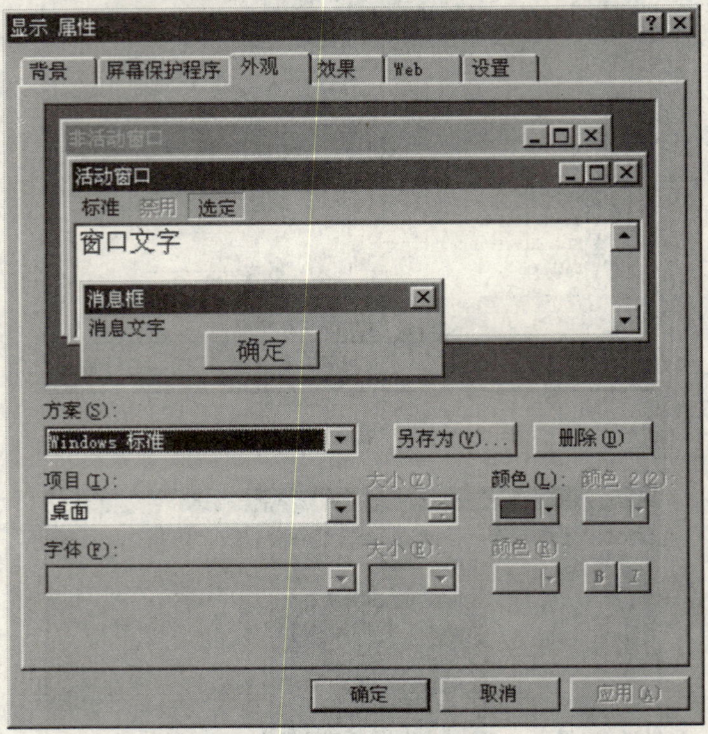

图 3—66　“外观”选项卡

如果用户对预设方案不满意，可以在某个方案的基础上对某一个屏幕元素（项目）进行改动。即先选中某个方案，然后在“项目”列表框中选择所要改动的屏幕元素，再更改设置项目及其字体的“大小”和“颜色”。

其中，如果选择了“项目”中的“活动的标题栏”或“非活动的标题栏”，则可以更改颜色“梯度”，所谓颜色“梯度”，就是颜色从标题栏左侧向标题栏右侧平滑变化。可从“颜色 1”和“颜色 2”中选择所需的任何两种颜色，Windows 将完成颜色从左到右的平滑过渡。如果将计算机设置为 256 色或 16 位模式，则梯度不可用。

如果更改单个设置，请单击“另存为”按钮，屏幕上会出现如图 3—67 所示的对话框，此时假如输入方案的新名称后再按“确定”按钮，则当前设置保存为新的方案，该名称显示在“方案”中，以后可以使用这里的名称轻松地恢复这些设置；反之如果在保持原

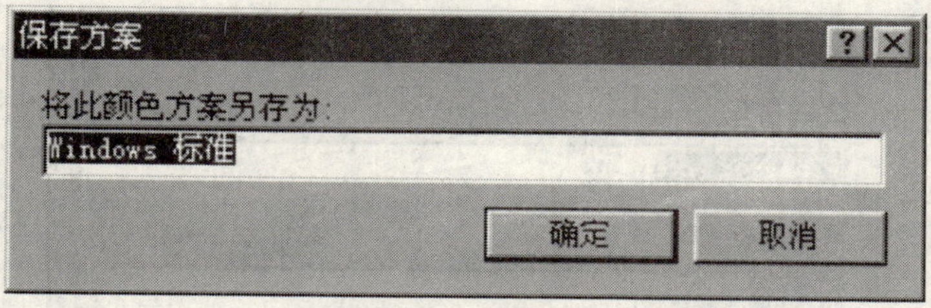

图 3—67 “方案保存”对话框

来方案名称的情况下直接按“确定”，则结果是对原方案进行了一次修改。建议不要改动或删除预设方案。

设置完毕后，在显示属性对话框中单击“确定”按钮退出本次设定并使改动生效。

四、显示属性的设置

如果对图标不满意，还可以修改自己的桌面图标，操作顺序如下：

步骤一：打开“显示属性”对话框后，单击“效果”选项卡，如图 3—68 所示。

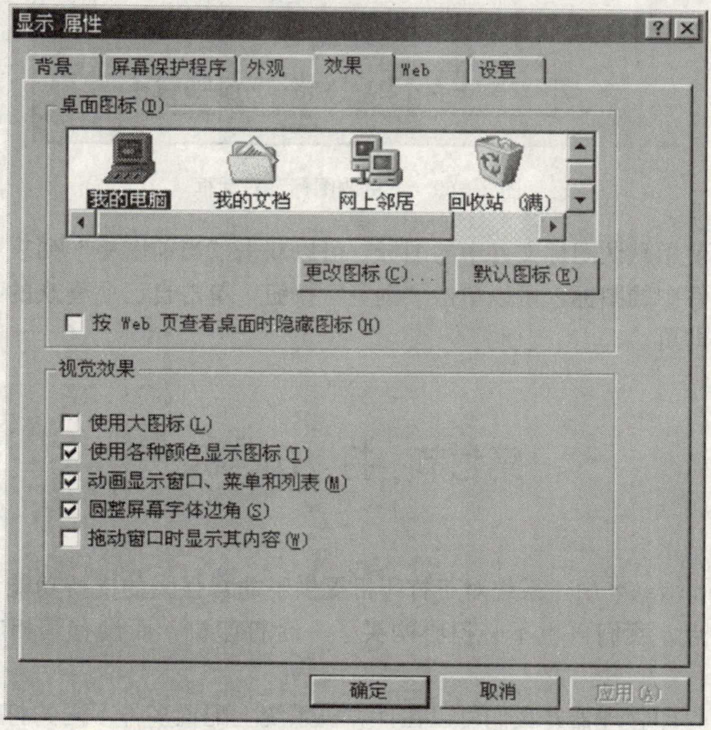

图 3—68 “效果”选项卡

步骤二：在“桌面图标”下，单击要更改的图标，然后单击“更改图标”按钮，将弹出如图 3—69 所示的对话框。

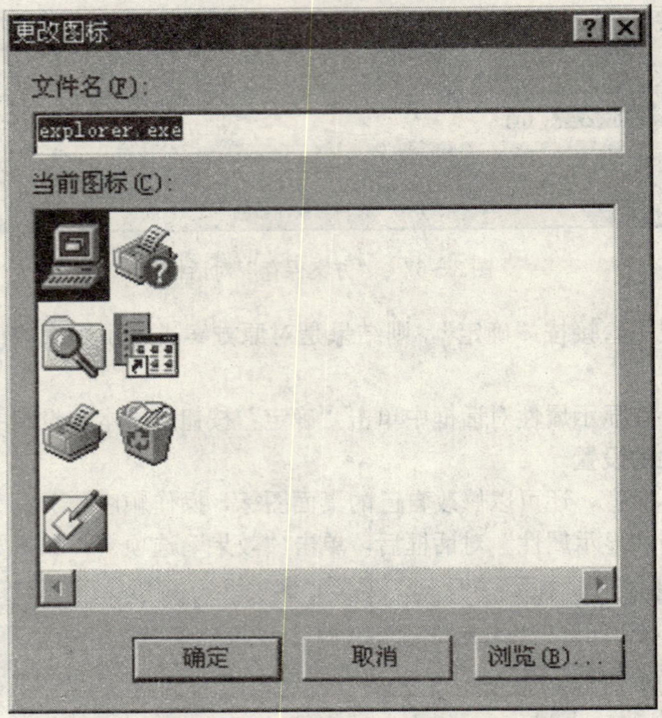

图 3—69　“更改图标”对话框

步骤三：要使用默认图标文件中的图标，可以双击“当前图标”列表中的图标。若要使用其他图标文件中的图标，可以单击“浏览”按钮，单击自己所喜欢的某图标文件，然后单击“打开”即可。

第七节　打　印　机

在中文 Windows 98 中，系统对于打印机提供了非常强大的支持功能，充分体现了硬件无关性这一特点。我们再也不必担心购买了一台打印机，而没有其相应的汉字驱动程序。

此外，利用打印管理器，我们可以在计算机系统上配置多种不同的打印机。打印文件时可以从中任选一种。我们也能够通过对打印机或网络打印机的特性，如打印字体、打印质量、打印速度等，进行控制；还可以对打印管理器进行查看打印队伍、改变打印队列顺序、取消一个打印任务等操作。我们还可以利用 Windows 的多任务特性，来实现打印的后台处理，提高系统的利用率等。

一、安装打印机

新购买的打印机是不能直接使用的，必须先安装打印机的驱动程序，这样才可以使用它。安装打印机的操作如下：

1. 单击“开始”按钮，出现一个开始菜单。

2. 指向“设置”菜单，单击“打印机”命令选项，出现如图 3—70 所示的“打印机”窗口。

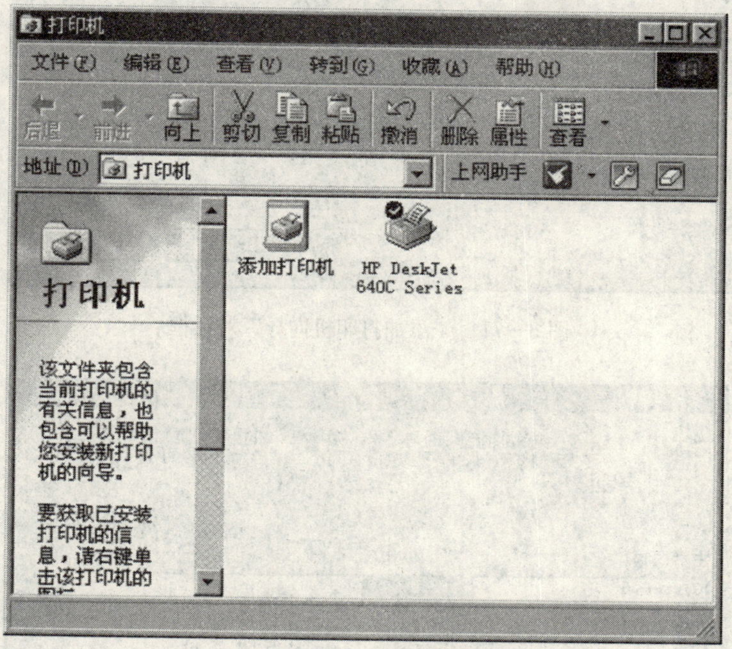

图 3—70 “打印机”窗口

3. 在图 3—70 中双击“添加打印机”图标，出现“添加打印机向导”对话框，如图 3—71 所示，接下去便可以按照屏幕提示来操作。

4. 在对话框中单击“下一步”按钮，如果本台计算机连接着某网络，则会出现可以选择将打印机设置为网络连接或本地打印机的对话框，一般情况下我们选择本地打印机选项，然后单击“下一步”按钮进入到下一个步骤，否则直接出现如图 3—72 所示的对话框。

一般情况下，Windows 提供了绝大多数类型打印机的驱动程序，但是，由于一些特例如婚纱照片的打印要求比较高，所以应该尽量使用打印机厂商提供的驱动程序。选择打印机厂商及要安装的打印机或从外部安装相应驱动程序。

5. 单击“下一步”按钮，出现如图 3—73 所示的对话框。

6. 该对话框要求我们选择打印机所使用的端口。一般情况下我们都是用 LPT1，所以只需单击“下一步”按钮即可，之后出现如图 3—74 所示的设置打印机名称和默认打印机对话框。

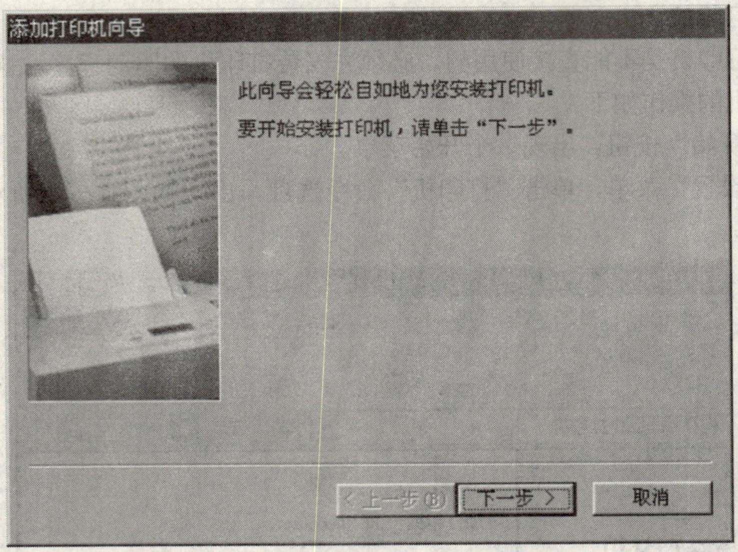

图 3—71 “添加打印机向导”对话框

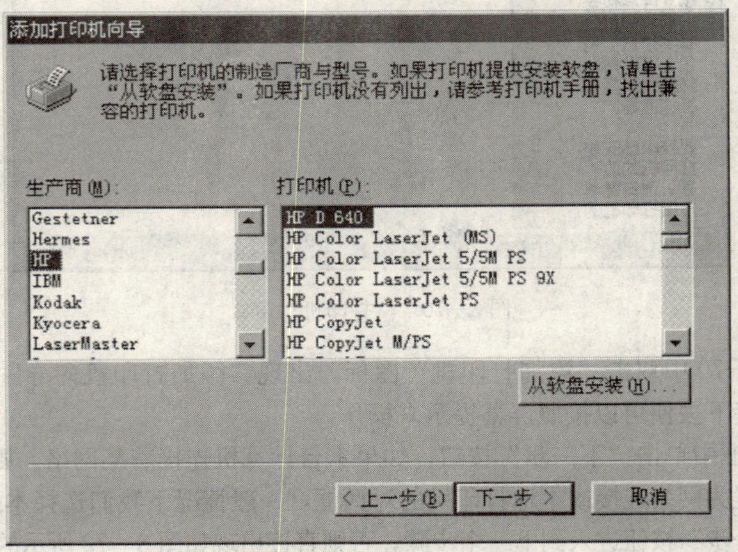

图 3—72 选择打印机的生产商和型号对话框

7. 在图 3—74 所示的对话框中我们可以看到在打印机名框中出现了设置的打印机“HP DeskJet 640C”。将打印机设置为默认打印机，单击“是”按钮。然后单击“下一步”按钮，出现如图 3—75 所示的对话框。

8. 图 3—75 所示的对话框询问“要打印测试页吗?”来帮助确定安装得是否正确，可以根据需要选择“是”或“否”。如果想打印测试页，先要将打印机打开并准备好打印。

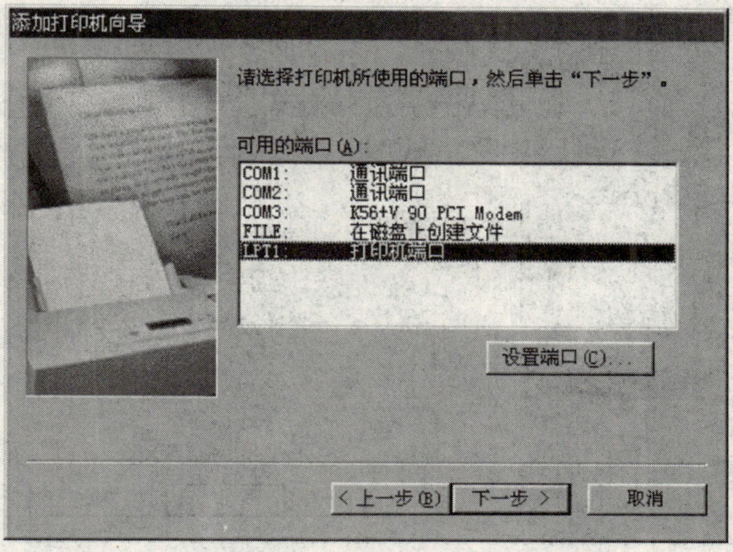

图 3—73 选用打印机端口

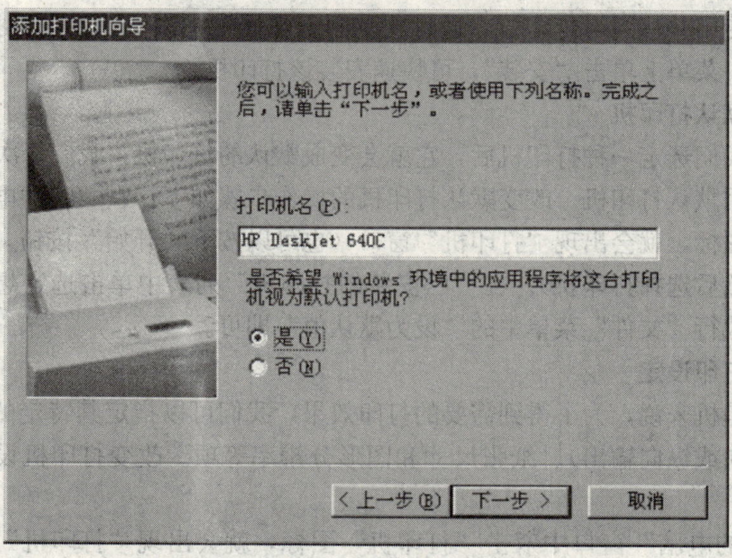

图 3—74 设定打印机名和默认打印机

最后按下“完成”按钮，就可以完成驱动程序的安装了。

提示：

• 上面的操作全部是根据一般情况来讲述的。而实际操作中会根据购买的打印机不同而略有不同，因此，在操作中应该根据打印机手册中的说明进行。

• 因打印机型号的不同，有的会要求重新启动计算机。

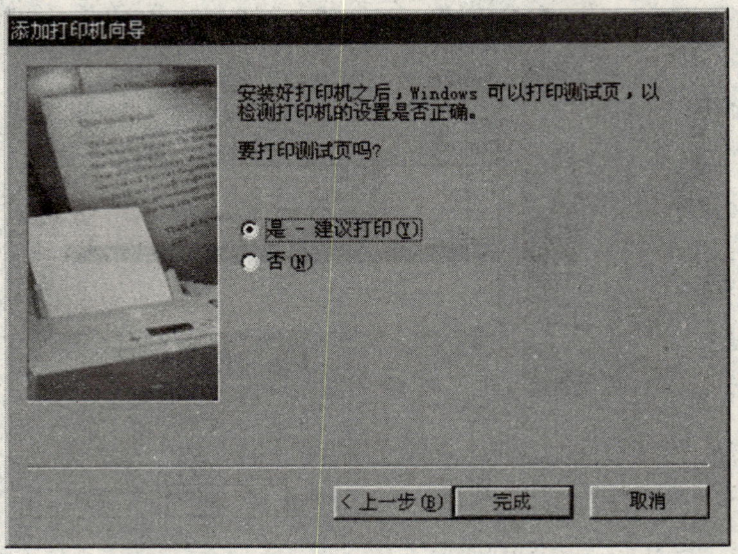

图 3—75 “打印测试页”询问对话框

• 如果想使用共享网络打印机，通过在“网上邻居”中浏览，单击该打印机的图标，然后在“文件”菜单上单击“安装”，可快速安装该打印机。

二、选择默认打印机

通常，当我们选定一种打印机后，它就会变成默认的打印机，我们每次启动 Windows 应用程序将使用默认打印机。改变默认打印机的操作步骤如下：在“我的电脑”窗口中双击“打印机”图标，就会出现“打印机”窗口（也可以按下“开始”按钮，之后在菜单中选择“设置”然后选择打印机）。在“已安装的打印机”列表中单击选定想用做默认打印机的打印机。执行“文件”菜单中的“设为默认值”即可。

三、改变打印设定

对许多打印机来说，为了得到需要的打印效果，我们可以指定其特定的设置，诸如页方向（可选横向或纵向输出）、纸张尺寸和图形分辨率等项。改变打印机设定的操作步骤如下：

1. 在“我的电脑”窗口中双击“打印机”图标，就会出现“打印机”窗口（也可以按下“开始”按钮，然后指向“设置”，再选择“打印机”命令选项）。

2. 单击选定打印机，本例中我们选择了 HP DeskJet 640C 打印机。

3. 执行“文件”菜单中的“属性”或者按下工具栏上的“属性”按钮，就可以看到出现如图 3—76 所示的对话框。

4. 在图 3—76 所示的对话框中有五个选项卡，我们可以根据自己的需要进行有关的设置。

（1）单击“详细资料”选项卡，如图 3—77 所示。我们可以设置打印机连接端口、超时设置等。

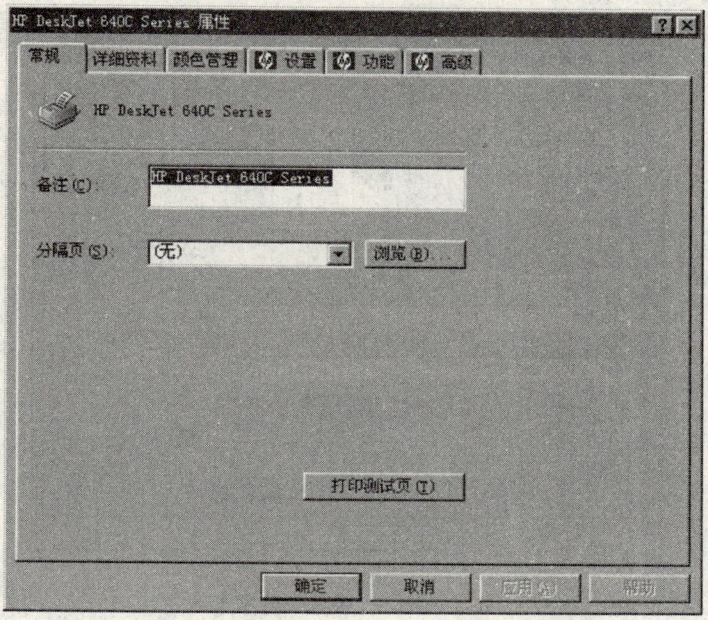

图 3—76　“HP DeskJet 640C”打印机的“属性”对话框

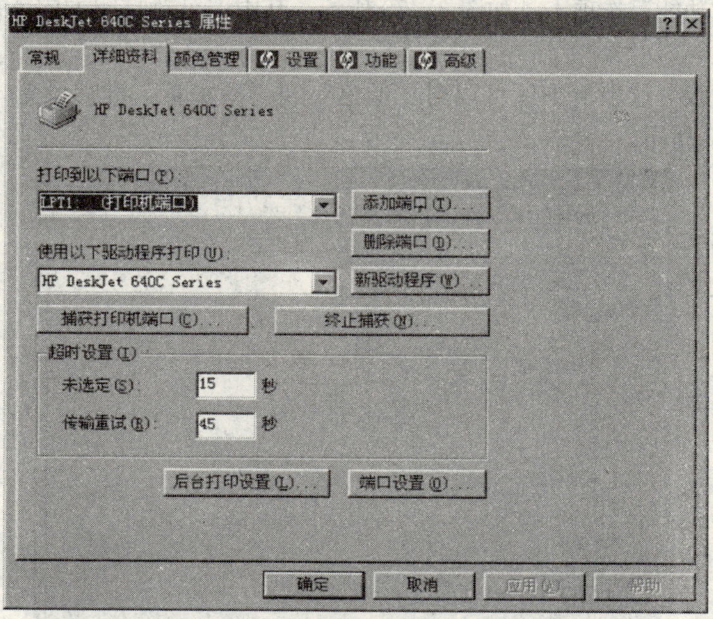

图 3—77　“详细资料”选项卡

（2）单击“设置”选项卡，如图 3—78 所示。在这里我们可以设置打印质量、纸张类型等。选择“纸张类型”，就是选择与打印机所使用的纸张或其他介质类型相匹配的纸张

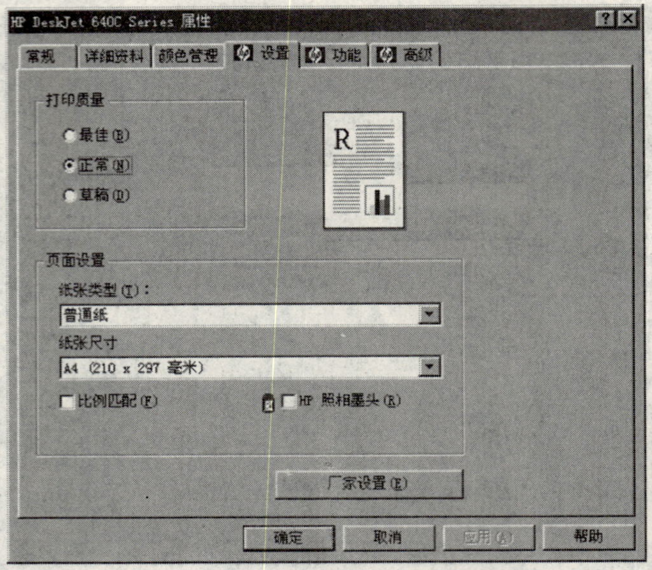

图 3—78　“设置”选项卡

类型，如相片纸。

（3）单击“功能”选项卡，如图 3—79 所示。其中，可对打印方向、打印方式、份数进行设置。

（4）在“高级”选项卡中还可以对“颜色”和“墨水量”进行设置（对于喷墨打印机），如图 3—80 所示。

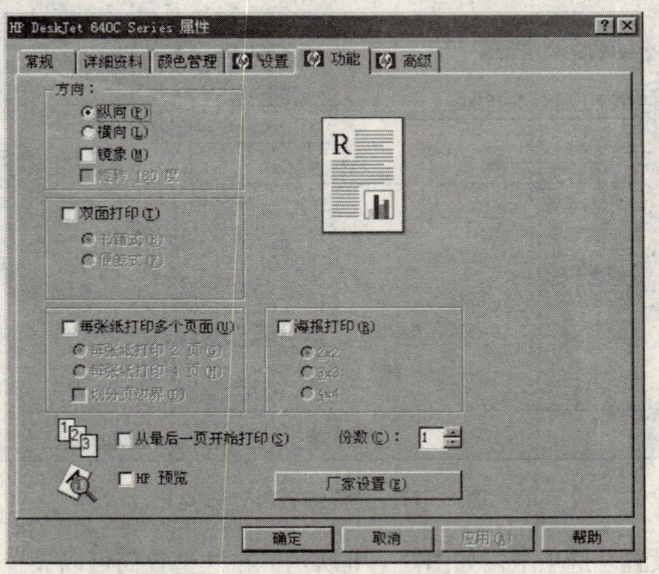

图 3—79　“功能”选项卡

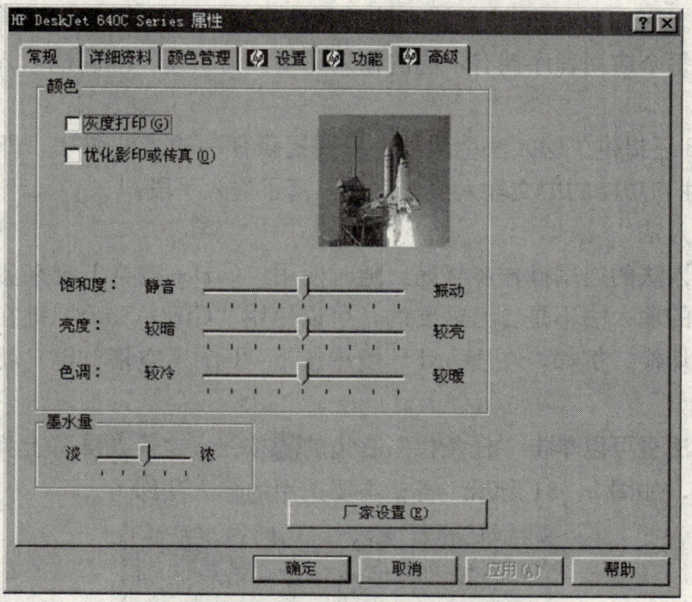

图 3—80 “高级”选项卡

“颜色”中的“灰度打印”是指选择该选项可将彩色打印成不同的灰度，该设置适合于将文档影印成黑白色，或快速、优质打印草稿文档，以节约彩墨。

在“墨水量”中可以调整打印页面所用的墨水量。向左拖动滑块，打印图像的颜色较淡（墨水较少）；向右拖动滑块，打印图像的颜色较深（墨水较多）。墨水量越少，打印文档所需的干燥时间越短。

5. 当完成所有的设置之后，按下“确定”按钮即可。

提示：

• 所能更改的设置取决于打印机的类型。单击其他选项卡可以看到能够设置的所有选项。在操作中最好参考随打印机一起提供的操作手册。

• 更改打印机的属性，将更改在该打印机上打印的所有文档的打印机属性。要更改一个文档的设置，可以在应用程序中如在 Word 中单击“文件”菜单，然后单击“页面设置”或“打印设置”。

第八节 输 入 法

Windows 98 中文版提供了多种中文输入法，可以使用 Windows 98 支持的微软拼音、全拼、郑码、智能 ABC、双拼、区位和表形码输入法，也可以继续使用 Windows 3. X 的各种中文输入法。Windows 98 中文输入法采用了全新的用户界面，新增了许多中文输入功能，并且允许每个应用程序拥有不同的输入环境，为快速、准确地输入中文提供了便利条件。

Windows 98 还提供了输入法生成器，只要提供任一输入法码表，即可生成完全具有 Windows 98 特性和功能的中文输入法，大大丰富了输入手段。

一、选择输入法

使用中文输入法的通用操作步骤是：随时使用“Ctrl＋空格”键来激活或关闭中文输入法，如果出现的输入法不是自己需要的，可以使用“Ctrl＋Shift”键在英文及各种中文输入法之间进行切换。例如，在 Word 环境中按下“Ctrl＋空格”键，就可以看到出现中文输入法状态条。

要选择输入法也可以单击“任务栏”右边的En按钮，之后在屏幕上弹出当前系统已装入的输入法菜单，如图 3—81 所示。再单击要选用的输入法即可。

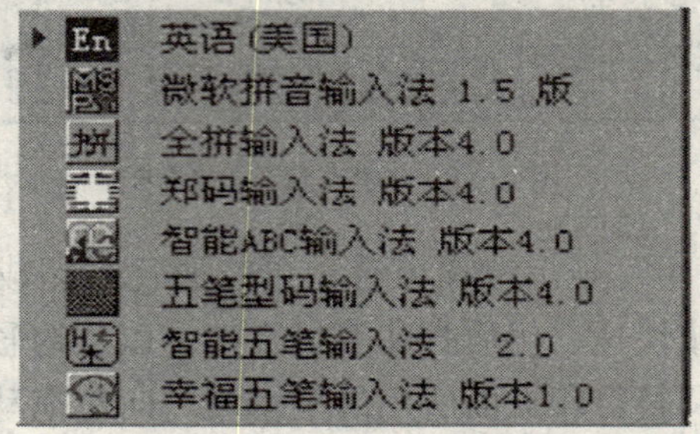

图 3—81　输入法菜单

当选用一种输入方法后，就会出现一个输入法提示行。图 3—82 所示是智能 ABC 输入法状态条。

图 3—82　输入法提示行

输入法提示行表示当前的输入状态，可以通过单击它们来切换状态。虽然每种输入法所显示的工具栏图标会有所不同，但是，它们都具有一些相同的部分，如输入法名称、中/英文切换按钮、全角/半角切换按钮和软键盘按钮等。

二、智能 ABC 输入法

1. 智能 ABC 输入法的特点

“智能 ABC”是一种以拼音为基础，以词组输入、模糊音输入为主的面向大众的普及型汉字输入系统。

2. 智能 ABC 输入法选用

单击“任务栏”右边的En按钮，选用智能 ABC 输入法。

用鼠标右击“标准”或其左边的图符，屏幕上就会显示出菜单。其中：

帮助——表示可以使进入智能 ABC 输入法系统的帮助画面。

版本信息——说明该智能 ABC 系统的版本信息。

定义新词——用户可以根据需要定义一些自己的词组短语及其编码。

属性设置——可以设置光标跟随或固定格式，以及词频调整和笔形输入等，如图 3—83 所示。

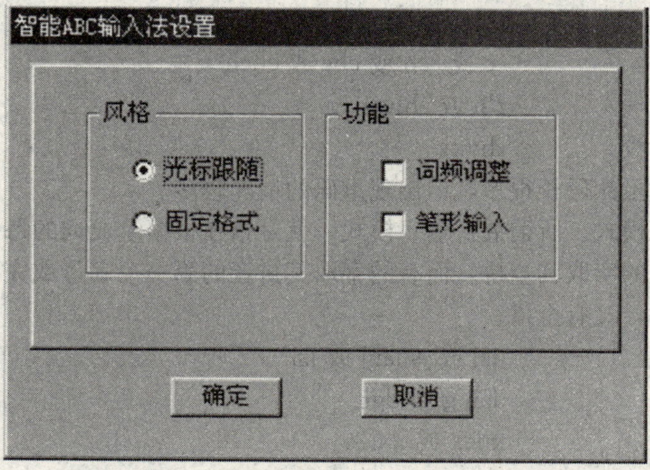

图 3—83 智能 ABC 输入法设置

“标准”右边的圆形符号按钮表示现在处于全角状态，可以进行全角/半角切换。输入的英文字母一般都只占半个汉字的位置，这就是半角方式，在中文输入提示行中第三个按钮显示，它可以用来选择全角/半角输入方式。全角方式就是通常所说的“纯中文方式”，此时，所有英文字符均以汉字大小出现，即每个字符占一个汉字的位置。

圆形符号按钮右边的标点符号按钮可以进行中西文标点符号的切换。中文标点符号方式是，西文标点符号方式是。

标点符号按钮右边的键盘按钮可以在系统提供的多种键盘之间进行切换。

3. 标准输入方式

(1) 全拼输入模式。用全拼输入模式进行输入时，所有的字和词都使用其完整的拼音。

例如：我	wo
女	nv（ü 用 v 来代替）
计算机	jisuanji
西安	xi’an

智能 ABC 输入法用空格键表示输入码的结束。当词组拼音出现两义性时，使用隔音符“’”，可以使得音节划分更加明确。全拼输入模式虽然输入码较长，但出现重码的机会较少。在重码字列表中，通过按“－”“＝”键来上下翻屏查找重码字或词，选择相应的数字完成输入。

（2）简拼输入模式。简拼输入模式只适合输入词组。简拼码的取码规则是：取组成词组的每个单字拼音的第一个字母依次排列所组成的码串来作为该词的简拼码，对于声母为 zh，ch 和 sh 的单字，也可以取前 2 个字母。

例如：计算机	jsj
长城	cc 或 cch 或 chc 或 chch
中华	z’h 或 zhh
职业学校	zhyxx

简拼输入模式虽然码长很短，但出现重码的情况较多。

（3）混拼输入模式。所谓混拼输入模式，就是指在根据组成词的每个单字的拼音对该词进行编码时，有的字取其全拼，而有的字取其拼音的第一个字母或完整的声母，即在词的编码中既有简拼，又有全拼。

例如：计算机	jisj 或 jsuanj 或 jsji
耽搁	dan’g 或 dge
学校	xuex 或 xxiao

第九节　使用造字程序

一、造字程序的启动

在“开始”菜单中选择“程序”，并在“程序”的子菜单中选择“附件”，然后在“附件”的子菜单中选择“造字程序”选项，即可启动造字程序，如图 3—84 所示。

二、新建字体文件及造字程序的使用

1. 新建字体文件

如果是第一次使用造字程序或是想建立一个新的字体文件，请按照下列步骤进行：首先选择“文件”菜单，选“字体链接”命令。此时将显示“字体链接”对话框，如图 3—85 所示。

假如要建立一个新的宋体字体文件，单击“与所选择的字体链接”单选按钮，选择“宋体”。单击“另存为”输入 EUDC 字体的文件名，出现如图 3—86 所示的对话框。

输入文件保存的文件夹和文件名，扩展名默认为 TTE。然后单击“保存”按钮。返回图 3—85 所示窗口，单击“确定”按钮。

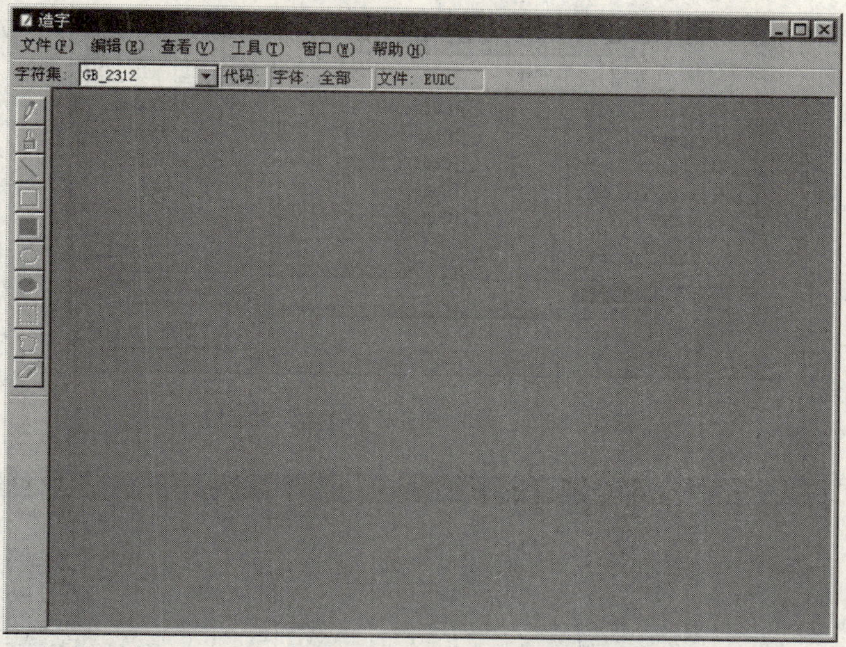

图 3—84 “造字”窗口

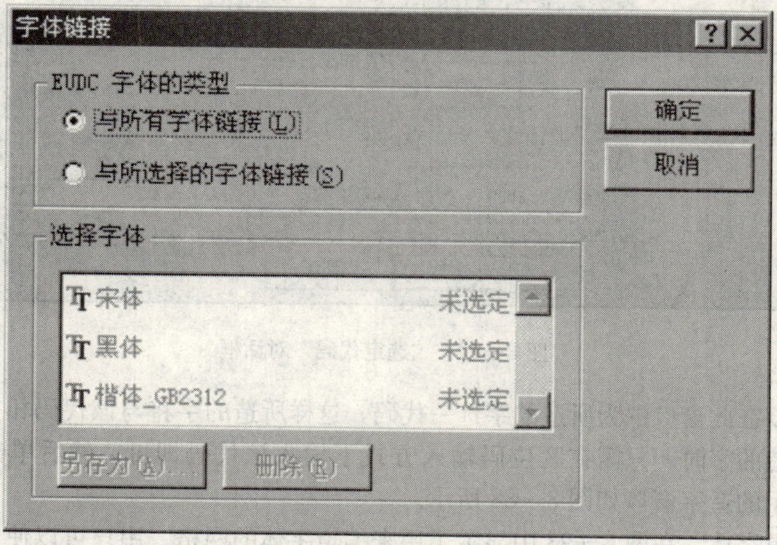

图 3—85 “字体链接”对话框

2. 造字程序的使用

(1) 选定编码。在“编辑”菜单中选择“选定代码”命令，弹出“选定代码”对话框如图 3—87 所示。

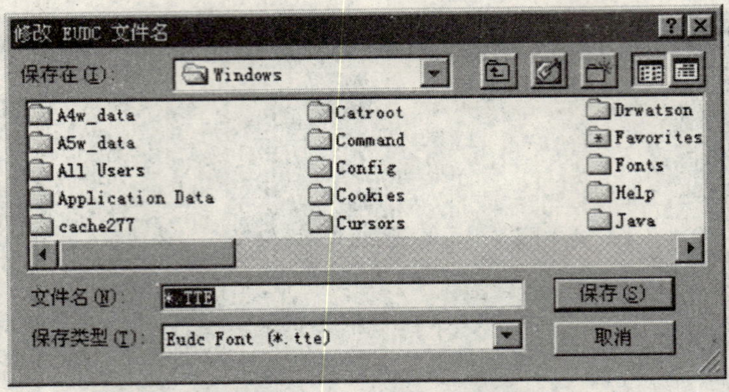

图 3—86　“修改 EUDC 文件名”对话框

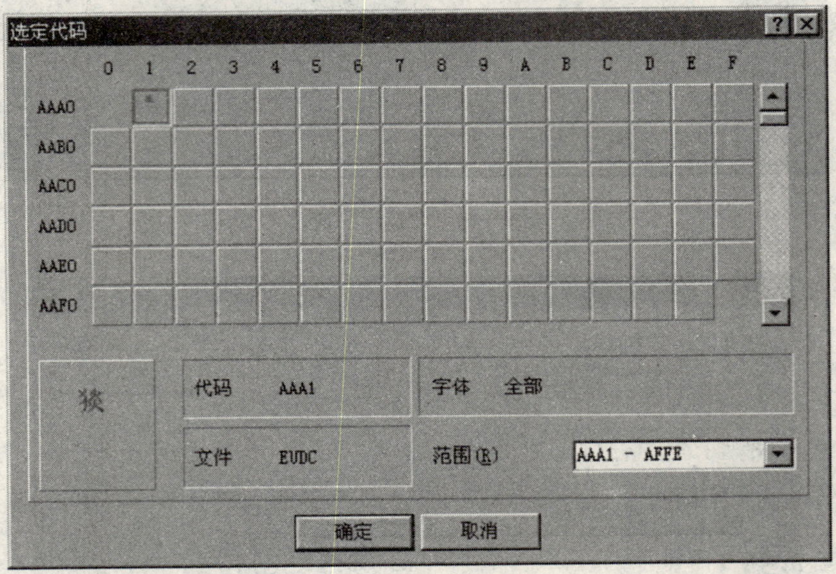

图 3—87　“选定代码”对话框

用户可以在此窗口中为所造的字选一代码，这样所造的字将与该代码相关联，以后要引用自己所造的字时，只需在区位码输入方式下输入该代码即可。然后单击“确定”按钮，系统显示的造字窗口如图 3—88 所示。

（2）编辑字体。在图 3—93 中显示了用来编辑字体的网格。用户可以使用该网格来确定字形及位置。在编辑窗格内，用户可以选择左边的画图工具来编辑所要造的字形。

1）铅笔工具。铅笔工具用于在点矩阵方格区域中依描点方式描绘出想要的字体。除了一个方格接着一个方格地涂抹来绘制外，也可持续按着鼠标按钮来拖曳铅笔，此时铅笔所掠过的方格都会被填注成黑色。

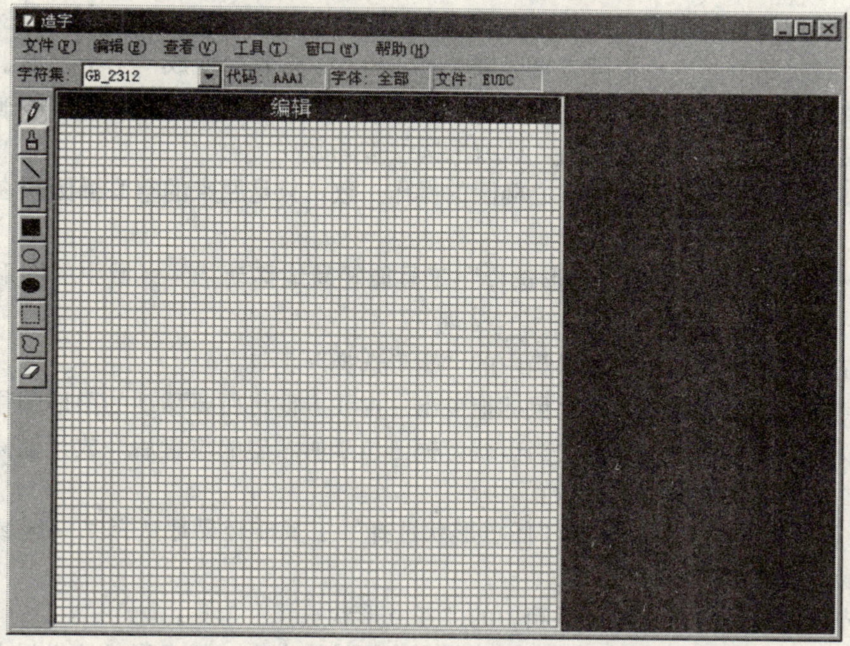

图 3—88 “编辑”窗口

2）刷子工具。刷子工具用于在点矩阵方格区域中以同时描绘出两点宽度的方式描绘出想要的字体。除了两个方格接着两个方格地涂抹来绘制外，也可持续按着鼠标按钮来拖曳刷子，此时刷子所掠过的方格都会被填注成黑色。

3）直线工具。使用直线工具便能轻易地绘出直线与斜线。其操作方式如下所示：

①首先使用鼠标单击位于工具箱中的“直线”工具，以便选用它。

②当将鼠标指针移入点矩阵方格区域中时，指针的形状会变成一个十字形。将此十字形移至所要绘制直线的一个顶点位置，然后开始持续按着鼠标按钮将十字形拖曳至另一个顶点的位置上，放开鼠标按钮后，线条便被画出。

4）中空矩形/实心矩形工具。使用中空矩形工具能轻易地绘出方框。其操作方式如下：

①首先使用鼠标单击位于工具箱中的“中空矩形”工具。

②当将鼠标指针移入点矩阵方格区域中时，指针的形状会变成一个十字形。将此十字形移至所要绘制的方框的一个顶点位置，然后开始持续按着鼠标按钮将十字形拖曳至另一个顶点的位置上，放开鼠标按钮后，方框便被画出。

使用实心矩形的操作与使用空心矩形的操作一致，只是原来的空心矩形现在变成了实心矩形。

5）空心椭圆/实心椭圆工具。使用空心椭圆工具能轻易地绘出圆与椭圆。其操作方式如下所示：

①首先使用鼠标单击位于工具箱中的“空心椭圆”工具。

②当将鼠标指针移入点矩阵方格区域中时，指针的形状会变成一个十字形。将此十字形移至所要绘制的圆或椭圆的一个顶点位置，然后持续按着鼠标按钮将十字形拖曳至另一个顶点的位置上，放开鼠标按钮后，圆或椭圆便被画出。

使用实心椭圆的操作与使用空心椭圆的操作一致，只是原来的空心椭圆现在变成了实心椭圆。

6）矩形选择工具。使用“矩形选择”工具能轻易地移动某一区域中的图形。其操作方式如下：

①首先使用鼠标单击位于工具箱中的“矩形选择”工具。

②在点矩阵方格区域中，使用鼠标拖曳出一虚线方框将所要移动的图形围住，然后拖曳四方向箭头以便移动虚线方框。当虚线方框已位于所希望的位置后，放开鼠标按钮，此时原先所框住的图形便会移至此位置上。

7）任意形状选择工具。使用“任意形状选择”工具能轻易地选择某一区域中的任意图形。其操作方式如下：

①首先使用鼠标单击位于工具箱中的“任意形状选择”工具。

②在点矩阵方格区域中，使用鼠标的十字形指针拖曳出一任意形状的封闭虚线，将所要操作的图形围住。此时封闭虚线已变成虚线框，然后就可以进行剪切、移动等操作了。

8）橡皮工具。用户若要对某些错误的或不需要的部分进行删除，可以使用“橡皮”工具。其操作方式如下：

①首先用鼠标单击位于工具箱中的“橡皮”工具。

②在点矩阵方格区域中，使用鼠标拖曳橡皮擦方框，凡是橡皮经过的地方，笔画被擦除。

9）利用“工具”菜单中的“翻转/旋转”选项，可以将所造的字形进行各种旋转调整。

（3）显示字形及其轮廓。画好字形后，可以去掉网格来看一看造好的字形的正常显示状态，在“查看”菜单下单击“网格”选项，把编辑窗格内的网格去掉，即可显示字形的正常显示状态。利用“查看”菜单中的“显示轮廓”选项，则所造字体的笔画边界轮廓便显示出来。

（4）调用字体中的字符可以使用现有字体中的字符作为底样来进行添加修改，即去拼凑、切割、组合现有的中文字而造出一个新的文字，方法如下：

1）方法一。步骤如下：

①在“编辑”菜单中选择“调用”选项，屏幕显示“调用”对话框，如图 3—89 所示。

②单击“字体”按钮，则屏幕显示“字体”对话框，如图 3—90 所示。在这里可以选择字体“宋体”，单击“确定”按钮，返回“调用”对话框。

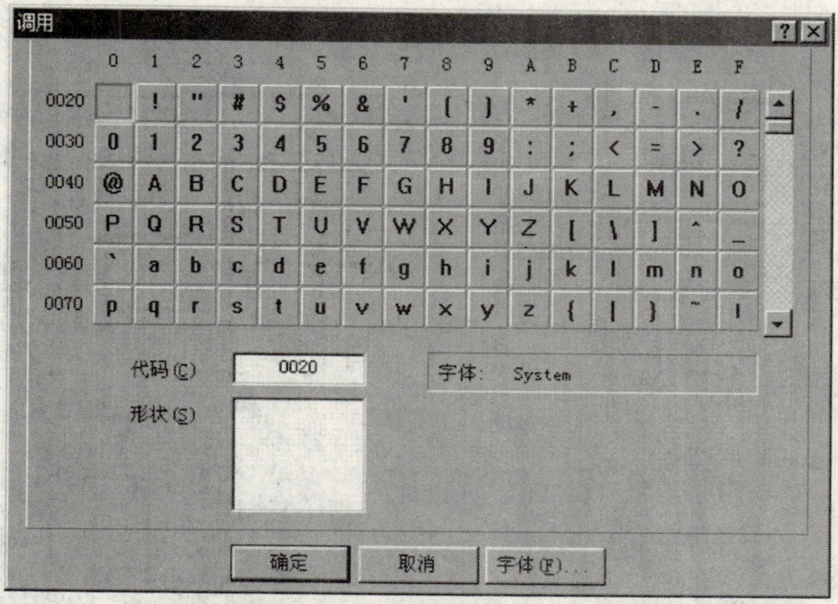

图 3—89 “调用”对话框

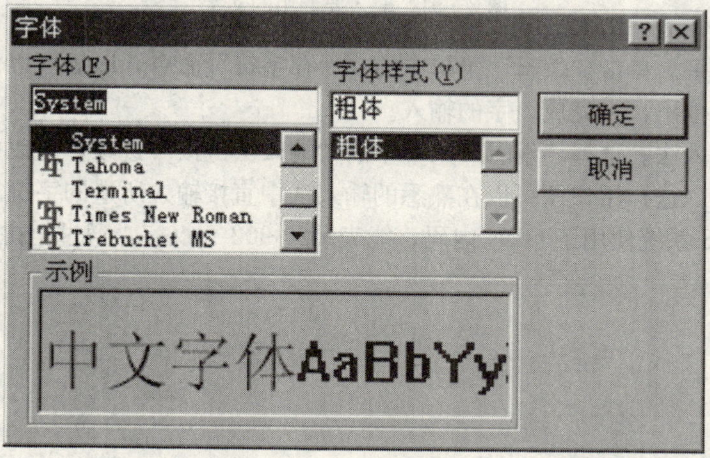

图 3—90 “字体”对话框

③在形状框中输入要调用的文字，单击“确定”按钮。

2）方法二。步骤如下：

①选择“窗口”菜单的“引用”命令，系统同样显示“字体”对话框，选择“宋体”，单击“确定”按钮，返回“引用”对话框。

②在形状框中输入要调用的文字，单击“确定”按钮，如图 3—91 所示。

最后，进行拼凑、切割和组合，完成编辑窗口中所要造的汉字。

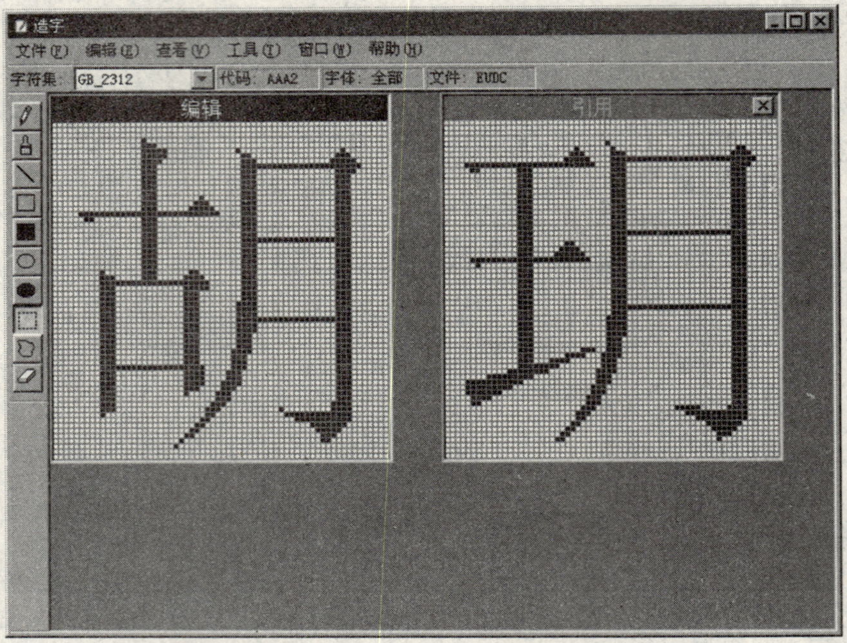

图 3—91　输入要调用的文字

（5）保存造字。单击“编辑”菜单中的“保存字符”命令，以后可以使用区位码输入法输入该字的区位码，来完成该字的输入。

（6）链接输入法。选择“编辑”菜单中的“输入法链接”选项，可以把所造的字链接到其他输入法中，这样用户便可以在熟悉的输入法中直接输入所造的字符。

Windows 98 系统使用了 GBK 内码，能表示20 902 个汉字，通过全拼输入法可以完成这些汉字的输入。

第四单元　Word 2000 基本操作

Microsoft Word 2000 是包含在 Microsoft Office 2000（以下简称 Word 2000）套装软件中专门为处理文字而设计的一个字处理软件，它的运行环境必须得到 Windows 平台的支持，它尤其适合于创建和编辑信件、报告、邮件列表、表格或其他文字性信息。在 Word 中创建和保存的文件被称为“文档”。Word 2000 比早先的版本已增加了许多实用功能，特别是新增了许多与因特网和万维网相关联的功能。Word 2000 不仅功能强大，而且最大的优点是易学易用，因此就成为最受欢迎的文档处理与编辑软件。

Word 2000 中文版具有强大的编辑功能和图文混排功能，同时也拥有强大的网络功能。不管用户是键入措辞严谨的信件、创建求职简历，还是为自己的业务小组或其他小组制作奖励性的新闻稿，都可以使用 Microsoft Word 2000。Word 提供了创建能更好地表达思想又具完美外观的文档所需使用的所有工具和功能。本单元主要介绍利用中文 Word 2000 进行文字处理的基本方法和基本技能。学习本单元后，应掌握中文 Word 2000 的文档处理基本方法和基本技能，学会新建文档，输入、编辑和保存文档，图形的插入和调整，以及表格的基本编排等，掌握对文档的排版、页面设置和打印操作。

第一节　Word 2000 编辑窗口与基本功能

一、启动中文 Word 2000

启动中文 Word 2000，单击“开始”按钮，打开“开始”菜单，移到“程序”，然后单击“Microsoft Word”（见图 4—1），便可启动中文 Word 2000 了。

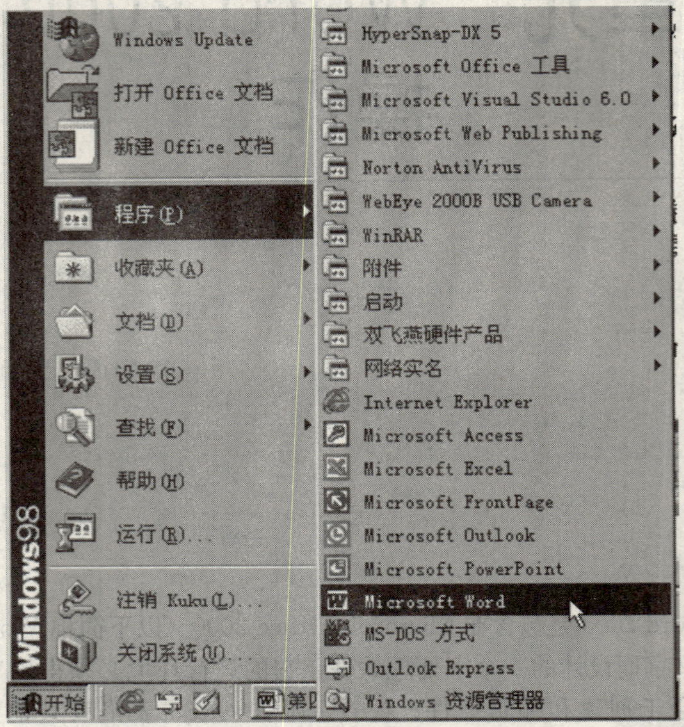

图 4—1　启动中文 Word 2000

二、Word 2000 编辑窗口的基本结构

图 4—2 所示是 Word 2000 的主窗口，从中可以了解 Word 2000 编辑窗口的基本结构及其基本功能。

在图 4—2 中标注了 Word 2000 编辑窗口的基本结构，Word 2000 的窗口形式与 Windows 98 一致，整个窗口主要分为八大部分：标题栏、菜单栏、工具栏、格式栏、标尺、文本区、状态栏和其他窗口元素。

1. 标题栏

标题栏在窗口的顶部，它显示当前正在编辑的文档名和 Windows 98 的应用程序名“Microsoft Word”。

2. 菜单栏

菜单栏列出了 Word 2000 的一级菜单名称。除控制菜单外，中文 Word 2000 共有九个菜单：文件、编辑、视图、插入、格式、工具、表格、窗口和帮助。菜单是从菜单栏上的菜单名下拉而成的，其中包含了在 Word 中工作所需的大部分命令。通过“Alt”键加上菜单名后括号内的字母，如快捷键“Alt＋F”，便可打开“文件”菜单，再按方向键就能进入菜单项。

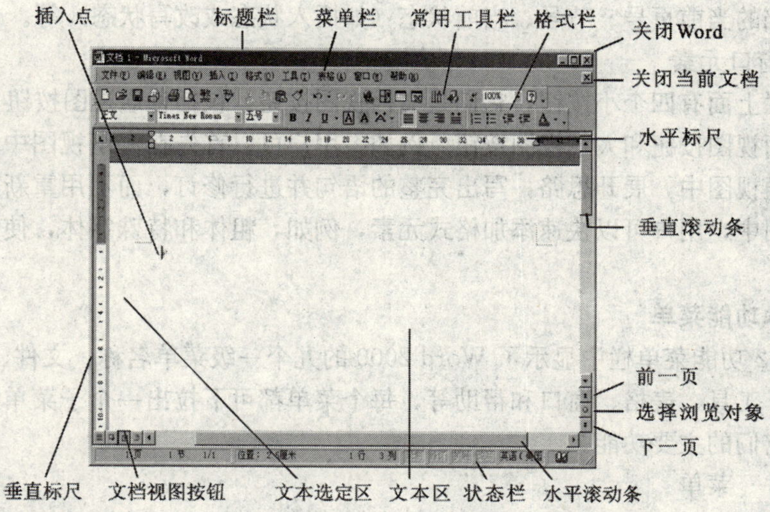

图 4—2　中文 Word 2000 主窗口

3. 工具栏

通常工具栏位于菜单栏下面，其中包含了用户可以从菜单栏发出的常用命令的快捷按钮，如文档的新建、打开、保存、打印、打印预览、拼写检查等。利用这些按钮，用户可以简单方便地使用常用功能和工具。当鼠标指针放在某个命令按钮上，Word 将显示该命令按钮的功能提示。

4. 格式栏

通常格式栏位于常用工具栏下面，它包含了大多数常用的字符和段落的格式化命令，如设置文档样式、字体、字号、对齐以及缩进量等。与常用工具栏一样，当鼠标指针放在某个命令按钮上时，Word 将显示该命令按钮的功能提示。常用工具栏和格式栏以及其他工具栏（如艺术字栏等）的显示与否都可以用“视图”菜单中的“工具栏”命令来设置。

5. 标尺

水平标尺位于格式栏下面，它隶属于文档，每个文档窗口都有其自己的标尺，标尺可以确定文档在屏幕及纸张上的位置，同时也可以用来设置段落缩进和边界调整。在页面视图中，窗口左边还会显示垂直标尺。

6. 文本区

文本区是文档窗口中央的空白处，占据着窗口的大部分空间。在文本区内可以输入文本、表格和图形，在此区域内有一个闪烁的竖杠称为“插入点”，也叫光标，它指明文本输入时的当前光标位置（见图 4—2）。在文本区的最左边空白区域中，鼠标指针会变为向右上方的空心箭头，这一区域我们称之为文本选定区。

7. 状态栏

状态栏一般位于窗口的底部，提示插入点在文档中的位置以及关于当前设置和命令的信息，如文档的当前页号、节号、当前状态（如插入状态或改写状态）等。

8. 其他窗口元素

在状态栏上面有四个小按钮，它们是文档视图按钮，包括普通视图按钮、Web 版式视图按钮、页面视图按钮和大纲视图按钮。例如，用户可以首先在大纲视图中草拟提纲，然后切换到普通视图中，展开思路，写出完整的语句并进行修订，而不用重新输入整页，最后在页面视图中，用户可以快速添加格式元素，例如，粗体和特殊字体，使文档看起来更具美观。

三、基本功能菜单

在图 4—2 功能菜单栏中显示了 Word 2000 的九个一级菜单名称：文件、编辑、视图、插入、格式、工具、表格、窗口和帮助等，每个菜单都可下拉出一个子菜单来。本节将简单介绍一下它们的主要功能。

1. “文件”菜单

Word 2000 的“文件”菜单主要包括文件的建立、打开、保存、关闭以及页面设置、文件打印等功能。具体操作在后面单元中会详细介绍。图 4—3 所示是其下拉菜单。

2. “编辑”菜单

Word 2000 的编辑菜单包括剪切、复制、粘贴，以及定位、查找、替换等基本编辑功能。图 4—4 所示是其下拉菜单。

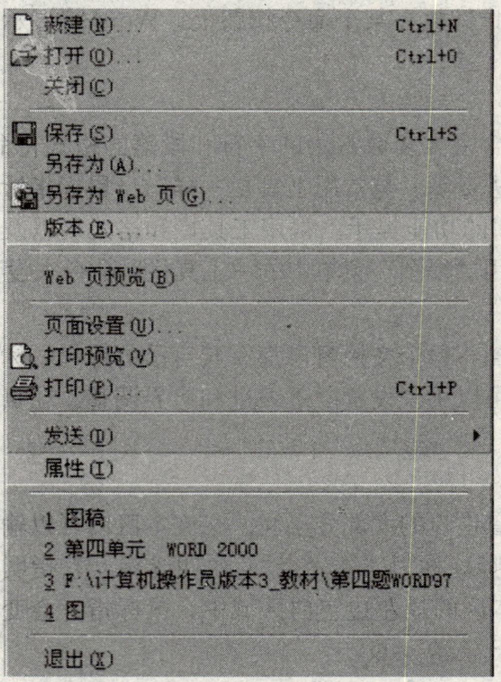

图 4—3 “文件”菜单

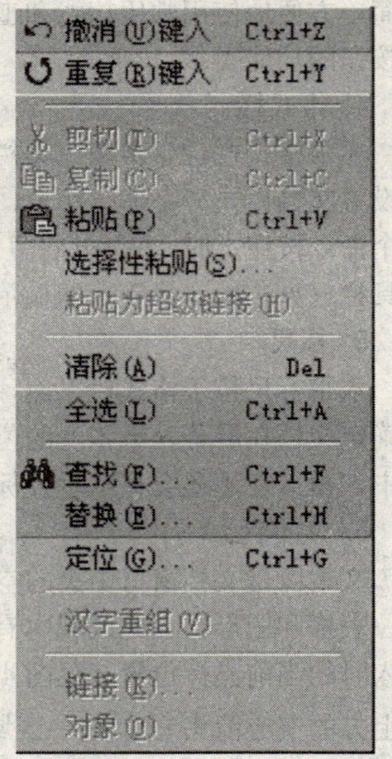

图 4—4 “编辑”菜单

3. “视图”菜单

图 4—5 所示是 Word 2000 中的“视图”下拉菜单。用户使用该菜单，可以调整屏幕上显示文档的方式（即“视图”方式），如正文可以用“普通”“页面”或者“大纲”等任一方式显示，通常在“页面”视图方式中进行“分栏”“页眉与页脚”的设置。当选取“工具栏”中某些项后，那些工具的快捷图标需要便会显示在工具栏中。

4. “插入”菜单

图 4—6 所示是 Word 2000 中的“插入”下拉菜单。用户使用该菜单，可以在文档中插入相应的符号、题注、图片和艺术字等。

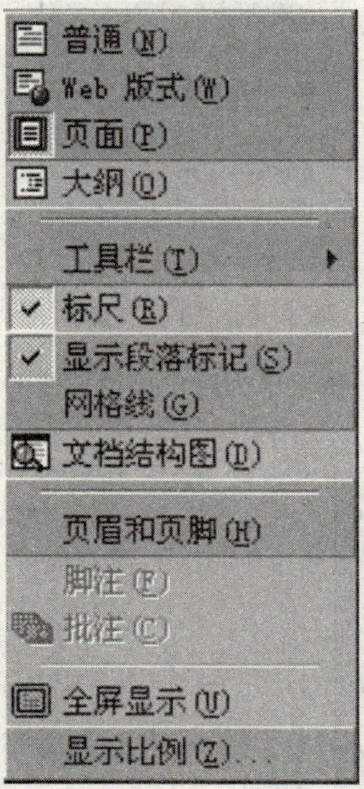

图 4—5　“视图”菜单

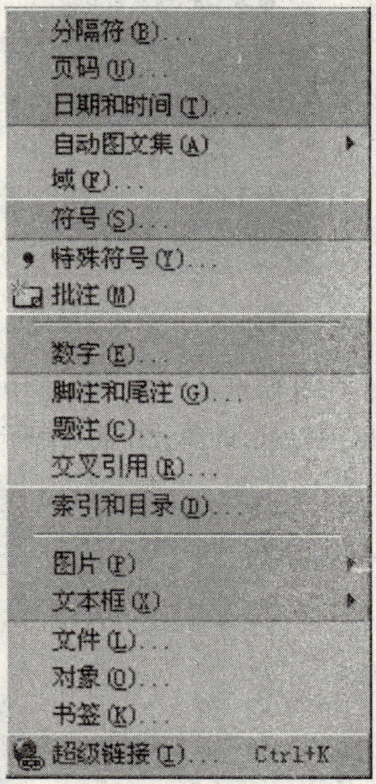

图 4—6　“插入”菜单

5. “格式”菜单

图 4—7 所示是 Word 2000 中的“格式”下拉菜单。用户使用该菜单，可以对段落、字体、边框和底纹等进行设置，可以对文本进行分栏，也可以选用样式等。

6. “工具”菜单

图 4—8 所示是 Word 2000 中的“工具”下拉菜单。该菜单为用户提供的英文语法和单词的自动校对，提供字数统计，提供信封、标签制作等工具。

7. “表格”菜单

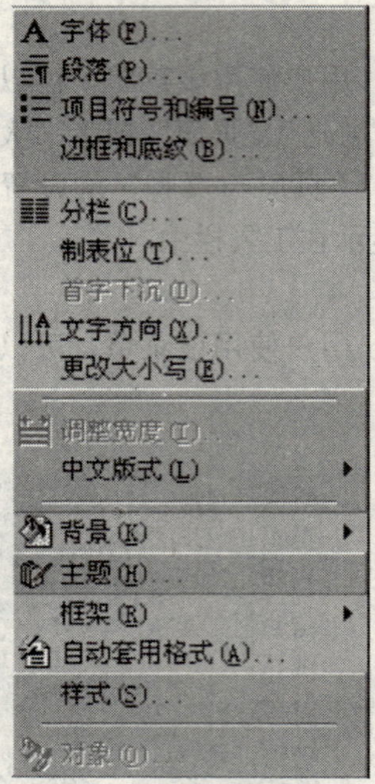

图 4—7　“格式”菜单

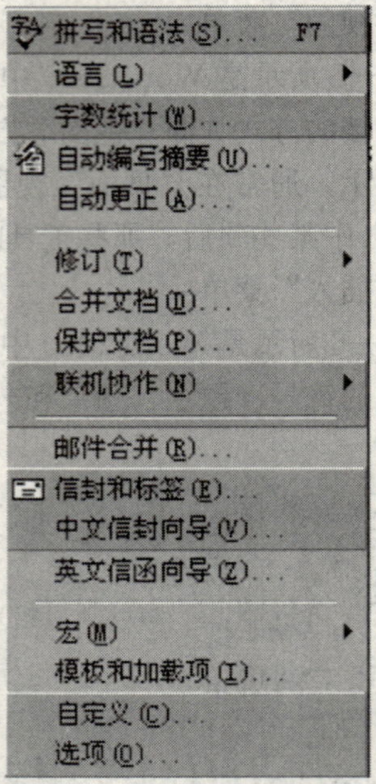

图 4—8　“工具”菜单

图 4—9 所示是 Word 2000 中的“表格”下拉菜单。该菜单为用户提供方便的表格制作功能。在后面的单元中将详细介绍表格的制作方法。

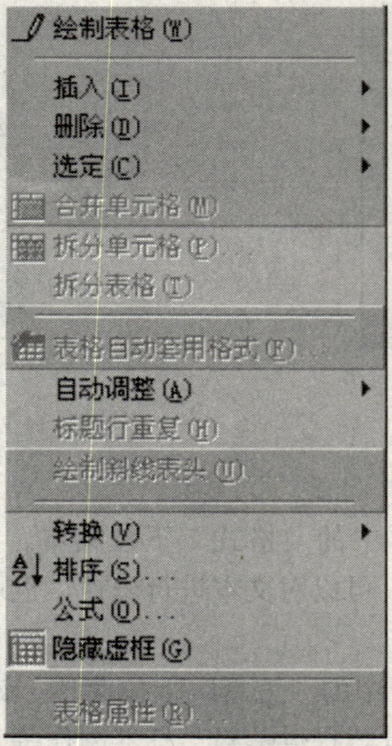

图 4—9　“表格”菜单

8.“窗口”菜单

图 4—10 所示是 Word 2000 中的“窗口”下拉菜单。该菜单为用户提供窗口的新建、重排和拆分等功能，并显示出正在编辑的所有文档的文件名，用户可以方便地切换所要编辑的文件。

9.“帮助”菜单

图 4—11 所示是 Word 2000 中的“帮助”下拉菜单。该菜单为用户提供关于 Word 2000 的帮助信息。

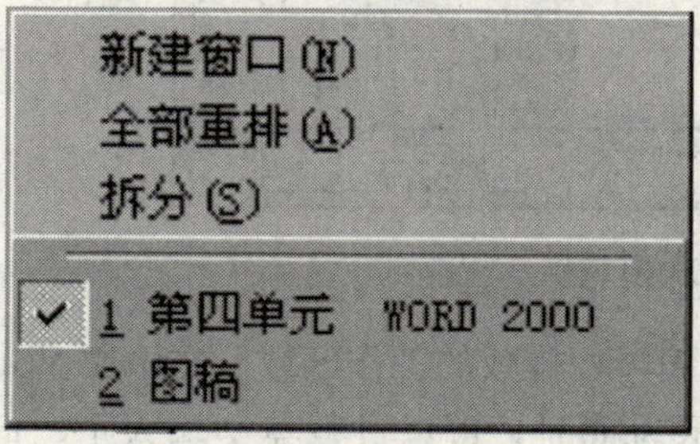

图 4—10 “窗口”菜单

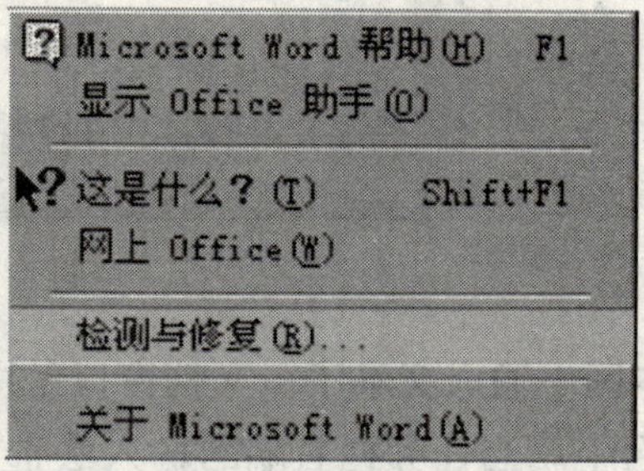

图 4—11 “帮助”菜单

第二节 新建 Word 文档文件

一、新建文档

用户每次启动 Word 2000 后，Word 会自动打开一个空白的新文档“文档 1”，Word 的应用程序窗口以及文档窗口都是以最大化显示的。两个窗口的标题栏合二为一，出现名为“文档 1-Microsoft Word”的标题。

如果在 Word 窗口中已经存在了一个文件，用户想再建立一个新文件，那么方法非常简单，步骤如下：

1. 单击“文件”菜单中的“新建”命令，将弹出如图 4—12 所示的“新建”对话框。

2. 在对话框中，单击“常用”选项卡，然后选中对话框右下角的“文档”选项。

3. 单击“空白文档”图标，按下“确定”按钮，或者双击“空白文档”图标，此时 Word 将打开一个名为“文档 2”的空白文档。

也可单击常用工具栏中的“新建文档”按钮。

二、输入文本

1. 文字的输入

在前面我们已学会了创建一个名为“文档 2”的空白文档。现在我们可以在文档窗口

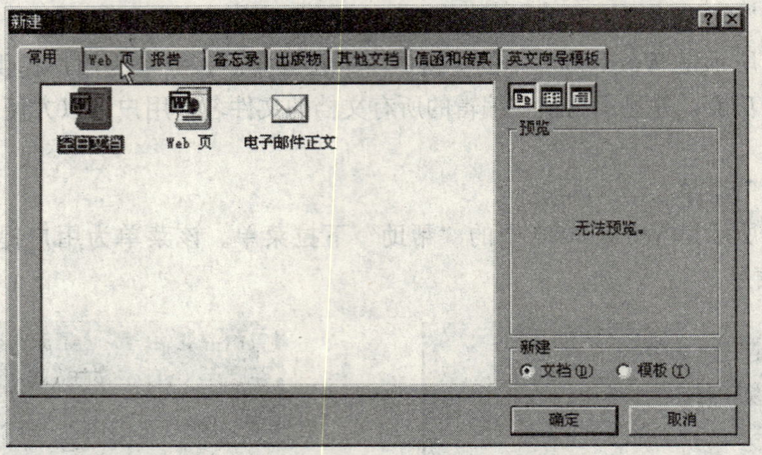
新建
常用
Web 页
报告
备忘录
出版物
其他文档
信函和传真
英文向导模板
空白文档
Web 页
电子邮件正文
预览
无法预览。
新建
文档(D)
模板(T)
确定
取消

图 4—12 “新建”对话框

的文本区中输入文本了。文档窗口是用于输入、编辑、排版的工作区域。在中文 Windows 98 平台上，当任务栏右端的输入法选项按钮显示为En时，可以进行英文输入了，但当需要输入中文时，切换到中文输入法状态下，即可输入中文，如图 4—13 所示。

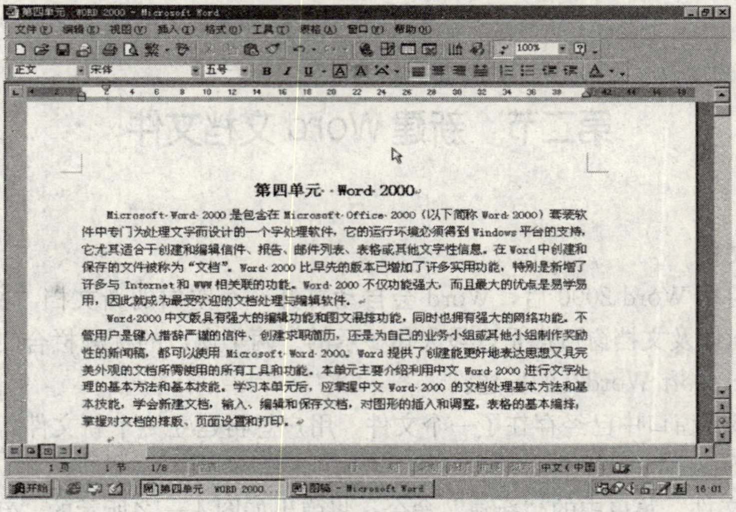
第四单元 · Word 2000
Microsoft Word 2000 是包含在 Microsoft Office 2000（以下简称 Word 2000）套装软件中专门为处理文字而设计的一个字处理软件，它的运行环境必须得到 Windows 平台的支持，它尤其适合于创建和编辑信件、报告、邮件列表、表格或其他文字性信息。在 Word 中创建和保存的文件被称为“文档”。Word 2000 比早先的版本已增加了许多实用功能，特别是新增了许多与 Internet 和 WWW 相关联的功能。Word 2000 不仅功能强大，而且最大的优点是易学易用，因此就成为最受欢迎的文档处理与编辑软件。
Word 2000 中文版具有强大的编辑功能和图文混排功能，同时也拥有强大的网络功能。不管用户是键入措辞严谨的信件、创建求职简历，还是为自己的业务小组或其他小组制作奖励性的新闻稿，都可以使用 Microsoft Word 2000。Word 提供了创建能更好地表达思想又具完美外观的文档所需使用的所有工具和功能。本单元主要介绍利用中文 Word 2000 进行文字处理的基本方法和基本技能。学习本单元后，应掌握中文 Word 2000 的文档处理基本方法和基本技能，学会新建文档，输入、编辑和保存文档，对图形的插入和调整，表格的基本编排，掌握对文档的排版、页面设置和打印。

图 4—13 输入文本

在文本的输入时，可以先不考虑排版，当全文输入后再来设置。

2. 标点符号和特殊符号的输入

“逗号”和“句号”在文本中是最常用的标点符号，在中文状态下可直接按“,”键和“.”键。注意，中文输入提示行中左起第四个按钮应当是中文符号方式，而不是英文符号方式。这样，输入的中文符号都占两个英文字符的位置，即一个汉字的位置。

键盘上的引号键表示上引号和下引号，奇数次按引号键，输入的是上引号；偶数次按引号键，输入的是下引号。如果在不输入上引号的情况下，要输入下引号，则可先按一下引号键，输入上引号，然后删除它，再按引号键一次，即可得到下引号。

在中文输入状态下，遇到破折号，可按住“Ctrl”键不放，再按减号键，即按“Ctrl＋－”键，就输入了破折号；遇到顿号，直接按住“\”键；遇到省略号，按“Shift＋6”键，当只需要“…”而不是“……”时，可以在按“Shift＋6”键的基础上，再按退格键来删掉三个点。书名号的输入与引号的输入有所不同，按“Shift＋<”键，输入的是“《”符号，按“Shift＋>”键，输入的是“》”符号。对初学者来说，由于没有完全掌握标点符号输入的规律，第一次输入了“《”后，第二次之后按“Shift＋<”键就只会出现“〈”，这时，只有“〉”与之配对，才能使“》”重新出现，原因是根据中文习惯，书名号必须配对使用。

3. 全角/半角输入方式

在第三单元中曾经介绍过全角/半角输入方式，针对在 Word 中输入时具体的使用，这里再作一些介绍。

当我们在输入一篇纯英文的文章时，可以关闭中文输入提示行，采用半角方式；而在输入一篇纯中文的文章时，既可用全角方式，也可用半角方式，它们之间的切换可以单击提示行中的第三个按钮或者按“Shift＋空格”键。在智能 ABC 输入法提示行状态下，不管是在还是在状态，汉字都默认以全角方式输入，而大写字母、数字等符号是根据全角/半角方式输入的。大家可以比较“China”和“Ｃｈｉｎａ”的不同之处。

三、保存文档

在实际操作中，保存文档是非常重要的，当文本输入后应该及时保存下来，因为用户输入到计算机中并显示在屏幕上的内容在未保存前是暂存在内存和磁盘上的临时文件中的，一旦退出 Word 或关机，内存和临时文件中的内容将不再存在，所以用户应当随时将录入的内容存储到磁盘上，以便日后修改和使用。保存文档的操作有两种方式，一种是在“文件”菜单中选择“保存”命令选项；另一种是在工具栏中直接按“保存”快捷按钮。由于是新建立的文档，屏幕会弹出如图 4—14 所示的窗口。然后操作如下：

1. 确定保存位置，在“保存位置”窗口选择存放的目录，例如，图 4—14 中存放目录为“My documents”。

2. 确定文件名，图 4—14 中给出的是默认文件名。

3. 确定文件类型，图 4—14 中默认为 Word 文档类型，文件名扩展名为 DOC。Word 2000 中默认文档模板为 NORMAL。

4. 按“确定”按钮。

四、关闭文档

一般情况下，在完成了一个 Word 文档的编辑工作后，应关闭当前文档窗口。操作步骤如下：

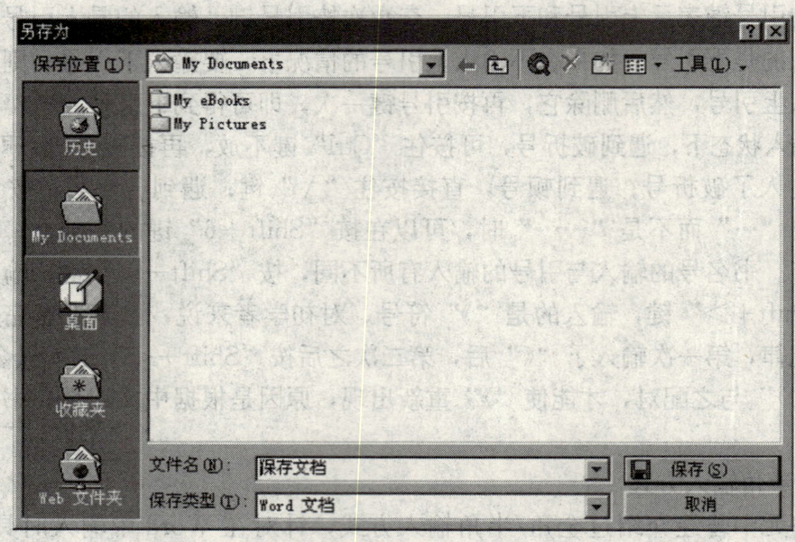

图 4—14　保存文档

1. 单击“文件”菜单
2. 单击“关闭”命令。

要关闭当前的文档窗口，还可以单击该文档窗口右上角的关闭按钮，或双击该文档窗口的控制菜单框，也可以使用快捷键“Alt＋F4”。

如果在关闭文件之前，有修改后的新内容未保存，屏幕会弹出如图 4—15 所示的提示窗口。

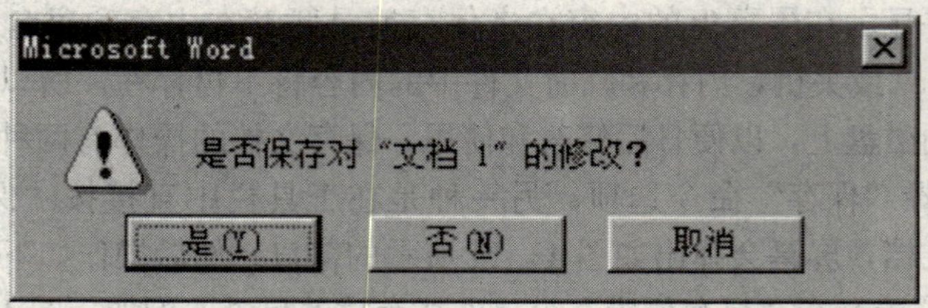

图 4—15　关闭文档时的提示保存窗口

如果确定要保存修改的内容，则按“是”；如果确定不要保存修改的内容，则按“否”；如果不能确定，则选择“取消”按钮，回到编辑状态。

五、退出 Word 2000

一般在 Word 中只打开一个窗口的情况下，单击 Word 窗口右上角的关闭按钮，或双击该 Word 控制菜单框，或使用快捷键“Alt＋F4”，都将退出 Word 2000。当在完成多个文档编辑工作后，若要退出 Word 2000，则其操作步骤是：单击“文件”菜单，单击

“退出”命令选项。也可单击屏幕右上角的“关闭”按钮。

此时，如果某些文档有修改后的新内容未保存，那么屏幕上会出现如图 4—15 所示的提示窗口。

第三节　版面编排

一、定位

在活动窗口中光标闪烁处（符号为“|”）为输入位置。输入或修改文本时首先要明确编辑的位置，即定位。定位光标的方法有如下几种：

1. 用键盘移动光标

用键盘移动光标是最基础、最原始的方法，这种方法适合于小范围内移动，对于在大范围内移动光标则建议使用鼠标，这种方法较为方便。

2. 用鼠标移动光标

要将光标移到当前屏幕窗口，只要将鼠标定位在所需定位处单击即可；如果光标目标位置不在当前屏幕上，则可以用鼠标在窗口的滚动栏控制移动条或移动按钮。图 4—16 和图 4—17 分别是竖直和水平滚动条。

当鼠标按住移动条时，屏幕上会显示它所指的页码（见图 4—18），这样可以帮助用户准确定位。

图 4—16　竖直滚动条

图 4—17　水平滚动条

图 4—18　显示指定页码

3. 使用“定位”命令

使用“定位”命令来完成定位功能，操作步骤如下：

(1) 单击“编辑”菜单。

(2) 单击“定位”选项卡，屏幕弹出图 4—19 所示窗口。

(3) 选择所要定位的节、页或脚注等，输入数据，确定后按“关闭”按钮即可。

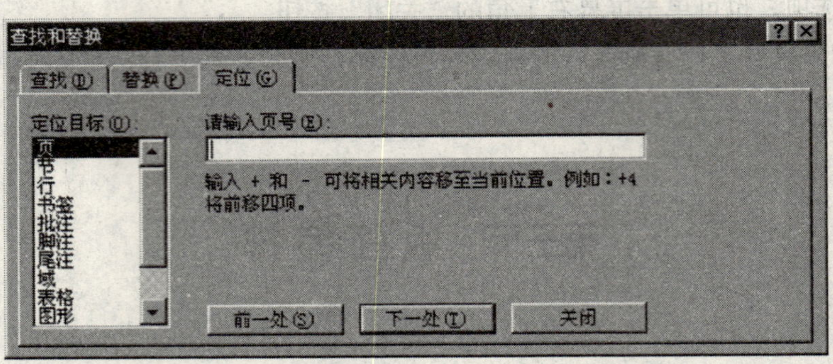

图 4—19　“定位”选项卡

二、选择文本

Word 字处理软件有一个最大的特点，即“先选中，后操作”，即必须先要指明对文档哪些内容进行处理，然后开始具体操作。

在选定文本内容后，被选中的部分以黑底白字突出显示，有时也可以是彩色的，颜色的显示取决于控制面板中颜色的设置。

在文本编辑过程中经常需要对一块文本进行编辑和操作，例如，需要将某块文本定义成某种字体，或需要将某块文本复制、移动等。选择文本的方法可根据不同需要来定。

1. 使用键盘选定任意文本块

使用键盘也可以定义文本块，其方法如下：

(1) 将光标定位到文本块首部。

(2) 同时按住“Shift”键和方向键，直到文本块结尾处。

2. 使用鼠标选定任意文本块

使用鼠标选择文本块的步骤如下：

(1) 将鼠标定位到文本块的第一个字符处。

(2) 按下鼠标左键不放，拖动鼠标到文本块的最后一个字符处。

这样所选择的文本块将呈反白显示。图 4—20 所示是一个选定文本块的例子。

3. 选择整个文档

选择整个文档可以用如下方法操作：

(1) 单击“编辑”菜单。

(2) 单击“全选”命令选项。

也可按快捷键“Ctrl＋A”来选定整个文档内容。

4. 选择一行或多行

把鼠标光标移到待选行的左边的文本选定区，这时鼠标指针变为向右上方指的箭头，然后单击鼠标左键，即可选定一整行，如图 4—21 所示。

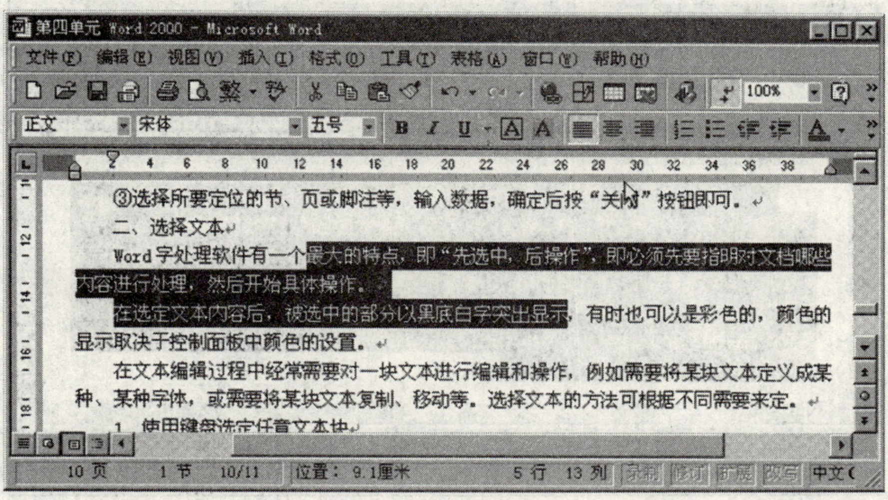
第四单元 Word 2000 - Microsoft Word
文件(F) 编辑(E) 视图(V) 插入(I) 格式(O) 工具(T) 表格(A) 窗口(W) 帮助(H)
正文 宋体 五号
③选择所要定位的节、页或脚注等，输入数据，确定后按“关闭”按钮即可。
二、选择文本
Word 字处理软件有一个最大的特点，即“先选中，后操作”，即必须先要指明对文档哪些内容进行处理，然后开始具体操作。
在选定文本内容后，被选中的部分以黑底白字突出显示，有时也可以是彩色的，颜色的显示取决于控制面板中颜色的设置。
在文本编辑过程中经常需要对一块文本进行编辑和操作，例如需要将某块文本定义成某种、某种字体，或需要将某块文本复制、移动等。选择文本的方法可根据不同需要来定。
10 页 1 节 10/11 位置：9.1厘米 5 行 13 列

图 4—20　选定文本块

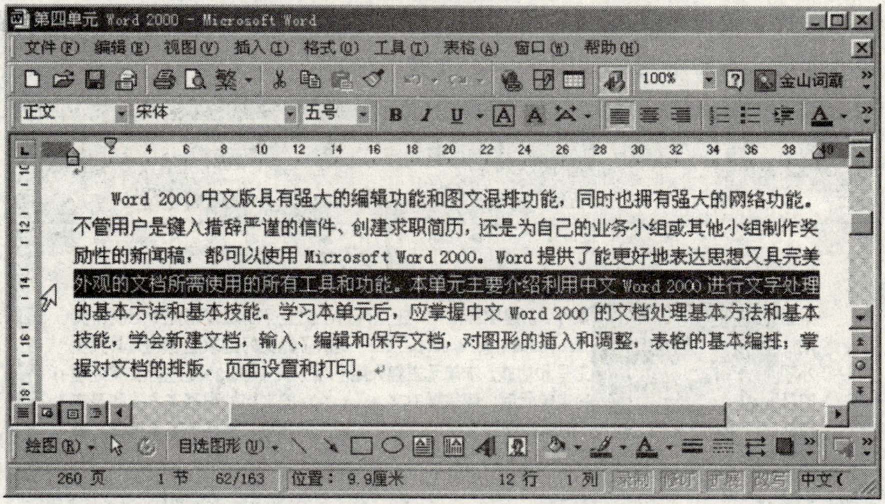
第四单元 Word 2000 - Microsoft Word
文件(F) 编辑(E) 视图(V) 插入(I) 格式(O) 工具(T) 表格(A) 窗口(W) 帮助(H)
正文 宋体 五号
Word 2000 中文版具有强大的编辑功能和图文混排功能，同时也拥有强大的网络功能。不管用户是键入措辞严谨的信件、创建求职简历，还是为自己的业务小组或其他小组制作奖励性的新闻稿，都可以使用 Microsoft Word 2000。Word 提供了能更好地表达思想又具完美外观的文档所需使用的所有工具和功能。本单元主要介绍利用中文 Word 2000 进行文字处理的基本方法和基本技能。学习本单元后，应掌握中文 Word 2000 的文档处理基本方法和基本技能，学会新建文档，输入、编辑和保存文档，对图形的插入和调整，表格的基本编排，掌握对文档的排版、页面设置和打印。
260 页 1 节 62/163 位置：9.9厘米 12 行 1 列

图 4—21　选择一行

如果要选中连续的多行，可以先选定连续行中的第一行，不释放鼠标左键，将鼠标在文本选定区内向上或向下拖动若干行，即选定了多行。

5. 选择一个段落

把鼠标光标放置在段内的任意位置，然后连续单击三次鼠标左键，即可选定一个段落，如图 4—22 所示。

也可按住“Ctrl”键，然后单击某一位置，则鼠标光标所在的段落被选中。

6. 选择文本矩形块

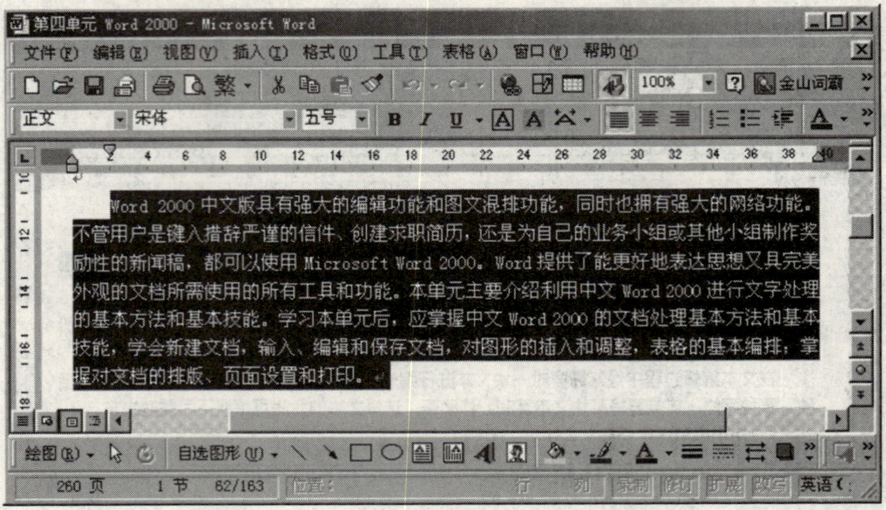
第四单元 Word 2000 - Microsoft Word
文件(F) 编辑(E) 视图(V) 插入(I) 格式(O) 工具(T) 表格(A) 窗口(W) 帮助(H)
正文 宋体 五号
Word 2000 中文版具有强大的编辑功能和图文混排功能，同时也拥有强大的网络功能。不管用户是键入措辞严谨的信件、创建求职简历，还是为自己的业务小组或其他小组制作奖励性的新闻稿，都可以使用 Microsoft Word 2000。Word 提供了能更好地表达思想又具完美外观的文档所需使用的所有工具和功能。本单元主要介绍利用中文 Word 2000 进行文字处理的基本方法和基本技能。学习本单元后，应掌握中文 Word 2000 的文档处理基本方法和基本技能，学会新建文档，输入、编辑和保存文档，对图形的插入和调整，表格的基本编排；掌握对文档的排版、页面设置和打印。
绘图(R) 自选图形(U)
260 页 1 节 62/163 位置： 行 列 录制 修订 扩展 改写 英语

图 4—22　选择一个段落

把鼠标光标置于要选定文本的一角，然后按住“Alt”键和鼠标左键，拖动到文本块的对角，即可选定文本矩形块，如图 4—23 所示。

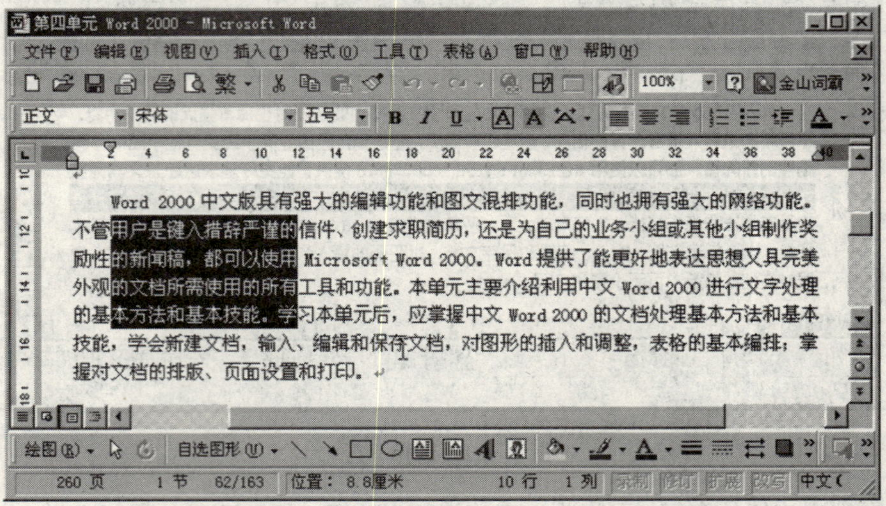
第四单元 Word 2000 - Microsoft Word
文件(F) 编辑(E) 视图(V) 插入(I) 格式(O) 工具(T) 表格(A) 窗口(W) 帮助(H)
正文 宋体 五号
Word 2000 中文版具有强大的编辑功能和图文混排功能，同时也拥有强大的网络功能。不管用户是键入措辞严谨的信件、创建求职简历，还是为自己的业务小组或其他小组制作奖励性的新闻稿，都可以使用 Microsoft Word 2000。Word 提供了能更好地表达思想又具完美外观的文档所需使用的所有工具和功能。本单元主要介绍利用中文 Word 2000 进行文字处理的基本方法和基本技能。学习本单元后，应掌握中文 Word 2000 的文档处理基本方法和基本技能，学会新建文档，输入、编辑和保存文档，对图形的插入和调整，表格的基本编排；掌握对文档的排版、页面设置和打印。
绘图(R) 自选图形(U)
260 页 1 节 62/163 位置： 8.8厘米 10 行 1 列 录制 修订 扩展 改写 中文

图 4—23　选择文本矩形块

也可以通过按“F8”键来选择文本，按“F8”键一次，状态栏中的“扩展”由暗淡变黑色显示，即“扩展”呈活动可用状态，再按“F8”键一次，即可选定光标插入点所在位置处的词组，继续按“F8”键一次，可选定光标插入点所在的这一段落。

三、剪切、复制与粘贴

剪切、复制和粘贴是文本编辑的常用方法，它们是通过 Windows 剪贴板来实现的。

剪贴板是内存中一个临时存放信息（如文字、图像和声音等）的特殊区域。当执行选定文本操作后，有两种方式将选定文本存放到剪贴板中，即剪切和复制。“剪切”功能将选取的对象从文档中删除，并放入剪贴板；“复制”功能则将选定的对象备份到剪贴板中。只要没有再进行新的剪切或复制操作，剪贴板上的最近内容是不会改变的，除非退出 Windows。“粘贴”功能可以将剪贴板上的内容粘贴到文档中插入点所在位置之后。

对于选定的文本，使用剪切和粘贴，或者鼠标拖曳，可以实现文本块或图形的移动；使用复制和粘贴，或者按住“Ctrl”键的同时拖曳鼠标，可以将文本块或图形的复制到文档中其他地方。由于剪贴板是 Windows 系统设置的，因此，通过它不仅能在同一文档中实现移动和复制，还能在不同的基于 Windows 的应用程序之间实现移动和复制。

文本的选择采用上节所介绍的方法。复制、剪切和粘贴的具体操作可以通过菜单、工具栏和快捷键来实现。

Word 2000 复制或移动工作主要包含如下操作：

首先，选择文本块。

其次，将文本块放置到称为“Windows 剪贴板”的系统缓冲区中。实现该项工作可以用“复制”和“剪切”两种方法，下文将有相关介绍。

最后，将所选择的文本块粘贴到目的地。

1. 复制

复制是将所选择的文本复制到剪贴板上，复制操作后，原文本并不改变。用菜单操作步骤如下：

（1）单击“编辑”菜单。

（2）单击“复制”命令选项。

用工具栏只需简单按“复制”按钮，或用快捷键“Ctrl+C”，也可以用快捷菜单来实现。

2. 剪切

剪切也是将所选择的文本复制到剪贴板上，剪切与复制的区别在于，做剪切操作后，所选择的原文本便被删除了。用菜单实现剪切的步骤如下：

（1）单击“编辑”菜单。

（2）单击“剪切”命令选项。

用工具栏只需简单按“剪切”按钮，或用快捷键“Ctrl+X”实现，也可以用快捷菜单来实现。

3. 粘贴

只有进行了粘贴操作才算完成复制或者移动功能。用菜单实现粘贴的步骤如下：

（1）将光标置于需要复制或移动的位置。单击“编辑”菜单。也可以单击鼠标右键，弹出如图 4—24 所示的窗口。

（2）单击“粘贴”命令选项。

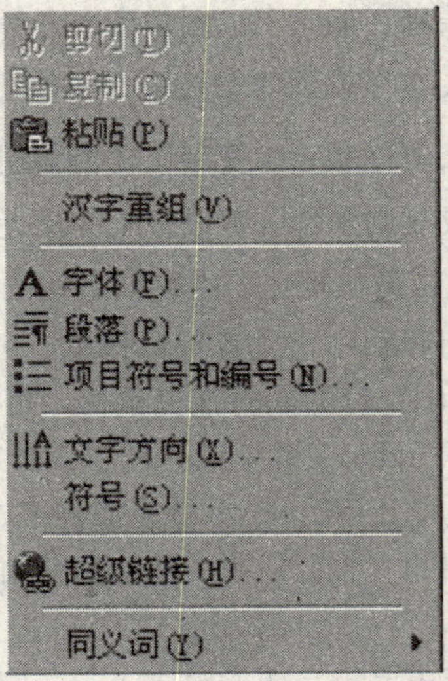
剪切(T)
复制(C)
粘贴(P)
汉字重组(V)
字体(F)...
段落(P)...
项目符号和编号(N)...
文字方向(X)...
符号(S)...
超级链接(H)...
同义词(Y)

图 4—24　“粘贴”快捷菜单

用工具栏只需简单按“粘贴”按钮，或用快捷键“Ctrl＋V”键，也可以用快捷菜单来实现。

下面来看一个例子：将正文中第二自然段与第三自然段对换顺序，如图 4—25 所示。

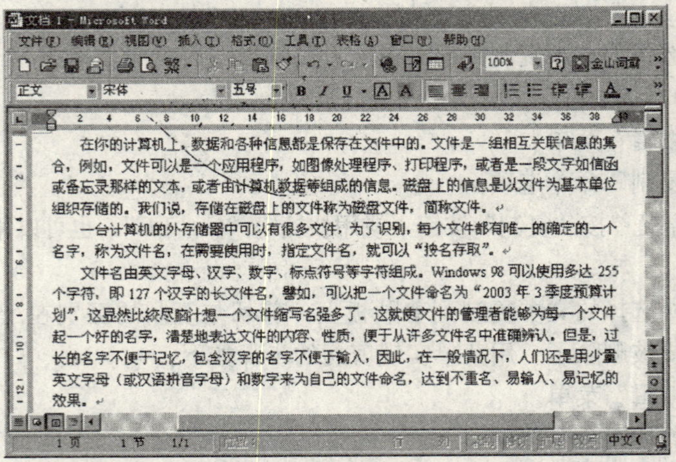
文件(F) 编辑(E) 视图(V) 插入(I) 格式(O) 工具(T) 表格(A) 窗口(W) 帮助(H)
100%
金山词霸
正文
宋体
五号
在你的计算机上，数据和各种信息都是保存在文件中的。文件是一组相互关联信息的集合，例如，文件可以是一个应用程序，如图像处理程序、打印程序，或者是一段文字如信函或备忘录那样的文本，或者由计算机数据等组成的信息。磁盘上的信息是以文件为基本单位组织存储的。我们说，存储在磁盘上的文件称为磁盘文件，简称文件。
一台计算机的外存储器中可以有很多文件，为了识别，每个文件都有唯一的确定的一个名字，称为文件名，在需要使用时，指定文件名，就可以“按名存取”。
文件名由英文字母、汉字、数字、标点符号等字符组成。Windows 98 可以使用多达 255 个字符，即 127 个汉字的长文件名，譬如，可以把一个文件命名为“2003 年 3 季度预算计划”，这显然比绞尽脑汁想一个文件缩写名强多了。这就使文件的管理者能够为每一个文件起一个好的名字，清楚地表达文件的内容、性质，便于从许多文件名中准确辨认。但是，过长的名字不便于记忆，包含汉字的名字不便于输入，因此，在一般情况下，人们还是用少量英文字母（或汉语拼音字母）和数字来为自己的文件命名，达到不重名、易输入、易记忆的效果。
1 页
1 节
1/1
中文

图 4—25　两段对换

操作步骤如下：

方法一（用菜单来实现）：

（1）选定第三自然段。

（2）单击“编辑”菜单，然后单击“剪切”命令选项；或单击鼠标右键，再单击“剪切”命令选项。

（3）把鼠标插入点置于第二自然段段首，单击“编辑”菜单，然后单击“粘贴”命令选项；或单击鼠标右键，再单击“粘贴”命令选项。

方法二（用拖动法来实现）：

（1）选定第三自然段。

（2）把鼠标指针指向已被选定的这段文字。

（3）按住鼠标左键，等到拖动光标出现后，拖动到第二自然段段首。

（4）松开鼠标左键。

方法三（用快捷键来实现）：

（1）选定第三自然段。

（2）按“Ctrl＋X”或“Shift＋Delete”键。

（3）把光标移动到第二自然段段首。

（4）按“Ctrl＋V”或“Shift＋Insert”键。

方法四（用“常用”工具栏来实现）：

（1）选定第三自然段。

（2）单击“常用工具栏”的“剪切”按钮。

（3）把光标移到第二自然段段首。

（4）单击“常用工具栏”的“粘贴”按钮。

图 4—26 所示是执行完操作步骤后的结果。

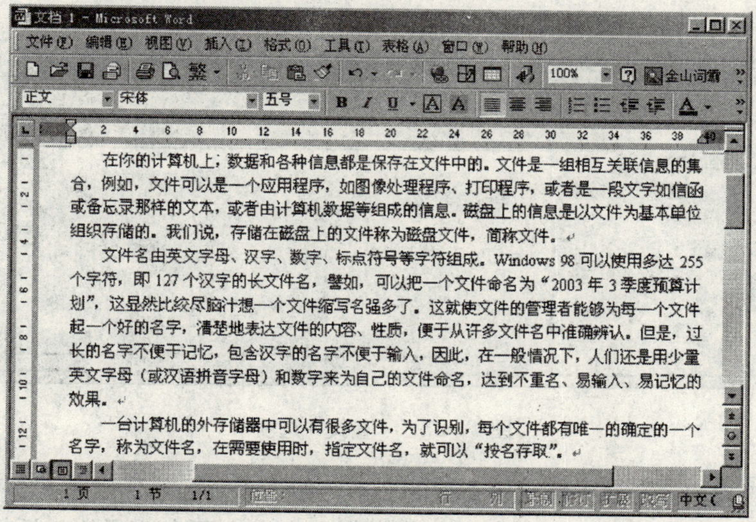
文档 1 - Microsoft Word
文件(F) 编辑(E) 视图(V) 插入(I) 格式(O) 工具(T) 表格(A) 窗口(W) 帮助(H)
100%
金山词霸
正文
宋体
五号
在你的计算机上，数据和各种信息都是保存在文件中的。文件是一组相互关联信息的集合，例如，文件可以是一个应用程序，如图像处理程序、打印程序，或者是一段文字如信函或备忘录那样的文本，或者由计算机数据等组成的信息。磁盘上的信息是以文件为基本单位组织存储的。我们说，存储在磁盘上的文件称为磁盘文件，简称文件。
文件名由英文字母、汉字、数字、标点符号等字符组成。Windows 98 可以使用多达 255 个字符，即 127 个汉字的长文件名，譬如，可以把一个文件命名为“2003 年 3 季度预算计划”，这显然比绞尽脑汁想一个文件缩写名强多了。这就使文件的管理者能够为每一个文件起一个好的名字，清楚地表达文件的内容、性质，便于从许多文件名中准确辨认。但是，过长的名字不便于记忆，包含汉字的名字不便于输入，因此，在一般情况下，人们还是用少量英文字母（或汉语拼音字母）和数字来为自己的文件命名，达到不重名、易输入、易记忆的效果。
一台计算机的外存储器中可以有很多文件，为了识别，每个文件都有唯一的确定的一个名字，称为文件名，在需要使用时，指定文件名，就可以“按名存取”。
1 页　1 节　1/1
中文(

图 4—26　两段对换后的结果

四、文本的删除

删除文本的常用办法是使用“BackSpace”键和“Delete”键，但是，这种方法对较大的文本块删除效率甚低。下面介绍文本块删除的操作，使用户可以快速地删除一句话、一行或一段文字甚至整个文档。操作如下：

1. 用鼠标或键盘选定要删除的文本。

2. 按“Backspace”键或“Delete”键。

五、查找与替换

编辑文档的过程中，查找和替换是经常使用的操作。对于很短的文档，一处一处地查找、修改是可以的；但是，对于很长的文档（例如几十页的论文），需要查找和替换的内容很多时，充分利用 Word 提供的查找和替换功能就很有必要了。

查找功能用于在文档中快速查找指定的内容；替换功能用于快速查找并替换指定的内容。Word 2000 的查找和替换功能十分强大，它不仅能查找与替换文本中多处相同的文字，而且能查找与替换带格式（字体和段落等多种格式）和样式的文本，以及能用非打印字符和通配符等进行复杂的搜索，还能进行智能查找与替换等。查找和替换是任何一个字处理程序中非常有用的功能。

1. 查找

(1) 无格式的查找。可以查找任意组合的字符，包括大写或小写字符，全角或半角字符。具体操作如下：

1）指定查找范围。选择一块文本，否则，系统将从光标处开始，在整个文档中查找。

2）单击“编辑”菜单。

3）单击“查找”命令选项，此时屏幕弹出的“查找和替换”对话框中将显示其中的“查找”选项卡，如图 4—27 所示。

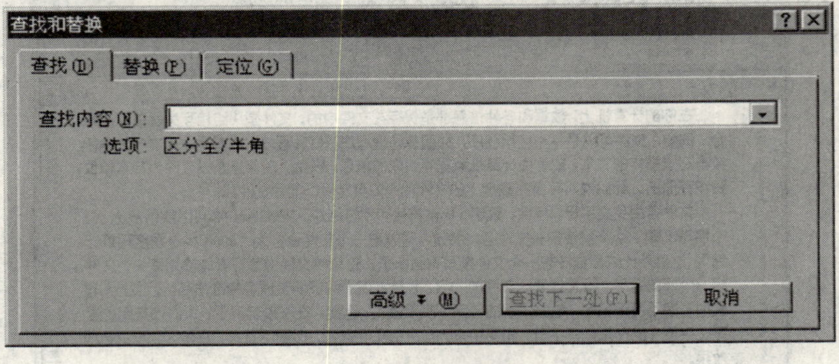

图 4—27 “查找”选项卡

4）在“查找内容”框中输入要查找的文本，如“办公”。

5）单击对话框中的“高级”按钮，将弹出一个含有更多选项的对话框，如图 4—28 所示，在其中设置可控制查找的选项，如在“搜索范围”下拉列表框中，选择是搜索整个文档，还是仅从插入点开始向上或向下搜索。

为了准确地找到所要的文字，还可以使用“搜索范围”下边的选项，如“区分大小写”和“区分全/半角”，这对于英文单词和各种符号的查找是很有用的。

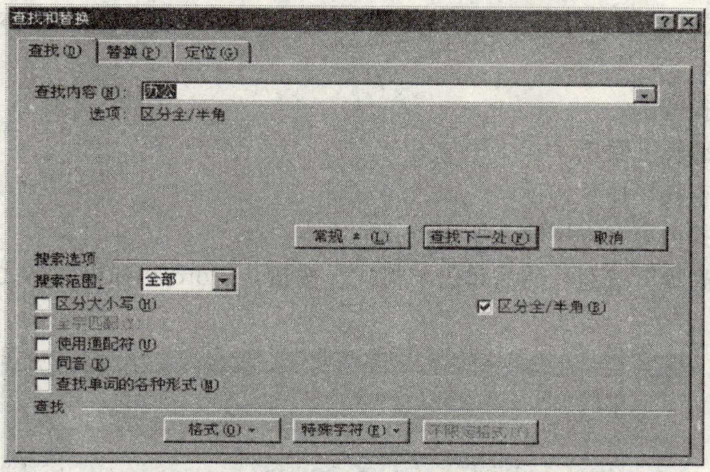

图 4—28　设置查找和替换的选项

6）单击“查找下一处”按钮。当在文档中找到第一个“办公”时，Word 将以反白高亮显示被查找的词。如果高亮的部分不是想查找的位置，可以再次单击“查找下一处”按钮，Word 会逐一高亮显示文档中出现的此词。

当需要修改查到的结果时，可单击“查找”对话框外文档窗口的任何位置，即使修改。修改后，再次单击“查找”对话框内非按钮部位，又能返回到该对话框，以便继续查找。

7）如果查找完毕，则弹出如图 4—29 或图 4—30 所示的消息框，此时单击“确定”按钮即可返回。

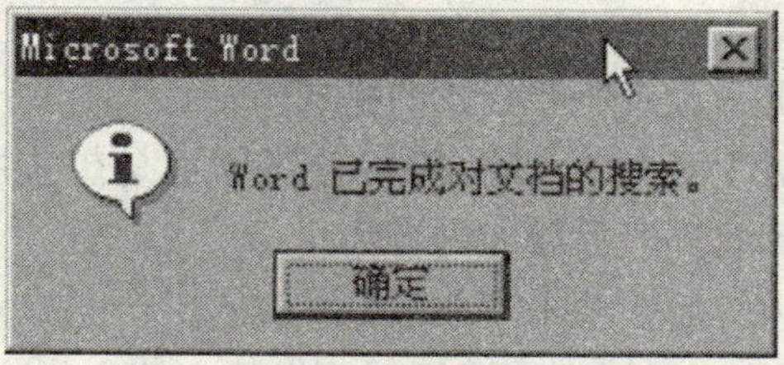

图 4—29　当查找到所要的内容后出现的消息框

图 4—30　当未查找到所要的内容后出现的消息框

（2）有格式的查找。可以查找有特定格式的文本，例如，改变了字体的文本。具体操作如下：

1）指定查找范围。

2）单击“编辑”菜单。

3）单击“查找”命令选项。

4）在“查找内容”框中输入所要查找的文本。

5）单击“高级”按钮，然后单击“格式”按钮，Word 将弹出“格式”选项框，如图 4—31 所示。

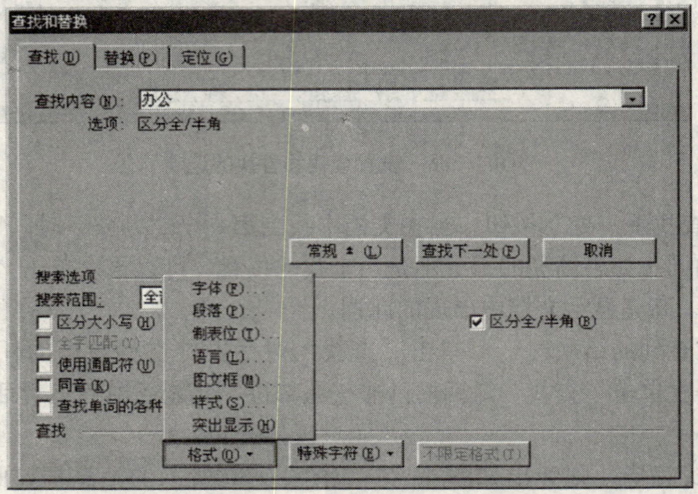

图 4—31　单击“格式”按钮后出现“格式”选项框

6）在“格式”选项框中设置所要查找的格式。

7）单击“查找下一处”按钮。如果高亮的部分不是想查找的内容，可以再次单击“查找下一处”按钮，直到找到所需要的内容为止。

8）当找到所需要的内容后，单击“取消”按钮。

这样，就关闭了“查找”对话框，返回到原来的文档中。

（3）特殊字符的查找。Word 除了可以查找无格式文本和有格式文本之外，还可以查找特殊字符和不可打印的字符。具体操作如下：

1）指定查找范围。

2）单击“编辑”菜单。

3）单击“查找”命令选项。

4）单击“高级”按钮，然后单击“特殊字符”按钮，Word 将弹出“特殊字符”选项框，如图 4—32 所示。

5）在“特殊字符”选项框中单击所要查找的特殊字符，Word 将自动把该字符填入到

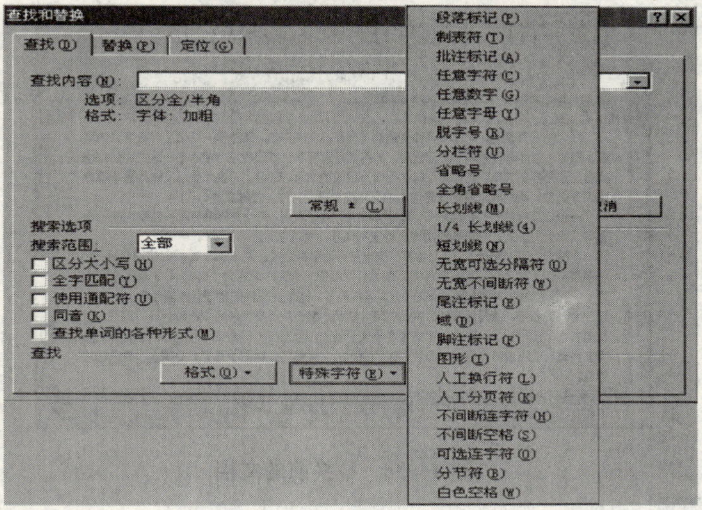

图 4—32　单击“特殊字符”按钮后弹出“特殊字符”选项框

“查找内容”框中。

6）单击“查找下一处”按钮。如果高亮的部分不是想查找的内容，可以再次单击“查找下一处”按钮，直到找到所需要的内容为止。

7）当找到所需要的内容后，单击“取消”按钮，返回到原来的文档中。

2. 替换

“查找”命令可以找到某个特定数据的位置，而“替换”命令则可以在“查找”的基础上对某个数据进行替换。在扩展后的“查找”选项卡中，单击“替换”选项卡也能进行替换。

“替换”选项卡与“查找”选项卡相比，多了一个“替换为”文本框。查找的目的在于修改或替换，所以可以根据“查找内容”文本框中文字（或带格式的文字），将文档中被查找到的内容替换成“替换为”文本框中的文字（或带格式的文字）。

按下“替换”按钮，可以将当前找到的一个内容替换掉；当按下“全部替换”按钮，则按搜索范围进行非应答式的全部替换。

另外，当选择光标在“查找内容”文本框内，可按“不限定格式”按钮清除其格式，或设置其格式；当选择光标在“替换为”文本框内，则下面“替换”区的设置对“替换为”文本框有效。

我们以下面的文档为例，将文档中的“文件”全部改为“File”，英文字体为 Times New Roman，如图 4—33 所示。

其操作步骤如下：

(1) 单击“编辑”菜单。

(2) 单击“替换”命令选项，弹出的“查找和替换”对话框将显示其中的“替换”选

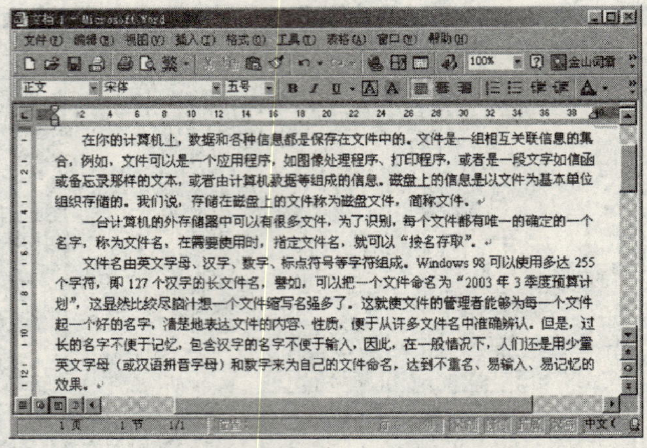
在你的计算机上，数据和各种信息都是保存在文件中的。文件是一组相互关联信息的集合，例如，文件可以是一个应用程序，如图像处理程序、打印程序，或者是一段文字如信函或备忘录那样的文本，或者由计算机数据等组成的信息。磁盘上的信息是以文件为基本单位组织存储的。我们说，存储在磁盘上的文件称为磁盘文件，简称文件。
一台计算机的外存储器中可以有很多文件，为了识别，每个文件都有唯一的确定的一个名字，称为文件名，在需要使用时，指定文件名，就可以“按名存取”。
文件名由英文字母、汉字、数字、标点符号等字符组成。Windows 98 可以使用多达 255 个字符，即 127 个汉字的长文件名，譬如，可以把一个文件命名为“2003 年 3 季度预算计划”，这显然比绞尽脑汁想一个文件缩写名强多了。这就使文件的管理者能够为每一个文件起一个好的名字，清楚地表达文件的内容、性质，便于从许多文件名中准确辨认。但是，过长的名字不便于记忆，包含汉字的名字不便于输入，因此，在一般情况下，人们还是用少量英文字母（或汉语拼音字母）和数字来为自己的文件命名，达到不重名、易输入、易记忆的效果。

图 4—33　替换前的文档

项卡，如图 4—34 所示。

（3）在“查找内容”文本框中输入“文件”，然后按 Tab 键或用鼠标将光标移到“替换为”文本框中，在其中输入“File”如图 4—35 所示。

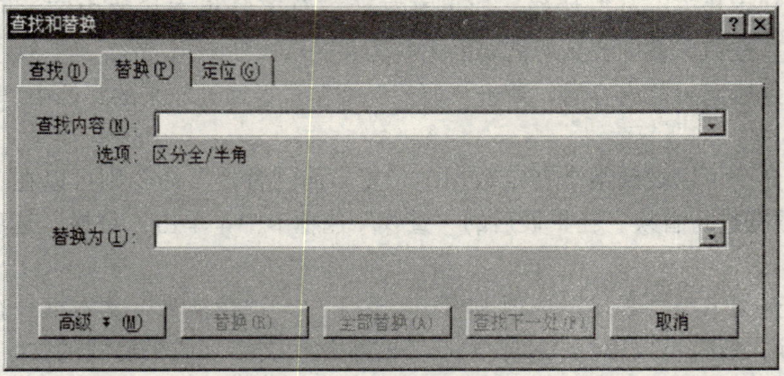
查找和替换
查找(D)
替换(P)
定位(G)
查找内容(N):
选项: 区分全/半角
替换为(I):
高级 ▾ (M)
替换(R)
全部替换(A)
查找下一处(F)
取消

图 4—34　“查找和替换”对话框中的“替换”选项卡

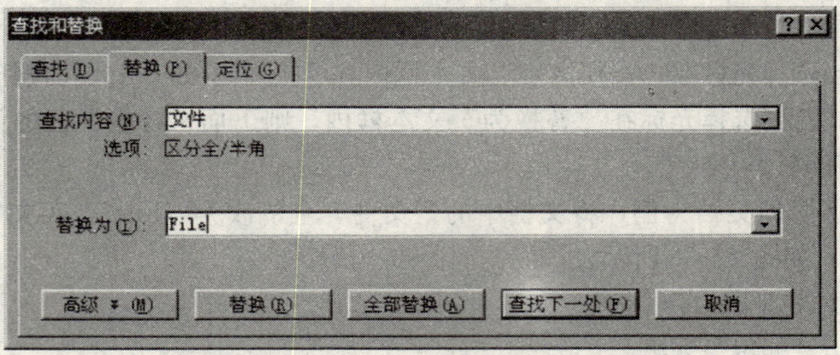
查找和替换
查找(D)
替换(P)
定位(G)
查找内容(N): 文件
选项: 区分全/半角
替换为(I): File
高级 ▾ (M)
替换(R)
全部替换(A)
查找下一处(F)
取消

图 4—35　在“替换”选项卡中输入内容

(4) 单击“高级”按钮，“替换”对话框立即变成如图 4—36 所示的对话框。

(5) 单击“格式”按钮，屏幕上会弹出如图 4—37 所示的对话框。

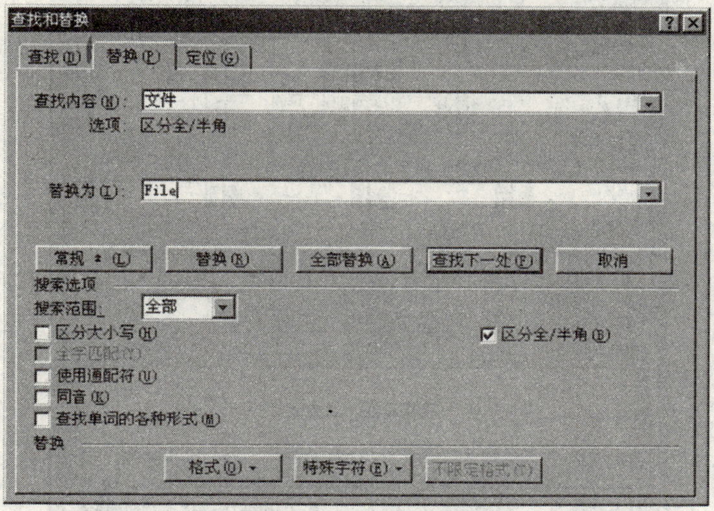

图 4—36 单击“高级”按钮后的对话框

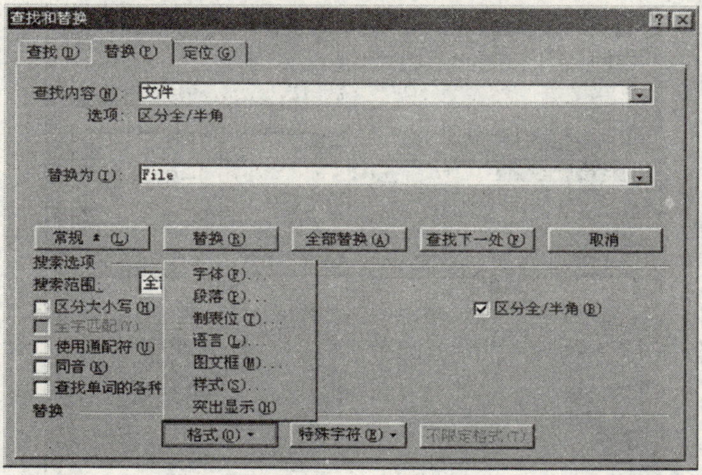

图 4—37 按“格式”按钮后的对话框

(6) 单击“字体”选项，屏幕上弹出如图 4—38 所示的对话框。

(7) 在“字体”选项卡上的“西文字体”下拉列表框中选择“Times New Roman”，如图 4—39 所示。

(8) 单击“确定”按钮。

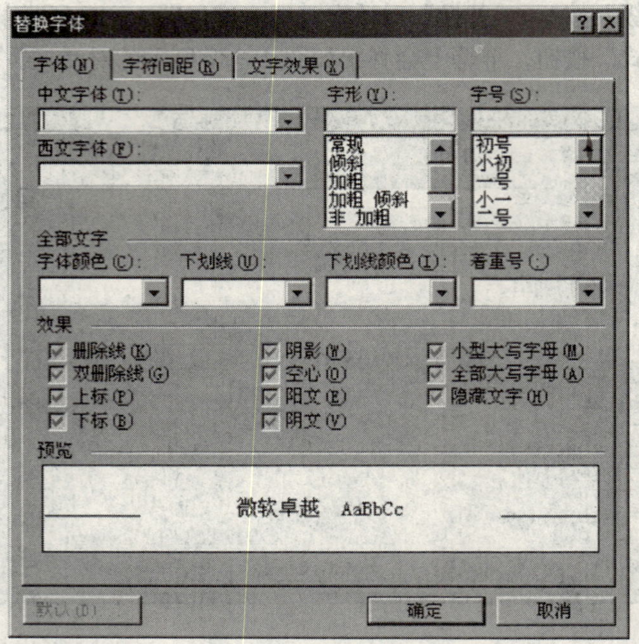

图 4—38　“替换字体”对话框

图 4—39　在“西文字体”中选择“Times New Roman”

（9）单击“全部替换”按钮，Word 会出现如图 4—40 所示的消息框，告知总共替换了多少处。

Microsoft Word
Word 已完成对文档的搜索并已完成 18 处替换。
确定

图 4—40　当替换完成后出现的消息框

如果这时选择“查找下一处”按钮，那么它的功能就与“查找”命令相同；如果单击“替换”按钮，那么 Word 将把所找到的出现“文件”的某一处相应地替换为“File”；现在单击“全部替换”按钮，Word 搜索整个文档中出现“文件”的地方，并将它们全部替换为“File”。

（10）单击“关闭”按钮，返回文档中，此时的文档如图 4—41 所示。

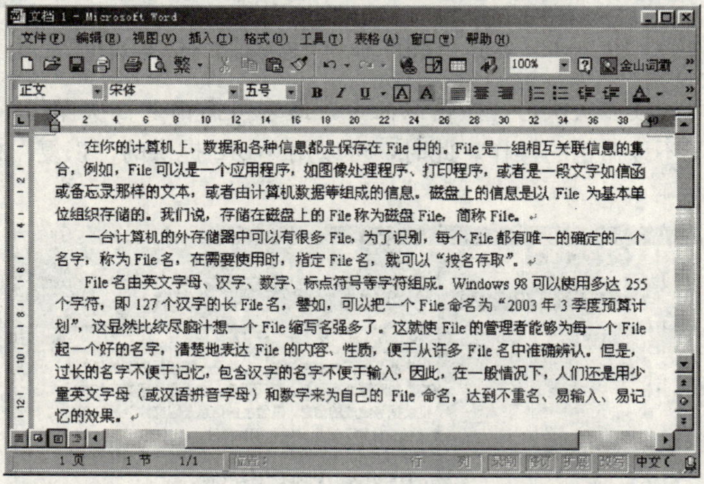
文档 1 - Microsoft Word
文件(F) 编辑(E) 视图(V) 插入(I) 格式(O) 工具(T) 表格(A) 窗口(W) 帮助(H)
正文 宋体 五号
在你的计算机上，数据和各种信息都是保存在 File 中的。File 是一组相互关联信息的集合，例如，File 可以是一个应用程序，如图像处理程序、打印程序，或者是一段文字如信函或备忘录那样的文本，或者由计算机数据等组成的信息。磁盘上的信息是以 File 为基本单位组织存储的。我们说，存储在磁盘上的 File 称为磁盘 File，简称 File。
一台计算机的外存储器中可以有很多 File，为了识别，每个 File 都有唯一的确定的一个名字，称为 File 名，在需要使用时，指定 File 名，就可以“按名存取”。
File 名由英文字母、汉字、数字、标点符号等字符组成。Windows 98 可以使用多达 255 个字符，即 127 个汉字的长 File 名，譬如，可以把一个 File 命名为“2003 年 3 季度预算计划”，这显然比绞尽脑汁想一个 File 缩写名强多了。这就使 File 的管理者能够为每一个 File 起一个好的名字，清楚地表达 File 的内容、性质，便于从许多 File 名中准确辨认。但是，过长的名字不便于记忆，包含汉字的名字不便于输入，因此，在一般情况下，人们还是用少量英文字母（或汉语拼音字母）和数字来为自己的 File 命名，达到不重名、易输入、易记忆的效果。
1 页 1 节 1/1

图 4—41　替换完成后的文档

六、撤销与恢复编辑操作

在对文本进行各种编辑操作时，难免会出现一些误操作。Word 2000 提供了一个非常有用的“撤销”命令。执行“撤销”命令可以撤销上一次操作或最近几次的操作，其操作方法很简单，具体步骤为：单击“编辑”菜单，然后单击“撤销”命令选项。还可以更简单地单击常用工具栏中的“撤销”按钮，或者直接按“Ctrl+Z”键即可。

“撤销”命令与当前完成的操作密切相关，它不断地变换以反映上一次的操作。如果插入了新的文本或覆盖了选定的文本，此时打开“编辑”菜单，会在菜单上部看到“撤销键入”命令。如果用“Delete”键删除了一些内容，将看到的是“撤销清除”命令。

如果我们想取消前面所做的替换操作，用鼠标单击“编辑”菜单中的“撤销全部替换”命令（见图 4—42），即可将所有替换的“File”换回“文件”。

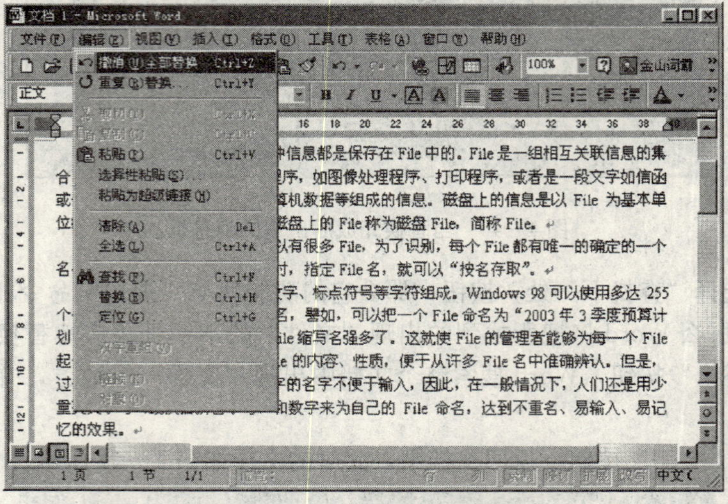

图 4—42　单击“撤销”命令可以取消上一次的操作

Word 2000 可连续多次执行“撤销”命令，最多可撤销上百次操作。在编辑过程中，有时发现刚撤销了不该撤销的操作，此时，可以用 Word 提供的“恢复”命令来恢复，如图 4—43 所示。

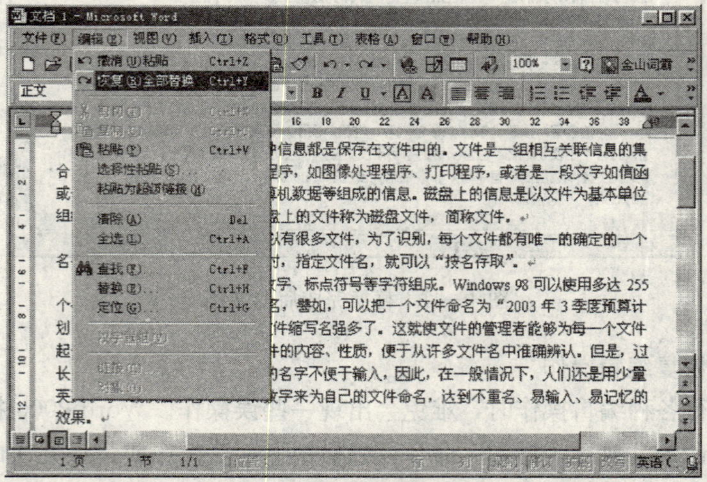

图 4—43　单击“恢复”命令可取消上一次的“撤销”操作

其操作方法很简单，这里提供以下几种方法：

方法一：单击“编辑”菜单的“恢复”命令；

方法二：单击“常用”工具栏的“恢复”按钮。

说明：只有在刚进行了“撤销”操作后，“恢复”的命令才生效，否则，在“编辑”菜单中无此命令，在“常用”工具栏上此命令呈暗淡色显示，表示无效。

“撤销”的功能将把现在到返回点的所有工作都取消。如果发现在前几步出了错，Word 可以只改正前面的错误而不丢失这之后所修改的工作。我们可以看到，在“撤销”按钮的右边有一个倒三角箭头，单击此箭头，可以弹出一个列表，如图 4—44 所示。其中列出了以前完成的若干次操作，如果要撤销前面的很多次操作，只要用鼠标在列表中下拉，直到选取了所需要撤销的若干次操作为止，然后在该操作名称上单击鼠标，就可以将前面选取的操作全部取消。

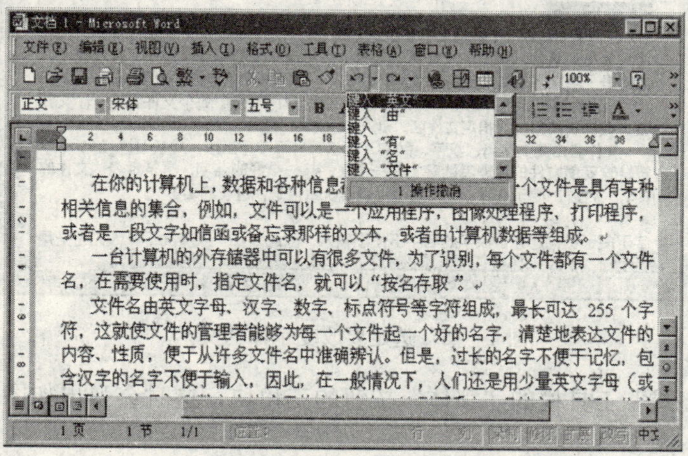
文件(F)　编辑(E)　视图(V)　插入(I)　格式(O)　工具(T)　表格(A)　窗口(W)　帮助(H)
正文
宋体
五号
100%
键入 “由”
键入
键入 “有”
键入 “名”
键入 “文件”
1 操作撤消
在你的计算机上，数据和各种信息
个文件是具有某种
相关信息的集合，例如，文件可以是
打印程序，
或者是一段文字如信函或备忘录那样的文本，或者由计算机数据等组成。
一台计算机的外存储器中可以有很多文件，为了识别，每个文件都有一个文件名，在需要使用时，指定文件名，就可以“按名存取”。
文件名由英文字母、汉字、数字、标点符号等字符组成，最长可达 255 个字符，这就使文件的管理者能够为每一个文件起一个好的名字，清楚地表达文件的内容、性质，便于从许多文件名中准确辨认。但是，过长的名字不便于记忆，包含汉字的名字不便于输入，因此，在一般情况下，人们还是用少量英文字母（或
1 页　1 节　1/1

图 4—44　“撤销”的下拉列表

注意：多级恢复功能几乎可以恢复任何编辑工作，但是，有些类型的操作是不能恢复的。例如，如果用“另存为”命令覆盖了一个文件，这类操作是不能用“撤销”命令恢复的。因此，操作文件时一定要当心。

七、“字体”格式化

在中文 Word 2000 中，字符泛指汉字、字母、数字、标点符号以及各种特殊符号等。字符格式则是指字符的外观及属性，例如，字体、字形、字号、颜色、下划线、字符间距及动态效果等。

用户可以在输入之前设置所需的字符格式，此后输入的字符均具有所设置的格式，直至再次改变字符格式设置。如果要在字符输入后更改字符格式，必须遵循“先选定，后操作”的原则，即首先选择需更改格式的字符，然后再设置所需的格式。

1. 字体

“字体”就是指字符的形体。Word 2000 提供了丰富的字体类型，常用的汉字字体包括宋体、黑体、隶书、楷体等，常用英文字体有 Times New Roman 等，在进行文档的编

辑时可以任意选择一种，也可以根据需要安装其他中文字体（如四通、昆仑和长城字体等）。一种字体可以应用于全文，也可以只应用于文档的一部分，而其他的部分运用另外一些字体。

例如，在下面文档中设置标题“文件和文件名”，字体为黑体，操作步骤是：

(1) 输入标题文字后，选定要改变字体的文本，如图 4—45 所示。

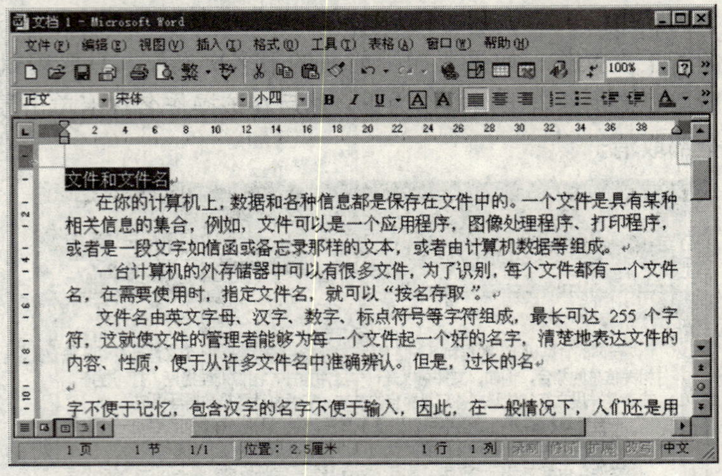
文档 1 - Microsoft Word
文件(F) 编辑(E) 视图(V) 插入(I) 格式(O) 工具(T) 表格(A) 窗口(W) 帮助(H)
正文
宋体
小四
文件和文件名
在你的计算机上，数据和各种信息都是保存在文件中的。一个文件是具有某种相关信息的集合，例如，文件可以是一个应用程序，图像处理程序、打印程序，或者是一段文字如信函或备忘录那样的文本，或者由计算机数据等组成。
一台计算机的外存储器中可以有很多文件，为了识别，每个文件都有一个文件名，在需要使用时，指定文件名，就可以“按名存取”。
文件名由英文字母、汉字、数字、标点符号等字符组成，最长可达 255 个字符，这就使文件的管理者能够为每一个文件起一个好的名字，清楚地表达文件的内容、性质，便于从许多文件名中准确辨认。但是，过长的名
字不便于记忆，包含汉字的名字不便于输入，因此，在一般情况下，人们还是用
1 页　1 节　1/1　位置：2.5厘米　1 行　1 列　中文

图 4—45　选定要改变字体的文本

(2) 单击“格式”工具栏的“字体”按钮的三角块，这时会弹出如图 4—46 所示的字体列表。

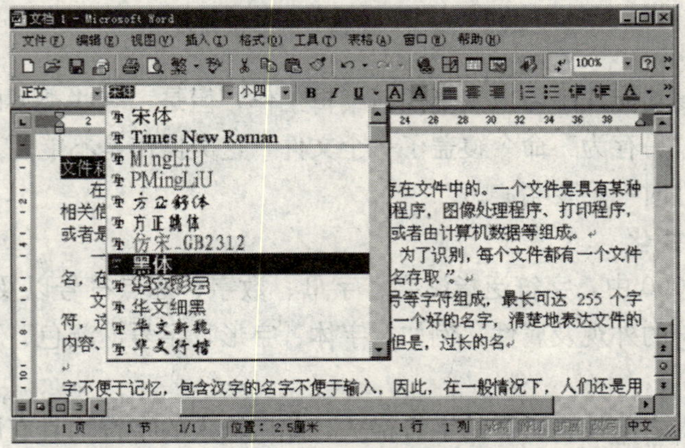
文档 1 - Microsoft Word
文件(F) 编辑(E) 视图(V) 插入(I) 格式(O) 工具(T) 表格(A) 窗口(W) 帮助(H)
宋体
Times New Roman
MingLiU
PMingLiU
方正舒体
方正姚体
仿宋_GB2312
黑体
华文彩云
华文细黑
华文新魏
华文行楷

图 4—46　字体列表

(3) 从字体列表中选择“黑体”。这时，我们可以看到，“文件和文件名”已经变成了黑体，如图 4—47 所示。

2. 字号

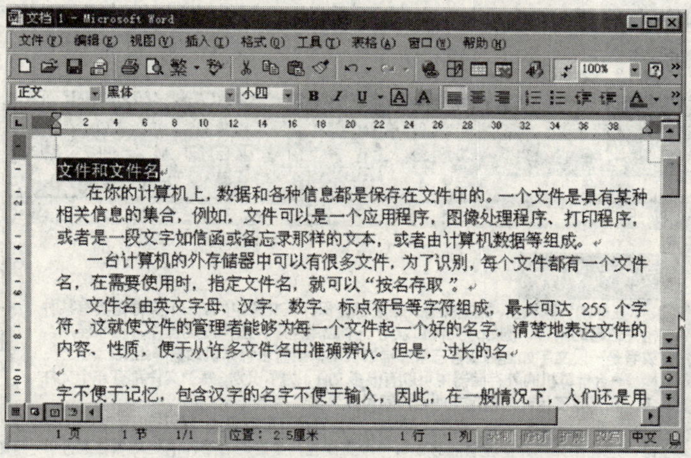

图 4—47　已改变选定文本的字体

字号是指字符的大小。在“字号”框中，中文字号从初号、小初到八号，是从大到小；而数字字号从 5 到 72 点，是从小到大，如果要使用更大或更小的字号，待选定文字后，可以单击“字号”框，选中其中的字号（如），然后，键入相应的数字，如 100 或 3 等。在通常情况下，我们运用的都是默认的五号字。

例如，将示例文档中的“文件和文件名”，由默认的五号字改为三号字，可以用以下的步骤：

（1）选定要改变字号的文本。

（2）单击“格式”工具栏的“字号”按钮的三角块，屏幕将会弹出字号列表，如图 4—48 所示。

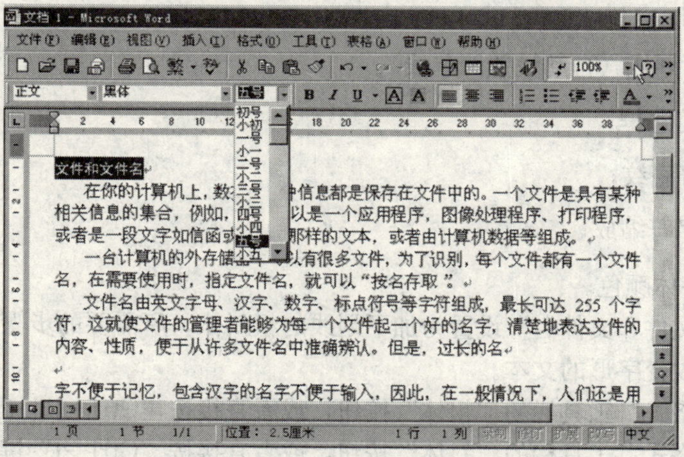

图 4—48　字号列表

（3）在字号列表中选择“三号”，这时可看到“文件和文件名”已经变大了，成了三号字，如图 4—49 所示。

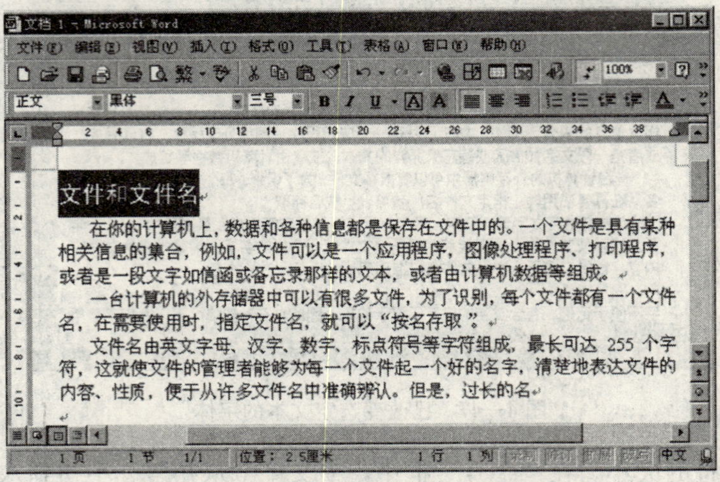
文档 1 - Microsoft Word
文件(F) 编辑(E) 视图(V) 插入(I) 格式(O) 工具(T) 表格(A) 窗口(W) 帮助(H)
正文 黑体 三号
文件和文件名
在你的计算机上，数据和各种信息都是保存在文件中的。一个文件是具有某种相关信息的集合，例如，文件可以是一个应用程序，图像处理程序、打印程序，或者是一段文字如信函或备忘录那样的文本，或者由计算机数据等组成。
一台计算机的外存储器中可以有很多文件，为了识别，每个文件都有一个文件名，在需要使用时，指定文件名，就可以“按名存取”。
文件名由英文字母、汉字、数字、标点符号等字符组成，最长可达 255 个字符，这就使文件的管理者能够为每一个文件起一个好的名字，清楚地表达文件的内容、性质，便于从许多文件名中准确辨认。但是，过长的名
1 页 1 节 1/1 位置：2.5厘米 1 行 1 列 中文

图 4—49 改变字号后的文本

3. 字形

所谓字形是指附加于文字的一些属性，如加粗、倾斜、下划线、边框、底纹和颜色，或者多种属性的混合等。文字的字形变换，能够突出文本的重要性，增强文档的可读性。

进行文字的字形变换，首先要选定待变换的文字，然后按下格式栏上的字形按钮：

 ——加粗；

 ——倾斜；

 ——下划线（自动设置 单线）；

 ——字符边框；

 ——字符底纹；

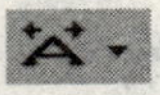 ——字符缩放；

 ——字体颜色。

例如，将“文件和文件名”设置为加下划线的粗斜体，所需要的步骤是：

（1）选定要改变字形的文本。

（2）单击“格式”工具栏的“粗体”按钮，或者直接按“Ctrl＋B”键。

（3）单击“格式”工具栏的“斜体”按钮，或者直接按“Ctrl＋I”键。

（4）单击“格式”工具栏的“下划线”按钮，或者直接按“Ctrl＋U”键。

这时“文件和文件名”的字形变成加下划线的粗斜体，如图 4—50 所示。

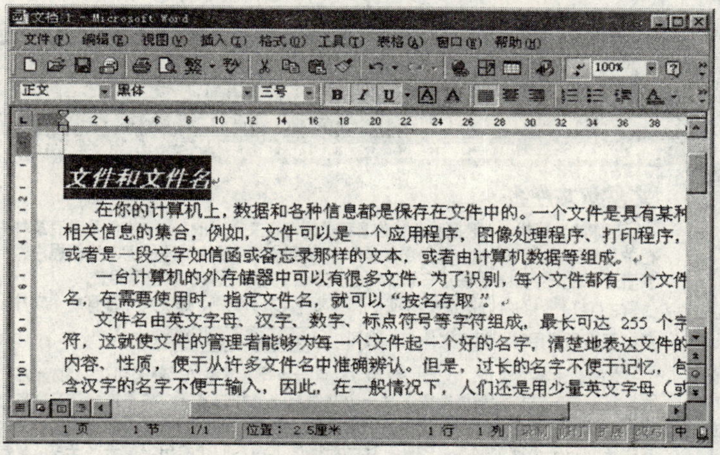
文档 1 - Microsoft Word
文件(F) 编辑(E) 视图(V) 插入(I) 格式(O) 工具(T) 表格(A) 窗口(W) 帮助(H)
100%
正文
黑体
三号
文件和文件名
在你的计算机上，数据和各种信息都是保存在文件中的。一个文件是具有某种
相关信息的集合，例如，文件可以是一个应用程序，图像处理程序、打印程序，
或者是一段文字如信函或备忘录那样的文本，或者由计算机数据等组成。
一台计算机的外存储器中可以有很多文件，为了识别，每个文件都有一个文件
名，在需要使用时，指定文件名，就可以“按名存取”。
文件名由英文字母、汉字、数字、标点符号等字符组成，最长可达 255 个字
符，这就使文件的管理者能够为每一个文件起一个好的名字，清楚地表达文件的
内容、性质，便于从许多文件名中准确辨认。但是，过长的名字不便于记忆，包
含汉字的名字不便于输入，因此，在一般情况下，人们还是用少量英文字母（或
1 页　1 节　1/1　位置：2.5厘米　1 行　1 列

图 4—50　改变字形后的文本

当然，以上（2）～（4）步的顺序可以任意调整。

对于已经设置了字形的字符，如果想要取消它们的字形属性，只要再次单击这些按钮，即重复设置，就将它们取消了。

4. 字符修饰

Word 2000 提供了许多种字符修饰方法，包括给字符加边框、加底纹、字符缩放等。当然，也可以同时对字符进行多种修饰。经过修饰过的字符往往更加突出，通常为了强调某些字符，可以对它们进行修饰一下。

例如，将“按名存取”等字修饰为加边框和底纹，并将它们的宽度放大为原来的两倍，颜色变为红色。操作步骤如下：

（1）选定要进行修饰的字符。

（2）单击“格式”工具栏的“字符边框”按钮。

（3）单击“格式”工具栏的“字符底纹”按钮。

（4）单击“格式”工具栏的“字符缩放”按钮。

这时，便可将“按名存取”等字修饰为加边框、底纹，且放大了两倍，如图 4—51 所示。

在默认状态下，只要单击一下“字符缩放”按钮，就能将选定的字符在横向上放大一倍。若想自己设定，只要单击“字符缩放”按钮右边的三角块，就会弹出一个下拉列表，可以从中选择缩放的比例，如图 4—52 所示。

（5）单击“格式”工具栏的“字体颜色”按钮边的三角块，就会弹出一个下拉列表，从列表中选择红色，如图 4—53 所示。

5. 使用“字体”对话框对字符进行排版

在以上所介绍的对字符进行的排版，都是使用“格式”工具栏上的按钮进行的。利用

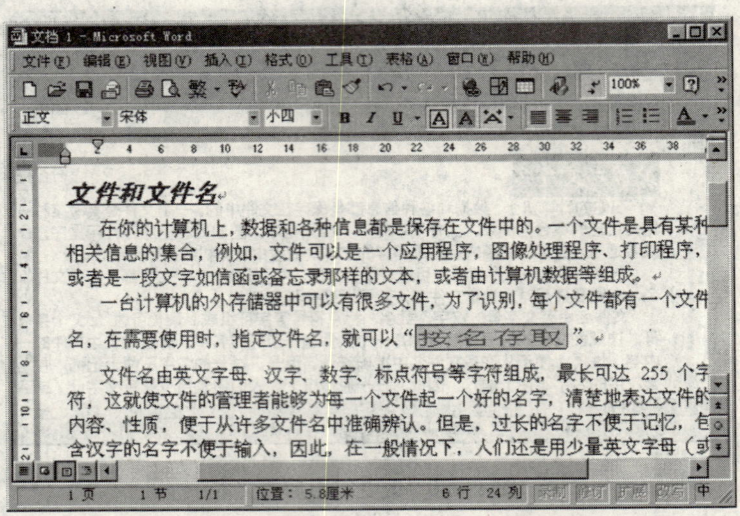
文档 1 - Microsoft Word
文件(F) 编辑(E) 视图(V) 插入(I) 格式(O) 工具(T) 表格(A) 窗口(W) 帮助(H)
100%
正文 宋体 小四
文件和文件名
在你的计算机上，数据和各种信息都是保存在文件中的。一个文件是具有某种
相关信息的集合，例如，文件可以是一个应用程序，图像处理程序、打印程序，
或者是一段文字如信函或备忘录那样的文本，或者由计算机数据等组成。
一台计算机的外存储器中可以有很多文件，为了识别，每个文件都有一个文件
名，在需要使用时，指定文件名，就可以“按名存取”。
文件名由英文字母、汉字、数字、标点符号等字符组成，最长可达 255 个字
符，这就使文件的管理者能够为每一个文件起一个好的名字，清楚地表达文件的
内容、性质，便于从许多文件名中准确辨认。但是，过长的名字不便于记忆，包
含汉字的名字不便于输入，因此，在一般情况下，人们还是用少量英文字母（可
1 页 1 节 1/1 位置：5.8厘米 6 行 24 列

图 4—51　将“按名存取”等字修饰后的结果

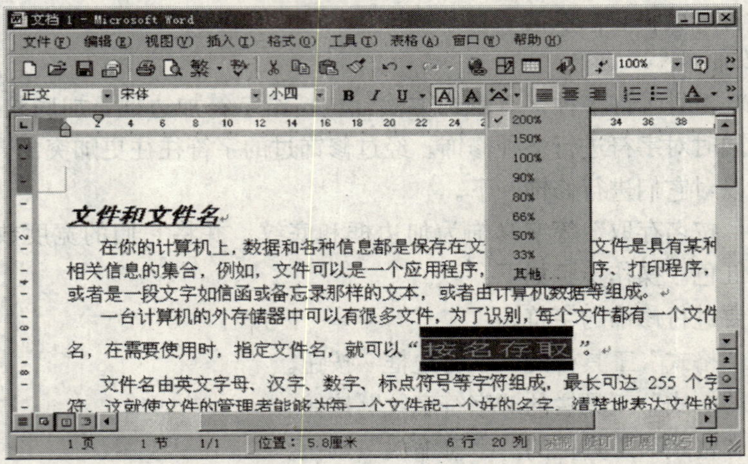
文档 1 - Microsoft Word
文件(F) 编辑(E) 视图(V) 插入(I) 格式(O) 工具(T) 表格(A) 窗口(W) 帮助(H)
100%
正文 宋体 小四
200%
150%
100%
90%
80%
66%
50%
33%
其他...
文件和文件名
在你的计算机上，数据和各种信息都是保存在文 文件是具有某种
相关信息的集合，例如，文件可以是一个应用程序， 序、打印程序，
或者是一段文字如信函或备忘录那样的文本，或者由计算机数据等组成。
一台计算机的外存储器中可以有很多文件，为了识别，每个文件都有一个文件
名，在需要使用时，指定文件名，就可以“按名存取”。
文件名由英文字母、汉字、数字、标点符号等字符组成，最长可达 255 个字
1 页 1 节 1/1 位置：5.8厘米 6 行 20 列

图 4—52　“字符缩放”下拉列表

“格式”菜单中的“字体”命令选项，进入“字体”对话框，也可以达到同样的目的，而且，对选定的文字可以作更进一步的设置。

要进入“字体”对话框，既可以打开“格式”菜单，选择“字体”命令选项（见图 4—54），也可以单击右键，打开快捷菜单，从中选择“字体”命令选项（见图 4—55）。

在“字体”对话框的“字体”选项卡中，可以设置“中文字体”“西文字体”“字形”“字号”“字体颜色”“下划线”“下划线颜色”“颜色”“着重号”以及各种“效果”等（见图 4—56）。

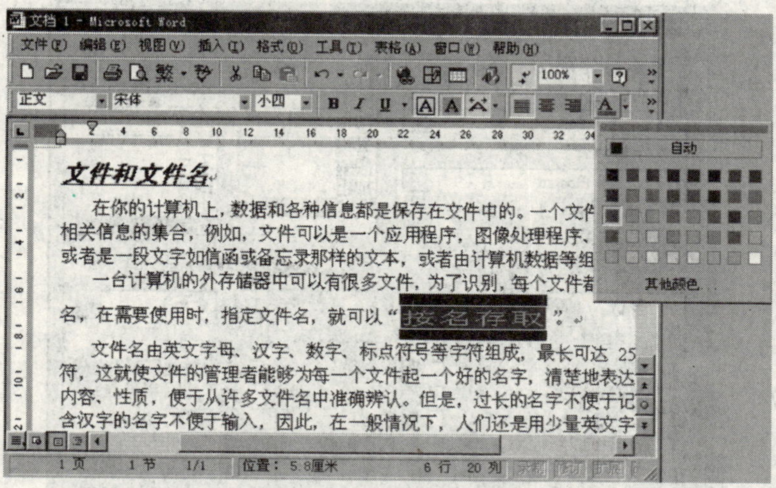

图 4—53　"字体颜色"下拉列表

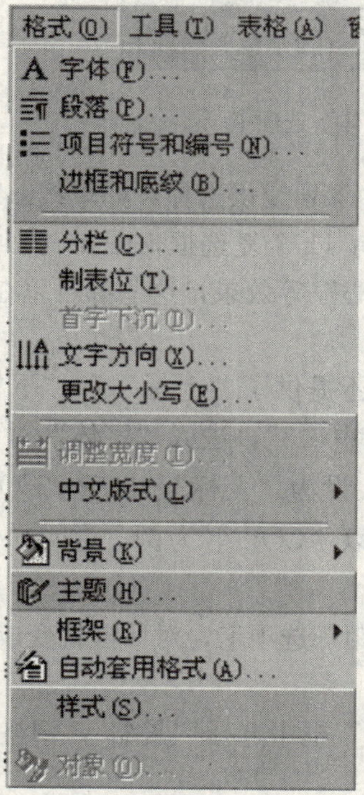

图 4—54　在"格式"菜单中选择"字体"命令选项

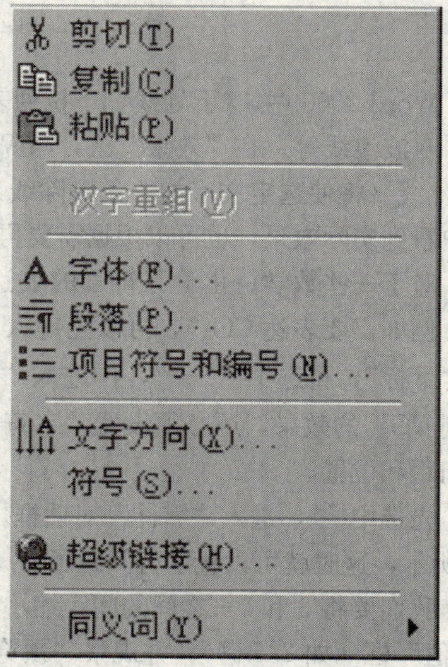

图 4—55　在"快捷菜单"中选择"字体"命令选项

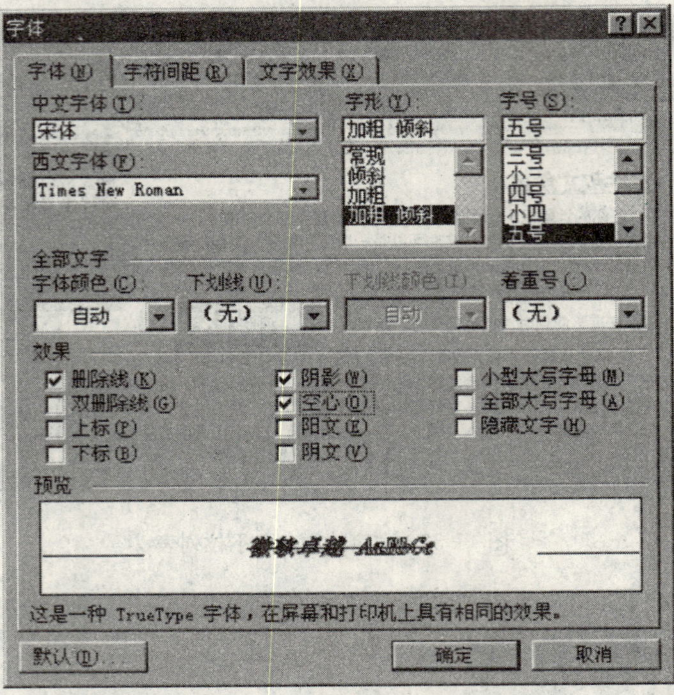

图 4—56　“字体”对话框的“字体”选项卡

Word 2000 中，“下划线”下拉列表，可以有 16 种下划线供选择，如单线、双线、点线、双波浪线等。在“效果”区，与 Word 97 相同，有 11 个复选框，图 4—56 中选择了“删除线（将使选定文字加一条删除线）”“阴影”“空心”等效果，这些都可以在“预览”框中看到实际效果，也可以根据需要再做调整。

对于一些数学、化学等符号的表达，Word 2000 还提供了“上标”和“下标”的功能，例如，要表达 CO_3^{2-}，可以先键入“CO32－”，选中“3”，进入“字体”对话框，设为“下标”，再选中“2－”，再进入“字体”对话框，设为“上标”，出现“$CO_3{}^{2-}$”。要达到 CO_3^{2-} 的效果，还必须设置“字符间距”。我们仍以“CO_3^{2-}”为例，说明如何调整字符间距和位置。

先选中$_3{}^{2-}$，进入“字体”对话框，单击“字符间距”选项卡，对话框就变成如图 4—57 所示，这时就可设置字符间距了。

我们要将 3 和 2－之间的间距缩小，就要在“间距”框中选择“紧缩”，调整其右边的“磅值”框（如 2.5 磅），并观察“预览”框的效果。

按下“确定”按钮，CO_3^{2-} 中的$_3^{2-}$ 被紧缩在一起，形成 CO_3^{2-}。

然而，CO_3^{2-}中的上标 2－与下标 3 上下距离太近，可以向上提，因此，选中 2－，重新进入“字体”对话框的“字符间距”选项卡，在“位置”框中选择“提升”，“磅值”为

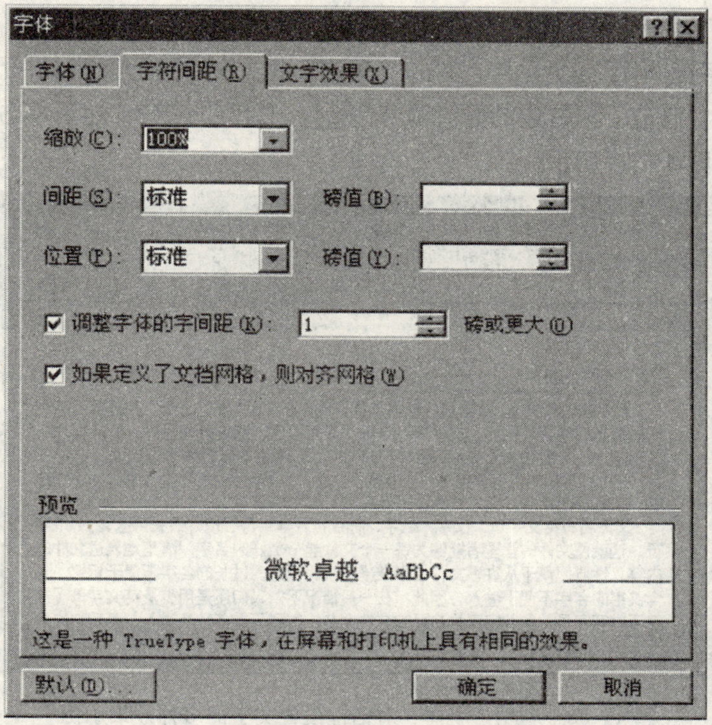

图 4—57 “字体”对话框的“字符间距”选项卡

“1磅”，按下“确定”按钮，CO_3^{2-}便变为CO_3^{2-}。

根据上例可知，“间距”框是用于调整字符之间的距离，有“标准”“加宽”和“紧缩”三种选择，通过其右边的“磅值”框来做精确调整；“位置”框是用于指示文字将出现在基准线及其上下位置，有“标准”“提升”和“降低”三种选择，它通过其右边的“磅值”框做精确调整。

例如。在第一段前插入标题“文件和文件名”，二号粗体，设置空心效果，并加“双波浪线”的下划线，并将字符间距设置为5磅。

操作步骤如下：

（1）插入标题

1）将插入点移到文档的最前面，按“Enter”键，插入一空行。

2）将插入点上移到所插入的空行行首，按“Backspace”键，输入标题“文件和文件名”。

（2）格式化标题

1）选定标题“文件和文件名”。

2）单击“格式”菜单下的“字体”命令选项，出现相应的对话框。

3）在“字体”选项卡中，单击“效果”区中的“空心”选项（使其前面出现“√”），在“字形”框中，选中“加粗”，在“字号”中选中“二号”，在“下划线”下拉列表中选中“～～～～～～”。

4）单击“字符间距”选项卡，单击“间距”框右边的三角块，在下拉列表中选择“加宽”，再按动“磅值”框右边的数值调节钮，选择“5 磅”，然后单击“确定”按钮。

设置结果如图 4—58 所示。

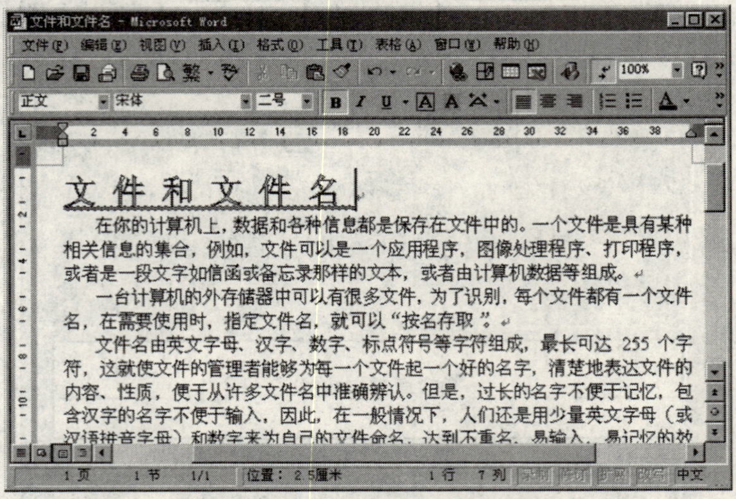
文件和文件名 - Microsoft Word
文件(F) 编辑(E) 视图(V) 插入(I) 格式(O) 工具(T) 表格(A) 窗口(W) 帮助(H)
100%
正文
宋体
二号
文 件 和 文 件 名
在你的计算机上，数据和各种信息都是保存在文件中的。一个文件是具有某种相关信息的集合，例如，文件可以是一个应用程序，图像处理程序、打印程序，或者是一段文字如信函或备忘录那样的文本，或者由计算机数据等组成。
一台计算机的外存储器中可以有很多文件，为了识别，每个文件都有一个文件名，在需要使用时，指定文件名，就可以“按名存取”。
文件名由英文字母、汉字、数字、标点符号等字符组成，最长可达 255 个字符，这就使文件的管理者能够为每一个文件起一个好的名字，清楚地表达文件的内容、性质，便于从许多文件名中准确辨认。但是，过长的名字不便于记忆，包含汉字的名字不便于输入，因此，在一般情况下，人们还是用少量英文字母（或
1 页　1 节　1/1　位置：2.5厘米　1 行　7 列　中文

图 4—58　利用“字体”对话框设置文字的多种效果示例

另外，在“字体”对话框中，还有一个“文字效果”的选项卡，有 6 种动态效果可以选择，一般设置为“无”。在“字体”对话框的三个选项卡中，都可以修改系统的默认值来加快编辑速度。当我们在这些选项卡上作了相应的设置，按下“默认”按钮，经确认便可以将这些设置确定为 Normal 模板的默认值，以后的文字输入都将以本次的设置为准。

八、“段落”格式化

文档的外观主要取决于对各个段落的编排。在 Word 中，段落有着特殊的意义，它可以由任一数量的文字、图形、对象（如公式和图表）或是在段落标记前的其他内容所构成，也就是说，段落不仅仅指按“Enter”键而产生的一段文本，而是泛指后面跟有段落标记（“↵”）的文本、图形或其他对象。每当用户按下“Enter”键，便在文档中插入一个段落标记。当用户按下常用工具栏上的“显示/隐藏”按钮，便可以看到这些段落标记符。

段落格式指的是段落的外观及属性，如设置对齐方式、调整行间距及段落前后的间距、改变段落的缩进方式等。

对段落进行格式设置，也要遵循“先选定，后操作”的原则。但是，如果只对一个段落进行格式设置，只需将光标定位在该段落中任意位置，或者选定该段落中的任意一部分文本即可；如果要对多个段落进行格式设置，那就需要选中要设置格式的那些段落；如果是对整个文档进行段落格式化，则必须将文档全部选中。

值得指出的是，段落标记不仅用于标记段落的结束，它还保留着有关该段落的所有格式设置。因此，在移动或复制某段落时，如果要保留该段落的格式，就一定要选中该段落标记。

Word 2000 提供了灵活方便的段落格式化功能，这里将介绍一些常用的段落格式化使用方法，主要包括段落缩进、段落间距、行间距和段落对齐。这些都可以在“段落”对话框（见图 4—59）中加以设置。

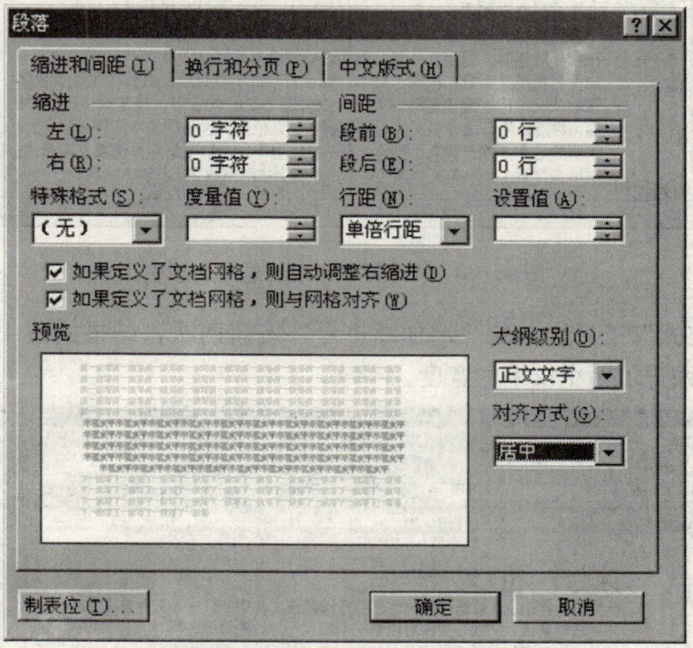

图 4—59　“段落”对话框中的“缩进和间距”选项卡

1. 段落缩进

文本缩进的目的是使文档的段落显得更加条理清晰、美观，更便于读者阅读。文本缩进包括“左缩进”“右缩进”“首行缩进”“悬挂缩进”等。缩进的方法有以下几种：

(1) 使用“格式”工具栏缩进段落。在“格式”工具栏中有两个缩进按钮，它们是：“减少缩进量”，即减少文本的缩进量或将选定的内容提升一级；“增加缩进量”，即增加文本的缩进量或将选定的内容降低一级。

在使用这两个按钮前，必须先将光标定位于欲调整缩进的段落内。不论是使用“减少缩进量”还是“增加缩进量”，每单击一次缩进按钮，所选文本的减少或增加的缩进量为一个汉字。

例如，我们将示例文档中的第二段向右缩进两个字，操作的步骤是：

1) 选定要缩进的段落，现在所选的段落只有一个，只要将光标置于该段落内即可，如图 4—60 所示。

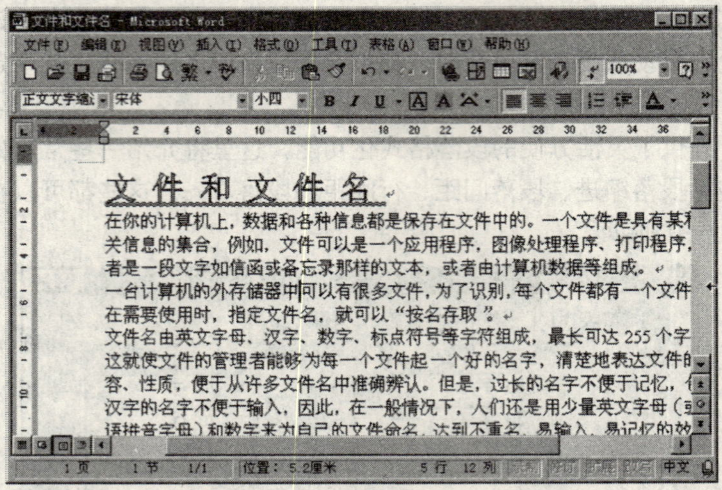

图 4—60　将光标置于要缩进的文档中

2）单击“格式”工具栏上的“增加缩进量”按钮两次，结果如图 4—61 所示，可以看到该段落向右缩进了两个汉字的宽度。

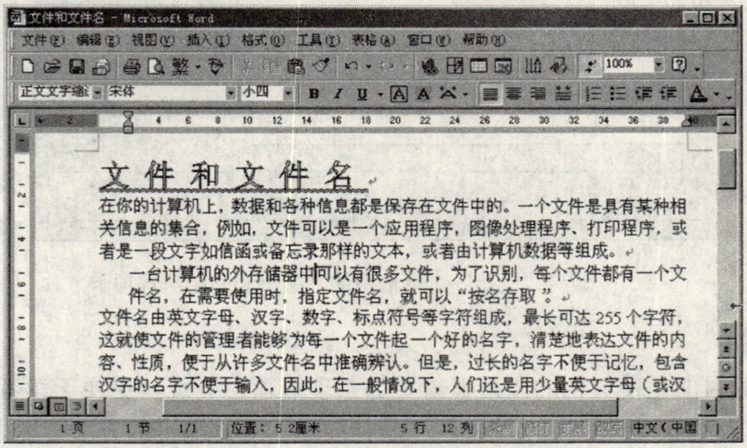

图 4—61　使所选段落向右缩进两个字

当段落在已缩进两个汉字的基础上，可以单击“格式”工具栏上的“减少缩进量”按钮一次，便可以使段落向左移动一个汉字的宽度。

（2）使用“Tab”键缩进段落。单击一次“Tab”键，可以将光标所在的段落首行缩进两个字，操作步骤是：将光标插入点置于该段落的开始处；按“Tab”键。这时该段落的首行就缩进了两个字。

（3）使用标尺缩进段落。在 Word 中，水平标尺除了可以作为编辑文档的一种刻度，还可以用来设置段落左缩进、右缩进、首行缩进、悬挂缩进以及制表位等操作。在水平标尺上有 4 个缩进标志，拖动标尺上任意一个缩进标志时，屏幕上会出现一条垂直的虚线，用户可根据虚线位置来判断要缩进的位置。

1）左缩进。例如，将示例文档的第一段左缩进 4 字符，操作步骤是：

①将光标插入点置于要缩进的段落内。

②拖动标尺上的方形滑块到 4 字符处，然后松开鼠标。结果如图 4—62 所示。

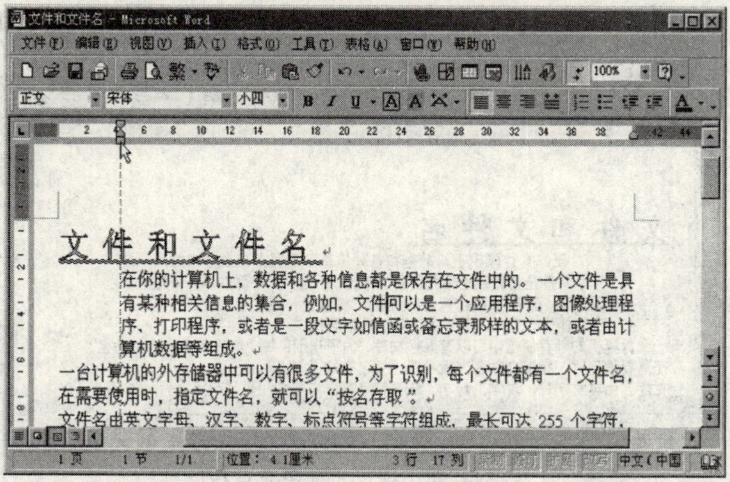
文件和文件名 - Microsoft Word
文件(F) 编辑(E) 视图(V) 插入(I) 格式(O) 工具(T) 表格(A) 窗口(W) 帮助(H)
正文
宋体
小四
文件和文件名
在你的计算机上，数据和各种信息都是保存在文件中的。一个文件是具
有某种相关信息的集合，例如，文件可以是一个应用程序，图像处理程
序、打印程序，或者是一段文字如信函或备忘录那样的文本，或者由计
算机数据等组成。
一台计算机的外存储器中可以有很多文件，为了识别，每个文件都有一个文件名，
在需要使用时，指定文件名，就可以以“按名存取”。
文件名由英文字母、汉字、数字、标点符号等字符组成，最长可达 255 个字符，
1 页　1 节　1/1　位置：4.1厘米　3 行　17 列　中文(中国

图 4—62　使用标尺实现段落左缩进

2）右缩进。例如，将示例文档的第一段右缩进 4 字符，操作步骤是：

①将光标插入点置于要缩进的段落内。

②拖动标尺右边的三角形滑块，使其向左移动 4 字符，然后松开鼠标。结果如图4—63 所示。

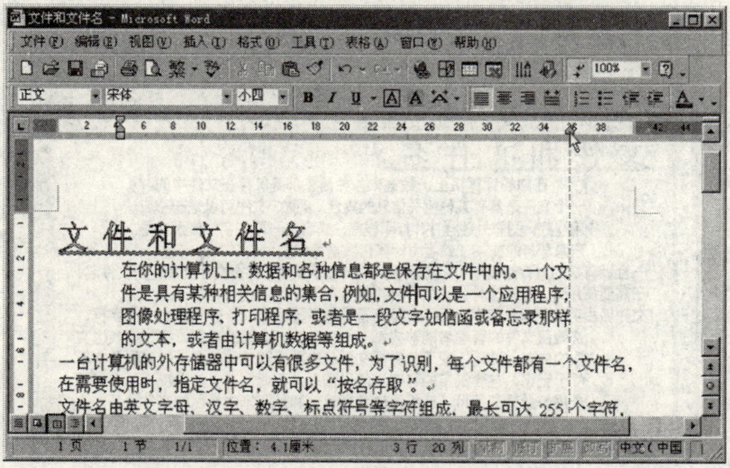
文件和文件名 - Microsoft Word
文件(F) 编辑(E) 视图(V) 插入(I) 格式(O) 工具(T) 表格(A) 窗口(W) 帮助(H)
正文
宋体
小四
文件和文件名
在你的计算机上，数据和各种信息都是保存在文件中的。一个文
件是具有某种相关信息的集合，例如，文件可以是一个应用程序，
图像处理程序、打印程序，或者是一段文字如信函或备忘录那样
的文本，或者由计算机数据等组成。
一台计算机的外存储器中可以有很多文件，为了识别，每个文件都有一个文件名，
在需要使用时，指定文件名，就可以以“按名存取”。
文件名由英文字母、汉字、数字、标点符号等字符组成，最长可达 255 个字符，
1 页　1 节　1/1　位置：4.1厘米　3 行　20 列　中文(中国

图 4—63　使用标尺实现段落右缩进

3）首行缩进。例如，将示例文档的第一段的第一行再缩进 2 字符，可按以下的操作步骤进行操作：

①将光标插入点置于要首行缩进的段落内。

②拖动标尺左边的倒三角形滑块，使其向右移动 2 字符，然后松开鼠标。结果如图 4—64 所示。

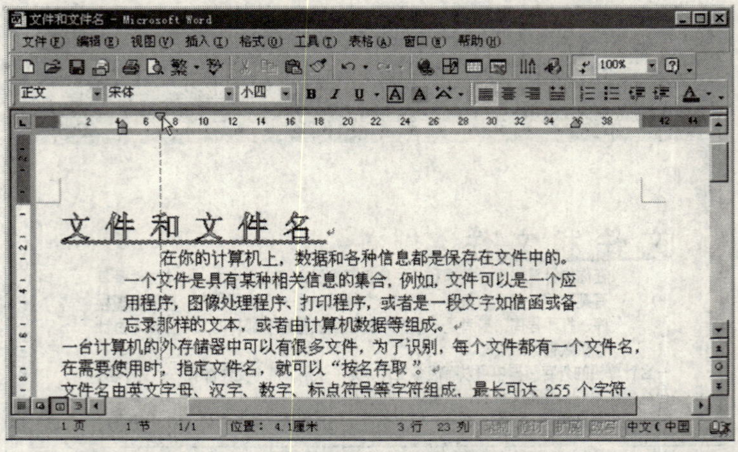

图 4—64　使用标尺实现段落首行缩进

4）悬挂缩进。悬挂缩进就是将段落内除第一行以外的文本进行左缩进。例如，将示例文档的第三段悬挂缩进 4 字符，操作步骤如下：

①将光标插入点置于要进行悬挂缩进的段落内。

②拖动标尺左边的方形滑块上的正三角形滑块，使其向右移动 4 字符，然后松开鼠标。结果如图 4—65 所示。

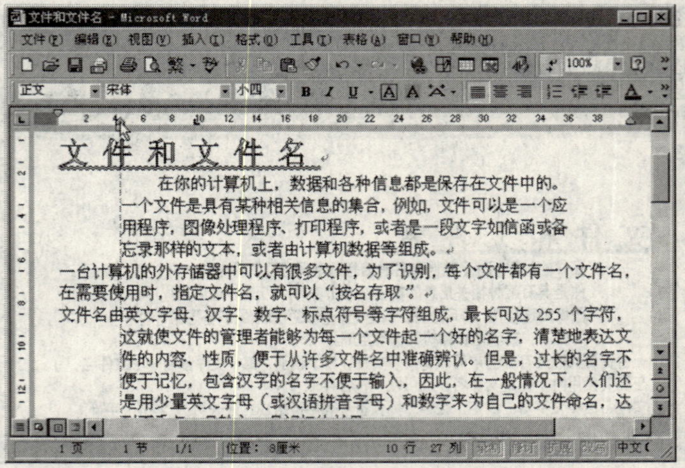

图 4—65　使用标尺实现段落悬挂缩进

利用拖动标尺上的缩进标志来缩进段落，不能做到精确。如果要精确地进行段落缩进，必须打开“段落”对话框，然后在对话框中加以设置。

(4) 使用“段落”对话框缩进段落。进入“段落”对话框的方法很多，主要有：

方法一：对于选中的段落，打开“格式”菜单，选择

命令选项。

方法二：对于选中的段落，单击鼠标右键，打开快捷菜单，选择

命令选项。

方法三：对于选中的段落，双击任意一个缩进标志。

在“段落”对话框（见图 4—59）中，共有三个选项卡，我们常用“缩进和间距”选项卡，它含有多项设置，其中，“缩进”区中的“左”和“右”框用来设置文本相对于左、右页边距的位置，即前面所介绍的“左缩进”和“右缩进”的设置。若希望文字出现在左侧页边距或右侧页边距外，应指定一个负值。

“缩进”区中的“特殊格式”下拉列表框是用来对选定段落的第一行设置其缩进的形式。打开“特殊格式”下拉列表框，共有三个选项（见图 4—66）：

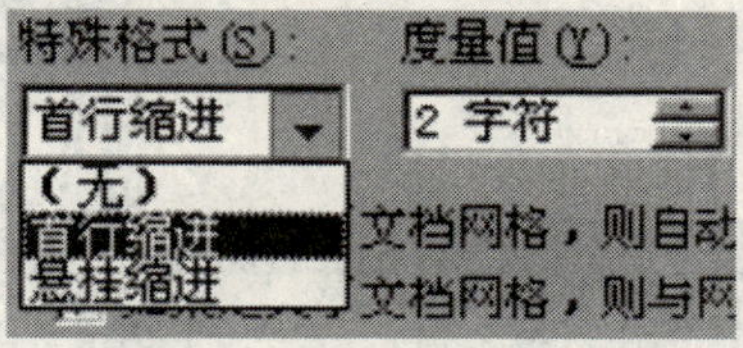

图 4—66 “特殊格式”的三个选项和度量值

（无）——表示每个选定段落的第一行与左侧页边距对齐；

首行缩进——表示把选定段落中的首行按其右边“度量值”框中指定的量缩进；

悬挂缩进——表示把选定段落中的首行以后的各行（除首行外）按其右边“度量值”框内指定的量缩进。

2. 段落间距

段落间距分为段前间距和段后间距。设置段落间距的方法如下：

首先确定是对整个文档设定段落间距还是只对某个段落设置间距，按不同的需要选定段落后，用任一方法进入“段落”对话框，单击“缩进和间距”选项卡，然后对“段前”和“段后”框进行设置。

“段前”框中的行数表示每个选定段落的第一行之上应留的间距；“段后”框中的行数表示每个选定段落的最后一行之下应留的间距。行数必须界于—0.2 行和 316.8 行之间。

例如，我们要将示例文档中第二段的段前间距设置为 1.5 行，段后间距也设置为 1.5 行，可以按如下步骤进行操作：

(1) 选定要设置段落间距的段落。

(2) 单击“格式”菜单中的“段落”命令选项，将弹出“段落”对话框。

（3）在对话框中“缩进和间距”选项卡中的“间距”区中，单击“段前”框右边的数值调节钮，选择 1.5 行，或者直接用键盘输入。同样，将“段后”设置为 1.5 行，如图 4—67 所示。

（4）单击对话框中的“确定”按钮。结果如图 4—68 所示。

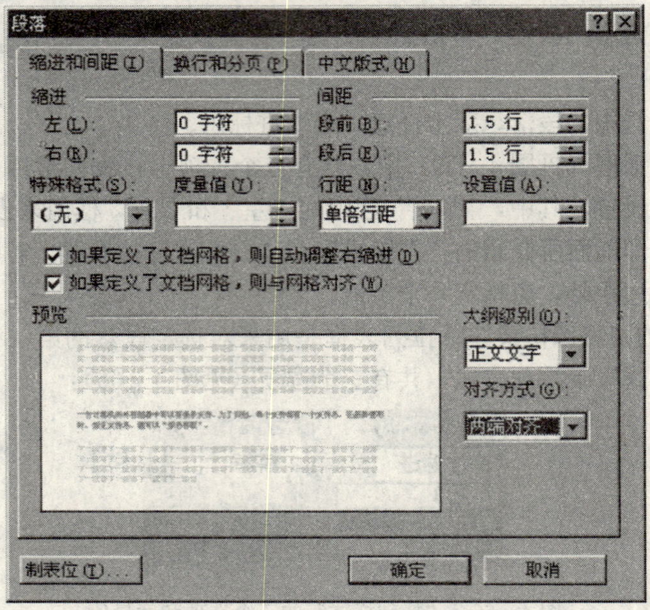
段落
缩进和间距(I)
换行和分页(P)
中文版式(H)
缩进
左(L):
0 字符
右(R):
0 字符
特殊格式(S):
（无）
度量值(Y):
间距
段前(B):
1.5 行
段后(E):
1.5 行
行距(N):
单倍行距
设置值(A):
如果定义了文档网格，则自动调整右缩进(D)
如果定义了文档网格，则与网格对齐(W)
预览
大纲级别(O):
正文文字
对齐方式(G):
两端对齐
制表位(T)...
确定
取消

图 4—67　在“间距”区中设置段落间距

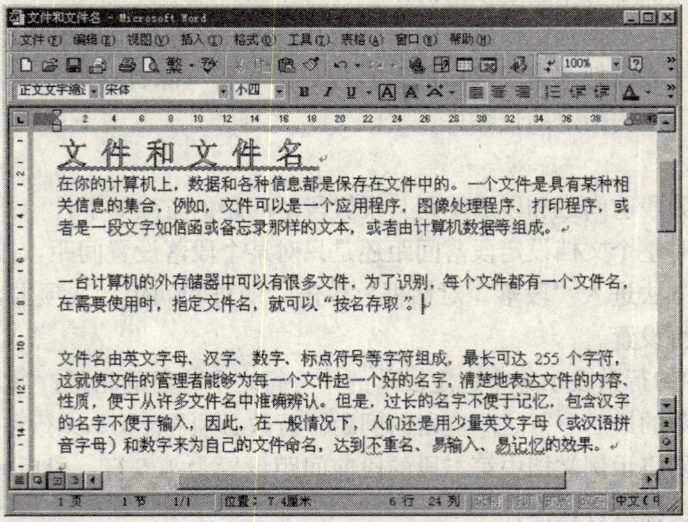
文件和文件名 - Microsoft Word
文件(F) 编辑(E) 视图(V) 插入(I) 格式(O) 工具(T) 表格(A) 窗口(W) 帮助(H)
正文文字缩 宋体 小四
文件和文件名
在你的计算机上，数据和各种信息都是保存在文件中的。一个文件是具有某种相关信息的集合，例如，文件可以是一个应用程序，图像处理程序、打印程序，或者是一段文字如信函或备忘录那样的文本，或者由计算机数据等组成。
一台计算机的外存储器中可以有很多文件，为了识别，每个文件都有一个文件名，在需要使用时，指定文件名，就可以“按名存取”。
文件名由英文字母、汉字、数字、标点符号等字符组成，最长可达 255 个字符，这就使文件的管理者能够为每一个文件起一个好的名字，清楚地表达文件的内容、性质，便于从许多文件名中准确辨认。但是，过长的名字不便于记忆，包含汉字的名字不便于输入，因此，在一般情况下，人们还是用少量英文字母（或汉语拼音字母）和数字来为自己的文件命名，达到不重名、易输入、易记忆的效果。
1 页　1 节　1/1　位置：7.4厘米　6 行　24 列

图 4—68　改变段落间距后的文档

3. 行间距

行距是指从一行文字底部到下一行文字底部的间距量。Microsoft Word 以文字的字号作为行距的基准。例如，字号为 10 磅的单倍行距文本中，行距大约为 10 磅加上很小的额外间距量。Word 将调整行距以适应行中最大的字体或最高的图形。行距表示各行文本间的垂直距离。在默认情况下，Microsoft Word 采用单倍行距。所选行距将影响所选段落或包含插入点的段落中的各行文本。行距可在“缩进和间距”选项卡（“格式”菜单，“段落”命令）上设置行距。打开“行距”下拉列表可以看到有六项行距选项：

单倍行距：将行距设置为该行最大字体的高度加上一小段额外间距。额外的间距的大小取决于所用的字体。

1.5 倍行距：为单倍行距的 1.5 倍。例如，对于字号为 10 磅的文本，在使用 1.5 倍行距时，行距约为 15 磅。

2 倍行距：为单倍行距的 2 倍。例如，对于字号为 10 磅的文本，在使用 2 倍行距时，行距约为 20 磅。

最小值：为了恰好容纳本行中最大的文字或图形，Word 在调整行距时所能使用的最小行距增量。

固定值：行距固定，Word 不进行调整。该选项使各行间距相等。

多倍行距：行距按指定百分比增大或减小。例如，将行距设置为 1.2 倍，则行距将增加 20%，而将行距设置为 0.8 倍，则行距将缩小 20%。将多倍行距设置为 2，与使用“2 倍行距”的效果相同。请在“设置值”框中键入或选择所需行距。默认值为 3。

上述六项行距选项中，只有在选择后三项时，“设置值”框才有效，用户可以输入数字或通过单击右边的数字调节按钮来调节所希望的行距。在下面的“预览”框中可以看到实际的效果。

注意：如果某行包含大字符、图形或公式，Word 将自动增加行距。要使所有行距相同，请单击“行距”框中的“固定值”选项，然后在“设置值”框中键入能容纳最大字体或图形的行距。如果字符或图形只能显示一部分，此时，就要在“设置值”框中选择更大的行距值。

例如，我们要将示例文档的第一段设置为 1.5 倍行距。操作步骤如下：

(1) 选定要调整行距的段落或将光标插入点置于该段落内。

(2) 单击“格式”菜单的“段落”命令选项，会弹出如图 4—67 所示的对话框。

(3) 在“段落”对话框“缩进和间距”选项卡中的“行距”框内单击“行距”框右边的倒三角块，将会出现如图 4—69 所示的下拉列表。

(4) 在“行距”下拉列表中选择“1.5 倍行距”项。

(5) 单击对话框中的“确定”按钮。如图 4—70 所示，我们可以看到文档的第一段已经发生变化。

4. 段落对齐

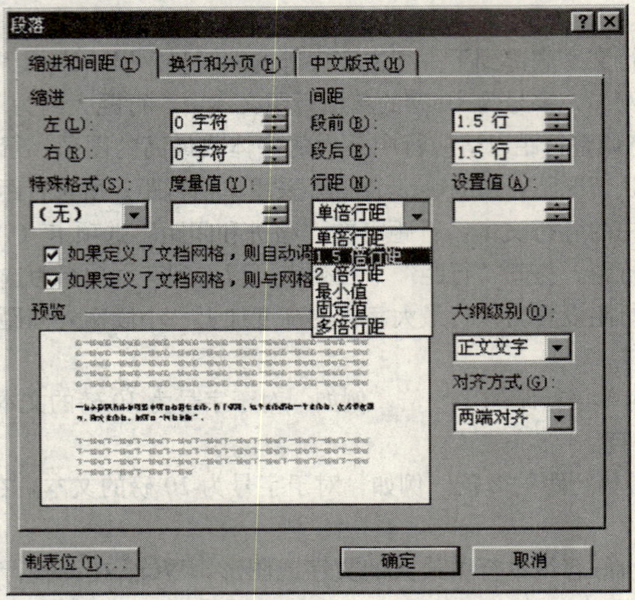

图 4—69　“行距”下拉列表

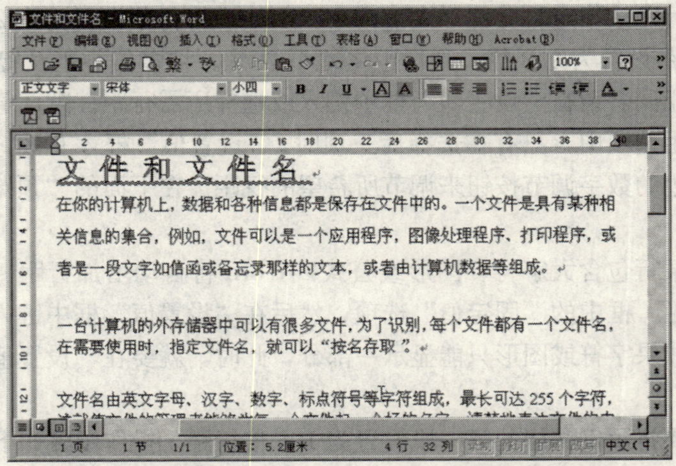

图 4—70　设置“行间距”为“1.5 倍间距”

段落对齐方式是指段落中的各文本行与页边空白之间的相互关系。例如，人们在处理文档时，习惯于将主标题居中，文档两端对齐以求文档的整齐划一。

Word 提供了五种段落对齐方式：两端对齐、居中、右对齐、分散对齐和左对齐，前四个对齐方式在格式栏中均有相应的命令按钮（左对齐没有按钮）。若要将文字与左右页边距对齐，先要确认该段落是否被缩进过。

如果要修改段落对齐方式，先要将插入点定位到需要修改对齐方式的段落中，或选择靠近段落的任意部分，以便为它们指定相同的对齐方式，然后进入“段落”对话框，打开“对齐方式”下拉列表框，其中有五个选项：

(1) 左对齐。使所选的文本左边对齐，右边不对齐。

(2) 居中。使所选的文本居中排列。

(3) 右对齐。使所选的文本右边对齐，左边不对齐。

(4) 两端对齐。调整文字的水平间距，使其均匀分布在左右页边距之间。由于通常每段最后一行比其他行短，文本会显得没有两端对齐。要使具有两端对齐格式的段落中的最后一行也两端对齐，请将插入点置于最后一行末尾，然后按“Shift＋Enter”组合键。请注意，如果对齐的行很短，会在单词间插入大段的空白，因而会使该行显得不美观。

(5) 分散对齐。可使文字两侧具有整齐的边缘，在 Microsoft Word 中，也可垂直分散对齐整页文字，使这些文字均匀分布在上下页边距之间。

在“格式”工具栏中，分别用四个按钮来标明它们的功能。先选定段落，或将光标置于目标段落的某一位置，然后按所需的按钮就可以进行段落对齐设置。段落对齐采用工具栏方法更为直接方便，工具栏段落对齐快捷按钮如图 4—71 所示。

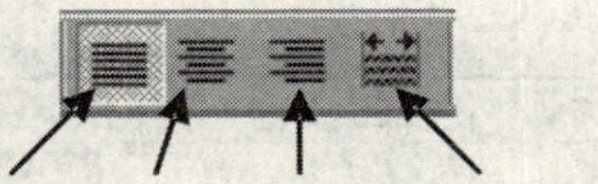

图 4—71 “段落对齐”按钮

九、页面设置

设置页面是页面格式化的主要任务，页面设置的合理与否直接关系到文档的打印效果。页面设置主要包括页眉和页脚、页码、页边距、纸张大小和方向等与文档打印时页面布局有关的内容。

1. 页眉和页脚

页眉和页脚主要用于打印文档。在页眉和页脚中可以包括页码、日期、公司徽标、文档标题、文件名或作者名等文字或图形，这些信息通常打印在文档中每页的顶部或底部。页眉打印在上页边距中，而页脚打印在下页边距中。

在文档中可自始至终用同一个页眉或页脚，也可在文档的不同部分用不同的页眉和页脚。例如，可以在首页上使用与众不同的页眉或页脚或者不使用页眉和页脚。还可以在奇数页和偶数页上使用不同的页眉和页脚，而且文档不同部分的页眉和页脚也可以不同。

当输入了页眉和页脚后，Word 将自动地将其插入到每一页上，并且还自动地调整文档的页边距以适应页眉和页脚。

(1) 查看页眉和页脚。在“普通”视图方式下，是看不到页眉和页脚的，如果想要查看页眉或页脚，可以使用以下方法切换到“页面”视图方式下：

1）使用“文件”菜单或“常用”工具栏中的“打印预览”命令。

2）单击“视图”菜单下的“页眉和页脚”命令选项。

（2）添加页眉和页脚。给一个文档或一个节添加页眉或页脚的操作方法是：

1）将光标置于文档或节的起始位置。

2）单击“视图”菜单中的“页眉和页脚”命令选项，这时窗口自动进入“页面”视图方式，并显示出页眉区和“页眉/页脚”工具栏，如图 4—72 所示。

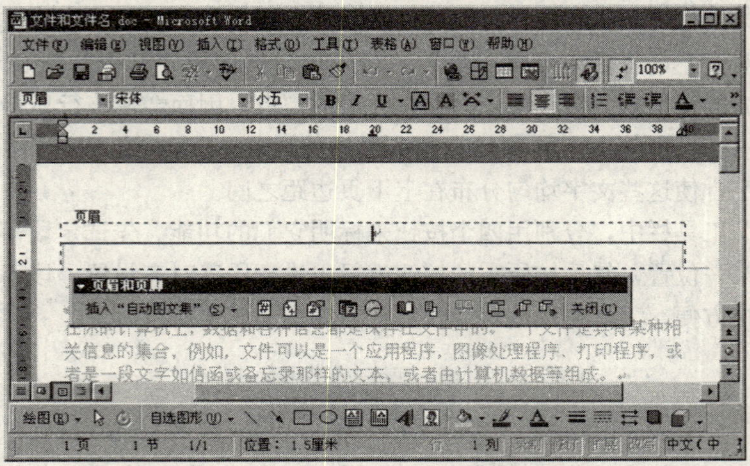

图 4—72　页眉区和“页眉/页脚”工具栏

3）单击“格式”工具栏的“右对齐”按钮，则插入光标移至页眉区的右边。

4）在插入光标处输入页眉文本。例如，输入“文件编辑”。

5）单击“页眉/页脚”工具栏的“关闭”按钮，在“页面”视图下，可以看到页眉已插入到了文档中，如图 4—73 所示。

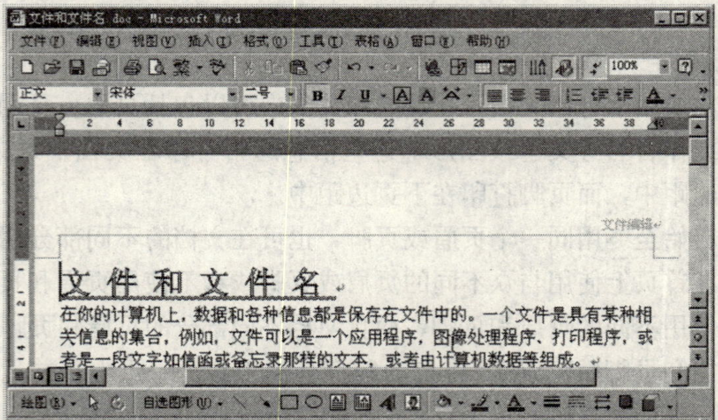

图 4—73　添加页眉

在页眉区或页脚区可以输入文字或图形，也可单击“页眉和页脚”工具栏上的按钮。要插入页码，可以单击“插入页码”按钮；若要插入当前日期，可按“插入日期”按钮；若要插入当前时间，可按“插入时间”按钮；要插入常见的页眉或页脚内容，如总页数和当前页码（第X页，共Y页）、文件名或作者姓名等，只要单击“插入自动图文集”按钮，然后单击所需选项即可。

如果要添加页码，则单击“在页眉和页脚间切换”按钮，以移动到页脚区，然后在页脚区内输入所需要的页脚文本即可。

提示：在页眉或页脚中输入的文字或图形将自动靠左对齐。有时需要将输入的内容居中放置或包含多项内容（例如，左对齐的日期和右对齐的页码）。要居中放置某项内容，除了使用“格式栏”中的对齐方式按钮外，也可以按一次“Tab”键；要右对齐某项内容，可以按两次“Tab”键。

（3）删除页眉或页脚。页眉或页脚是节格式的组成部分（节可以在一页之内或两页之间改变文档的布局），Word 会自动地将页眉和页脚从上一节传到下一节。如果在任何一节中修改或删除页眉或页脚，Word 都将修改或删除以后节中同样的页眉或页脚。删除页眉或页脚的方法是：

1）把文档切换到“页面”视图方式，使屏幕上显示出页眉或页脚。

2）在页眉或页脚区内选定所要删除的内容。

3）按“Delete”键。

4）单击“页眉/页脚”工具栏的“关闭”按钮。这时从当前节开始的页面上将不再有所删除的页眉或页脚的内容。

2. 页码

如果文档比较长而又不带页码，往往容易搞乱次序，因此应在文档中插入页码。Word 可以自动而迅速地编排页码，并且随时更新页码，当输入新文本时，Word 将自动地改变当前的页码。Word 提供了以下两种添加页码的方法。使用其中任何一种方法，均可使页码出现在页面顶部和底部的页眉和页脚区。

（1）方法一

1）单击“插入”菜单中的“页码”命令选项，屏幕上显示“页码”对话框，如图 4—74 所示。

2）在“位置”框中，指定是将页码打印在位于页面顶端（页眉）还是位于页面底端（页脚）或是其他位置。

（2）方法二。在“页眉和页脚”中已介绍过，只要单击“页眉和页脚”工具栏上的“插入页码”按钮。这种方法一般是希望向页眉或页脚区添加一系列信息，这些信息包括章节名称、日期或页码等。

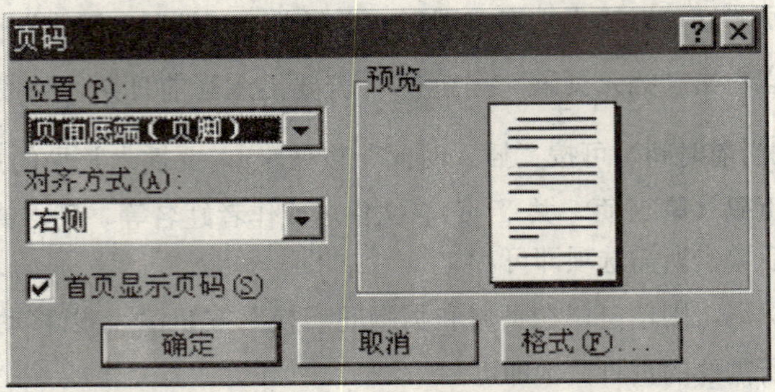

图 4—74 “页码”对话框

3. 改变文档页边距

页边距是页面四周的空白区域。通常情况下，在页边距内的可打印区域中插入文字和图形。然而，也可以将某些项目放置在页边距区域中，如页眉、页脚和页码等。当需要调整正文区的大小、布局时，便可通过页边距来调整。

例如，将全文页边距左、右、上、下各缩进 3 cm，设置 2 cm 装订线，操作步骤如下：

（1）先选定需要改变页边距的页面。

（2）选择“文件”菜单中的“页面设置”，屏幕上将出现如图 4—75 所示的对话框。

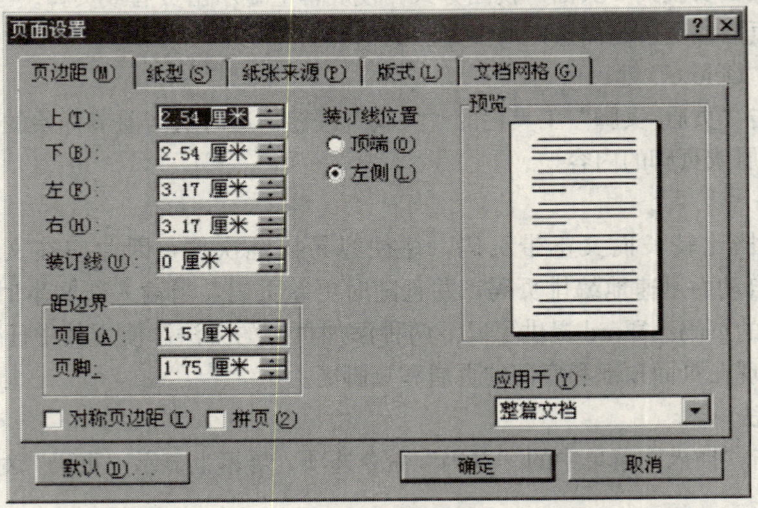

图 4—75 “页边距”选项卡

（3）在各个页边距框中输入所需要的值，包括“装订线”右边的文本框。

（4）单击“确定”按钮。

改变页边距的另一种方法是将鼠标指针指向水平标尺或垂直标尺上的页边距边界。当鼠标指针变成双箭头时，拖动页边距边界，如图 4—76 所示。

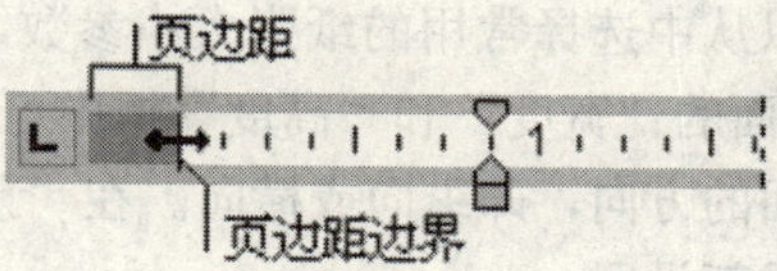

图 4—76 利用标尺改变页边距

如果要指定精确的页边距值，可以在拖动边界的同时按住“Alt”键，标尺上会显示页边距值。

通过上面介绍的例子，可以看出：设置页边距主要是对页面上、下、左、右边距以及页面顶端和底端相关的页眉和页脚的位置的设置。图 4—75 的“页边距”选项卡中各选项的含义为：

“上”——表示页面顶端与第一行顶端之间的距离。

“下”——表示页面底端与最后一行底端之间的距离。

“左”——表示页面左端与无左缩进的每行左端之间的距离。

“右”——表示页面右端与无右缩进的每行右端之间的距离。

“装订线”——表示要添加到页边距上以便进行装订的额外空间。

“距边界”区——表示上页边界和下页边界到页眉和页脚之间的距离，Word 按照页眉顶端和页脚底端到页边界的距离进行测量。

“装订线位置”区——可以选择装订线的位置，即两个单选按钮，顶端和左侧。

4. 设置纸张大小和方向

打印文档时，常常需要根据不同情况使用不同的纸张，并以不同的方向进行。在“页面设置”对话框中，单击“纸型”选项卡（见图 4—77），便能对“纸张大小”和“方向”进行设置。

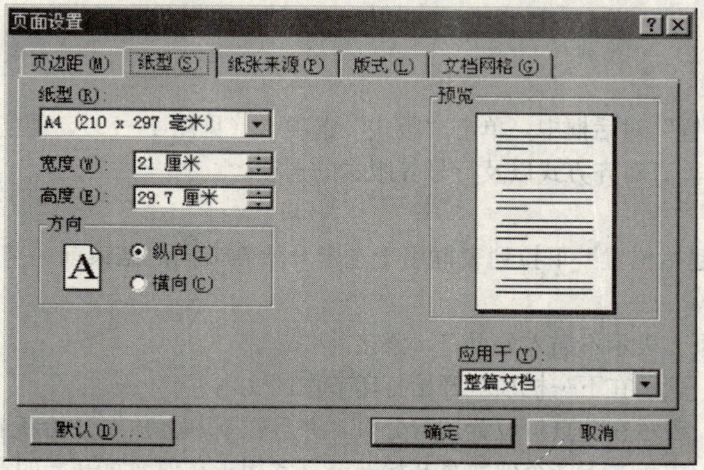

图 4—77 “纸型”选项卡

下拉“纸型”列表，可以从中选择常用的纸张大小参数，如 A4、B5、16 开等。如果选择了“自定义大小”，在下面的“宽度”和“高度”框中可以定义用户自己的纸张大小。

在“方向”区中选择页面的方向，即纵向或横向。在“预览”框中可查看纸张大小和方向设置后的结果，也可以重新设置。

如果经常使用某一种大小的纸张和方向，可以对纸张的大小和方向进行了设置之后，单击对话框的“默认”按钮，则设置的纸张大小和方向就被设置为默认值，以后就不用再进行设置了。

5. 设置纸张来源

在“页面设置”对话框中，单击“纸张来源”选项卡（见图 4—78），可以设置第一页和其余各页的纸张来源，如默认纸盒、进纸槽或手动送纸等。

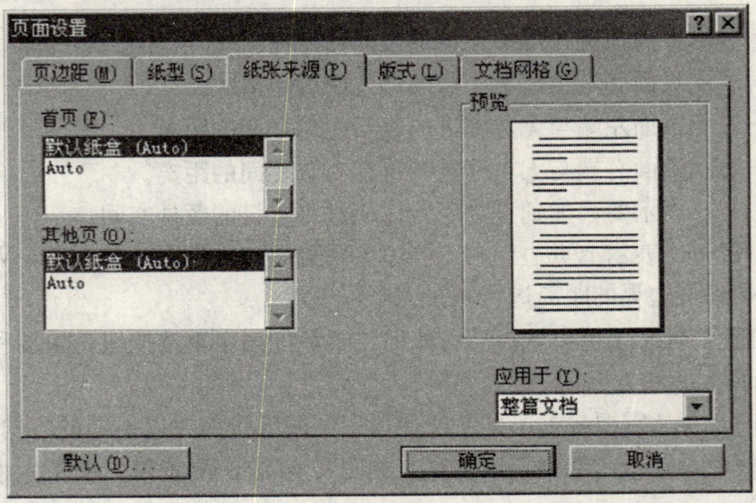

图 4—78 “纸张来源”选项卡

6. 设置版式

在“页面设置”对话框中，单击“版式”选项卡（见图 4—79），便能设置有关页眉与页脚、分节符、垂直对齐方式以及行号等版式的选项。

其中：

(1)“节的起始位置”下拉列表框用于选定开始新节同时结束前一节的位置，它包括以下五个选项：

1）接续本页。表示不插入分页符，紧接前一节。

2）新建栏。表示在下一栏顶端开始打印节中的文本。

3）新建页。表示在分页符位置进行分页，并且在下一页顶端开始新节。

4）偶数页。表示在下一个偶数页开始新节（常用于在偶数页开始的章节）。

5）奇数页。表示在下一个奇数页开始新节（常用于在奇数页开始的章节）。

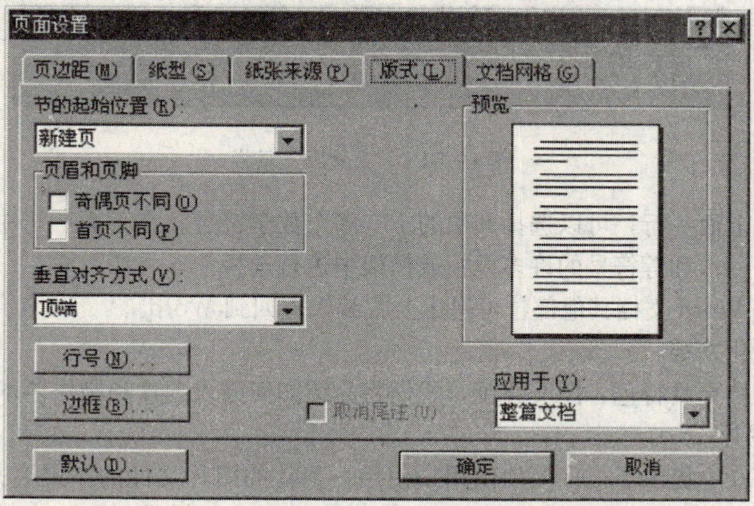

图 4—79　“版式”选项卡

(2)“页眉和页脚”区用于指定页眉和页脚的选项。

1) 选中“奇偶页不同”复选框，可为奇数页创建一种页眉或页脚，而为偶数页创建另一种页眉或页脚。

2) 选中“首页不同”复选框，可为节或文档首页创建另一种页眉或页脚，与其他页的页眉或页脚不同。

(3)“垂直对齐方式”下拉列表框中的选项确定在上下页边距间垂直对齐文本的方式，其中包括“顶端”“居中”和“两端对齐”三个选项。这是对整个页面的对齐，例如，选择了“居中”，便使文字位于整个页面的中央，即版面居中。“两端对齐”设置只影响内容填满整页的页面，对内容不满一页的页面，Word 会采用与上页边距对齐的方式。

(4)“行号”按钮用于添加或取消当前在“应用于”框中选择的部分文档的行号。

(5)“边框”按钮用于设置为文档中各页添加边框的选项。

十、插入公式

在编排一些科技文稿中，经常要录入一些公式，Word 中附带了“Microsoft Equation 3.0”组件用于编辑公式，如果在安装 Microsoft Word 时没有选择该组件，则要从安装盘中装入。插入公式的具体步骤如下：

(1) 在要插入公式的地方单击鼠标。

(2) 单击“插入”菜单中的“对象”命令，然后单击“新建”选项卡。

(3) 单击“对象类型”框中的“Microsoft Equation 3.0”选项。

(4) 选中或清除“浮于文字上方”复选框。

(5) 单击“确定”按钮，显示“公式”工具栏，如图 4—80 所示。

(6) 通过从“公式”工具栏上选择符号以及键入变量和数字的方式构造公式。在“公

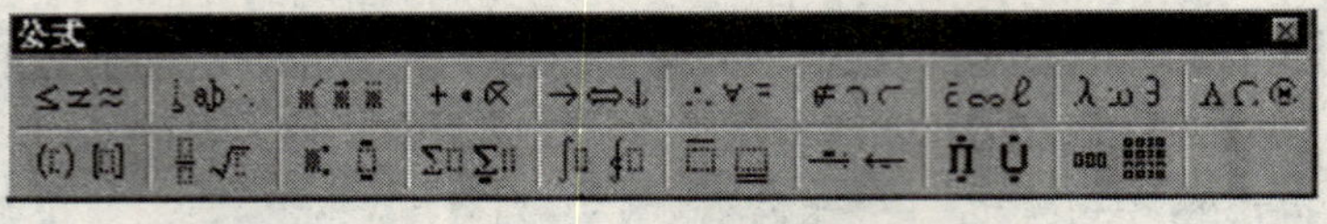

图 4—80　“公式”工具栏

式”工具栏的上面一行，可以选择其中的 150 多个数学符号。在下面一行中，可以在包含如分式、积分、求和等符号的许多模板或框架中进行选择。

（7）单击 Word 文档其他部位可退出公式编辑返回到 Word。

十一、美化文档

为了使文档更具特色，图文并茂，我们将介绍如何插入图片和制作艺术字。

1. 插入图片

Word 2000 中提供了很多图片供用户使用，默认的图片文件的扩展名是 . wmf，下面通过一例子来说明将图片插入文档的过程。

（1）插入图片步骤。例如，在当前文档中插入图片 C：\ Program Files \ Microsoft office \ Clipart \ Popular \ Amidea. wmf，图片的宽度、高度都为 4 cm，文字环绕在图片的周围。其步骤如下：

1）单击“插入”菜单中的“图片”命令选项的“来自文件”项。

2）在相应的目录下找到文件并单击，在“预览”框中可预览图片，如图 4—81 所示的对话框。

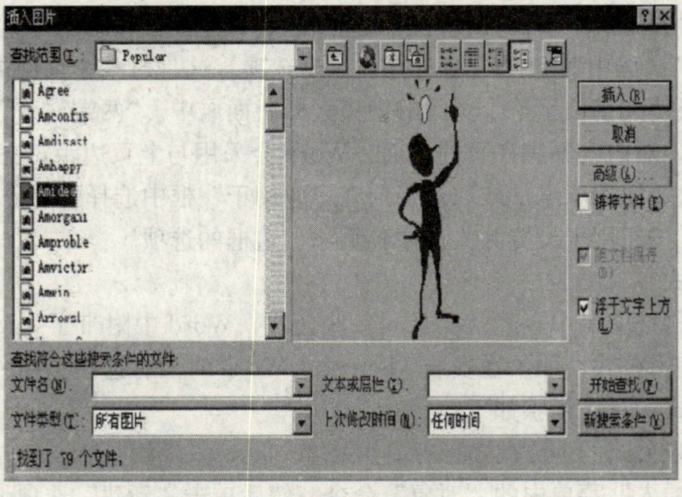

图 4—81　“插入图片”对话框

3）单击“插入”按钮，将所选图片插入文档。

下面将设定图片格式：

（2）设定图片格式。步骤如下：

1）用鼠标选定图片。

2）单击“格式”菜单的“图片”命令选项，这时将会出现一个如图 4—82 所示的对话框。

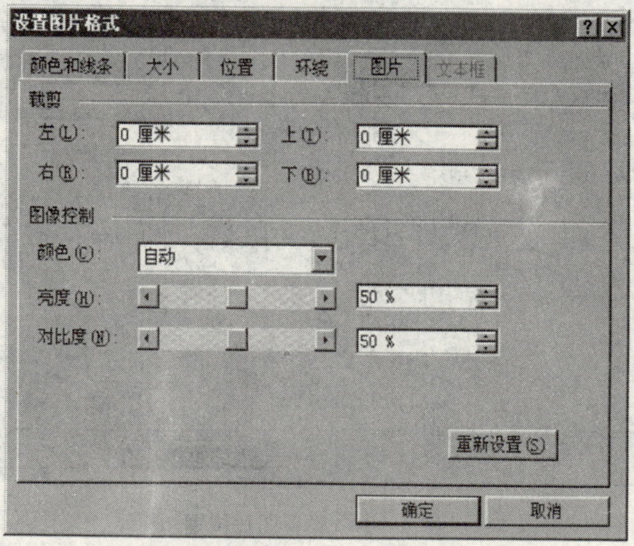

图 4—82 “设置图片格式”对话框

3）单击“大小”选项卡（见图 4—83），清除“锁定纵横比”和“与图片原始尺寸相关”的复选框，在“尺寸和旋转”组框下的“高度”和“宽度”框中选择或输入相应的数值。

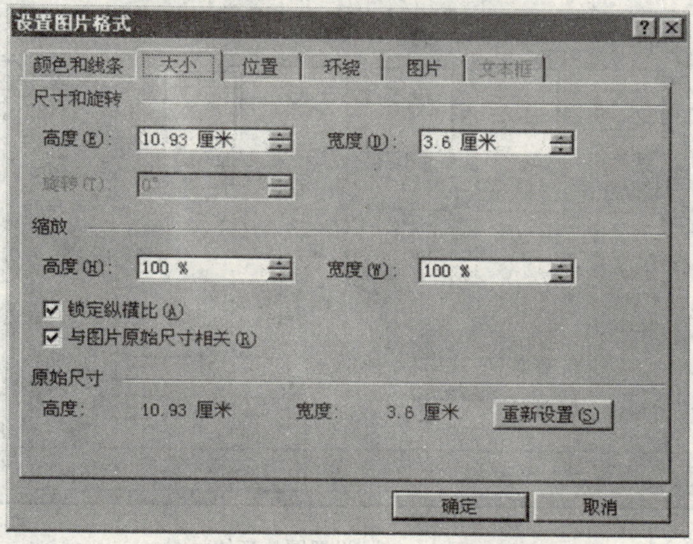

图 4—83 设置图片大小

4）单击“位置”选项卡（见图 4—84），在“在页面上的位置”组框下的“水平”“垂直”框中选择或输入图片放置的位置数值。

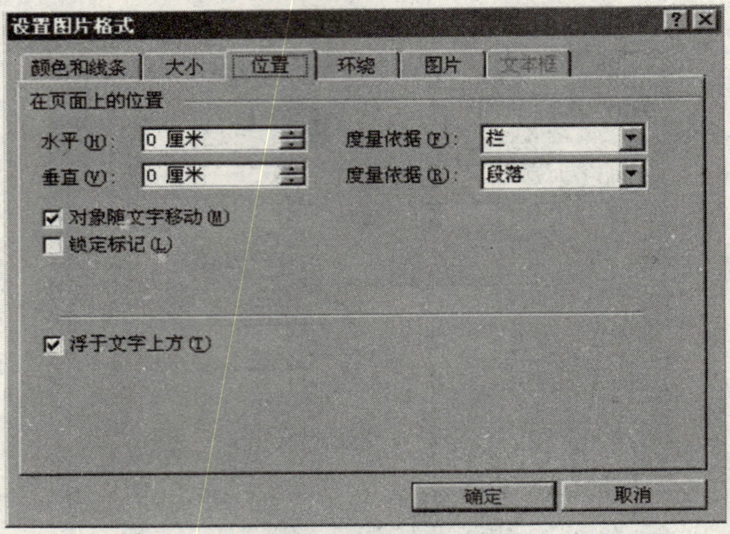

图 4—84　设置图片位置

5）单击“环绕”选项卡（见图 4—85），在“环绕方式”组框下选择所需的环绕方式，如，选择“四周型”，在“环绕位置”组框下选择适当的环绕位置，如选择“两边”。单击“确定”按钮。这样，图片的插入工作就完成了，如图 4—86 所示。

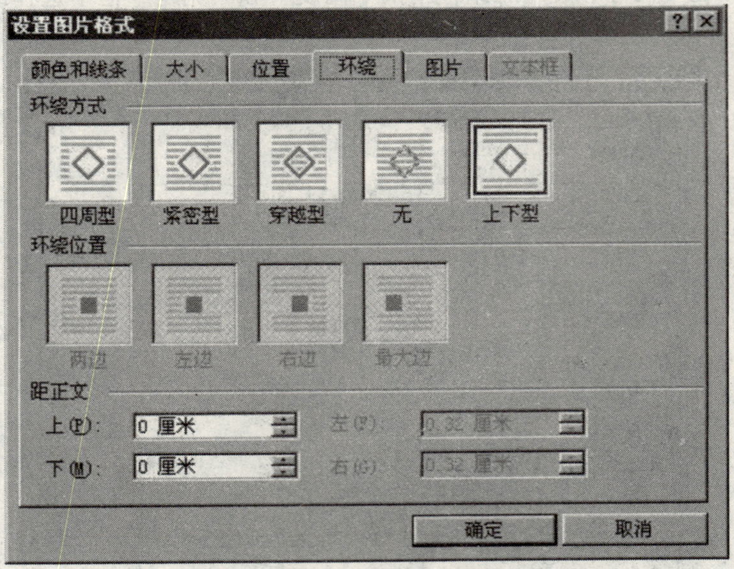

图 4—85　设置图片环绕

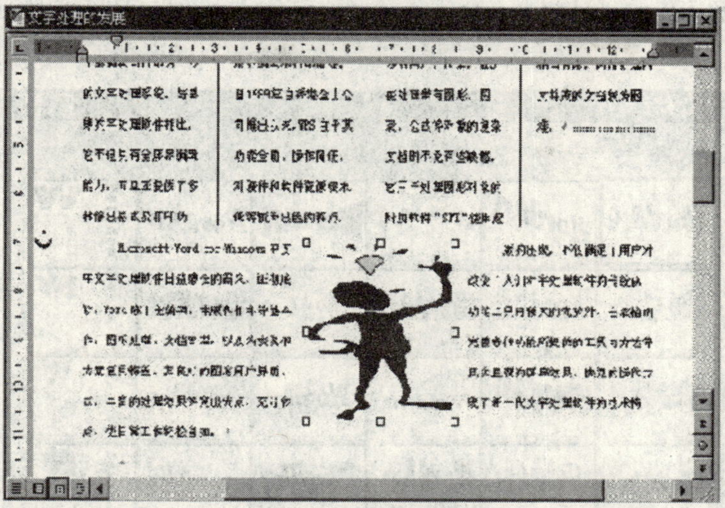

图 4—86 设置图片格式后的效果

2. 制作艺术字

如果曾用过 Word 的早期版本，就会发现 Word 2000 中“艺术字”样式选项得到了很大程度的增强。利用 Word 2000 的 WordArt 程序，我们可以将文字设置成艺术字的效果，如弯曲、倾斜、旋转、扭曲、阴影等。

(1) 启动“艺术字”工具栏。利用“艺术字”工具栏上的工具，我们就可以创建艺术字了，并对创建好的艺术字进行各种编辑。用以下几种方法可以启动“艺术字”工具栏：

1) 使用菜单命令。步骤如下：

①单击“视图”菜单中的“工具栏”命令选项，拉出子菜单。

②从子菜单中选择“艺术字”命令选项。

2) 使用工具栏快捷菜单。步骤如下：

①将鼠标置于工具栏的任意一处，单击鼠标右键，弹出快捷菜单栏。

②从快捷菜单中选择“艺术字”命令选项。

这样，就启动了“艺术字”工具栏，如图 4—87 所示。

图 4—87 “艺术字”工具栏

(2) 创建艺术字。在 Word 的艺术字库中，有多种艺术字效果。接下来就来使用“艺术字”工具栏来创建艺术字。

1) 打开“艺术字”工具栏。此时，视图自动切换到“页面”方式下。

2）单击“艺术字”工具栏的“插入艺术字”按钮，将弹出“‘艺术字’库”对话框，如图 4—88 所示。

图 4—88 “‘艺术字’库”对话框

3）从“‘艺术字’库”中选择所需的样式。

4）单击“‘艺术字’库”对话框的“确定”按钮。此时会弹出“编辑‘艺术字’文字”对话框，如图 4—89 所示。

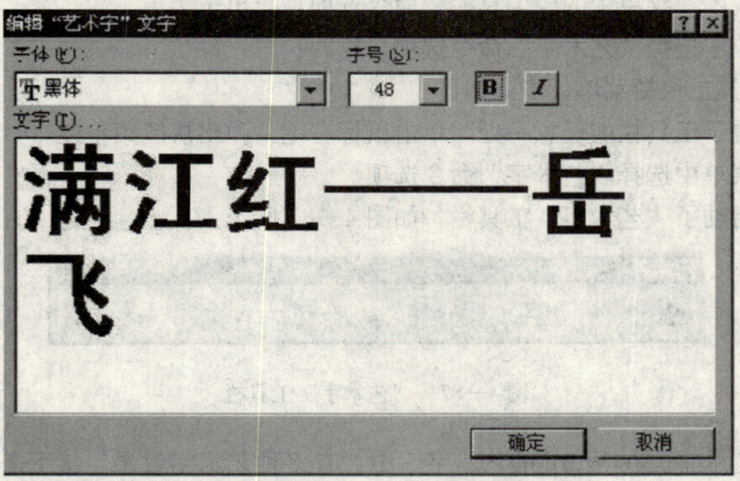

图 4—89 “编辑‘艺术字’文字”对话框

5）在“文字”框中输入要设置成艺术字的文字，例如，输入“满江红——岳飞”。

6）单击“字体”框右边的三角块，从下拉列表中选择艺术字的字体。例如，选择“黑体”。

7）在“字号”框中选择艺术字的字号大小。例如，选择“48”。

8）若要将艺术字设置成粗体，则单击“加粗”按钮；若要将艺术字设置成斜体，则单击“倾斜”按钮。

9）单击“确定”按钮。结果如图 4—90 所示。

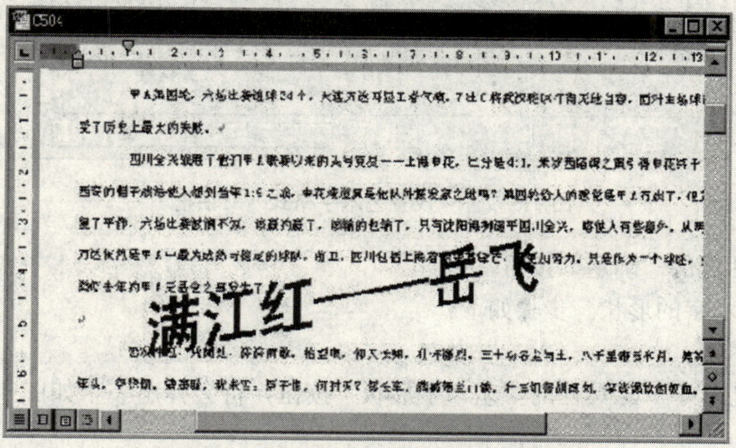

图 4—90　在文档中创建艺术字

（3）编辑艺术字。艺术字创建好后，还可以对它进行修饰，对艺术字进行修饰之前必须先选定艺术字。

1）选定艺术字。步骤如下：

①将鼠标置于艺术字上，使指针形状变为十字箭头形。

②单击鼠标左键即可。这时在艺术字的四周出现 8 个控制点。

2）改变艺术字的样式。步骤如下：

①选定要改变样式的艺术字。例如，选定如图 4—90 所示的艺术字。

②单击“艺术字”工具栏上的“艺术字库”按钮，将弹出“‘艺术字’库”对话框，从中选择所需的样式。例如，将艺术字改为第一行、第三列所示的样式。

③单击对话框的“确定”按钮。

3）改变艺术字的大小。步骤如下：

①选定艺术字。

②单击“艺术字”工具栏的“设置艺术字格式”按钮，将弹出“设置艺术字格式”对话框。单击“大小”选项卡，如图 4—91 所示。

③在“尺寸和旋转”组框下选择或输入“高度”和“宽度”的量值。

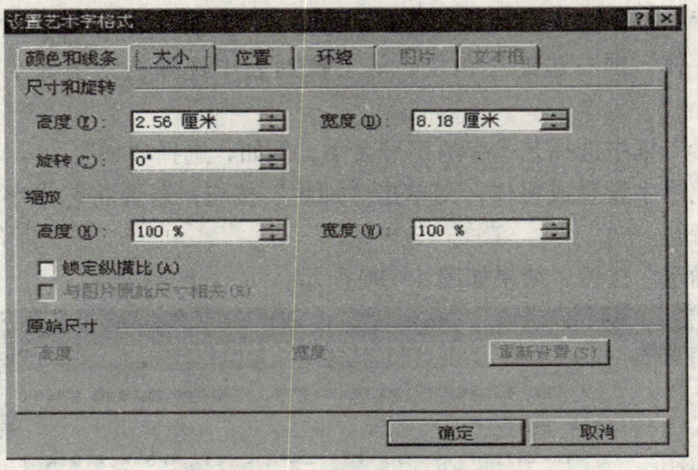

图 4—91　“设置艺术字格式”对话框

④单击对话框的“确定”按钮。

4）改变艺术字的形状。步骤如下：

①选定艺术字。

②单击“艺术字”工具栏的“艺术字形状”按钮，将会弹出一个如图 4—92 所示的列表。

③从列表中选择所需的形状，例如，选择“陀螺形”。

5）改变艺术字的间距。步骤如下：

①选定艺术字。

②单击“艺术字”工具栏的“艺术字字符间距”按钮，将弹出如图 4—93 所示的下拉列表。

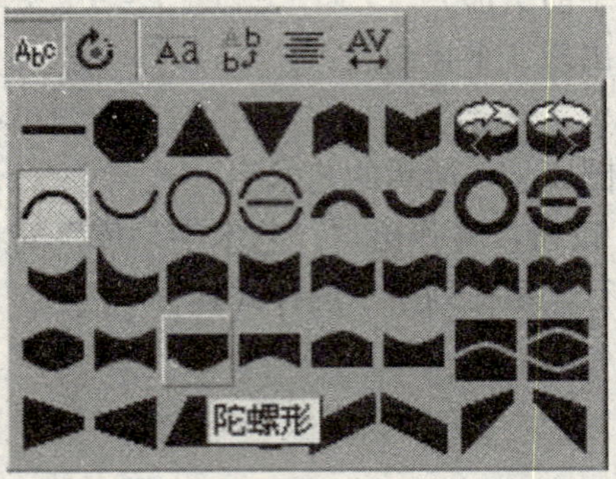

图 4—92　选择艺术字形状

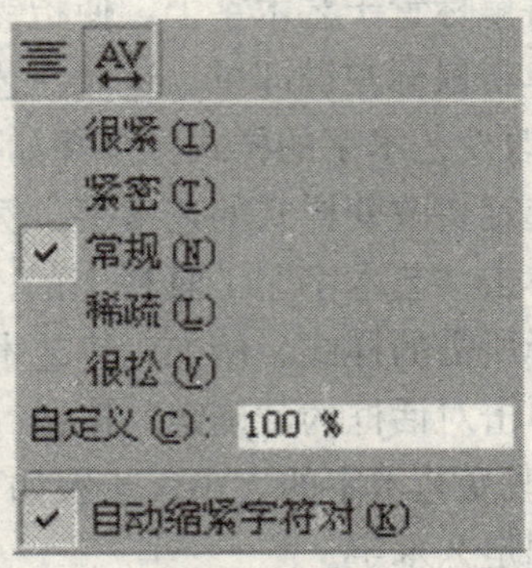

图 4—93　设置艺术字字符间距

③从下拉列表中选择所需的间距，用户也可以在“自定义”框中输入所需的值。例如，选择“稀疏”项。结果如图 4—94 所示。

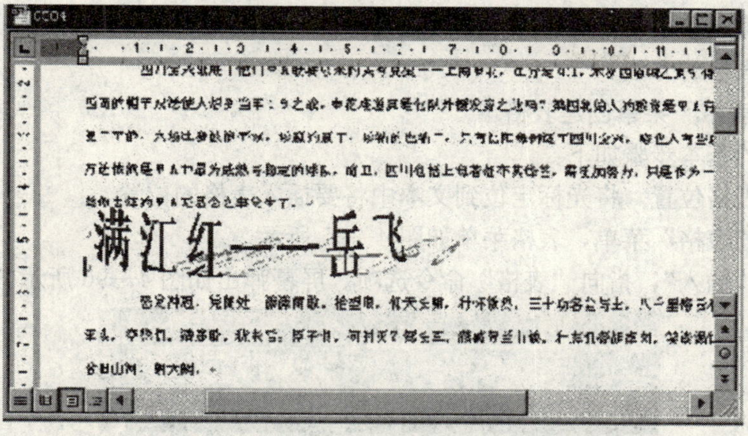

图 4—94　编辑艺术字

6）设置艺术字的阴影。步骤如下：

①选定艺术字。

②单击“绘图”工具栏的“阴影”按钮，将弹出阴影样式列表。

③从列表中选择所需的阴影样式。

7）设置艺术字的三维效果。步骤如下：

①选定艺术字。

②单击“绘图”工具栏的“三维效果”按钮，将弹出三维效果样式列表。

③从列表中选择所需的三维效果样式。

第四节　制作表格

表格经常用于组织和显示信息，但是，还有其他许多用途。可以用表格按列对齐数字，然后对数字进行排序和计算。可以用表格创建引人入胜的页面版式以及排列文本和图形。因此，表格是日常办公文档经常使用的形式。表格是文档的一个重要组成部分。Word 中，一张表格是按行列组成的若干方框，每个方框称为单元格。在这些单元格中，可以填入各种文字和图形，但不能填入另一张表格。Word 2000 提供了许多方便灵活的表格制作功能。本节介绍表格的创建、修改等基本操作方法。

一、创建表格

通过使用“插入表格”可以快速地创建简单的表格，也可以通过使用“绘制表格”工具来快速创建复杂的表格，例如，表格包含不同高度的单元格或每行有不同的列数。使用“绘制表格”与在方格纸中绘制矩形的方法相同，首先，从表格的一角到相对的另一角绘制一条直线以确定整个表格的边界，然后在其中绘制行线和列线。这里主要介绍用“插入表格”来创建表格的方法。

1. 应用“表格”菜单创建表格

创建表格的基本步骤如下：

（1）确定表格位置，将光标定位到文本中将要插入表格的位置。

（2）单击“表格”菜单，表格菜单如图 4—95 所示。

（3）选中“插入”，指向“表格”命令选项。屏幕弹出如图 4—96 所示的对话框。

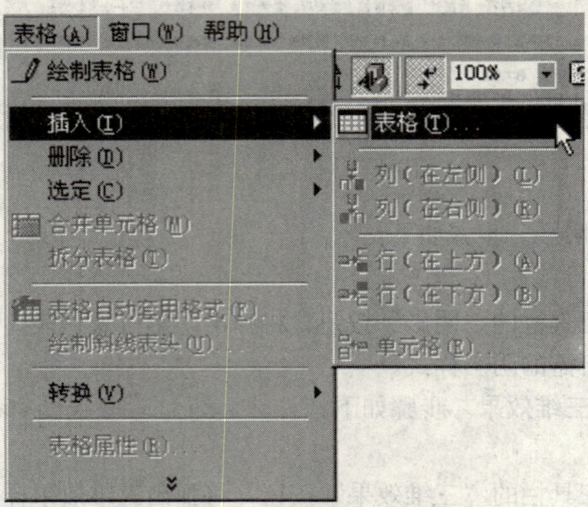

图 4—95 “表格”菜单

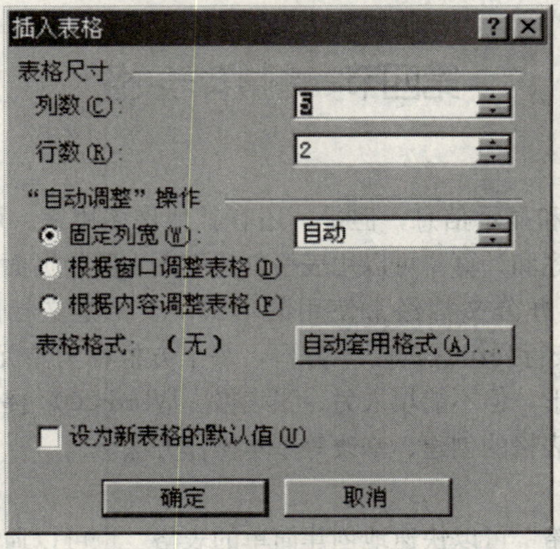

图 4—96 “插入表格”对话框

（4）在弹出的“插入表格”对话框中，设置“列数”和“行数”。例如，3 行 5 列。

（5）在“固定列宽”中选择或输入表格中每一列的宽度，“默认”状态是“自动”模式，即表格占满整行，每一列的宽度平均分配。

（6）单击“确定”按钮。

例如，创建一个 3 行 5 列的表格，结果如图 4—97 所示。

↵	↵	↵	↵	↵
↵	↵	↵	↵	↵
↵	↵	↵	↵	↵

图 4—97　创建表格示例

2. 应用工具栏创建表格

应用工具栏创建表格更为简便。其基本步骤如下：

（1）确定表格位置，将光标定位到文本中将要插入表格的位置。

（2）单击常用工具栏上的“插入表格”按钮。

（3）按住鼠标左键拖动反白显示方格，横向个数表示列数，纵向个数表示行数，拖动鼠标直到选中所需要列数和行数才释放。例如，图 4—98 所示为要创建一个 3 行 5 列的表格。

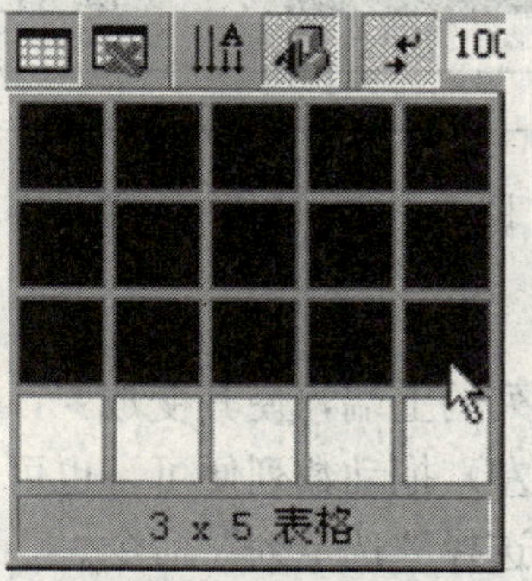

图 4—98　用“插入表格”按钮创建表格

（4）所生成的表格如图 4—97 所示。

二、选择单元格

Word 中，单元格是表格的基本单位。当表格建立后，要进行调整表格的行高与列宽、增加或删除单元格、增加或删除行或列等一系列表格格式化的操作，往往需要选定表格或表格的一部分。这也符合 Word 最基本的原则，那就是“先选定，后操作”。

下面以图 4—97 所示的表格为例，介绍单元格的选定方法。

1. 选定单元格

先将光标移到所需的单元格内最左侧，使鼠标指针变为➚，单击左键，便选中了该单元格，如图 4—99 所示。

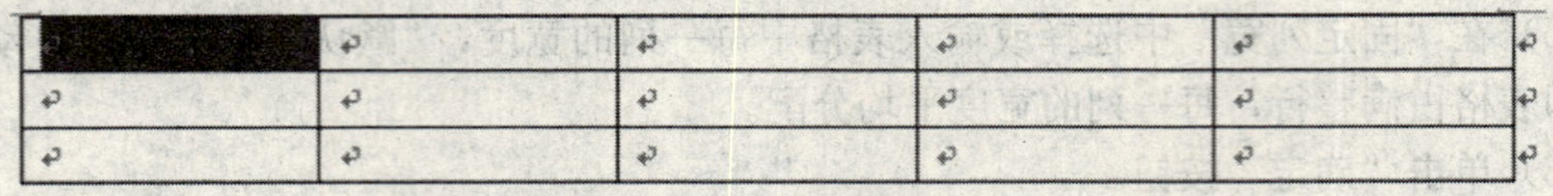

图 4—99　选定一个单元格

也可以将光标移到所需单元格内最左侧，鼠标指针呈 I 形状，拖动鼠标指针一个单元格位置，即可选中该单元格。若要选中连续数格，则可连续拖动若干个单元格。

当单元格被选中后，“插入表格”按钮变为“插入单元格”按钮。

2. 选定一行单元格

先将鼠标指针移到所要选定行左侧的文本选定区，使它变成，单击左键，便能选定该行；若要选定数行，则在单击时向下（或向上）拖动数行便可。

也可以将光标移到所要选定行的任一单元格中，打开“表格”菜单，从中选择“选定行”命令。当单元格被选中后，或插入点光标在某个单元格中，“插入表格”按钮将变为“插入行”按钮。选定一行单元格后的表格如图 4—100 所示。

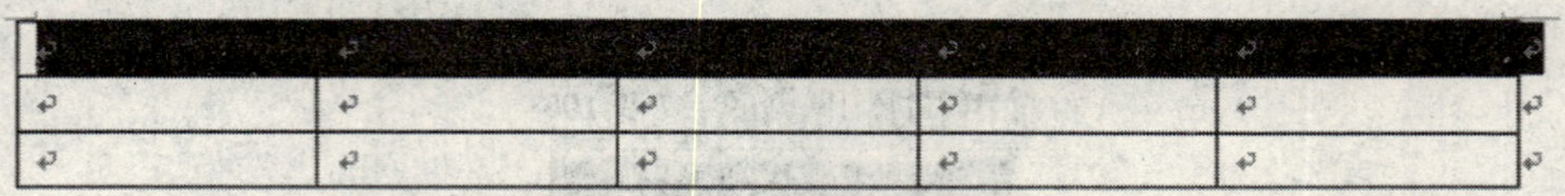

图 4—100　选定一行单元格

3. 选定一列单元格

先将鼠标指针移到所要选定列的上端，使其变成⬇，单击左键便能选定该列；若要选定数列，则在单击时向右（或向左）拖动数列便可。也可以将光标移到所要选定列的任一单元格内，打开“表格”菜单，选择“选定列”命令。

当选定列后“插入表格”按钮将变为“插入列”按钮。选定一列单元格后的表格如图 4—101 所示。

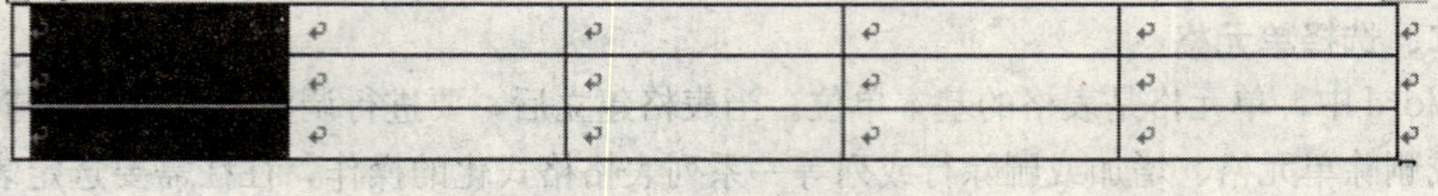

图 4—101　选定一列单元格

4. 选定整个表格

选定整个表格，可以按整个表格的行数或列数来选定行或列，使整个表格被选定。

当整个表格很大时，可以将光标定位于表中任一单元格内，在“表格”菜单中，选择“选定表格”命令，使得整个表格被选定。也可以单击该表格，然后按“Alt+5”组合键（5 位于数字键盘上的“Num Lock”必须关闭）来选定整张表格。

三、行的插入与删除

1. 行的插入

根据不同的要求，可以用以下方法在已建立的表格中插入新的空行。

（1）在选定行前插入新行。在选定行前插入步骤如下：

1）选定一行或若干行，选取的行数应与要插入的行数相等。

2）单击“表格”菜单。

3）单击“插入”，指向“行（在上方）”并单击，如图 4—102 所示。

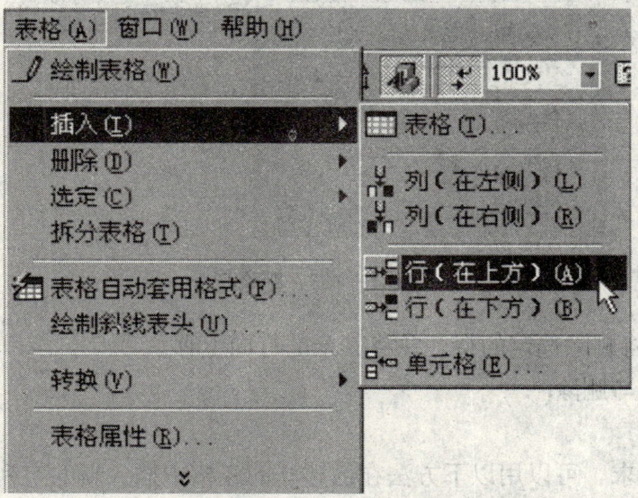

图 4—102 在行前插入新行

也可以选定表格中的一行或若干行，然后单击“常用”工具栏上的“插入行”按钮。

（2）在选定行后插入新行

1）方法一。在某行后插入一行的操作较简单，具体步骤如下：

①将鼠标移到该行最右的单元格的线框之外。

②按回车键。

2）方法二。也可以用菜单方式操作：

①选定一行或若干行，选取的行数应与要插入的行数相等。

②单击“表格”菜单。

③单击“插入”，指向“行（在下方）”并单击。

若要在表格末尾快速添加一行，可以单击最后一行的最后一个单元格，然后按“Tab”键。

2. 行的删除

删除一行的步骤如下：

(1) 选定所要删除的表格的行。

(2) 单击“表格”菜单中的“删除”命令，指向“行”并单击，如图4—103所示。

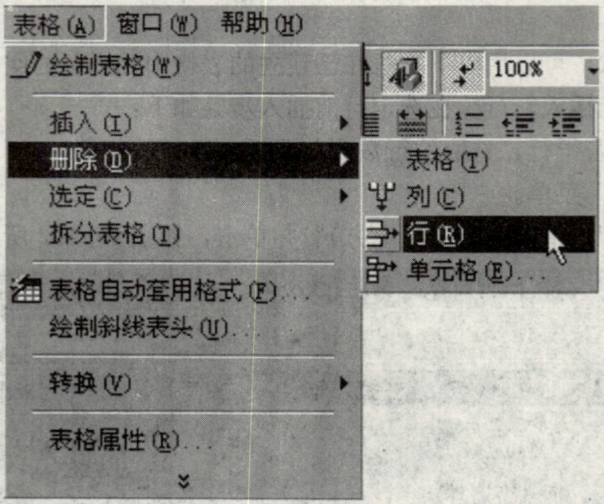

图4—103 删除行

这时，Word将删除选定的行，并将其余的行向上移。

四、列的插入与删除

1. 列的插入

根据不同的要求，可以用以下方法在已建立的表格中插入新的空列。

(1) 在选定列左边插入新列。在选定列左边插入新列的步骤如下：

1) 选定表格中的一列或若干列，选取列的个数应与要插入列的个数相等。

2) 单击“表格”菜单。

3) 单击“插入”，指向“列（在左侧）”并单击。

也可以选定表格中的一行或若干行，使用“常用”工具栏上的“插入列”按钮，这时，就在所选列的左边插入了新的列。

(2) 在选定列右边插入新列。使用菜单方式，与“在选定列左边插入新列”的步骤相似：

1) 在选定列右边插入新列。步骤如下：

①选定表格中的一列或若干列，选取列的个数应与要插入列的个数相等。

②单击“表格”菜单。

③单击“插入”，指向“列（在右侧）”并单击。

2) 在表格最后一列的右侧添加一列。具体步骤如下：

①将鼠标定位在表格右侧框线之外。

②单击“表格”菜单中的“选定”命令，指向“列”。

③单击“表格”菜单中的“插入”命令，指向“列（在右侧）”并单击。

2. 列的删除

删除一行的步骤如下：

（1）选定所要删除的表格的列。

（2）单击“表格”菜单中的“删除”命令，指向“列”并单击。

这时，Word 将删除选定的列，并将其余的列向左移。

五、单元格的插入与删除

1. 单元格的插入

具体步骤如下：

（1）选定一个或多个单元格，如图 4—104 所示。

中	华	人	民	共
和	国	北	京	上
海	天	津	重	庆

图 4—104　选定单元格

（2）单击“表格”菜单中的“插入”，指向“单元格”并单击，或者单击“常用”工具栏上的“插入单元格”按钮，此时屏幕将出现“插入单元格”对话框，如图 4—105 所示。

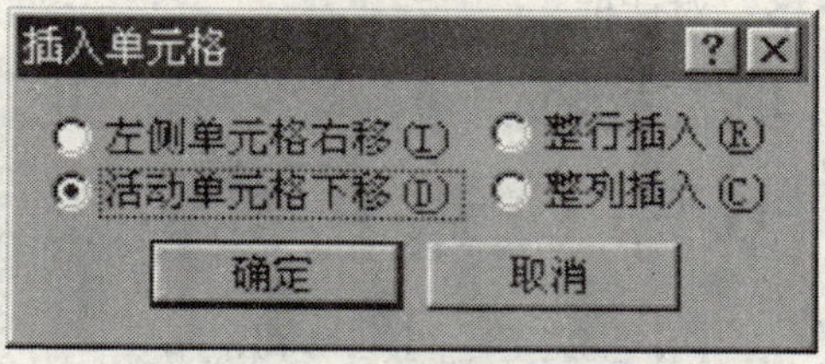

图 4—105　“插入单元格”对话框

“插入单元格”对话框中有四个选项可供选择（默认状态是“活动单元格下移”）：

1）选择“左侧单元格右移”的结果是在选定单元格左边增加单元格，如图 4—106 所示。

中	华			人	民	共
和	国	北	京	上		
海	天	津	重	庆		

图 4—106　左侧单元格右移

2）选择“活动单元格下移”的结果是在选定单元格上方增加新的单元格，将选定单元下移且在表格最后增加一行，如图 4—107 所示。

中	华			共
和	国	人	民	上
海	天	北	京	庆
		津	重	

图 4—107　活动单元格下移

3）选择“整行插入”等同于上面所介绍的在当前行前插入行。

4）选择“整列插入”等同于上面所介绍的在当前列左边插入列。

（3）单击“确定”按钮，此时，Word 完成了插入单元格的操作。

2. 单元格的删除

单元格的删除操作步骤如下：

（1）选定所要删除的单元格，如图 4—108 所示。

中	华	人	民	共
和	国	北	京	上
海	天	津	重	庆

图 4—108　选定要删除的单元格

（2）单击“表格”菜单中的“删除”，指向“单元格”并单击，此时屏幕弹出如图 4—109所示的“删除单元格”对话框。

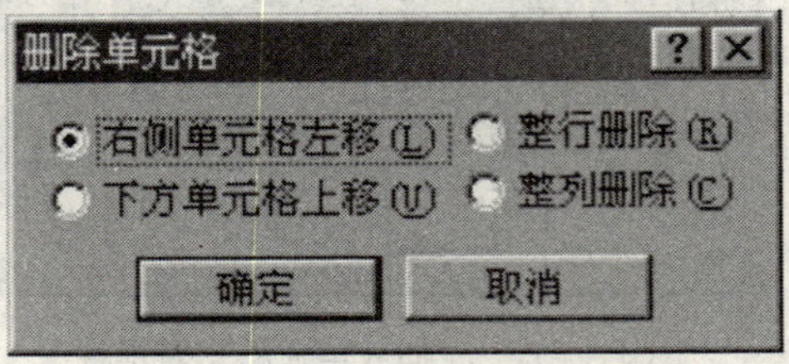

图 4—109　“删除单元格”对话框

对话框中的四个选项分别是上面介绍的“插入单元格”中四种操作的逆操作。

（3）在对话框中选择所需要的选项。

（4）单击对话框中的“确定”按钮。选择不同的选项，将产生不同的效果，如图 4—110所示，在图中的表格，从上到下依次为“右侧单元格左移”“下方单元格上移”“整行删除”“整列删除”的结果。

另外，对整行或整列的删除更加简单，选中要删除的行或列，用工具栏上的“剪切”按钮，就能直接删除。

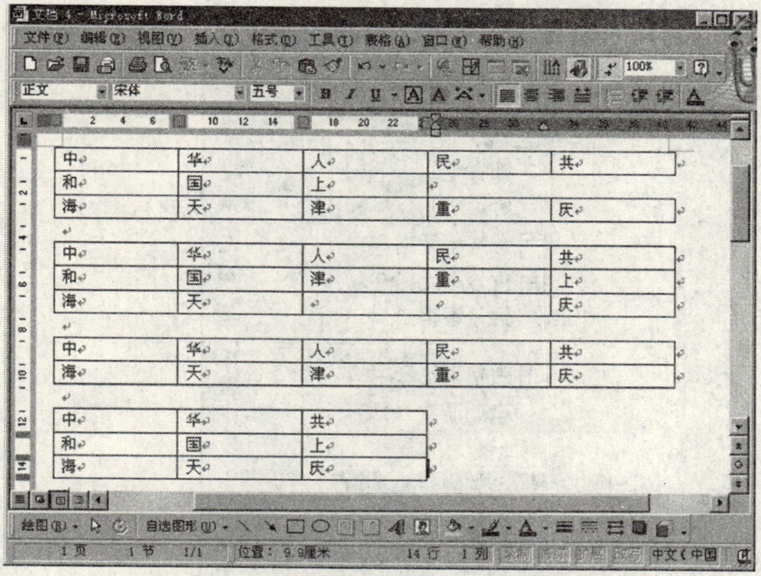

图 4—110　删除单元格的各种效果

六、单元格的合并与拆分

删除单元格可以用来调整表格的结构。Word 也可以把同一行的单元格合并起来，或者把一行中的一个或多个单元格拆分为更多的单元格。

1. 合并单元格

合并单元格的操作步骤如下：

（1）选定所要合并的单元格（至少应有两个），如图 4—111 所示。

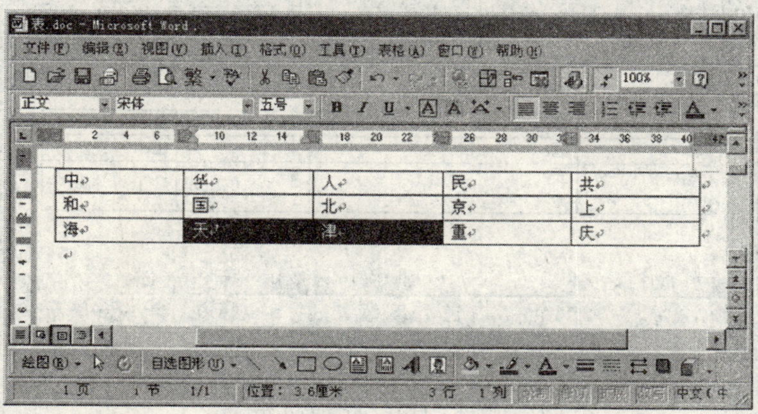

图 4—111　选定要合并的单元格

（2）单击“表格”菜单中的“合并单元格”命令选项（见图 4—112），结果如图 4—113所示。

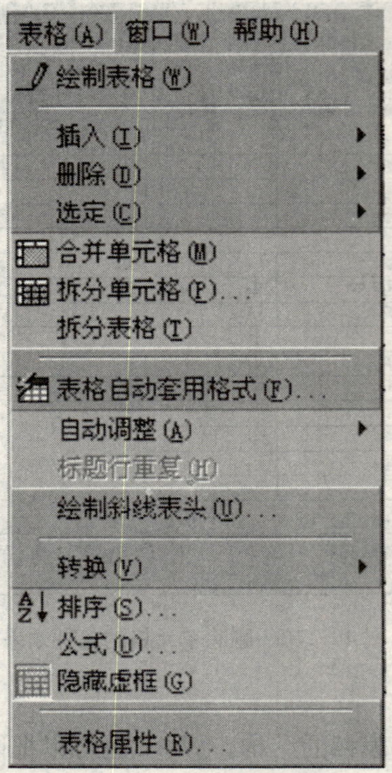

图 4—112　“表格”菜单

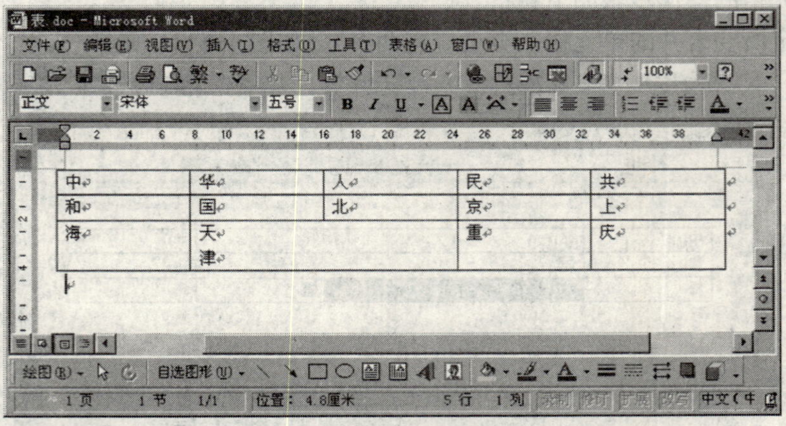

图 4—113　合并单元格

注意：在合并后的单元格中，原来各单元格的内容各成一个段落。

2. 拆分单元格

拆分单元格的操作步骤如下：

(1) 选定所要拆分的单元格，例如，选择如图 4—111 所示的单元格。

(2) 单击“表格”菜单中的“拆分单元格”命令选项，此时屏幕弹出如图 4—114 所示的“拆分单元格”对话框。

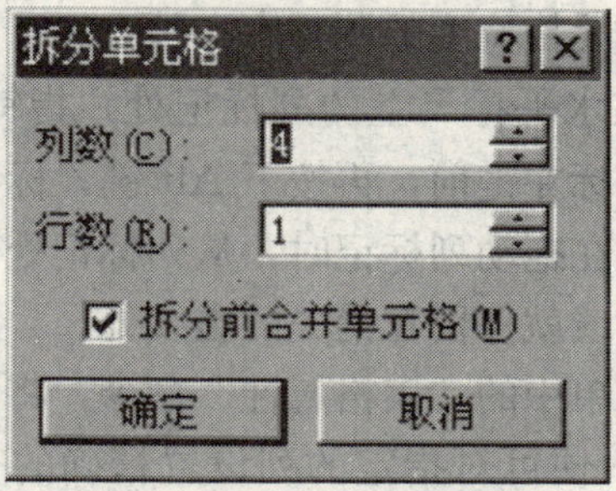

图 4—114 “拆分单元格”对话框

(3) 在对话框的“列数”框中选择或直接输入拆分后的列数，默认为所选列数的 2 倍。在“行数”框中输入拆分后的行数，默认值与所选单元格的行数相等。

(4) 单击对话框中的“确定”按钮。这时就完成了拆分单元格的操作，结果如图 4—115所示。

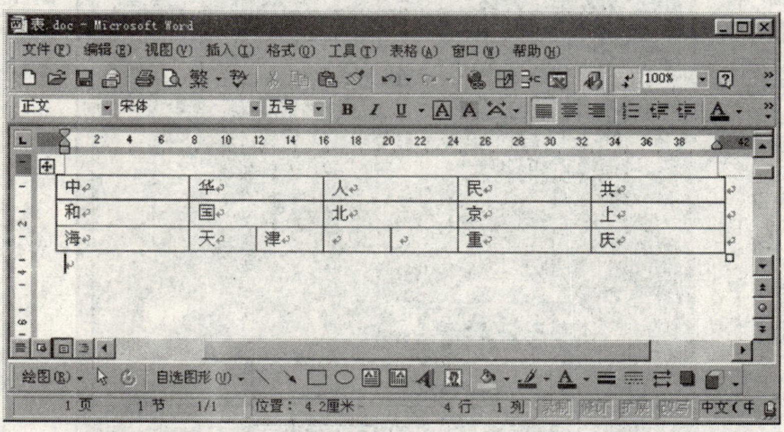

图 4—115 拆分单元格

此外，还可拆分表格。表格的拆分就是将一个表拆分为上下两个部分。先将插入点光标移至表中要进行拆分的位置，打开“表格”菜单，选择“拆分表格”命令，Word 将在插入点所在的行的上方插入一个段落标记。如果原来的表格在文档的起始处，且插入点在第一行，Word 便在表的上方插入该段落标记。

七、列宽与行高的调整

Word 2000 在创建表格时使用了默认的列宽与行高，在实际表格制作的过程中，往往需要调整某些行和列的高度与宽度。当表格建立后，将插入点移到表中任意位置，在页面视图下水平标尺和垂直标尺上便会出现列标记和行标记。这些行标记和列标记反映了表格的行列空间及高度和宽度。

1. 调整表格的列宽

先要选定要调整的列。单元格宽度的调整有三种方法：

方法一：将鼠标指针放在水平标尺上的列标记处，指针将变成⟺，拖动列标记，便可使列宽得到调整，在释放鼠标左键前，再按下 Alt 键，标尺上将会显示出每个列标记之间用厘米数表示的精确距离，在拖动列标记时，从列标记处有一条垂直虚线在文档窗口中随之移动，释放后，该列的边线就停留在消失的虚线处。

方法二：利用“表格”菜单中的“表格属性”命令，将弹出“表格属性”对话框中的“列”选项卡（见图 4—116），便可对指定的列设置精确的宽度。最后，单击“确定”按钮，完成设定。

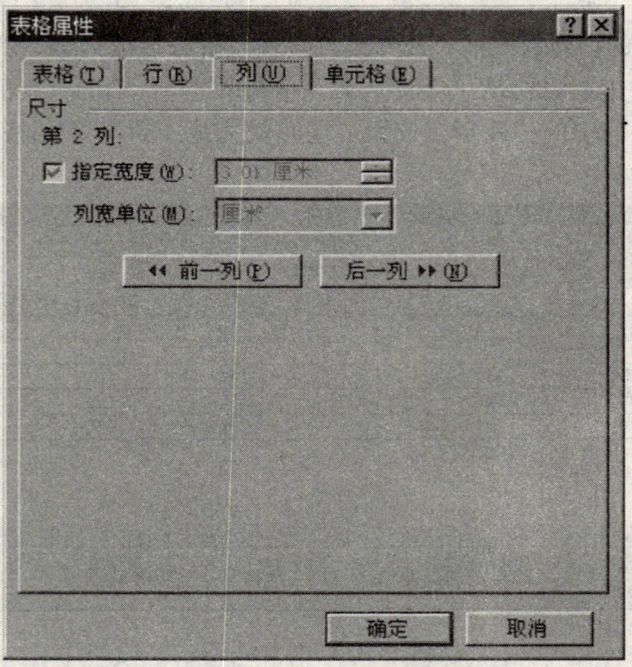

图 4—116　“列”选项卡

方法三：将鼠标指针放在列的边线处，指针将变成┽┾，拖动鼠标指针，便能调整列宽。与方法一一样，在按下鼠标左键后，列标记处有条垂直虚线在文档窗口中随之移动，释放后，该列的边线就停留在消失的虚线处。

2. 调整表格的行高

(1) 粗略调整。与调整表格的列宽一样，方法是：

1) 选中要调整的行。

2）将鼠标指针放在垂直标尺上的相应行标记上，鼠标指针将变成，拖动垂直标尺上相应的行标记，便可调整表格的行高了。

（2）精确调整。如果要精确地调整表格高度，应当使用菜单命令，方法为：

1）选中要调整的行。

2）打开“表格”菜单，选择“表格属性”命令，这时屏幕将弹出“表格属性”对话框的“行”选项卡（见图 4—117），便可对指定的行设置精确的高度。

3）设置完后单击“确定”按钮。

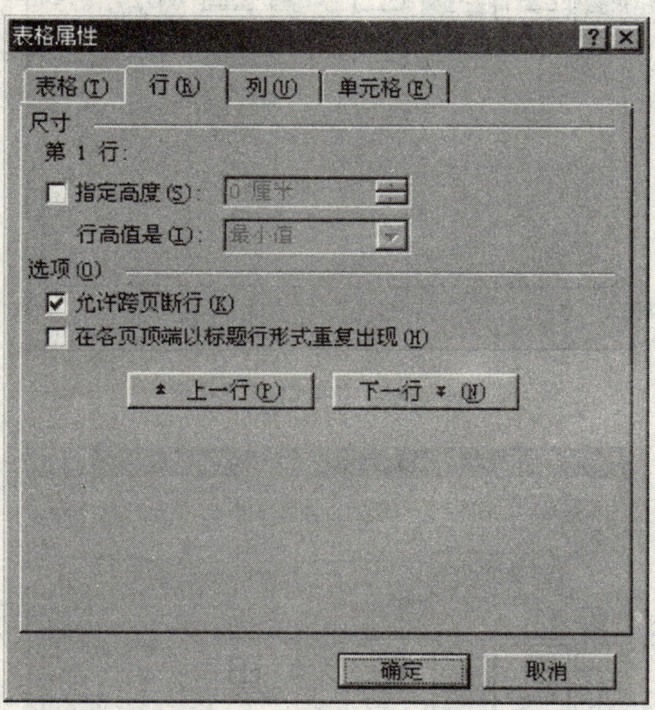

图 4—117　“行”选项卡

另外，在“表格属性”对话框中还提供了“单元格”选项卡（见图 4—118），利用它可对单元格内容的“垂直对齐方式”进行设置；若要改变单元格的边距，则可按“选项”按钮，进一步进行设置。

一个新建立的表格，它的默认对齐方式为左对齐，利用“表格属性”对话框中的“表格”选项卡（见图 4—119），便可以设置表格的其他对齐方式，处理文字环绕与表格的关系（即表格的定位）。

八、边框

在 Word 文档中，所有插入的新表格都具有宽度为 0.5 磅的单实线默认边框。表格创建后，往往希望对表格的边框线加以设置。表格有时要求有不同的边框，例如，有的要求

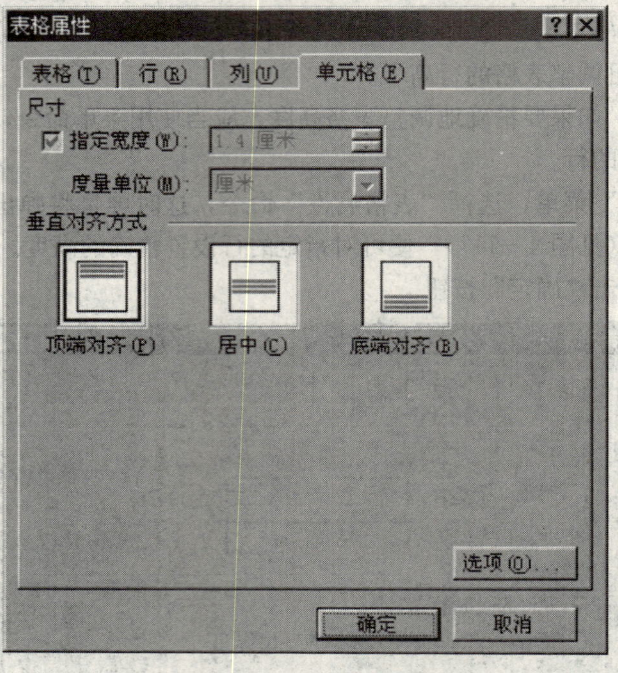

图 4—118 “单元格”选项卡

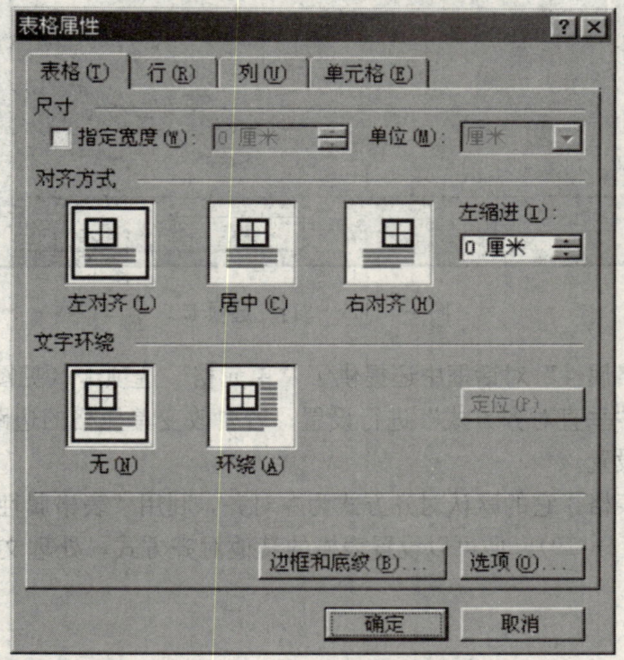

图 4—119 “表格”选项卡

外边框加粗，有的要求双线边框等。用户可以为表格或表格中的单个单元格添加边框，或用底纹来填充表格的背景。也可以使用“表格自动套用格式”命令来迅速得到设计精美的表格，“表格自动套用格式”命令提供了多种边框、字体和底纹设计方案。这里主要介绍为表格添加边框。为表格添加边框的操作方法是：

（1）单击该表格中的任意位置，或选定整个表格。如果要给指定单元格添加边框，则要选定所需单元格，在选定单元格时，单元格的结束标记应包括在内。

（2）单击“格式”菜单中的“边框和底纹”命令选项，此时屏幕弹出“边框和底纹”对话框，再单击“边框”选项卡，如图 4—120 所示。

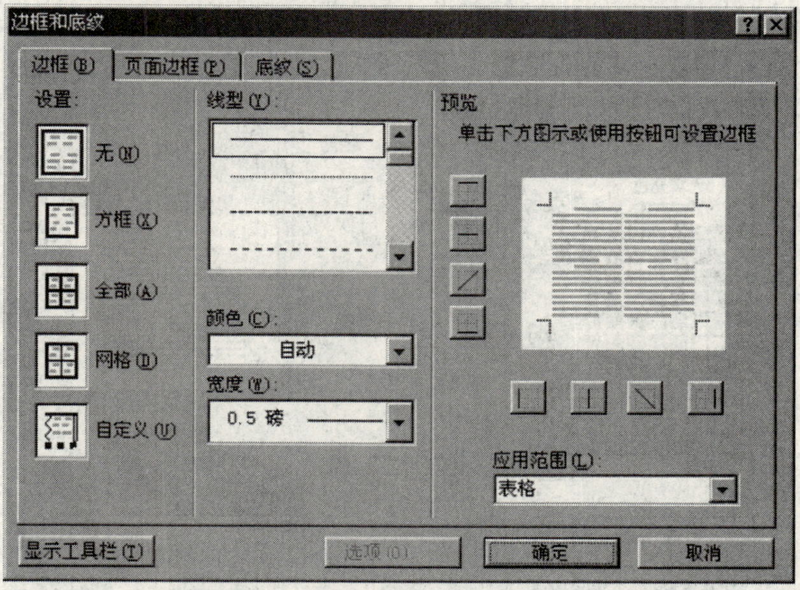

图 4—120　“边框和底纹”对话框

也可以单击“表格”菜单中的“表格属性”命令选项，单击“表格”选项卡中的“边框和底纹”按钮，同样可以弹出如图 4—120 所示的“边框和底纹”对话框。

在“边框”选项卡中的“设置”区，有五种边框格式可以设定：

1)“无”。取消表格的边框，通常用来制作无线表格。若要查看无线表格的行与列的分界线，可以选择“表格”菜单中的“显示虚框”命令选项，虚框是不能被打印出来的。

2)“方框”。只选取表格的外部框线，取消中间的网格。

3)“全部”。选取表格中的全部框线。

4)“网格”。选取表格中的全部框线，并可对外围框线进行设置。

5)“自定义”。自定义表格中所要选取的框线。选择此项后，可以单击“预览”框中所显示的表格的各条框线，以对它们进行选取。

（3）选择要求的线型、边框的宽度、颜色等。

1）“线型”区提供了多种边框线的线型、颜色和宽度。

2）“预览”区显示了多条可能的边框中哪些是有框线、哪些是没有框线的组合形式。四周四条便是选定部分的边框，中间的两条则作为选中部分的格线，斜线则表示选中的表格有斜线线条。可以通过使用 8 个按钮来添加或删除边框。

注意：在添加边框时，一定要确保在“应用范围”框中选择了正确的选项（“表格”或“单元格”）。若要指定边框相对于文本的精确位置，则可单击“应用范围”下的“段落”选项，再单击“选项”按钮，然后选择所需的选项。

（4）单击“确定”按钮。

另外，顺便介绍一下“底纹”选项卡，如图 4—121 所示。

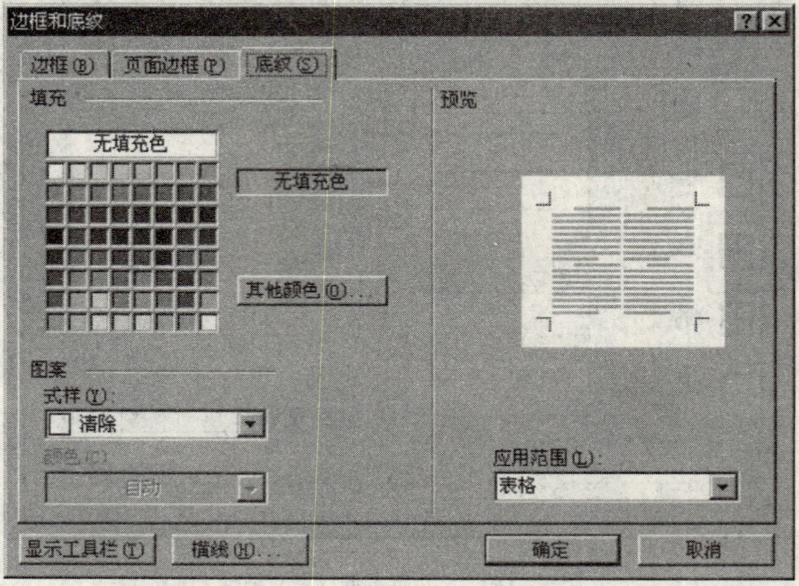

图 4—121　“底纹”选项卡

“底纹”选项卡中的“填充”区有多达 40 种颜色；“图案”区有 37 种浓淡及花样各异的底纹类型在“式样”框中备选，“颜色”框主要用于设置文字的背景（如果选择“自动”，则采用系统默认的设置）；“预览”区可以看到设置底纹后的效果。

值得一提的是：边框和底纹不只是用于选定的文字或段落，对表格或单元格同样可以设置边框和底纹，操作方法类似，这里就不再赘述了。

九、文本与表格的转换

在 Word 中，文本与表格可以方便地相互转换。

1. 格式化的文字转换成表格

要进行转换的文本应该是格式化的文本，即文本中的每一行用段落标记分隔，每一列用分隔符（如逗号、空格、制表符等）分开。

所谓分隔符，就是指根据需要选用的段落标记、制表符（→）或逗号等字符。将表格转换成文字时，用分隔符标识分隔文字的位置；或者，在将文字转换成表格时，用其标识新行或新列的起始位置。

在将文字转换成表格时，Word 会将段落标记所在的位置作为行的起点，将制表符、逗号或其他所选标记所在的位置作为列的起点。如果希望新表格只包括一列，那么就应选用段落标记作为分隔符。

要将格式化的文字转换成表格，可按下列步骤进行：

（1）选定该段文本。

（2）指向“表格”菜单中的“转换”子菜单，然后单击“文字转换成表格”命令，这时，屏幕弹出“将文字转换成表格”对话框，如图 4—122 所示。

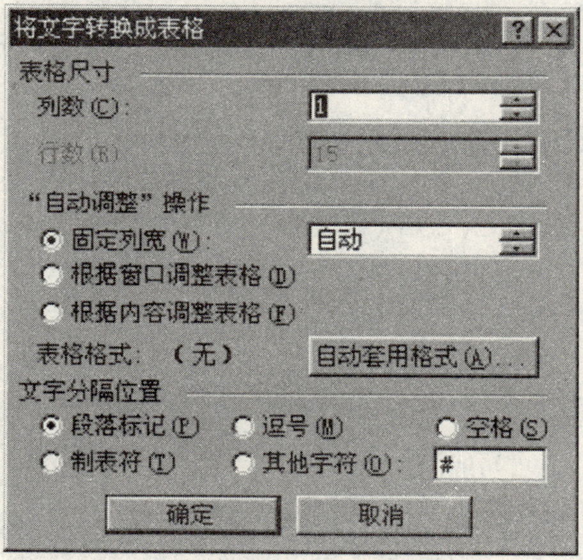

图 4—122 “将文字转换成表格”对话框

其中：“列数”“行数”和“固定列宽”框的数值都将根据所选定文本数据的多少自动生成。如果要求一定的格式，还可以按下“自动套用格式”按钮进行设置。

（3）按“确定”按钮，便将选定文本转换成表格了。

2. 将表格转换成文字

在将表格转换成文字时，Word 会用段落标记代替行尾标记，用制表符、逗号或其他标记来替换列的边界。如果希望每个单元格中的内容都自成一段，那么就应选用段落标记作为分隔符。

将表格转换成文字的方法也很简单，首先选定要转换的行或表格，指向“表格”菜单中的“转换”子菜单，然后单击“表格转换成文字”命令，这时屏幕上便会弹出“将表格转换成文字”对话框（见图 4—123），根据要求，在“文字分隔符”下，单击所需的字符，作为替代列边框的分隔符，表格的各行用段落标记分隔，按“确定”按钮，便实现了转换。

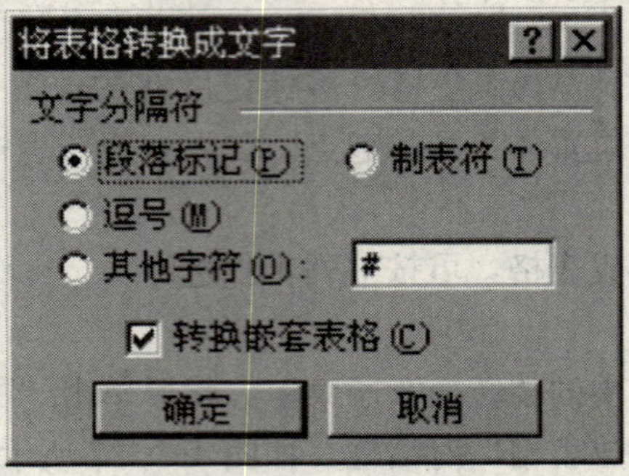

图 4—123　“将表格转换成文字”对话框

第五单元　因特网操作

第一节　浏览因特网

一、Internet Explorer 5.0 界面

1. 因特网基础

因特网实际上是大量相互连接的计算机。因特网上的计算机可以位于世界上的任何地方，即使它们天各一方相距万里，都可以通过因特网进行通信。因特网上含有各种不同类型的信息，例如，E-mail（通过因特网或网络发送的电子信息，可以包含文字和文件）、新闻组和 WWW。所谓的 WWW（World Wide Web 的缩写，直译过来就是环球网，也称“万维网”）是因特网的图形、多媒体部分，它提供了包括多媒体剪辑、实况音频和视频在内的超文本内容（超文本是因特网内容的编写方式）。这些超文本内容的集合在因特网上主要以 Web 站点的形式出现。Web 上有许多不同的位置，这些位置被称为 Web 页，一组 Web 页就是一个 Web 站点。常常将 Web 站点的第一页称为主页。Web 页有时泛指任何 HTML 文档。HTML（超文本标记语言）是一种用于创建 Web 页的语言，可以定义 Web 页的格式和分配 Web 信息。要查看 Web 上的内容和 HTML 文档必须使用 Web 浏览器软件才能查看。

Internet Explorer（简称 IE）是 Windows 98 提供的 Web 浏览器软件，是用于浏览 WWW，HTML 文档和其他信息源的软件。所谓浏览器，就是用于搜索、查找、查看和管理网络上信息的一种带图形交互式界面的应用软件。从 Windows 98 第二版开始，微软将系统自带的因特网浏览器从 4.0 版升级到了 5.0 版。

2. Internet Explorer 5.0 界面

在完成了因特网的正确连接准备工作后，只要在桌面上双击 Internet Explorer 图标，或者在任务栏上单击 IE 的快捷按钮，也可以使用任务栏中的“开始”菜单的“程序”子菜单中的“Internet Explorer”选项，即可轻松启动 Internet Explorer。

提示：如果在局域网中进行操作，上述方法即可启动 IE 5.0；如果是单机拨号上网方式，而事先并没有建立与因特网的连接，将打开如图 5—1 所示的“拨号连接”对话框，输入用户名和密码后单击“连接”按钮，稍后，连接成功。弹出“拨号过程”窗口，在与 ISP（ISP 是 Internet Services Provider 的缩写，意指因特网服务提供商，ISP 架设或租用一些专用连接因特网的线路，向用户提供电话拨号入网服务。选择 ISP 一般要从接通率、收费标准、数据传输速率、提供资源和服务质量等多方面综合考虑）拨号连接之后，拨号连接自动变成一个小图标，显示在任务栏的右下角。同时 IE 5.0 被启动，并转到设置的默认主页。

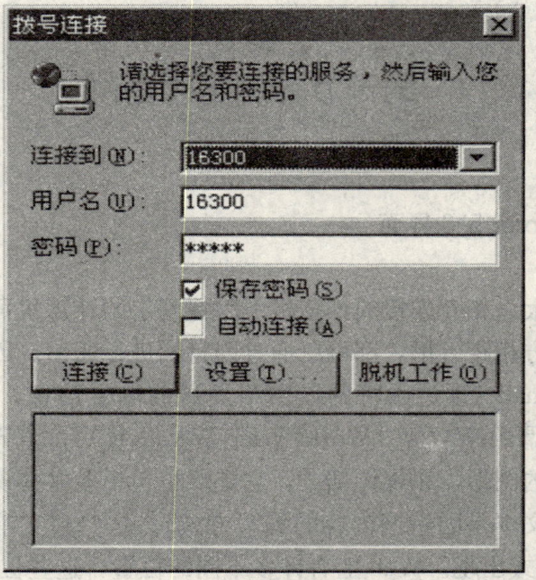

图 5—1　“拨号连接”对话框

图 5—2 所示就是 IE 5.0 的主界面，并标注了各个组成部分：标题栏、菜单栏、工具栏、活动状态指示器、Web 页面区、状态栏和浏览器栏。一般在打开 IE 5.0 时，浏览器栏是没有的，只要单击工具栏中的“搜索”按钮，就能快捷地打开此栏。表 5—1 列出了 IE 5.0 窗口各主要组成部分的功能。

退出 IE 5.0 的操作方法是：在 IE 5.0 窗口中，单击“文件”菜单下的“关闭”命令或单击窗口右上角的“关闭”按钮即可。

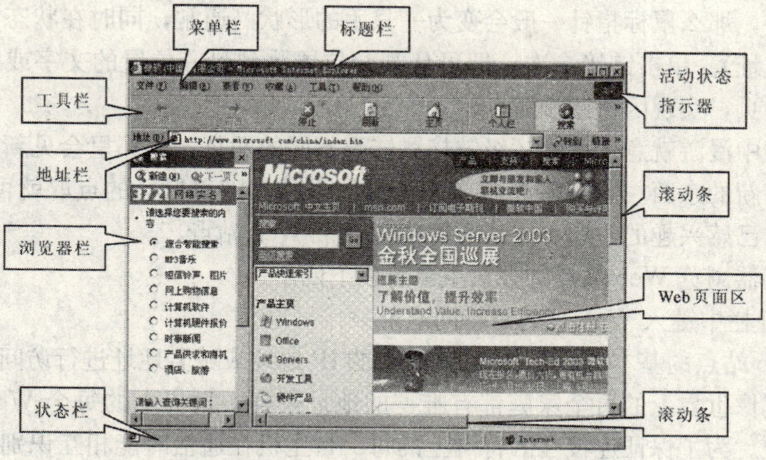

图 5—2　IE 5.0 主界面

表 5—1　　　IE 5.0 窗口各主要组成部分的功能

标题栏	显示当前所在 Web 页面的名字、应用程序名 Microsoft Internet Explorer 以及窗口最小化、最大化（恢复）按钮和关闭按钮
菜单栏	由一组可以产生下拉菜单的菜单项组成，这些菜单包括了控制 Internet Explorer 工作的所有命令
工具栏	由三个部分组成：标准工具栏（一组可以替代菜单中常用命令的命令按钮）、地址栏和快速链接栏（一组常用 Web 站点的快速链接按钮）
活动状态指示器	当 IE 5.0 从因特网上发送或接受数据时，菜单最右端的 Internet Explorer 图标就会变成动态的转动的地球
Web 页面区	显示从因特网上发送来的主页或网页，网页上既有供浏览的图文并茂的多媒体信息，也有可操作的“链接文字”或“链接图片”（指非普通文字和图片，能实现跳转功能的文字和图片）以及其他交互性的对象，如单选按钮、下拉列表框、命令按钮等
状态栏	位于 IE 5.0 窗口的底部，显示当前 Web 站点的附加信息。当把鼠标指针移至一个主页的“链接”上时，状态栏中就会显示要链接的目标地址
浏览器栏	位于 Web 页面区的左边，它是 IE 5.0 新增的一个可选择的栏目，可显示搜索栏、收藏夹栏、历史记录栏和频道栏。它提供了通过链接列表浏览网页的一种方式，例如，使用者可以一边浏览链接（如历史记录或频道）的列表，一边查看显示在浏览器窗口右侧、由该链接打开的网页。如果要关闭浏览器栏，只需单击浏览器栏上的关闭按钮，或单击工具栏上的相应按钮即可。另外，单击“查看”菜单，指向“浏览器栏”，也可以访问这些内容

二、浏览 Web 站点

在前面已提到过超文本，超文本就是内部含有链接的文本。链接可以是图片、三维图像或者彩色文字（通常带下划线）。要判断某项是否为链接，可将鼠标指针移到该项，如果该项是链接，那么鼠标指针一般会变为一只手的形状（通常，同时在状态栏显示该链接所指网页的地址）。单击链接一次，即可从某一位置跳到另一位置的文字或图片，打开该链接所指的网页，实现因特网漫游。

在因特网中漫游就意味着随超级链接跳转到不同的网页，从那里会见新朋友、参观新地方以及学习新的东西。Web 漫游将带来无穷的乐趣，随着鼠标的点取就可以跨越时空，不断地寻找自己感兴趣的主题，寻访全球任何一个 Web 站点。

利用浏览器浏览 Web 站点的方法主要有以下四个：

1. 在地址栏中键入 Web 页的因特网地址

浏览 Web 站点的基本方法是按 Web 站点的 IP 地址或域名地址进行访问。地址就是文件的位置，就像世界上的每个家庭都有唯一的地址一样，世界上的每个 Web 页都有唯一的因特网地址。为了保证连接在因特网上的每一台主机在通信时能相互识别，每一台主机都必须用一个唯一的地址来标识，这个地址称为 IP 地址，IP 协议通过这个地址找到目的主机。IP 地址的表示方法为 nnn. nnn. nnn. nnn，这里 nnn 表示 0～255 之间的数字，每段数字之间用圆点分开，如 202. 96. 209. 45，192. 168. 118. 36 等都是合法的 IP 地址。IP 地址中包含两部分内容：网络号和主机号，第一到第三个数字表示网络号，第四个数字表示主机号，如上述 IP202. 96. 209. 45 中，202. 96. 209 是网络号，而 45 是主机号。

IP 地址最多可由 12 位数字组成，要记住这样的地址很不方便，因此因特网提供了另一种寻址方案。即使用域名和主机名的方法来定义因特网上每台计算机的地址，并通过域名服务系统（DNS），将域名高效地转换成 IP 地址，域名地址和 IP 地址一一对应。

域名和主机名的定义也采用多段形式，段与段之间用圆点（.）分开，其形式为：

主机名．网络名．机构名．一级域名

域名地址的命名规则与 IP 地址相反，自左至右越来越大。例如：indi. shcnc. ac. cn，该域名表示中国（cn）科学院（ac）上海网络中心（shcnc）的一台计算机（indi）。最左端的是主机名，如 indi 为主机名；然后是该主机所在的网络名，如 shcnc 表示该主机连接在上海网络中心的网络上；再往右为该主机所属机构名，如 ac 表示科学院；cn 是再高一层次的域名，表示中国。表 5—2 列出了因特网的发源地美国国防数据网络信息中心（DDN NIC）给出的以地域区分的一级域名。

IP 地址是 Web 站点地址的一种，要进入某个 Web 服务器，必须事先获知 URL（Uniform Resource Locator，统一资源定位符），即因特网上的资源地址，其格式为“协议名：//IP 地址（或域名）”，协议名表示所提供的服务。Web 站点的域名地址往往以 http：//www 为开头，例如，Windows 主页的域名地址就是 http：//www. microsoft. com/windows。

当要浏览某个 Web 站点时，可以在地址栏中键入该 Web 站点的因特网地址，例如，微软中国主页的地址：“http：//www. microsoft. com/china”，然后单击“转到”按钮或直接按下 Enter 键就可以了（见图 5—3）。

表 5—2　　DDN NIC 给出的以地域区分的一级域名

域名	地域	域名	地域
ac	南极洲	ar	阿根廷
at	奥地利	au	澳大利亚
be	比利时	ca	加拿大
ch	瑞士	cn	中国
de	德国	dk	丹麦
es	西班牙	fi	芬兰
fr	法国	gr	希腊
ie	爱尔兰	il	以色列
in	印度	is	冰岛
it	意大利	jp	日本
kr	韩国	my	马来西亚
no	挪威	nz	新西兰
pt	葡萄牙	se	瑞典
sg	新加坡	th	泰国
tw	中国台湾	uk	英国
us	美国	gb	哥伦比亚

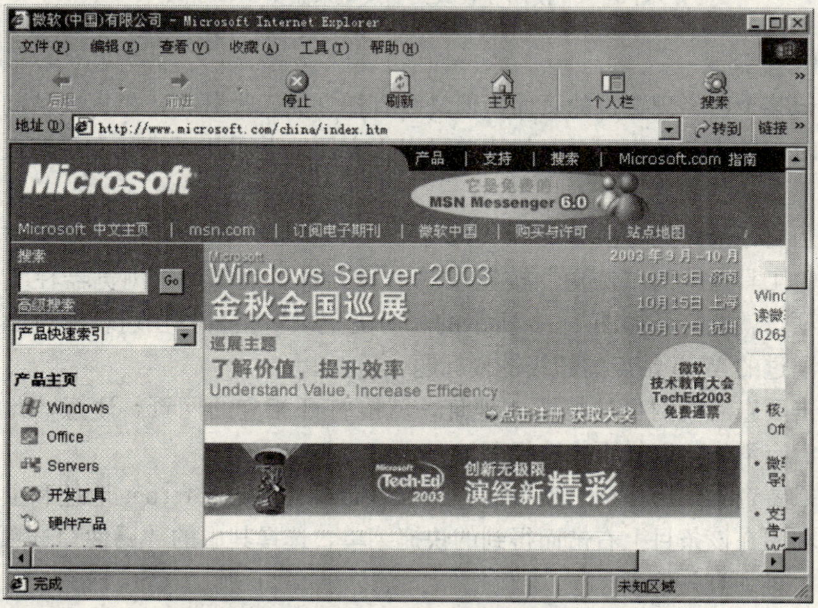

图 5—3　用地址栏键入地址来浏览 Web 站点

2. 使用收藏夹中已收藏的网页

使用收藏夹浏览网页可以避免输入一些难以记忆的网址，而且可以快速地进入该页面，节约上网时间。只要在工具栏上单击“收藏夹”按钮，然后从收藏夹列表中选择想要访问的网址就可以了，如图 5—4 所示。

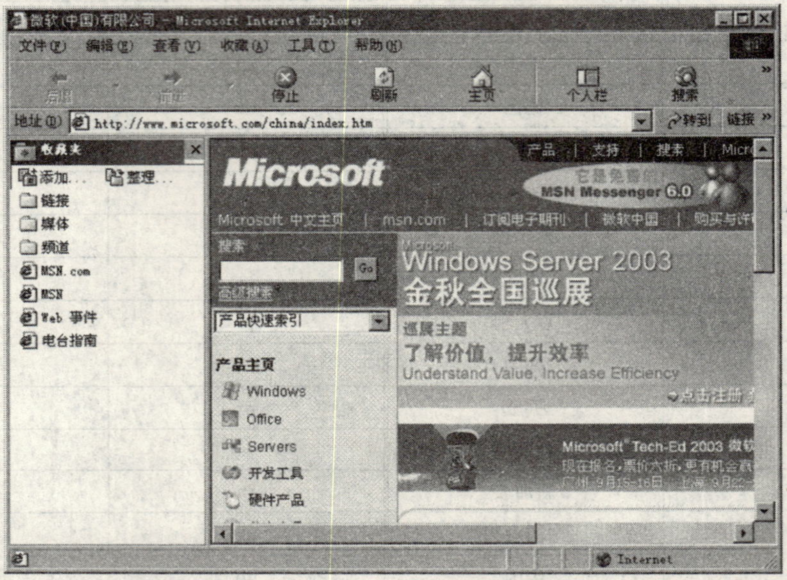

图 5—4　使用“收藏夹”按钮来浏览 Web 站点

3. 使用历史记录

如果忘记某个已经浏览过的页面，但又没有把它加入收藏夹，想再次访问该页面就比较麻烦。这时借助于“历史记录”的清单可以很方便地返回几天或几个星期以前浏览过的网页。

使用“历史记录”的方法如下：

(1) 单击工具栏上的“历史”按钮或单击“查看”菜单中“浏览器栏”的“历史记录”命令选项，就能打开如图 5—5 所示的“历史记录”栏目。在列表中包含了几天或几星期以前访问过的 Web 站点的超级链接标题。

(2) 单击要查看的网页的标题或地址，就能打开相应的网页。注意，此时“历史记录”列表并没有消失，以供再次选择网址。

(3) 如果要查看某历史记录项目的详细属性，即类型、Internet 地址和上次访问时间等信息，应利用在该条目上右击而得到的快捷菜单，选择其中的“属性”选项，打开“属性”对话框，得到有关信息。

(4) “历史记录”列表的内容是可以修改的，最常用的是“删除”命令。利用在所选条目上右击而得到的快捷菜单，选择其中的“删除”命令选项，即可删除该历史记录项。

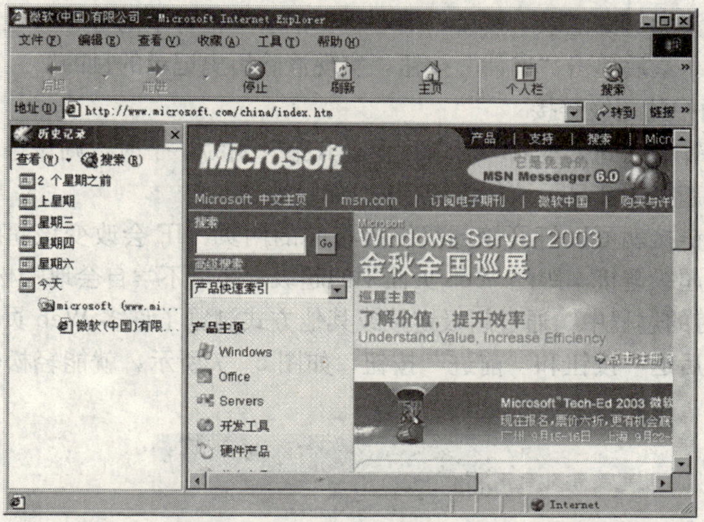

图 5—5 使用“历史”按钮来浏览 Web 站点

如果要对“历史记录”的性能进行设定，可以执行如下操作：先单击“查看”菜单中的“Internet 选项”，打开相应的对话框，如图 5—6 所示，选择其中的“常规”选项卡，在“历史记录”区域的“网页保存在历史记录中的天数”后的微调框中，用鼠标单击上下箭头或自己输入数字，以改变天数。

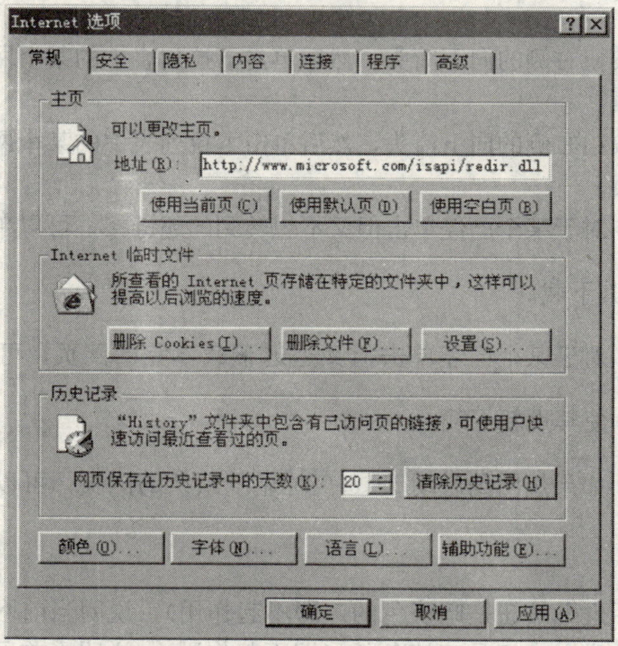

图 5—6 修改“历史记录”的保存天数和“清除历史记录”

如果单击“清除历史记录”按钮，则“历史记录”栏目中的标题和地址被清除掉，以便重新开始记录。最后单击“确认”按钮，实现清除历史记录的目的。

4. 使用页面中的超级链接

如果鼠标指针移动到文本或图形条目上，其指针变为小手时，则该条目就是一个超级链接，此时在状态栏中会显示该超级链接的 URL 地址。

单击该超级链接就可以打开该超级链接指向的网页，IE 会改变该超级链接的颜色以记住已使用过的超级链接。跟随 Web 页面中的超级链接可不学自会地轻松漫游因特网。

在 Web 漫游的过程中，通过超级链接或其他方式浏览了许多 Web 页面，这时利用标准工具栏上的“后退”按钮和“前进”按钮，如图 5—7 所示，就能轻松便捷地浏览最近访问过的网页。

图 5—7　工具栏上的“后退”按钮和“前进”按钮

工具栏中的“后退”“前进”“停止”“刷新”和“主页”按钮可以实现网页跳转。

单击“后退”按钮，可向后返回刚刚访问过的网页。单击若干次“后退”按钮，可依次向后返回本次浏览访问过的页面。

单击“前进”按钮，可向前返回刚才所在的网页。单击若干次“前进”按钮，可依次向前返回。

单击“后退”按钮右侧的向下箭头，然后单击下拉列表中的某个网页，可打开当前页之前浏览的某个网页。

单击“前进”按钮右侧的向下箭头，然后单击下拉列表中的某个网页，可打开当前页之后浏览的某个网页。

在操作过程中，对于某个已经单击但又不想转到的超链接，可以单击工具栏中的“停止”按钮

阻止其下载。

在操作过程中，对于某个已经单击但又迟迟下载不完的网页，可以单击工具栏中的“刷新”按钮

，使其重新下载。

在操作过程中，如果想回到启动 IE 5.0 时显示默认的网页，可以单击“主页”按钮

。

注意：如果“后退”按钮是暗淡色的（即不起作用），说明当前网页是本次浏览过程的开始页；如果“前进”按钮是暗淡色的（即不起作用），说明当前网页是本次浏览过程的末尾。

三、下载与保存

浏览是为了查找、观看、学习，在需要时就希望能进一步把找到的信息保存下来。有时需要保存的是网页上的文字信息，有时是一些图片，有时是整个网页的内容，有时甚至是网页以及和该网页相链接的所有网页的内容。在上网条件较好的情况下，只需保存网页的地址，以便今后再度进入该网页；而上网条件较差时，往往需要下载网页内容到硬盘，以便“脱机”浏览。所谓“脱机”是指不联网，“脱机浏览”就是在不联网的状态下浏览有关的网页。

浏览器软件有不少功能，提供了多种命令和方法，帮助实现以上的各种要求。本小节将学习这些功能，以便更好地利用浏览器。

1. 下载网页以便脱机浏览

例如，要求能脱机浏览如图 5—8 所示的“21 世纪人才网”站点，实行该网页的下载。

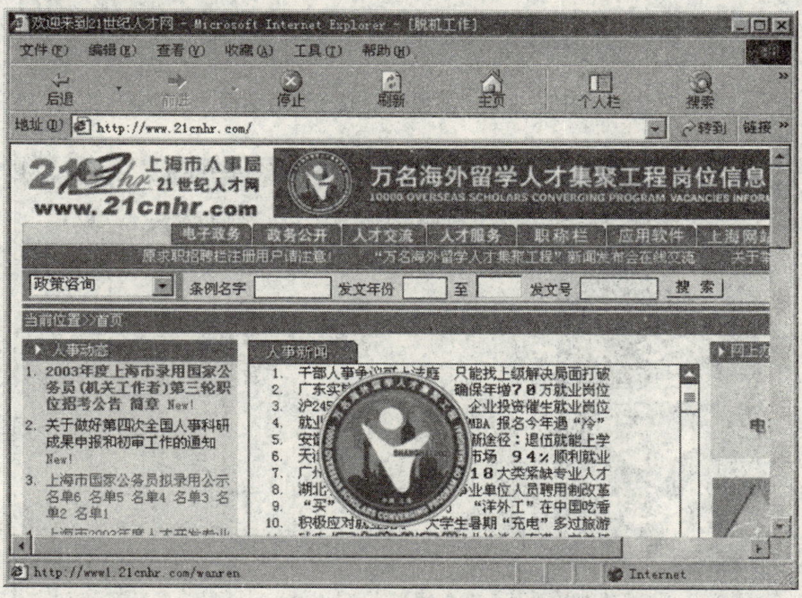

图 5—8 “21 世纪人才网”网页

假设下载的具体要求是：下载二个层次的网页；下载内容与网页内容的一致性由人工在菜单中选择命令实现；下载时不需要密码。

具体方法如下：

(1) 在“收藏”菜单中，单击“添加到收藏夹”命令，选中“允许脱机使用”选项，得到如图 5—9 所示的对话框。

(2) 为了按指定计划下载，单击“自定义”按钮，使用“脱机收藏夹向导”。第一个对话框如图 5—10 所示，单击“下一步”按钮进入下一个对话框。

(3) 按要求选择“是”单选按钮，选择链接网页的层数为 2，如图 5—11 所示，单击

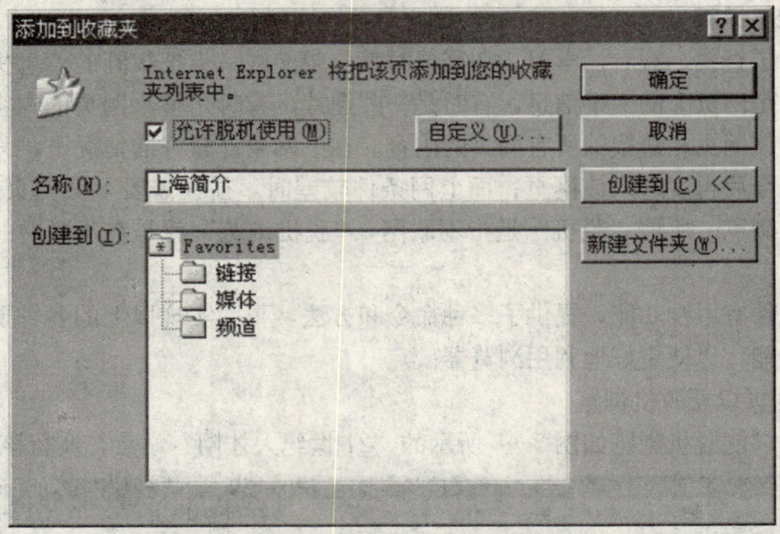

图 5—9 “添加到收藏夹”对话框

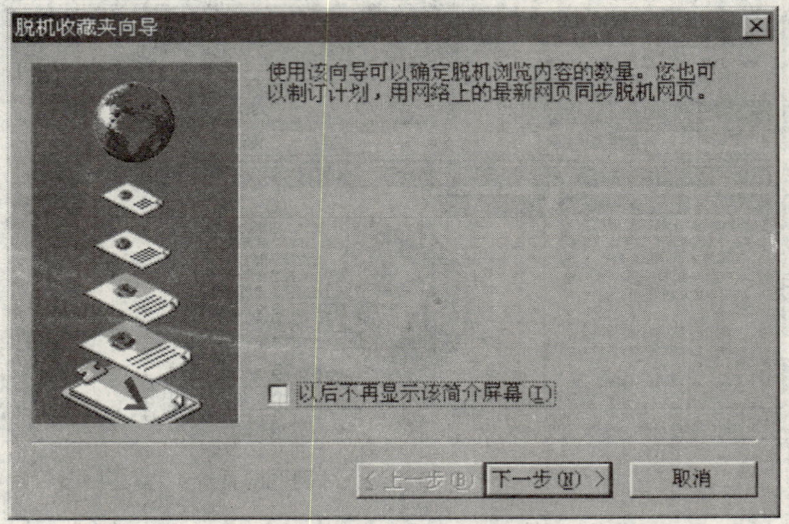

图 5—10 “脱机收藏夹向导”对话框一

“下一步”按钮进入下一个对话框。

（4）在图 5—12 所示的对话框中，默认的同步方式是：“仅在执行‘工具’菜单的‘同步’命令时同步”。这里的“同步”是指收藏夹中的内容和实际 Web 服务器中网页的一致性。如果没有特殊要求（例如，定期网页更新），一般采用默认的选择。单击“下一步”按钮进入下一个对话框。

（5）决定在下载时是否需要密码。如果需要密码，将要求输入用户名、密码等内容，

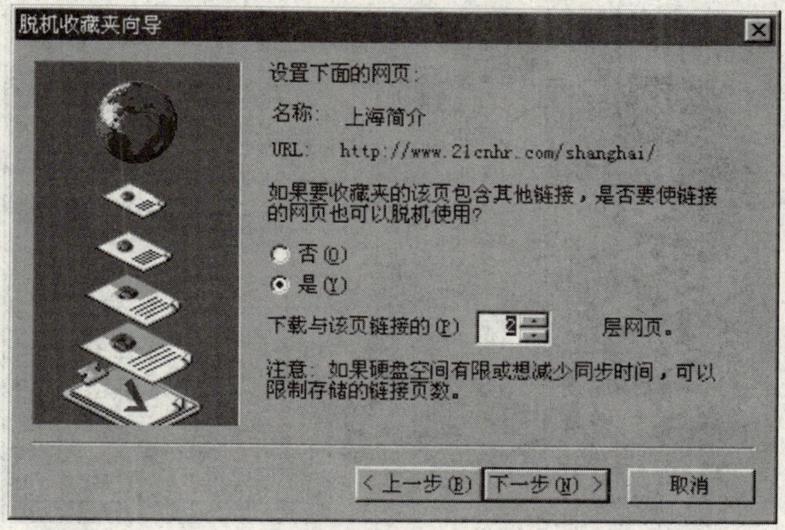

图 5—11　“脱机收藏夹向导”对话框二

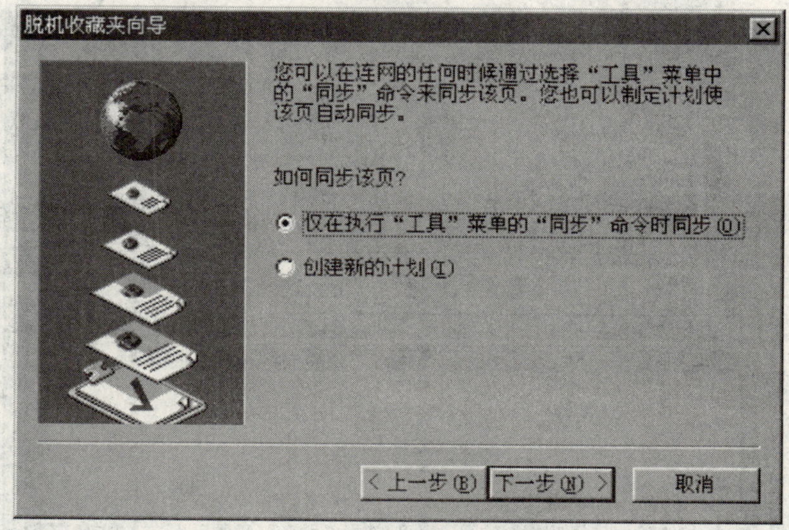

图 5—12　“脱机收藏夹向导”对话框三

否则选择单选项中的“否”，如图 5—13 所示。

最后单击“完成”按钮，回到图 5—9 所示的对话框，再选择“确定”按钮，至此全部完成为了脱机浏览“21 世纪人才网”网页而做的准备工作。

完成上述步骤后，即可为脱机浏览而实行网页的下载，如图 5—14 所示。下载必须在联机状态下进行。当下载内容较多时，会花费很多时间，因此在下载过程中，可以利用窗口中的“跳过”按钮，跳过下载清单中的一些项目，以加快速度。当要求的下载任务全部

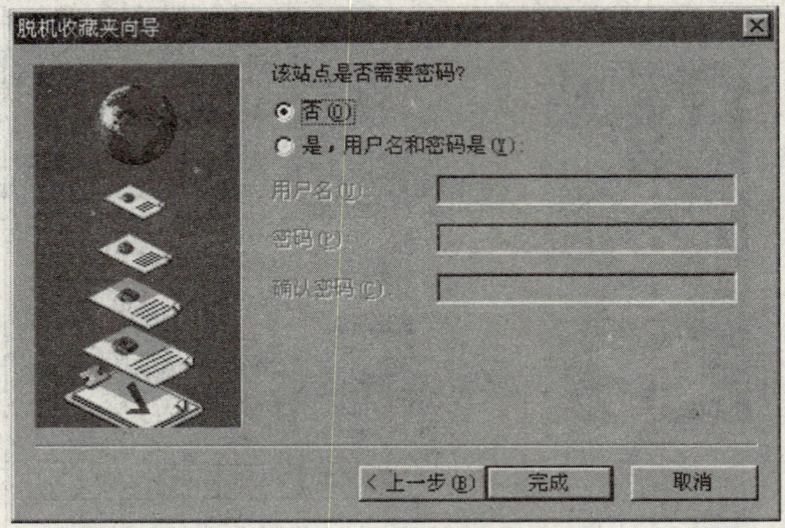

图 5—13 “脱机收藏夹向导”对话框四

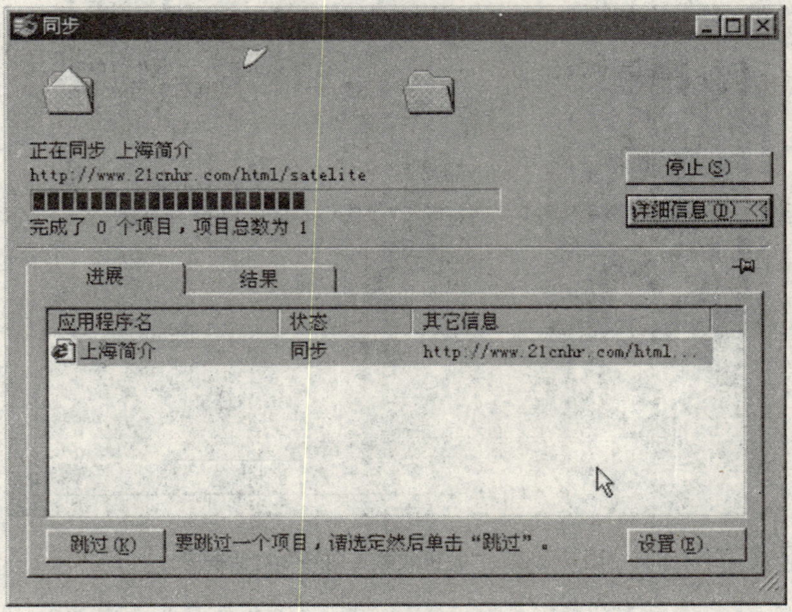

图 5—14 同步下载网页

完成后，该对话框将自动关闭。

随着因特网用户的迅猛增长，使不断发展的因特网仍然不堪重负。而且当前的软件也变得越来越大，在下载时人们经常遇到网路阻塞，甚至使下载的文件不完全，而成为无法使用的垃圾。这对时间和金钱都是惊人的浪费。幸而因特网的创建者把“断点续传”

（RESUME）引入了以 HTTP 和 FTP 协议为基础的 RFC 中，使这一问题得以解决。在第一代下载软件 GetRight 之后出现了多线程的把文件分成几个部分同时下载的第二代软件，如网际快车 FlashGet（JetCar）和网络蚂蚁 NetAnts 等软件，它们是从因特网下载文件的实用下载工具。下载网页也可以使用如 FlashGet 和 NetAnts 之类的网络下载软件来提高速度和加强下载后的管理。这类软件通过把一个文件分成几个部分同时下载可以成倍地提高下载速度，还可以创建不限数目的类别，每个类别指定单独的文件目录，不同的类别保存到不同的目录中去，强大的管理功能还包括支持拖曳、更名、添加描述、查找、文件名重复时可自动重命名等，而且下载前后均可轻易管理文件。新版本中更添加了镜像和自动镜像查找功能使得下载速度再上一个台阶。

2. 保存网页上的信息

在漫游因特网的过程中，会发现许多非常有用的信息，往往希望能将它们保存下来以便日后浏览。下面用例子来说明保存当前网页的几种常用方式。

例 5—1　把图 5—15 所示的“中华网—科技频道—网络教室”主页以 Web 页文件类型保存为 C:\网络教室 . htm。

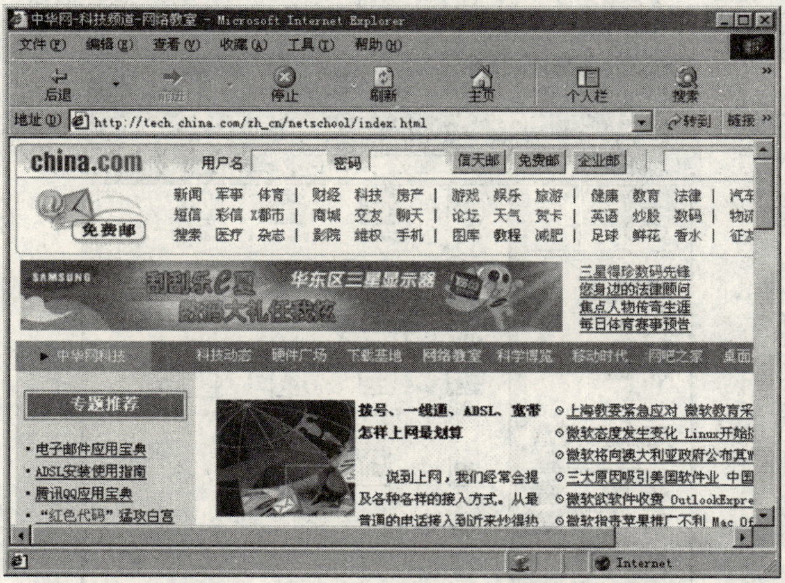

图 5—15　“中华网—科技频道—网络教室”主页

具体步骤如下：

（1）在“中华网—科技频道—网络教室”主页中，单击“文件”菜单下的“另存为”命令，出现“保存 Web 页”对话框。

（2）“保存在”选择 C 盘，“文件名”框内输入“网络教室”，“保存类型”保持“Web 页，全部（ * . htm； * . html）”，如图 5—16 所示，然后单击“保存”按钮。

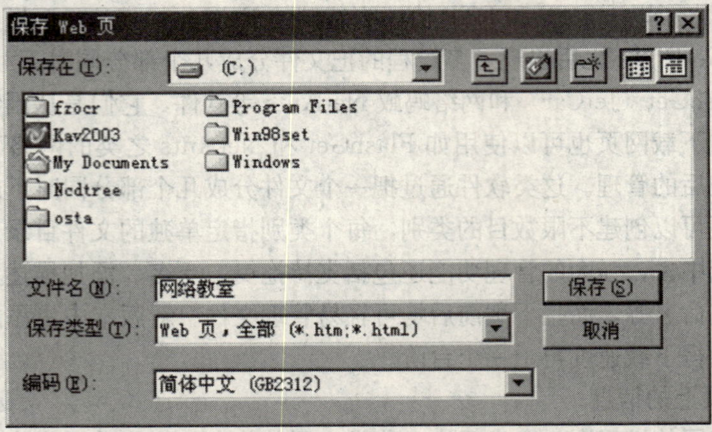

图 5—16　以 Web 页文件类型保存对话框

(3) 在“我的电脑”窗口中打开 C 盘，可以看到刚刚保存的文件（一个名为“网络教室.htm”的 Web 文件和一个同名的文件夹），单击 Web 文件，在文件夹窗口的左边部分可以预览保存结果，如图 5—17 所示。

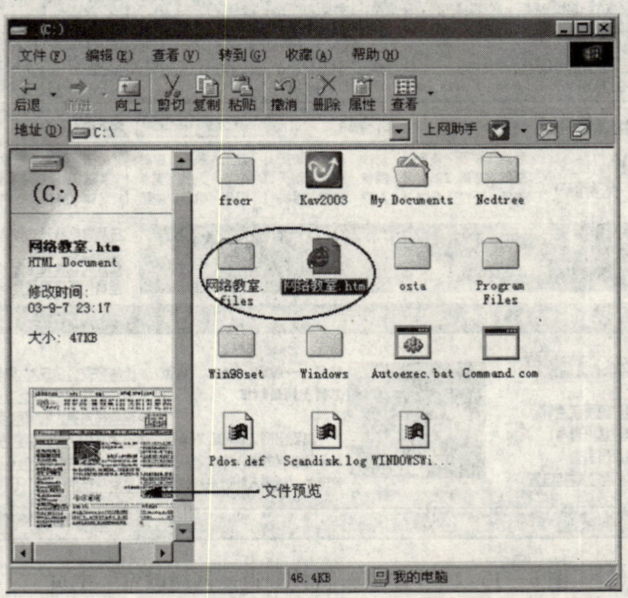

图 5—17　保存后的结果

例 5—2　将图 5—15 所示的“中华网—科技频道—网络教室”主页以 Web 页、仅 HTML 文件类型，保存为文件“C:\网络教室 2.htm”。

具体步骤如下：

(1) 在“中华网—科技频道—网络教室”主页中，单击“文件”菜单下的“另存为”

命令，出现“保存 Web 页”对话框。

（2）“保存在”选择 C 盘，“文件名”框内输入“网络教室 2”，单击“保存类型”右边的下拉按钮，在下拉列表中选择“Web 页，仅 HTML（＊.htm；＊.html)”，如图 5—18所示，然后单击“保存”按钮。

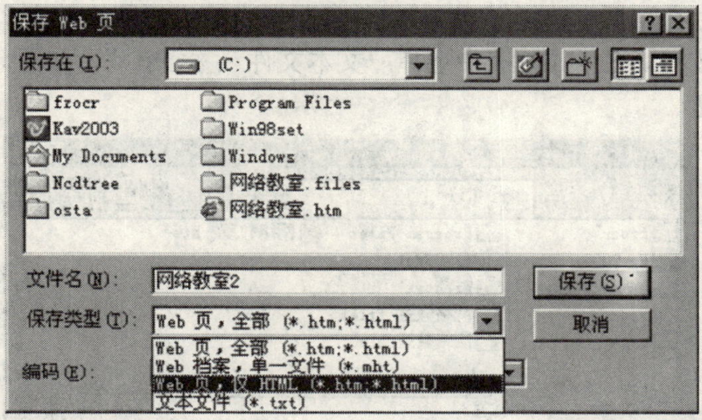

图 5—18　以 Web 页、仅 HTML 文件保存对话框

（3）在“我的电脑”窗口中打开 C 盘，可以看到刚刚保存的文件（其图标与例 5—1 保存的文件的图标相同，只是没有同名文件夹)，单击该文件，在文件夹窗口的左边部分预览保存结果，如图 5—19 所示。

例 5—3　将如图 5—15 所示的“中华网—科技频道—网络教室”主页保存为“C:\网

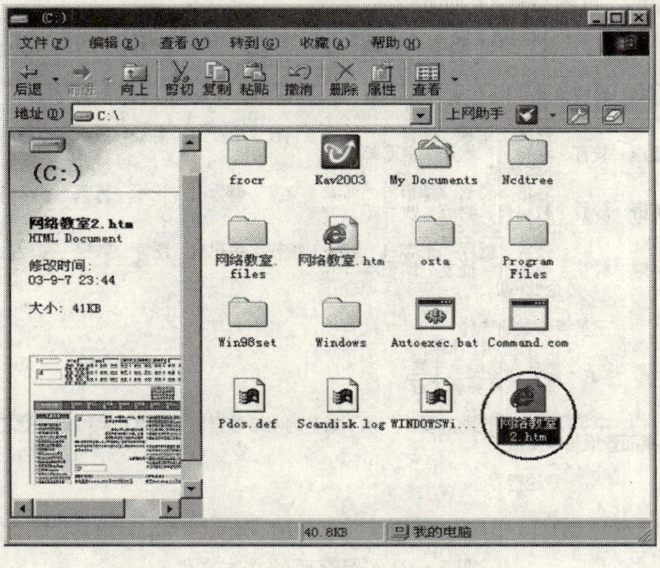

图 5—19　保存后的结果

络教室 3. txt”文本文件。

具体步骤如下：

(1) 在“中华网—科技频道—网络教室”主页中，单击“文件”菜单下的“另存为”命令，出现“保存 Web 页”对话框。

(2) 在“保存在”框中选择 C 盘，“文件名”框内输入“网络教室 3”，单击“保存类型”右边的下拉按钮，在下拉列表中选择“文本文件（＊. txt)”，如图 5—20 所示，然后单击“保存”按钮。

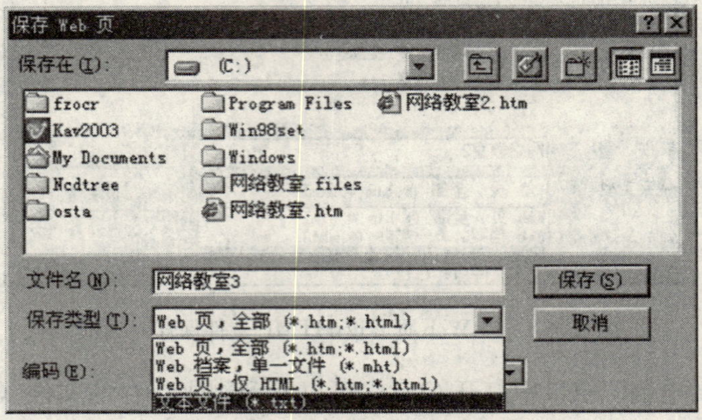

图 5—20　以文本文件保存对话框

(3) 单击“开始”菜单，指向“文档”，单击“网络教室 3”文档名，可打开“C:\网络教室 3. txt”文件，如图 5—21 所示。

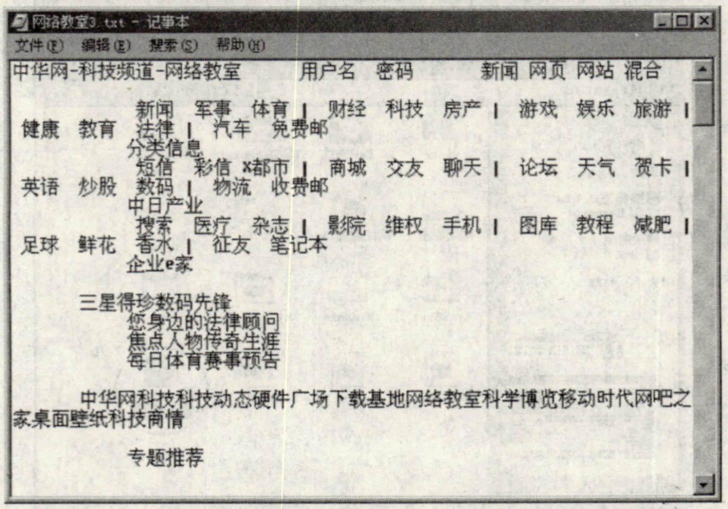

图 5—21　保存后的文本文件

（4）关闭“记事本”程序。

从上面的三个例子，我们应注意到，确认所保存的文件类型很重要：

（1）如果选择“Web 页，全部（＊.htm；＊.html）”，可以保存 Web 的基本文件、图像、框架和样式表。该选项按原始格式保存网页，保存后，在保存目录中一般会产生一个超文本文件和一个同此文件同名的文件夹，文件夹中通常都是一些图像文件，这样用户在打开保存的所有文件后就会展现出完整的页面。

（2）如果选择“Web 档案，单一文件（＊.mht）”，则把显示该网页所需的全部信息保存在一个 MIME 编码的文件中，它所保存的文件大小要比第一种大，但是，它保存的信息是最完整的。

（3）如果只想保存网页中的文本内容，可选择“保存类型”为“文本文件”。

（4）如果只保存 HTML 页面，则选择“Web 页，仅 HTML（＊.htm；＊.html）”，其他的如图像、声音、动画等一概不保存。

（5）在 IE 窗口中，可直接打开保存在本地盘上的各种类型的文件，例如，在地址中输入“C:\网络教室 3.txt”，即可打开对应的文件。如果记不清该文件的准确位置，可选择“文件”菜单下的“打开”命令，再通过“浏览”按钮选择文件名，如图 5—22 所示。

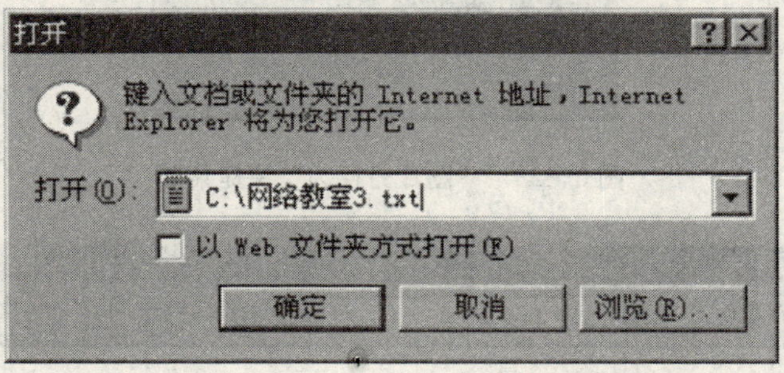

图 5—22　IE 窗口的“打开”对话框

有时想单独保存网页上的某一张图片或照片，例如，想把图 5—15 中左上角的“china.com”的图片保存下来，则可以先把鼠标指针移到所需要的内容的区域，然后右击鼠标，在弹出的快捷菜单中（见图 5—23），选择“图片另存为”命令，以打开“保存图片”对话框，如图 5—24 所示。正确填写“保存图片”对话框中的内容，就能把图片保存到指定的位置。上述图 5—15 中的图片就可保存为“My Pictures”文件夹中的“tlogo.gif”文件。

当鼠标指针移到图片上变为手形时，表示该处存在一个超级链接，能打开一个新的网页或其他相关的内容，此时，如果不希望打开该超级链接的目标网页的内容，而直接把它保存为磁盘文件，所用的方法与上面保存图片的方法基本相同，只是在快捷菜单中选择“目标另存为”命令，在“另存为”对话框中填入相应的内容，就能把目标网页以 HTML 格式保存为文件。

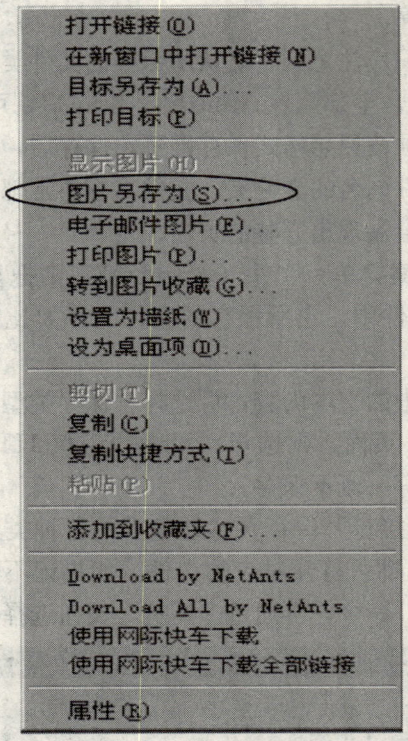

图 5—23 “图片另存为”快捷菜单

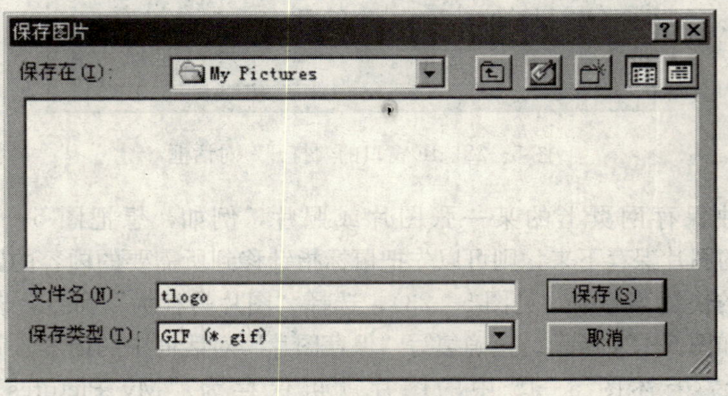

图 5—24 “保存图片”对话框

第二节　电子邮件的使用

E-mail 的中文名称就是电子邮件，是英文 Electronic Mail 的简称。它是互联网技术发展的产物，特指通过计算机网络来产生和发送邮件，属于电子通信的一种。所谓电子通信(Electronic Messaging)，是一种较广义的术语，它不仅包括电子邮件，也包括使用计算机程序和网络传送文件、购买订货，甚至进行金融交易等。电子邮件是指通过计算机发送的由文本、图片、声音等多种格式组成的数据邮件。通过计算机通信网络，可将电子邮件传送到接收者的计算机电子信箱中。目前，有许多编辑、发送电子邮件的专门软件，如常用的 Windows 98 自带的 Outlook Express 5.0（见图 5—25）等。用户可通过这些电子邮件程序实现收发邮件。但是，在发送和接收邮件之前，首先要具有电子邮件账号。

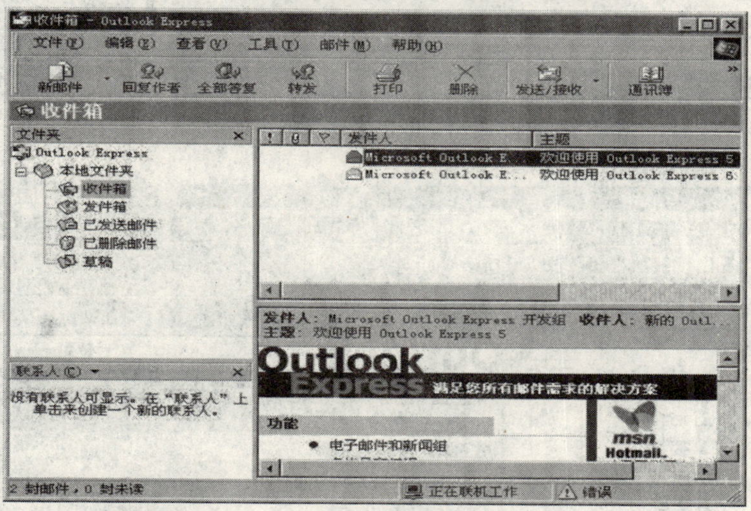

图 5—25　Outlook Express 应用窗口

一、电子邮件账号的设置

如果尚未在 Outlook Express 里建立自己的账号的话，那么在使用 Outlook Express 之前，务必首先设置自己的账号。具体操作如下：

1. 在已经打开的 Outlook Express 窗口上，单击“工具”菜单，选中“账户”命令选项，如图 5—26 所示。

2. 在随即出现的“Internet 账号”对话框里选中“邮件”选项卡，单击“添加”按钮，选中“邮件”子命令，或者可以在 Outlook Express 窗口里直接单击“设置邮件账号”超链接，如图 5—27 所示。

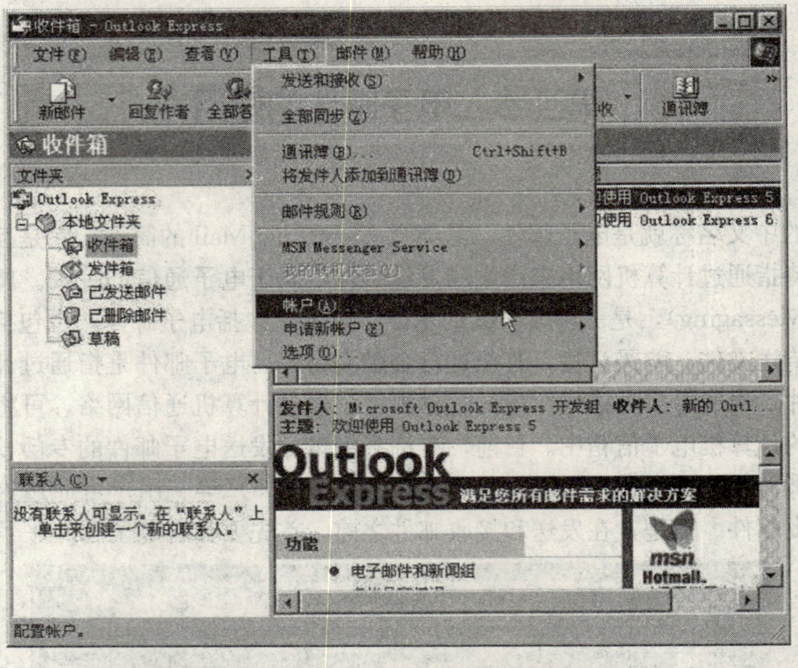

图 5—26　设置账号（第一步）

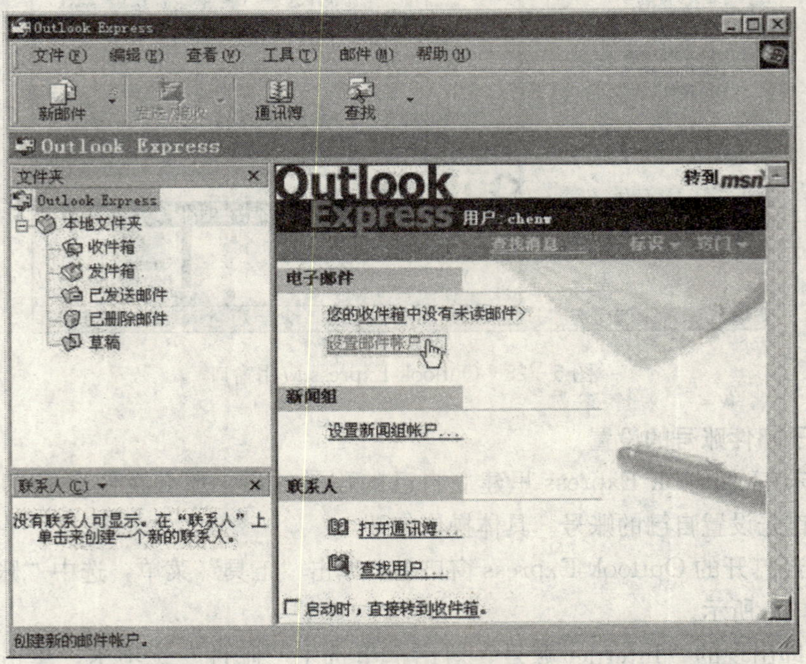

图 5—27　设置账号（第二步）

3. 紧接着打开的是“Internet 连接向导”对话框，如图 5—28 所示。

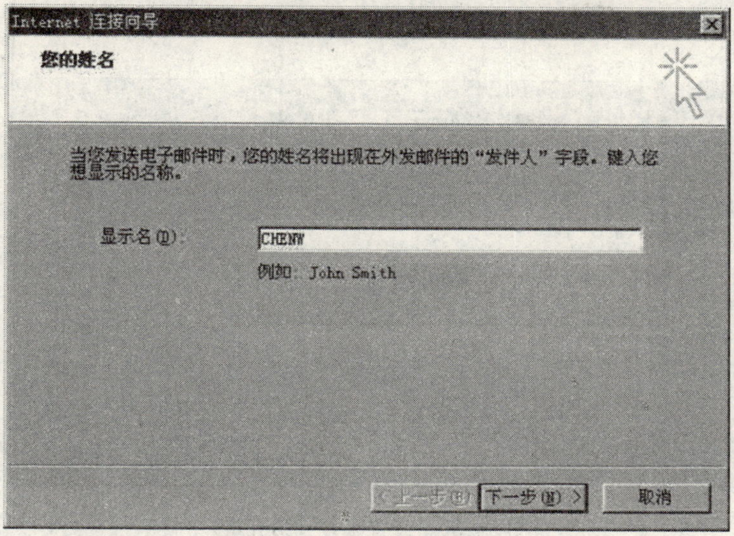

图 5—28　设置账号（第三步）

4. 按对话框的提示将已经拥有的账号信息建立在 Outlook Express 里，如图 5—28 所示，在显示姓名文本框里输入名字（注意：并不一定需要输入真实姓名）。单击“下一步”按钮，打开要求输入完整 E-mail 地址信息的对话框，如图 5—29 所示。

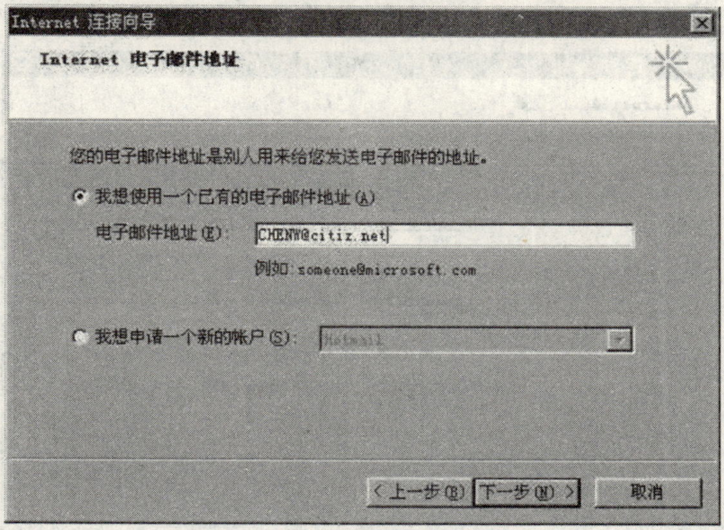

图 5—29　设置账号（第四步）

5. 在电子邮件地址栏里输入 E-mail 地址的完整信息，单击“下一步”按钮后会打开要求输入接收和发送邮件的服务器信息的对话框，如图 5—30 所示。

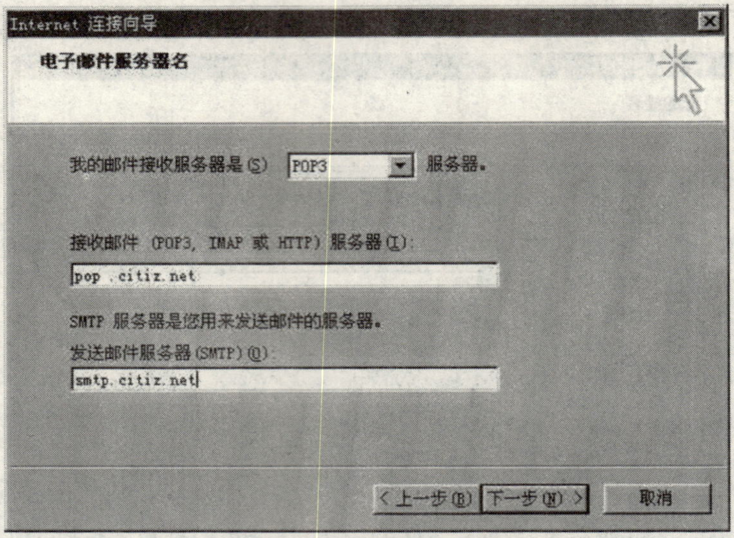

图 5—30　设置账号（第五步）

接收邮件服务器和发送邮件服务器的域名由邮件的 ISP 提供。输入服务器信息后，单击“下一步”按钮，如图 5—31 所示，在随即打开的对话框里输入 E-mail 地址的账户名和密码，如果是多人合用一台计算机的话，可以暂时不输入密码，或不要选中“记住密码”复选框，单击“下一步”按钮。

如图 5—32 所示，至此，已经成功地建立了自己的邮件账号。

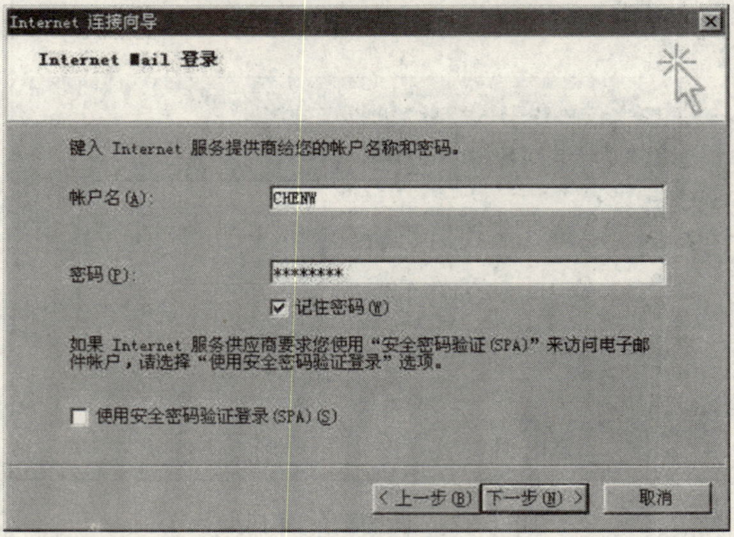

图 5—31　设置账号（第六步）

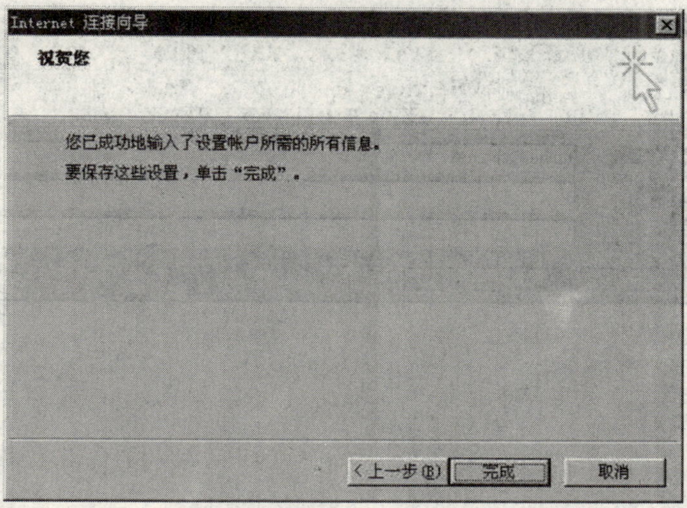

图 5—32　设置账号（第七步）

二、编辑新邮件

在图 5—33 所示的 Outlook Express 主窗口画面中，单击“创建新邮件”链接，或者单击“新邮件”按钮，也可以单击“文件”菜单中“新建”子命令下的“邮件”功能，或单击“邮件”菜单中的“新邮件”命令，均可打开如图 5—34 所示的邮件编辑窗口。

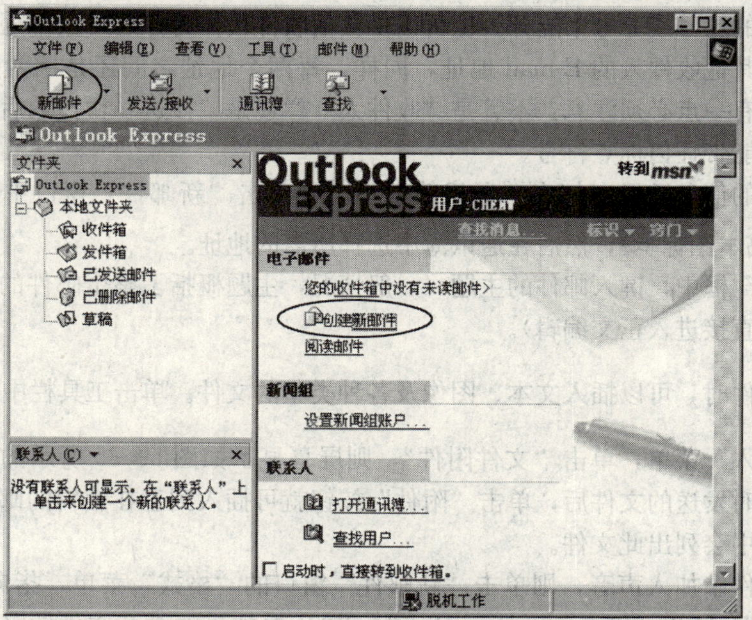

图 5—33　Outlook Express 主窗口

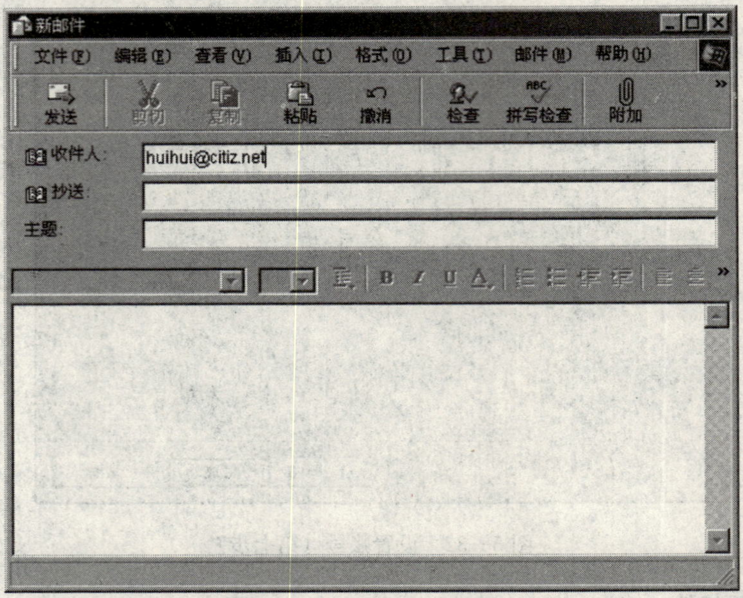

图 5—34　打开新邮件编辑窗口

根据对话框的提示，在“收件人”栏中输入收信人的 E-mail 地址，如果需同时发送给其他人，那么在“收件人”栏里同时输入所有收件人的地址。但要注意：每两个地址之间必须用西文的逗号或分号来隔开。也可以将其他收件人作为抄送对象来处理，即在“抄送”栏里输入其他收件人的 E-mail 地址，同样，每两个地址之间还是用西文的逗号或分号来隔开。还有一点必须注意：不管是“收件人”栏还是“抄送”栏，最后一个邮件地址的结尾千万不能带任何标点符号。

若收件人的信息已经存储在“通讯簿”里，则单击“新邮件”窗口中“收件人”和“抄送”前的书本图标，然后在通讯簿中选择所需的地址。

在“主题”框中，键入邮件的主题（一般情况，主题概括了整个邮件的内容，当然也可以不写主题直接进入正文编辑）。

在编写邮件时，可以插入文本、图像及各种类型的文件。单击工具栏中的

按钮，或者打开“插入”菜单，单击“文件附件”，则屏幕显示如图 5—35 所示的对话框。找到并选定需要同时发送的文件后，单击“附件”按钮就可插入到正在编辑的邮件中去，邮件标题的附件框中会列出此文件。

若要在邮件中加入声音，则单击“新邮件”窗口的“格式”菜单，指向“背景”，然后单击“声音”，弹出如图 5—36 所示对话框，输入要加入的声音文件的名称，以及声音文件播放的次数。

若要在邮件中插入图片，则在邮件中，单击想要插入图片的位置。单击“插入”菜单

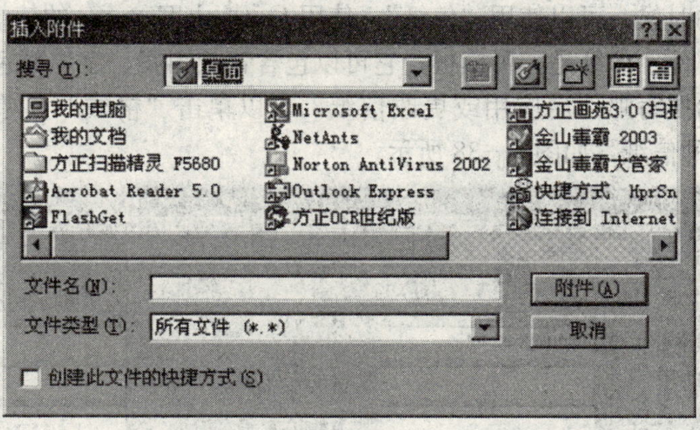

图 5—35 “插入附件”对话框

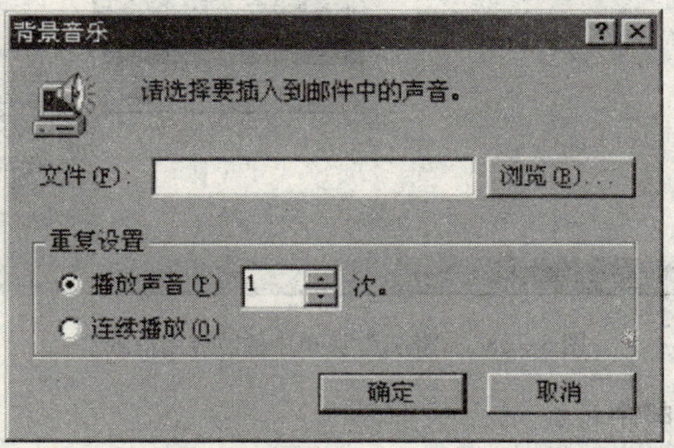

图 5—36 “背景音乐”对话框

中的“图片”命令，弹出如图 5—37 所示的对话框，然后单击浏览以搜索要插入的图形文件。根据需要输入图形文件的布局和间距信息。

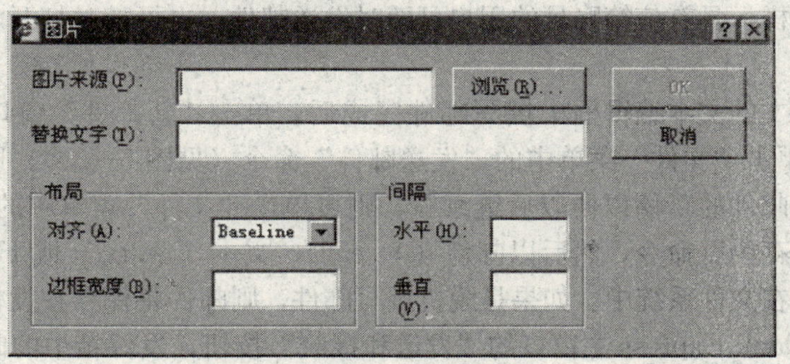

图 5—37 “图片”对话框

在编辑邮件的时候，可以使用“信纸”。使用 Outlook Express 的信纸，可以创建更具有吸引力的电子邮件。信纸是一种模板，它可以包含背景图案、字体颜色以及自定义的页边距。若要在开始撰写邮件后应用或更改信纸，可以单击“格式”菜单，指向“应用信纸”，然后选定一种信纸，如图 5—38 所示。

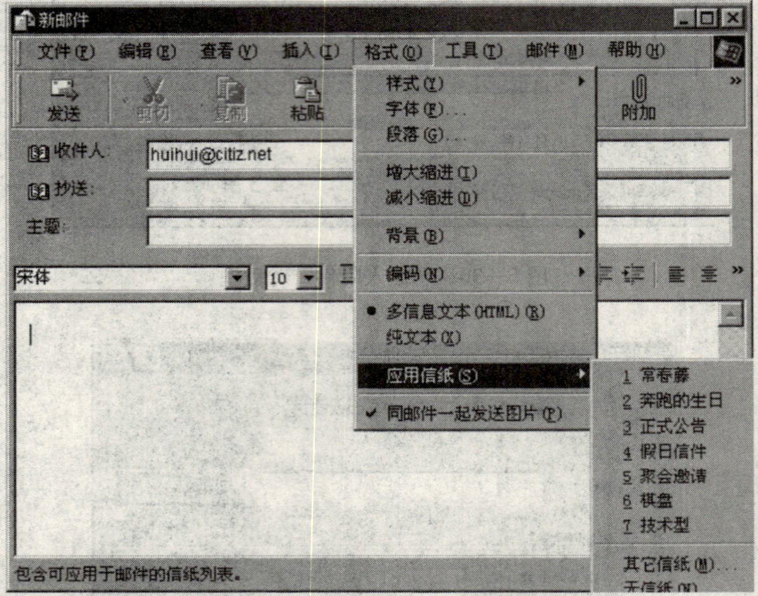

图 5—38 “格式”菜单中的“应用信纸”

三、发送和接收邮件

所谓发送邮件，就是将邮件放到收件人的信箱中。所谓接收邮件，就是用户从自己的信箱中读取邮件。

电子邮件系统采用“存储—转发”的工作方式，即将用户要发送的邮件，从他的电子信箱中转发到接收者的电子信箱中存储起来。这个存储转发工作由 24 h 不停机的邮件服务器来担当。这样，具有信箱账号的用户可随时发送邮件，也可随时打开电子信箱接收电子邮件。

当在邮件正文的文本编辑框中撰写邮件完成后，单击“新邮件”窗口的工具栏上的“发送”按钮或单击“文件”菜单中的“发送邮件”命令（见图 5—39），即可将邮件发送出去。若要保存邮件的草稿以便以后继续写，则可单击“文件”菜单中的“保存”命令，也可以单击“另存为”命令，然后以邮件（*.eml）、文本（*.txt）或 HTML（*.htm）格式将邮件保存在文件系统中。如果是脱机撰写邮件，则邮件将保存在发件箱中。等下次联网后单击 Outlook Express 主窗口的“发送和接收”按钮，发件箱中的邮件会直接发送出去。

作为默认的设置，每次联网启动 Outlook Express 时，系统会自动检查是否有新邮件。

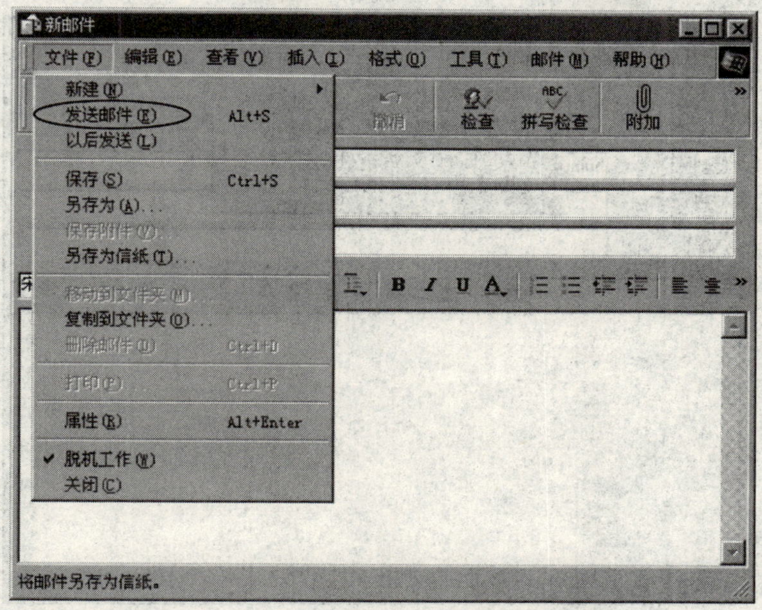

图 5—39　“新邮件”窗口中的“文件”菜单

如果“收件箱”中没有新邮件，可单击工具栏上的“发送和接收”按钮，接收邮件。读电子邮件，可以单独打开邮件窗口阅读，也可以在 Outlook Express 的预览窗格中阅读。为了节约上网与通讯费用，可以在 Outlook Express 脱机方式下阅读已接收的电子邮件。如果 Outlook Express 已经联网运行，选中“文件”菜单下的“脱机工作”命令，使其前面出现“√”，即可断开与 ISP 的连接。在需要与 ISP 连接时，去掉“脱机工作”前的“√”即可。

邮件的转发就是将收到的邮件转发给其他人。按附件转发就是将收到的邮件作为另一电子邮件的附件转发给其他人。

四、“新邮件”窗口的设置

要设置“新邮件”窗口，可以使用“查看”菜单，如图 5—40 所示。

在“查看”菜单中有以下四个命令：

1. “所有邮件标题”

执行此命令，在编写邮件的窗口中将显示所有的标题信息，包括密件抄送栏。

2. “工具栏”

执行此命令会弹出一个子菜单，可以用来定义在新邮件窗口中是否要显示标准按钮栏和格式栏。若要显示，则在“标准按钮”和“格式栏”前面做上标记“√”。当然，也可以根据自己的使用习惯定义工具栏，建议使用系统默认的设置。

3. “状态栏”

用户可定义是否需要在邮件窗口的底行显示当前状态。

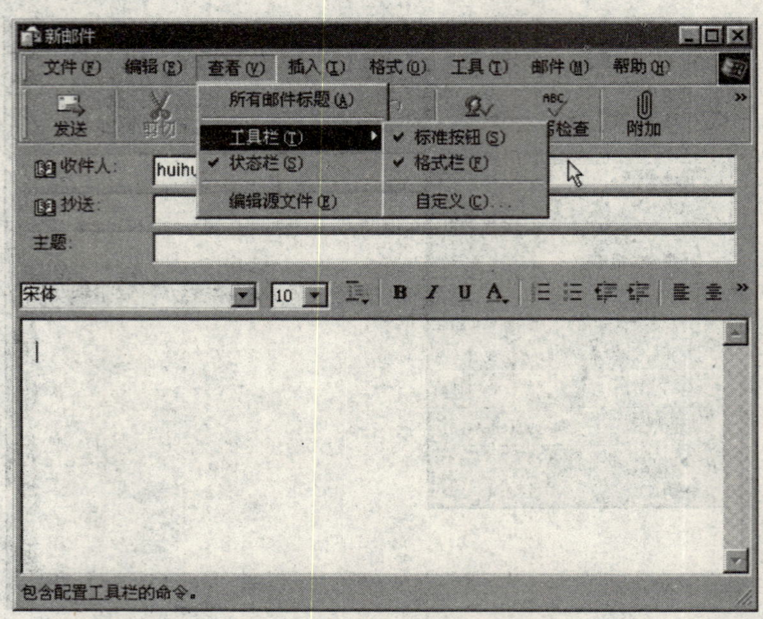

图 5—40　“查看”菜单

4.“编辑源文件”

若使用 HTML 格式创建新邮件时，执行此命令可以编辑 HTML 源代码。此时在邮件窗口底部出现三个选项，即编辑、源文件和预览，选中源文件选项即可进行 HTML 源代码编辑。

中　级

第六单元　计算机基本知识

第一节　设备的使用和维护

一、扫描仪的安装和使用

扫描仪的安装非常简单，只需把电缆的两头分别接到计算机的并行口和扫描仪上，然后接上扫描仪电源就完成了，再看一下 Windows 98 是否检查出有新硬件，然后安装扫描仪的驱动程序和应用软件。

注意：扫描仪的光线非常强，对人有害，在安装扫描仪时，应尽可能避免直视它。

在使用扫描仪软件时，先预扫一下图像，然后设置颜色数、dpi、对比度、明亮度等，最后选择要扫描的区域开始扫描。当选择 dpi 时，一般选用 150～720 dpi 左右，因为 dpi 越高文件就越大，而且如果经常用很高的 dpi 来扫描图像，会缩短扫描仪的寿命。

二、USB 的安装和使用

由于采用了即插即用的技术，在操作系统的支持下，USB 的使用非常简单。大部分采用 USB 接口的外围设备只要插入接口即可使用。对于低版本的操作系统，如 Windows 98 第二版，需要安装自带的驱动程序；对于高版本操作系统，如 Windows 2000，Windows XP 等，不需安装驱动程序，可即插即用。

第二节　CMOS 的基本设置

一、CMOS 简介

对一台新安装的计算机，要对它做一些设置。就是通常人们所说的 CMOS 设置。

主板的 CMOS 记录计算机的日期、时间、硬盘参数、软驱情况及其他的高级参数。平常人们说的 BIOS 设置或 CMOS 设置指的就是这方面的内容。

CMOS 能把这些信息保存下来，即使关机它们也不会丢失，因此，设置一次，以后不必对它重新设置，除非想改变计算机的配置或意外情况导致 CMOS 内容丢失。

当开机后，马上敲一下“Delete”键，就进到了 CMOS 设置的主菜单。有些计算机是按 Ctrl＋Alt＋Esc 三键，有些是按 F10 键，具体要看屏幕上的提示。

二、口令设置

在 CMOS 中设置口令，通常可以分为两种情况：一种口令是开机后使用计算机和进入 CMOS 均需要口令，其设置就是将 BIOS FEATURES SETUP 中的 Security Option 选项为 System；第二种口令是只有需要进入 CMOS 时才需要口令，如果只是正常使用计算机，则不需要口令，其设置方法就是口令属性设置为 SETUP。通常我们都选用第一种口令来为计算机把关。要是遗忘了口令的话，也只能通过将 CMOS 放电来重新设置。

三、CMOS 基本设置

AWARD BIOS 的设置画面，如图 6—1 所示。

用光标键把光标移到“STANDARD CMOS SETUP”一项，它包含硬件的基本设置情况。按回车键后，出现设置画面，如图 6—2 所示。

“Date”一项设置日期，格式为月：日：年，只要把光标移到需要修改的位置，用“Page Up”或“Page Down”键在各个选项之间选择。

“Time”一项设置时间，格式为小时：分：秒，修改方法和日期的设置是一样的。

“Hard Disks”一项列出了硬盘设置情况，同前面关于 IDE 接口的内容是一致的：“Primary Master”和“Primary Slave”表示主 IDE 口上主盘和副盘，“Secondary Master”和“Secondary Slave”表示副 IDE 口上的主盘和副盘。

“Drive A”和“Drive B”设置物理 A 驱和 B 驱，这里将 A 驱设置为：1.44 M，3.5 in，3.5 英寸软驱。

“Video”项设置显示卡类型，默认的是：“EGA/VGA”方式，就不用改动了。

当这些设置完成后，按“Esc”键，又回到 CMOS 设置主菜单。

如果不设置其他属性，可以按“↑”“↓”键选择“SAVE & EXIT SETOP”，保存

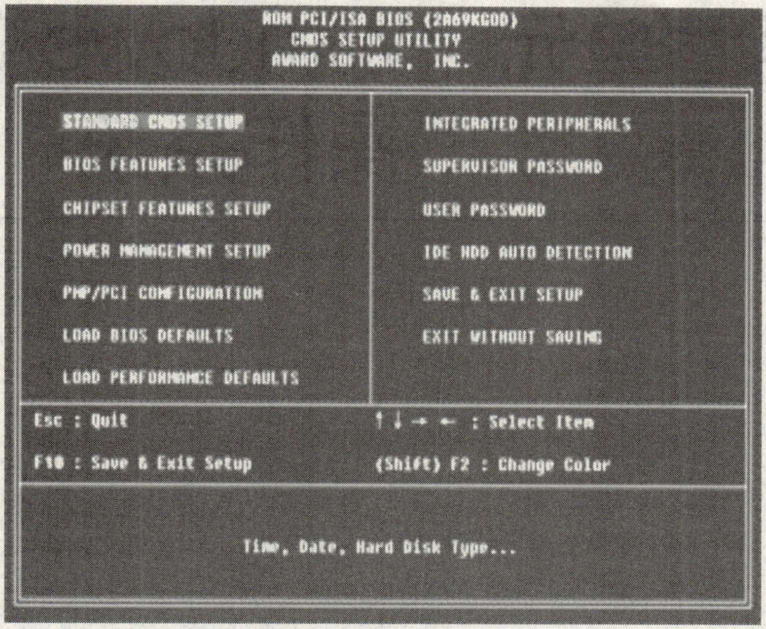

图 6—1　AWARD BIOS 的设置画面

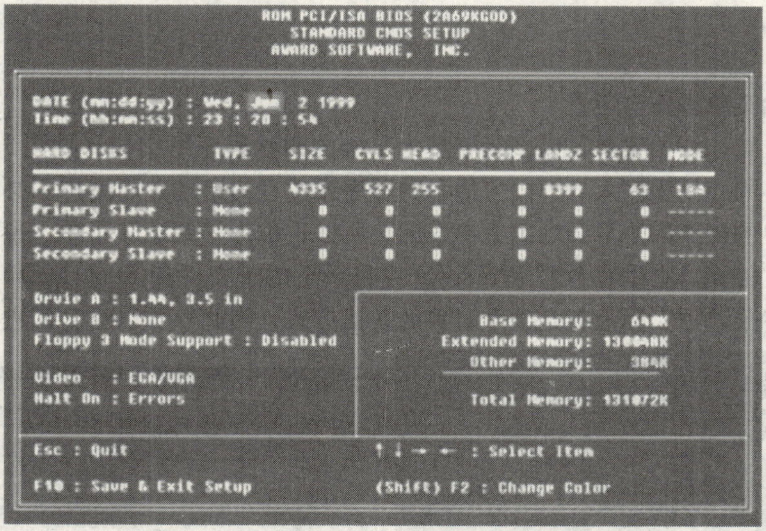

图 6—2　STANDARD CMOS SETUP

设置并退出，或按 F10 键，也是保存设置并退出，会弹出窗口“SAVE to CMOS and EXIT（Y/N)?”按下 Y 键，就退出 CMOS 设置。计算机重新启动，新的设置生效。

第七单元　Windows 98 操作系统

第一节　基本操作与设置

一、开始菜单操作与设置

从逻辑上看，开始菜单是以多级管理为基础的树状程序组结构（见图 7—1），它向用户提供了众多的应用程序入口，以方便各种程序或过程的启动，而用户不必知道其物理位置。一般用户的操作都是从开始菜单出发的，所以也称为“开始”菜单。事实上，开始菜单也是一个文件夹，它是存放在 Windows 主目录下的子文件夹 Start Menu 下（见图 7—1），而各最终菜单项实际上就是某个对象的快捷方式，因此，可以对它们进行类似文件和

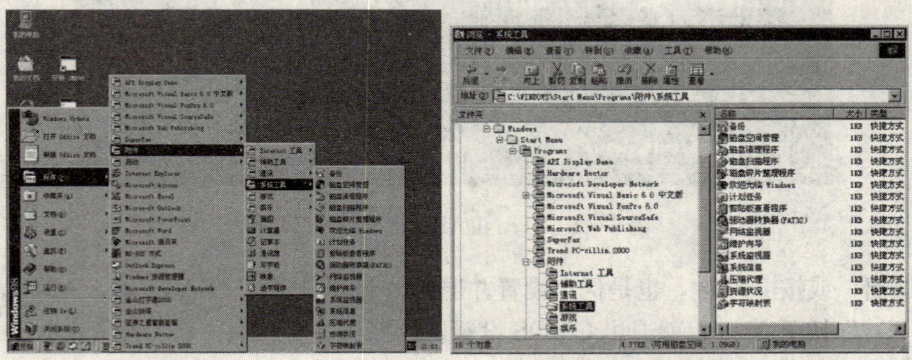

图 7—1　开始菜单结构

文件夹的处理。

“开始”菜单在安装完系统后就已形成，但在添加或删除 Windows 98 的组件及安装或卸载某些应用程序会自动更新开始菜单，而且用户还可根据个人的需要通过“任务栏属性”对话框中的“开始菜单程序”页随时对开始菜单进行设置（见图 7—2）。

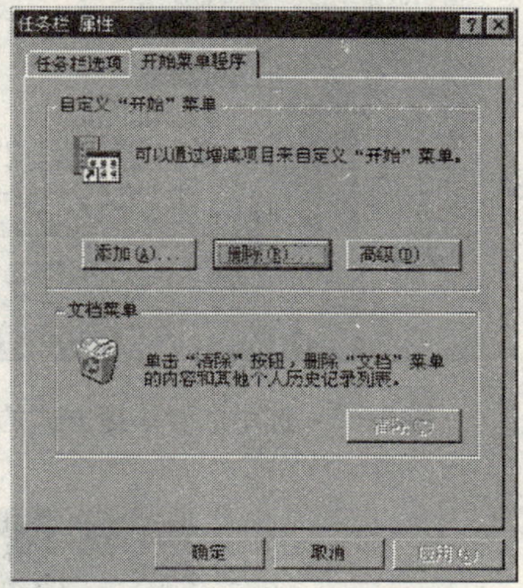

图 7—2　任务栏属性

“开始菜单程序”对话框分为上下两部分，上半部分为“自定义开始菜单”，可利用其中的“添加”“删除”和“高级”三个按钮添加或删除“开始”菜单中的选项。下半部分为“文档菜单”，其中有一个“清除”按钮，单击此按钮可删除“开始”菜单“文档”子菜单中的内容和其他个人历史记录，当“文档”子菜单中的内容已被清空时，此按钮颜色变暗。下面介绍如何添加或删除“开始”菜单中的选项。

1. 在“开始”菜单中添加选项

例如，在“开始菜单”的“程序菜单”中添加“计算器”。操作步骤如下：

第一步：单击任务栏属性对话框中的“开始菜单程序”选项卡，单击“添加”按钮，在“命令行”中输入命令的盘符、路径及文件名（见图 7—3），或使用“浏览”按钮找到“计算器”所在文件夹（见图 7—4）。

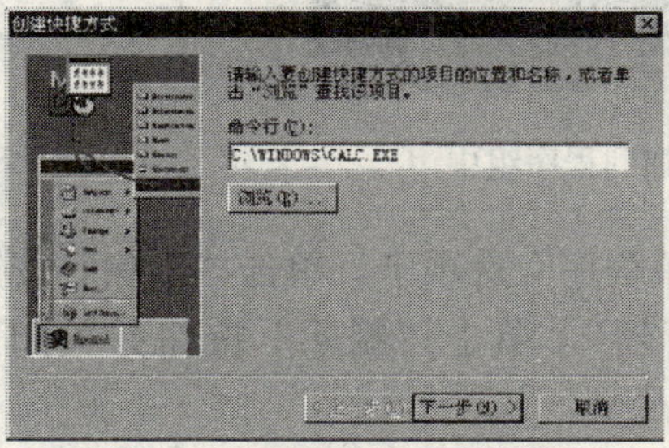

图 7—3　输入命令行

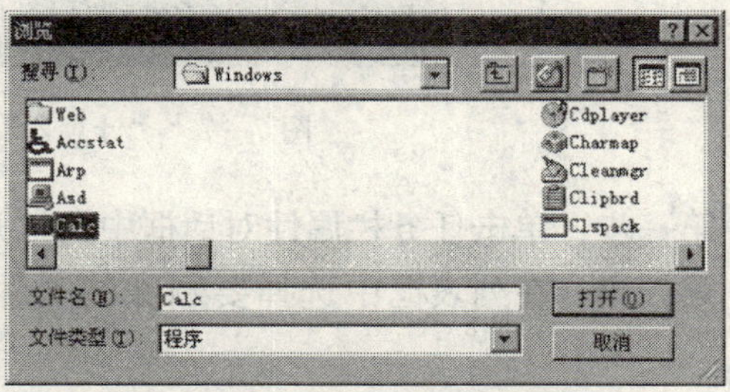

图 7—4　浏览“计算器”

第二步：单击“下一步”，选中 Programs 文件夹（见图 7—5）。

第三步：单击“下一步”，在“选择快捷方式的名称”文本框内输入“计算器”（见图 7—6）。

第四步：单击“完成”，这样“计算器”就被添加到“程序”菜单中了（见图 7—7）。

2. 在“开始”菜单中删除选项

例如，将刚才在“开始菜单”的“程序菜单”中添加“计算器”删除。操作步骤如下：

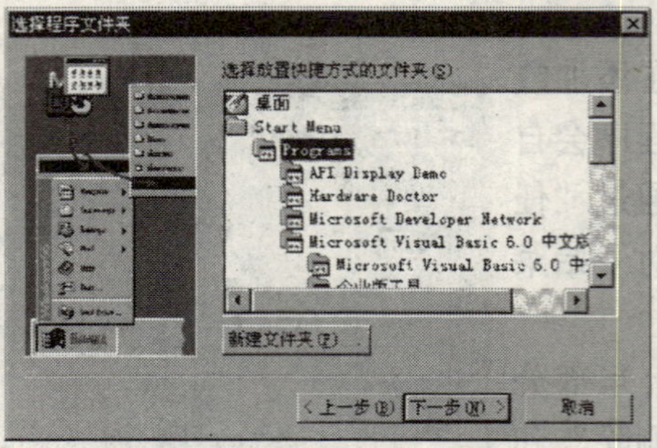

图 7—5　选中放置快捷方式的文件夹

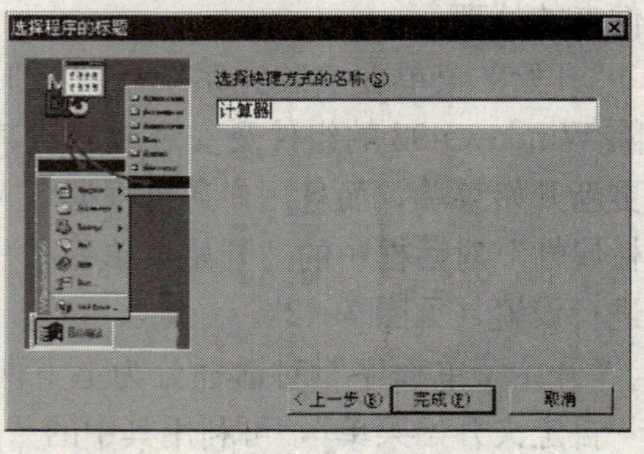

图 7—6　选择快捷方式的名称

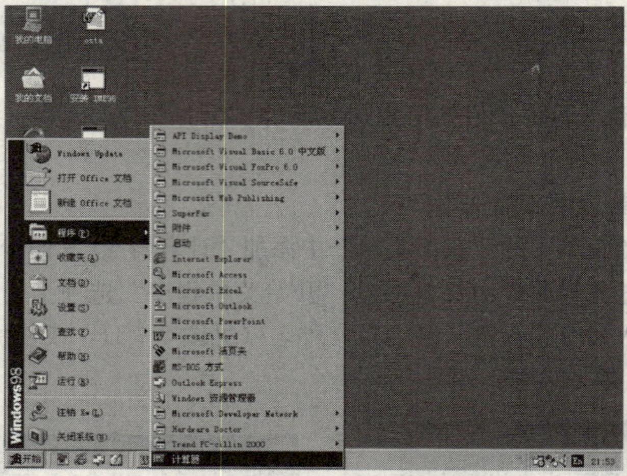

图 7—7　“计算器”已被添加到程序组中

第一步：单击任务栏属性对话框中的“开始菜单程序”选项卡，单击“删除”按钮。

第二步：在列表框中选择要删除的文件“计算器”，单击“删除”按钮并关闭对话框。

当再次打开“开始”菜单的“程序”子菜单中就看不到“计算器”了。在“开始菜单程序”页中还有一个按钮“高级”，此按钮将“添加”和“删除”按钮的功能合并在一起了，用户可像使用 Windows 的“资源管理器”一样来添加或删除文件和文件夹。

二、桌面显示属性设置

在前面已经介绍了部分显示属性的设置，这里介绍电源管理和显示效果的设置。

1. 设置监视器的电源管理特性

在“显示”属性的“屏幕保护程序”选项卡中有一个“监视器的节能特征”选项组。单击其中的“设置”按钮，将出现“电源管理属性”对话框。在“电源管理属性”对话框中能够设置在用户不使用计算机后，关闭监视器的时间、关闭硬盘的时间等，这样可以使用户不使用计算机时，将计算机的功耗降到最低。

在“电源方案”列表框中，Windows 98 提供了一些电源管理方案，这些方案可以适应大多数用户的需要。如果用户要使用这些方案，可单击“电源方案”列表框，在下拉菜单中选择所需的方案。用户也可将时间重新设置后，自定义一个方案并保存。

2. 显示效果的设置

单击“显示”属性的“效果”选项卡，将出现如图 7—8 所示的对话框。“效果”选项卡分为两部分：“桌面图标”选项组和“视觉效果”选项组。“桌面图标”用来设置桌面上各种图标的样式，“视觉效果”用来设置屏幕显示时的一些特殊效果。

(1) 设置图标的样式。用户可能已经很习惯桌面上的“我的电脑”“我的文档”和“回收站”等图标了。如果用户不喜欢这些图标的样式，可在“显示”属性窗口（见图 7—8）中选择一个需更改图标的项目，然后可单击“更改图标”按钮，出现更改图标对话框（见图 7—9），选择一个自己喜欢的图标按“确定”按钮即可。如果对自己选择的图标不满意，还可在“显示”属性（见图 7—8）的对话框中“单击默认图标”，将图标还原为 Windows 98 默认的图标。

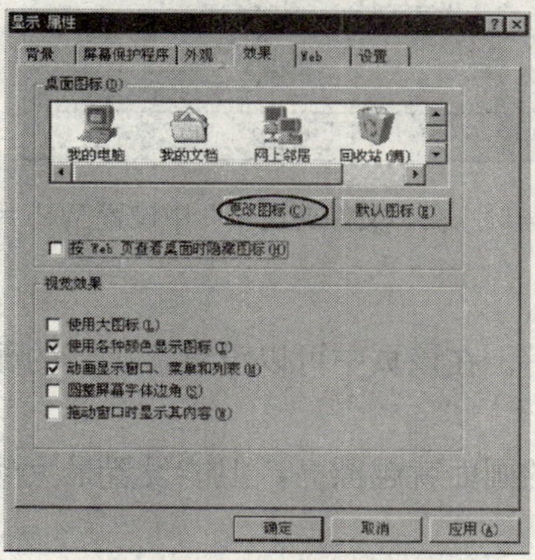

图 7—8 “显示”效果

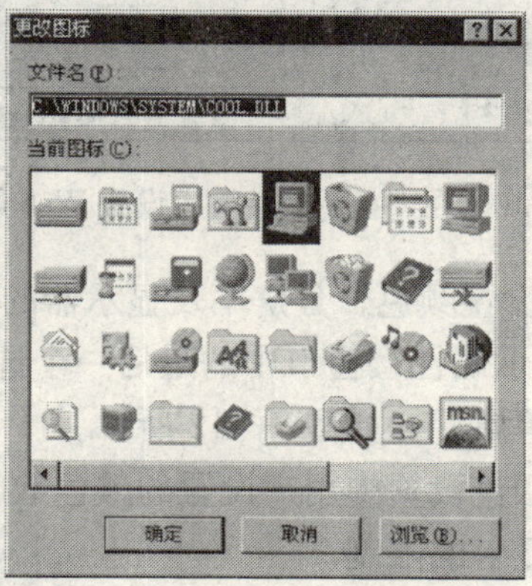

图 7—9 更改图标

(2) 设置屏幕显示效果。在“视觉效果”选项组中有 5 个复选框。利用这 5 个复选框，用户即可以设置不同的显示效果。“使用大图标”可使屏幕上的图标放大显示，有助于视力差的用户看清屏幕上的图标；“使用各种颜色显示图标”系统将以较高的颜色数显示图标使图标看上去更漂亮，当然此选项只有在用户的显示颜色在 256 色以上时才会有效；“动画显示窗口、菜单和列表”使显示窗口、菜单和列表时将有弹出的动画效果；“圆整屏幕字体边角”选项使系统在显示文字时，将对文字的边角进行修饰，增加文字的美观性；“拖动窗口时显示其内容”则在拖动窗口过程中同时显示窗口中的内容。

3. Web 效果的设置

单击“显示属性”对话框中的“Web”页将出现如图 7—10 所示的对话框，在“Web”页中，用户可以设置是否以 Web 风格查看活动桌面。Windows 98 中文版中，如果在“文件夹选项”对话框中设置成 Web 风格（见图 7—11），则计算机将自动在“显示属性”对话框中选中“按 Web 页方式查看活动桌面”。如果在“显示属性”对话框中设置是以 Web 风格查看活动桌面，则必须同时通过更改“文件夹选项”桌面更新中的“Web 风格”才有效。

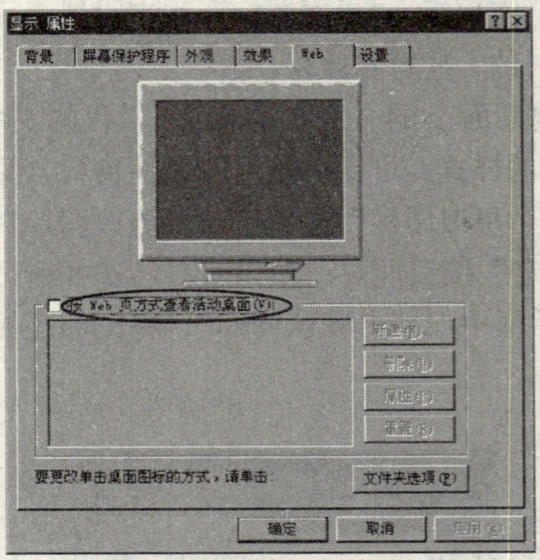

图 7—10　在“显示属性”中设置 Web 风格

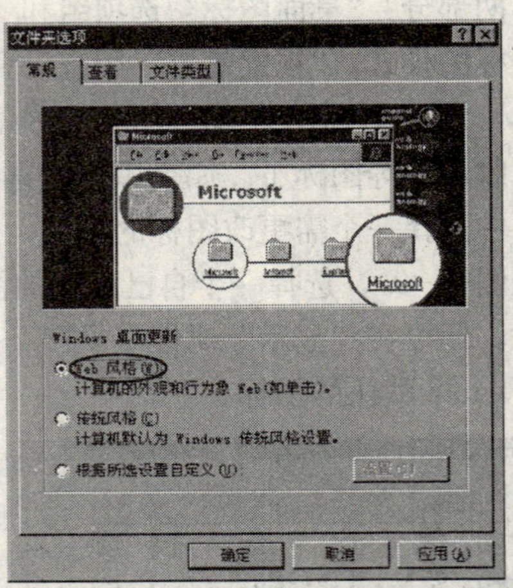

图 7—11　在“文件夹选项”中设置 Web 风格

4. 设置颜色、分辨率及显示器的高级属性

“显示属性”窗口中的最后一个选项卡是“设置”。在该页中可以设置显示器的颜色和分辨率等属性，如图 7—12 所示。

在颜色设置中用户设置的颜色数越高，所显示的画面就越漂亮，但能设置最大颜色要受用户显卡的限制。

在设置“屏幕区域”也就是一般所说的分辨率的设置时，可利用“屏幕区域”选项组中的标尺来调整显示器的分辨率。分辨率越高，显示器的桌面显示的内容也就越多。设置显示器的分辨率的方法比较简单，只需用鼠标拖动屏幕区域标尺上的滑标即可，在滑标的下方会显示滑标所在点的分辨率。用户在提高分辨率的同时，显示器的颜色数可能会自动下调，这是因为对同一块显示卡而言，分辨率越高则可显示的颜色数就越少。

显示器的高级属性是通过单击“高级”按钮实现的，如图 7—13 所示。

在该对话框中通常有 5 个选项卡：“常规”“适配器”“监视器”“性能”和“颜色管理”。在图 7—14 所示的对话框中多一个选项卡与作者所用的显示器和主板集成的显卡有关，其作用这里不做介绍。前面五个选项卡的作用下面分别加以说明。

在“常规”选项卡可设置显示字体的大小，在“兼容性”选项组中可选择在改变颜色设置后是否要重新启动计算机，用户还可以选中“常规”选项卡中的“在任务栏显示设置

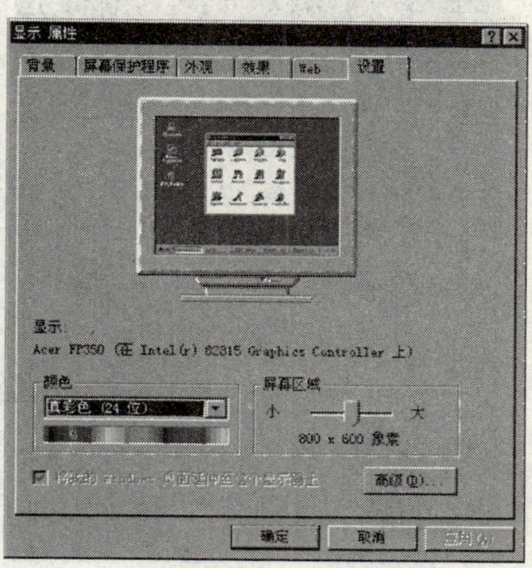

图 7—12　在“显示属性”设置颜色、分辨率

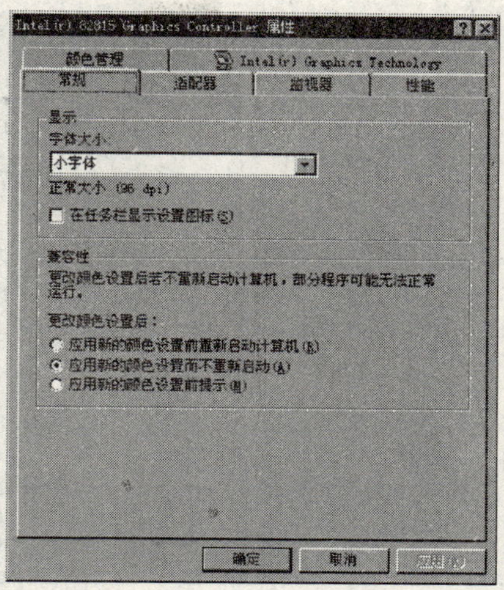

图 7—13　设置显示器的高级属性

图标”复选框，以在任务栏中添加一个显示设置图标，在任务栏上双击该图标即可打开“显示属性”对话框。

在“适配器”选项卡中（见图 7—14），首先列出了本机显示卡的型号，在“适配器/驱动程序信息”选项组中列出了适配器的生产商、特性、软件版本和当前文件等信息。在“刷新速度”列表框中列出了当前显示器可使用的刷新速度，用户可在其中选择一个刷新速度。如果用户要更改计算机的显示卡，就可以在此页中单击“更改”按钮，按照“升级设备驱动程序向导”中的提示重新设置显示卡。

“监视器”选项卡（见图 7—15）显示了用户的显示器的型号，如果所显示的显示器的型号与用户的显示器实际型号不符，可单击“更改”按钮改变显示器的型号，该选项页中还有一个“选项”组，在该组中共有三个复选框。如果用户的显示器符合“能源之星”标准，则应选中第一个选项，这样当用户暂时不使用计算机时，系统就可使显示器进入低功耗状态。“自动检测即插即用型监视器”选项用于控制系统是否自动检测与即插即用兼容的显示器，并为其安装合适的软件。“暂停/恢复时重置显示器”选项用于控制显示器在由低功耗状态激活时是否重置显示的内容。大多数显示卡在重置显示内容时会产生闪烁，因此，用户可清除对该复选框的选定，以消除这种闪烁，但也有些显示卡必须选中该复选框才能工作。

“性能”选项卡（见图 7—16），其中有一个“硬件加速”标尺，如果用户的计算机没有问题，性能稳定，则建议用户使用全部的硬件加速功能，以提高计算机的资源利用率。如果在使用全部的硬件加速功能时，计算机性能不稳定，则可适当减少硬件加速。

“颜色管理”选项卡中用户可以为显示器选择颜色配置文件，如图 7—17 所示。这将影响监视器的颜色显示，选择默认颜色配置文件是比较简单的方法。

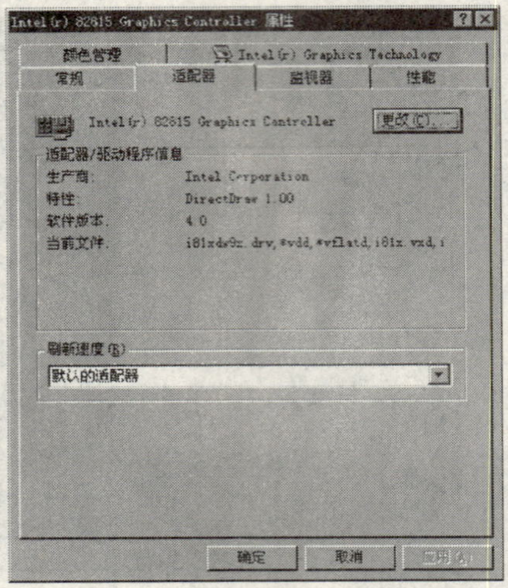

图 7—14　“适配器”选项卡

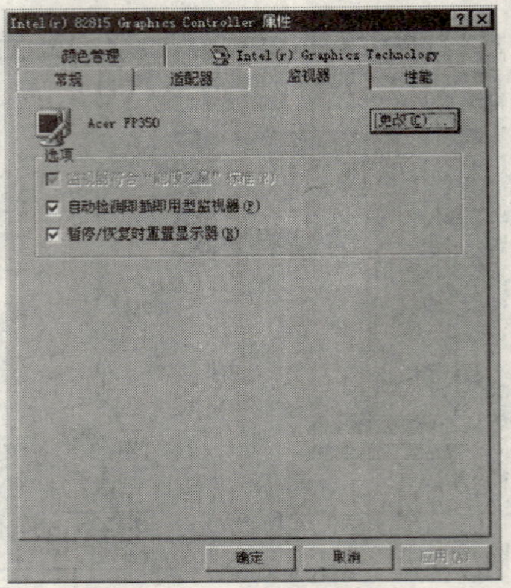

图 7—15　“监视器”选项卡

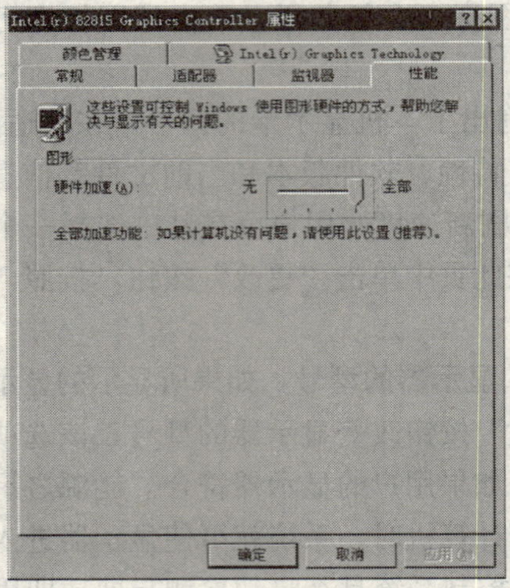

图 7—16　“性能”选项卡

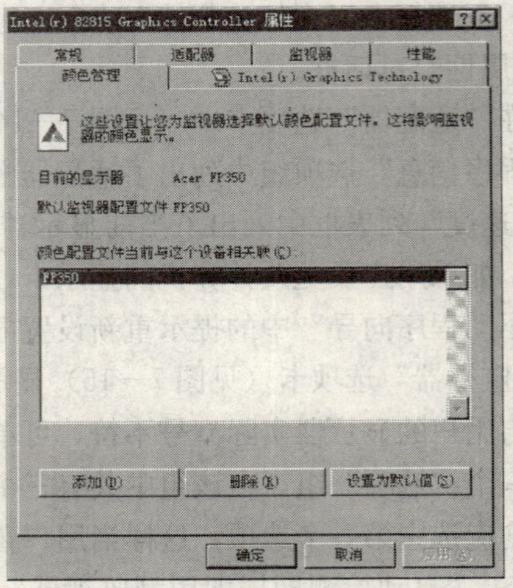

图 7—17　“颜色管理”选项卡

三、桌面的设置

Windows 98 的整个屏幕称之为桌面，在桌面上有一些常用的以大图标形式表示的对象。“我的电脑”“回收站”“Internet Explorer”“我的文档”及“连接到 Internet”等是系统固有的图标。桌面上的其他图标所对应的文件或文件夹，都存放在 Windows 主目录下的 Desktop 子文件夹下（见图 7—18）。在前面已经介绍了一些桌面设置的技巧，这里介绍其他的一些设置。

1. 桌面图标的排列

打开桌面快捷菜单的“排列图标”的子菜单，提供了“按名称”“按类型”“按大小”

“按日期”和“自动排列”五种排列方法，可以任选一种方法将桌面的所有图标排列整齐。在快捷菜单中还提供了对齐图标的命令，可将图标在原来位置的基础上，按一定的水平线和垂直线就近排列整齐（见图 7—18）。

图 7—18 桌面图标的排列

2. 使用“桌面主题”

桌面主题是 Windows 98 为用户提供的桌面配置方案，它可以为用户设置屏幕保护程序、声音提示、鼠标的指针、桌面墙纸和图标等，使它们变得更加协调、漂亮。双击控制面板中“桌面主题”，即可打开它的对话框（见图 7—19），可以在主题文本框的下拉列表框中选择，同时可以对其主题重新进行设置后保存。

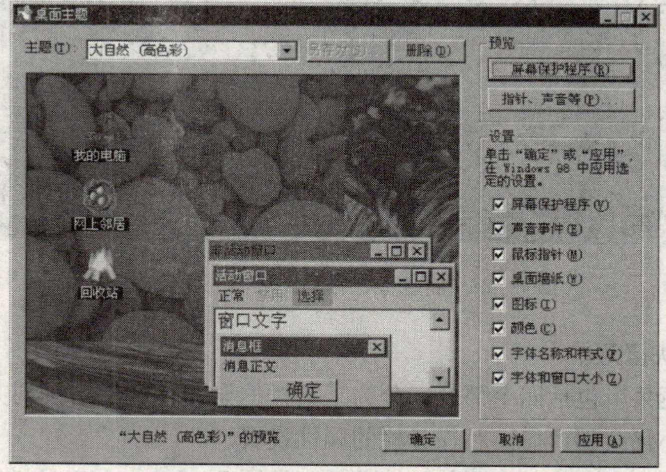

图 7—19 “桌面主题”对话框

四、任务栏的使用

任务栏主要是负责对正在运行的程序进行调度管理，可以大大方便用户的操作。任务栏一般由开始菜单、应用程序按钮、项目指示器和系统时钟等组成。任务栏上的项目还可以根据用户的需要随意添加或删除。

1. 改变任务栏大小及位置

当打开的应用程序越多，则其在任务栏上的按钮会越小，影响了信息的完整显示。若想要在应用程序按钮中看到更多的信息，就应加宽任务栏。改变任务大小的操作很简单，只需用鼠标拖曳任务栏的上沿至合适的位置即可，如图 7—20 所示。

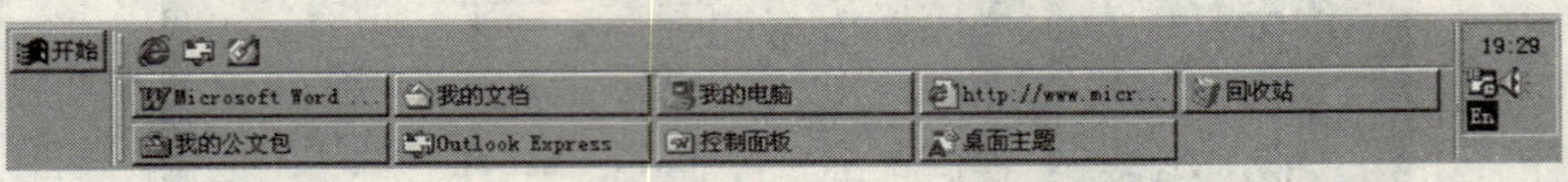

图 7—20　改变任务栏大小和位置

任务栏可以根据用户的需要移动到桌面的任何一边，只要用鼠标拖曳任务栏至所需的位置，这时会有一个代表其位置的虚框出现，释放鼠标后，任务栏就会移动到指定的桌面一侧，如图 7—21 所示。

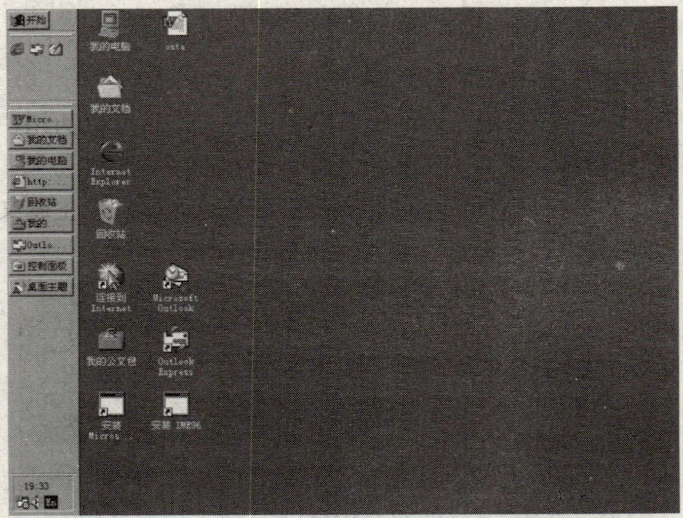

图 7—21　将任务栏移动到桌面的任何一边

2. 任务栏的快捷菜单

任务栏的快捷菜单包括四个部分，分为工具栏的设置、窗口的排列方式、窗口排列方式的撤销（或最小化全部窗口）和任务栏的属性设置。

右单击任务栏的空白处，打开其快捷菜单（见图 7—22），在工具栏子菜单中为用户提供了四个选项：地址、链接、桌面和快速启动，其中快速启动是默认安装的。所有的选项可根据用户的需要进行添加或删减，同时还可根据用户的需要新建工具栏。如需在工具栏上添加链接，只需打开任务栏的快捷菜单，然后选中“链接”即可。

如果要在任务栏上添加新的工具栏“我的电脑”，可按以下的操作步骤进行：

第一步：打开任务栏的快捷菜单。

第二步：打开“新建工具栏”对话框，如图 7—23 所示。

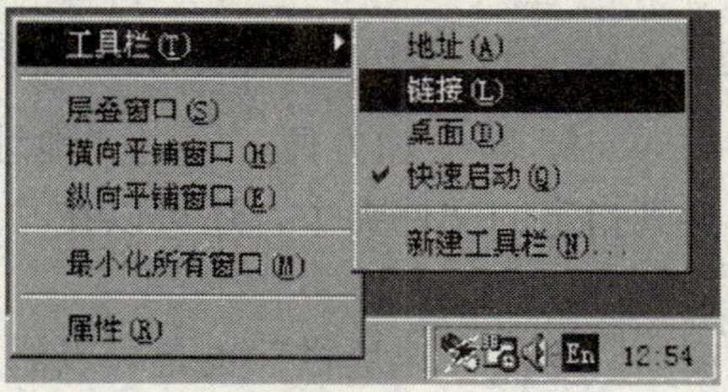

图 7—22　打开任务栏的快捷菜单

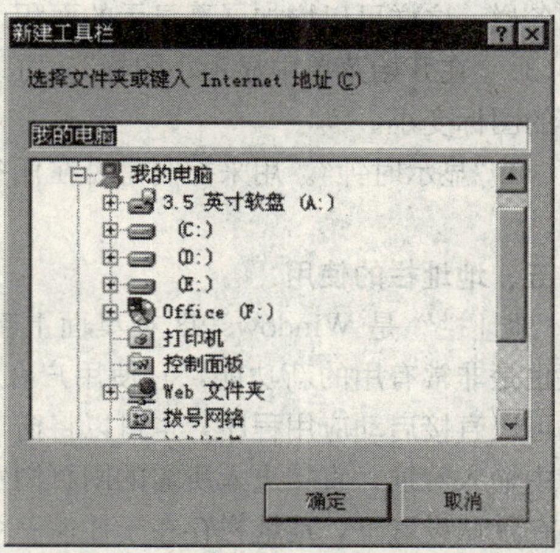

图 7—23　“新建工具栏”对话框

第三步：选择“我的电脑”并按“确定”按钮，则“我的电脑”就可添加在任务栏上，如图 7—24 所示。

图 7—24　“我的电脑”已添加到任务栏

当再次打开任务栏的快捷菜单时，我们可在工具栏子菜单中看到“我的电脑”选项。当然用户也可以选择一个驱动器、文件夹、网上邻居或网上的其他计算机的共享资源，将其添加到任务栏，而且在该工具栏中包含了该资源中所有对象的快捷图标。

任务栏的快捷菜单中还为用户提供了对所有窗口进行排列的四种方法：层叠、横向平铺、纵向平铺和最小化所有窗口（见图 7—22）。如果选择了其中的一种排列方法后，那么在随后打开的快捷菜单中还提供了撤销其排列方法的选项。“面向对象”是 Windows 操作系统最大的特点，不同的对象有不同的快捷菜单。如果我们在显示系统时间的位置单击右键，则在快捷菜单中添加了“调整日期和时间”的子菜单，并且突出显示。

3. 任务栏的属性设置

单击任务栏快捷菜单中的属性，即可进入“任务栏属性”对话框，如图 7—25 所示。该对话框也可通过开始菜单中的“设置”子菜单进入。在该对话框中的“任务栏选项”选项卡中有四个复选框，它们的含义分别为：

（1）“总在最前”。用来控制不管打开多少窗口，任务栏都总是显示在最前面，不会被窗口或对话框覆盖。

（2）“自动隐藏”。用来控制使任务栏变成一条线隐蔽在显示屏的底端，只有当鼠标移到屏幕底部边缘后才会激活任务栏。这样可以增加屏幕显示的面积。

（3）“在开始菜单中显示小图标”。可以使“开始”菜单中的图标变小。

（4）“显示时钟”。用来控制是否在任务栏上显示系统时间。

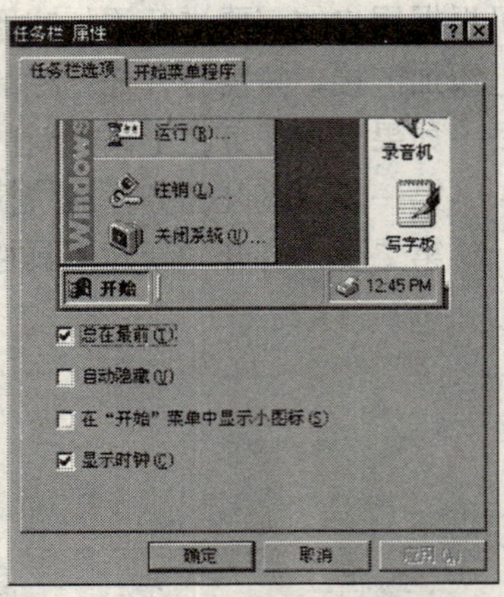

图 7—25　“任务栏属性”对话框

五、地址栏的使用

“地址栏”是 Windows 98 在桌面上新增的一个比较明显也是非常有用的新功能，它使用户在使用 Windows 98 时更加方便。通过“地址栏”用户可以直接启动应用程序，也可以将窗口直接切换到指定的文件夹中，还可以在“地址栏”中输入网址，直接进入所需的网页浏览。

在默认设置下，地址栏存在于任何一个文件夹窗口。当然“地址栏”也是可以添加和删除的。如要在资源管理器中取消地址栏，只需打开“查看”菜单中的“工具栏”子菜单，或者直接在菜单栏或工具栏上单击右键打开工具栏的快捷菜单，取消“地址栏”选项即可，如图 7—26 所示。

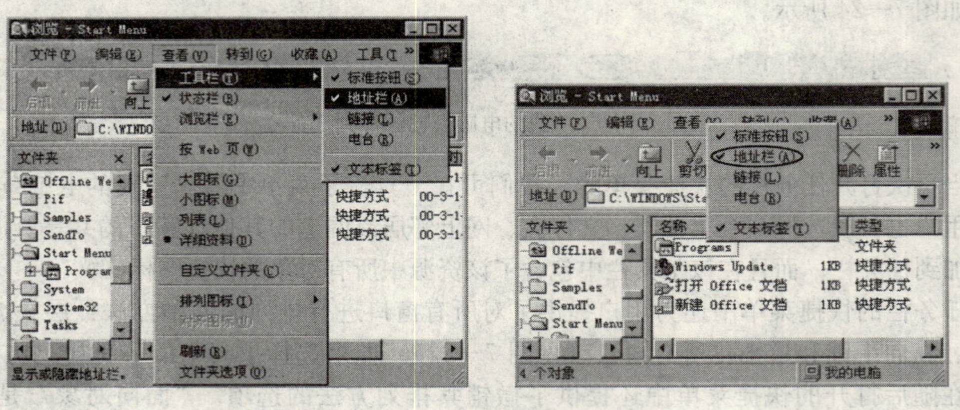

图 7—26　删除地址栏

如果要在任务栏中添加“地址栏”，则在任务栏上单击鼠标右键，打开“任务栏”的快捷菜单，选择“工具栏”子菜单中的“地址栏”，则地址栏会出现在任务栏上，如图 7—27 所示。

虽然在“地址栏”中可以完成很多的工作，但是，它们的工作方式基本都相同。下面

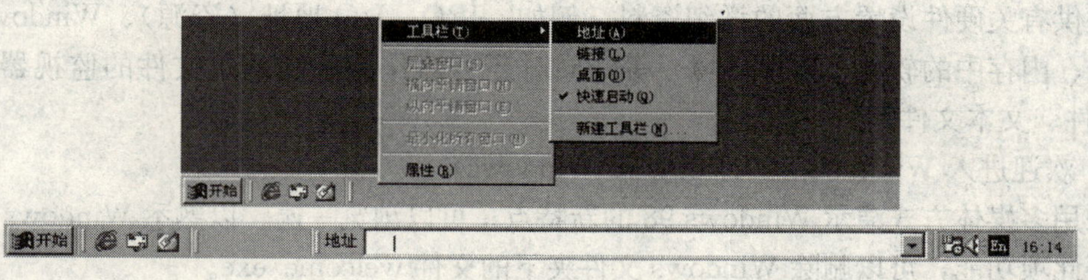

图 7—27 添加地址栏

以利用“地址栏”打开指定文件夹的窗口为例，介绍“地址栏”的使用方法。

例如，使用地址栏在“我的电脑”窗口中打开 D 盘 OSTA 文件夹下的“操作员”子文件夹，操作步骤如下：

第一步：打开“我的电脑”窗口。

第二步：在地址栏的文本框内输入“D:\OSTA\操作员”。

第三步：按回车键，即可打开“操作员”子文件夹窗口。

如果用户要使用地址栏来启动某一应用程序，则在地址栏的文本框内输入该应用程序的启动执行文件名及其完整路径，然后按回车键；如果用户要使用地址栏登入因特网，则在地址栏的文本框内输入网址并按回车，屏幕上就会显示“拨号连接”对话框，如果用户已在网上，那么就直接转向用户所指的网站。

六、系统工具的基本使用

1. 磁盘清除（Disk Cleanup）

可将以前通过手工或批处理所进行的一些琐碎的事情合并起来：清除在 Windows Temp 和 Internet Explorer cache 文件夹下的无用文件；清空回收站；直接提供到卸载某个应用程序的入口；将硬盘转换为 FAT32 等。尽管使用起来界面有些复杂，但提供了管理计算机的一种更安全、更合理，也更有效的手段。

2. 驱动器转换器（Drive Converter）

可以在不重新分区的情况下，将当前 FAT16 的硬盘转换为 FAT32。除了支持大硬盘（大于 2 GB）以外，FAT32 使用较小的簇（约为 4 KB），这样可以节省硬盘空间。但是，FAT32 不与其他的操作系统兼容，包括其他版本的 Windows。要想全面了解转换器，启动转换器使用安装向导，然后单击“Details”，里面包含了所有关于转换器的特性及其缺点。

3. 系统文件检查器（System File Checker）

该工具可按照工作顺序筛选重要的系统文件或检查重要的 Windows 98 文件，并能够通知用户没有正确安装的系统文件。用户可以选择恢复文件或根据此工具提示更改文件。对于前一种选择，系统文件检查器会备份它所替代的文件，以允许用户以后恢复。用户最好自定义系统文件检查器来监控重要文件。

4. 系统信息（System Information）

提供有关硬件设置方面的详细资料，例如，IRQ、I/O 地址（资源）、Windows 配置（部件）、内存中的软件（软件环境）等，同时还可以作为不同系统文件的监视器，包括 cab 文件、文本文件等。

5. 欢迎进入 Windows（Welcome to Windows）

采用多媒体方式演示 Windows 98 的新特点。可以浏览一遍，以熟悉 Windows 98。若不想要此项功能，可以删除 Windows 文件夹下的文件 welcome. exe。

6. 协调 Windows 操作（Windows Tune—up）

该操作是 Microsoft 向导程序，提示用户如何自动编排简单应用（如 ScanDisk，Disk Defragmenter，Disk Cleanup 等）。如果已经用过这些工具，并且已经使用 Schedule Tasks，可以从 Windows 文件夹下删除 tuneup. exe。

七、驱动程序的安装与卸载

一般来说，硬件驱动程序的安装方法分为全新安装和升级安装两种。下面以一款常见的 nVIDIA 的 TNT2 VANTA 显卡为例，体验一下硬件驱动程序的安装与卸载。

1. 全新安装

全新安装是指计算机组装完后硬件初次使用时的驱动程序的安装。首先在 Windows 的“控制面板”中点击“系统”图标，然后在所弹出窗口的“设备管理器”标签里选中相关的硬件“显示适配器”下的显卡，再连续执行“属性/驱动程序/升级驱动程序”的操作，接着在“更新设备驱动程序向导”中选择“自动搜索更好的驱动程序”一项，系统会弹出相应的对话框（在此可视驱动程序的存放位置来操作）。

如果驱动程序在专门的软盘或者安装光盘上，可选择“可移动的介质”项；如果驱动程序在硬盘上，则可钩选“指定位置”一项，再点击旁边的“浏览”按钮来定位驱动程序。最后点击“下一步”，系统就会自动搜索并安装驱动程序，完成后重新启动计算机即可。

此外，有些厂商（如华硕）的硬件驱动程序也可以直接在它提供的安装光盘（软盘）上执行“Setup. exe”来完成安装操作。这样就省略了上述的繁琐步骤，既方便又快捷。

2. 升级安装

升级安装驱动程序相对来说要麻烦些，为了避免新旧驱动程序之间的冲突、影响硬件的使用性能和系统稳定，正确的操作步骤应该是先将 TNT VANTA 显卡的旧驱动程序改为标准显卡驱动，然后把旧驱动信息从系统和注册表中删除，最后再安装新的驱动程序。

这种做法的效果是使升级安装驱动程度不致出现问题。比如 TNT2 显卡的最佳驱动版本是 2.08 雷管版，但很多人却升级到了 2.34 版以上版本，而 2.34 以上的版本是 For GeForce256 显卡的驱动，待出现问题后想重装回 2.08 版本时却发现根本无法安装。这时只要将 TNT2 显卡驱动改为标准显卡驱动，然后再把旧驱动信息从系统和注册表中删除，就能正常安装新驱动了。

(1) 安装标准显卡驱动程序。这一步的目的是释放被系统所使用的旧驱动程序，以便于对其删除。首先执行与前面“全新安装”的相同操作，但在“更新设备驱动程序向导”中另选“显示指定位置所有驱动程序列表”一项，然后在弹出的对话框中点击“显示所有硬件”，接着在“制造商”和“型号”项目下分别选定“标准显示类型”和对应的“Standard PCI Graphics Adapter (VGA)”(见图 7—28)，最后连续执行“下一步”操作，重新启动后即完成安装。

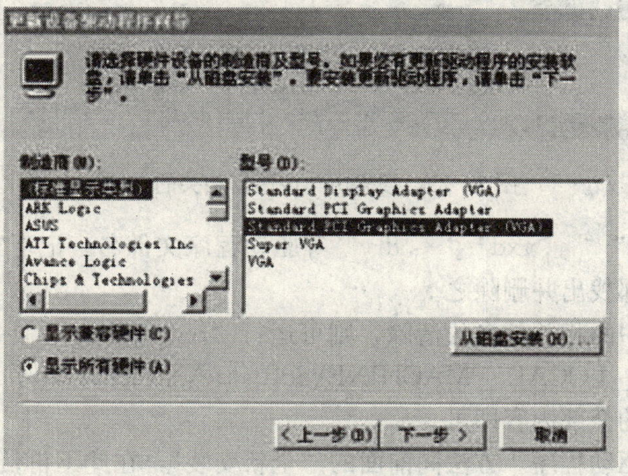

图 7—28 安装标准显卡驱动程序

(2) 删除显卡旧驱动信息。这一步的目的是消除旧驱动信息对新驱动程序的影响，更好地提升显卡的性能。

1) 自动删除旧驱动信息。此法适用于执行“Setup. exe”所安装的厂商驱动程序。可以直接在“控制面板”中点击“添加/删除程序”图标，然后在弹出的对话框里找到相关的驱动选项“NVIDIA Windows95/98 Display Drivers”，即可自动从系统中删除旧驱动程序和注册表里的相关信息。

2) 手工删除旧驱动信息。首先要找到它们，然后才能进行删除。先来看看驱动程序的藏身之处。可以在桌面上点击鼠标右键，再执行“属性/显示属性/设置/高级”操作，在“nVIDIA Vanta 属性”对话框的“Vanta”项目下，即可看见它的驱动版本信息。全部记下这些以“NV”开头的程序名（不区分大小写），然后运行“查找/文件或文件夹”命令，在“要搜索的文件或文件夹名为”和“搜索范围”选项中，分别填入“NV＊.＊”“C:\WINDOWS”，接着点击“立即搜索”按钮，即可将藏在“System”“Inf”“Help”等文件夹中的旧驱动程序找出来，如图 7—29 所示，最后将它们全部删除即可。为防止升级新驱动失败，可以在删除前做个备份，以便失败后进行恢复。

此外，也可以打开显卡安装信息文件（如 Nvms. inf），在其［SourceDisksFiles］项

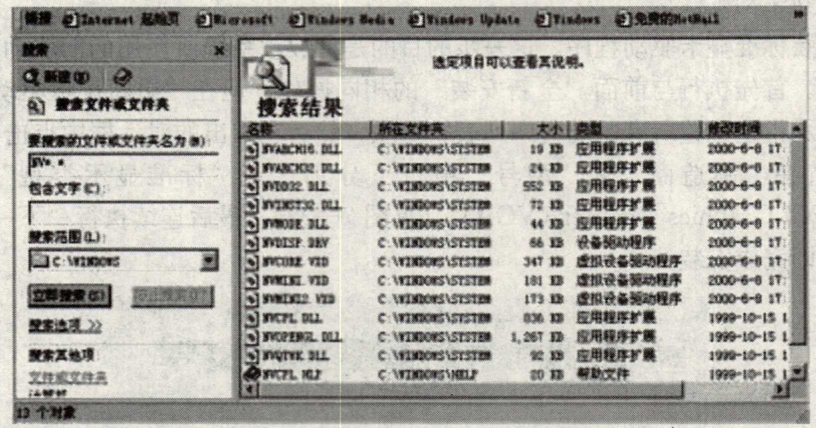

图 7—29　搜索出与该驱动相关的文件

目列中可见“＊. dll”“＊. vxd”“＊. drv”等驱动程序文件名。记下它们，然后通过“查找”功能将它们全部找出并删除之。

而对于注册表中的相关信息的清除，则可运行“regedit. exe”命令，打开注册表编辑器后找到“HKEY _ LOCAL _ MACHINE\Software\NVIDIA Corporation”主键，然后删除该主键及其下的全部内容即可。

（3）安装新的驱动程序。方法同前面的“全新安装”，在此不再赘述。

这样，以显卡为例的硬件驱动程序的安装（删除）就基本完成了。当然，此后还要对硬件进行相关的设置和优化，才能使之发挥最佳的性能。

八、常用软件的安装与卸载

1. 安装

如果是光盘安装就将安装光盘放入光驱中，现在很多光盘都支持自动运行功能，只要把光盘放进去，就会自动弹出一个安装窗口来，点击“安装”按钮即可开始安装。如果没有弹出这样的窗口或者是从别的地方安装，找找看安装目录里有没有类似“setup. exe”或者“install. exe”这样的文件——这就是安装程序，运行它同样也可以进行安装。有时安装程序的名字也可能是扩展名不同的文件或者其他名字。

也可以使用启动安装向导，在安装向导的提示下完成安装。一般安装软件时安装向导会提示一系列操作，如“软件许可协议”“目的文件夹”等，如果要更改目录，选择“浏览”即可。如果已经安装过低版本，或者这个软件由于病毒破坏等原因发生了错误，只要选择以前的安装目录安装就可以升级覆盖。

在安装一些大型的软件的时候，时常会弹出一个对话框，要求选择安装方式，最常见的有最小安装、典型安装、自定义安装和完全安装四种方式。

安装时会出现一进度条，显示安装的进度。在安装快完成时，有的软件安装程序会问一些关于个性化设置的问题，可以根据自己的需要选择。有的软件安装程序还会问是否在启动时运行它，最好回答“否”，避免启动时加载过多的程序，降低系统的性能。最后单击“完成”按钮完成安装。

2. 卸载

(1) 利用软件自身提供的卸载工具。现在越来越多的软件提供了这样的卸载（Uninstall）程序，只需从“程序”里运行相应软件的卸载程序就行了，它会自动将原来安装的软件从系统里清除出去。这是最好最方便的办法。

(2) 请 Windows 帮忙。运行“控制面板”，双击“添加/删除程序”，选择要删除的程序，然后单击“添加/删除”按钮，在确认要删除此程序后系统自动将程序清除。如果程序本身没有提供卸载程序，不妨试试这个办法。

(3) 直接将文件删除。找到程序安装的目录，直接删除。但用这种方法并不好，因为软件在安装时往往还要向 Windows 目录下拷贝一些文件，这样删除不能将安装文件全部清除干净——这也是最不推荐的方式。

利用 Windows 的反安装，注册表内的信息往往不能擦掉，那么如何清除注册表内的软件信息呢？一般来说，软件信息保留在注册表中“HKEY _ LOCAL _ MACHINE 和 HKEY _ CURRENT _ USER”的“software”段内，只要找到相应的软件名或厂家名删除就可以了。

还有就是关于“控制面板”的问题。有些软件为了方便设置，将它的设置选项加到了“控制面板”中（比如 RealAudio），但是，Windows 的反安装并没有删除它们在“控制面板”中的选项，这时又要用户手动删除了。控制面板的文件后缀名为“. cpl”，一般保存在 Windows 的 System 目录下，用户只要找到相应的“. cpl”文件删除就可以了。不过对于没有经验的人来说，看了文件名也许还不能与“控制面板”的选项一一对应，这时就要借助一些工具软件来帮用户鉴别了，例如，“超级兔子”就提供了这一功能。打开“超级兔子魔法设置”，选择“控制面板”，在弹出的对话框中可以方便地进行删除操作。

九、帮助功能的使用

获取帮助信息有以下两种方法：

单击“开始”按钮，然后单击“帮助”。随后出现“Windows 帮助”窗口。每个选项卡都以不同的方式帮助用户查找信息。“目录”选项卡用于查找主题，“索引”选项卡用于查找关键字，而“搜索”选项卡则用于搜索文字。

在对话框中单击标题栏上的问号，然后再单击该对话框中有问题的区域，也可以获取帮助信息。

第二节　资源管理器的使用

一、文件夹选项的设置

点击资源管理器上的“工具”菜单下的“文件夹选项...”，弹出“文件夹选项”对话框，如图 7—30 所示。

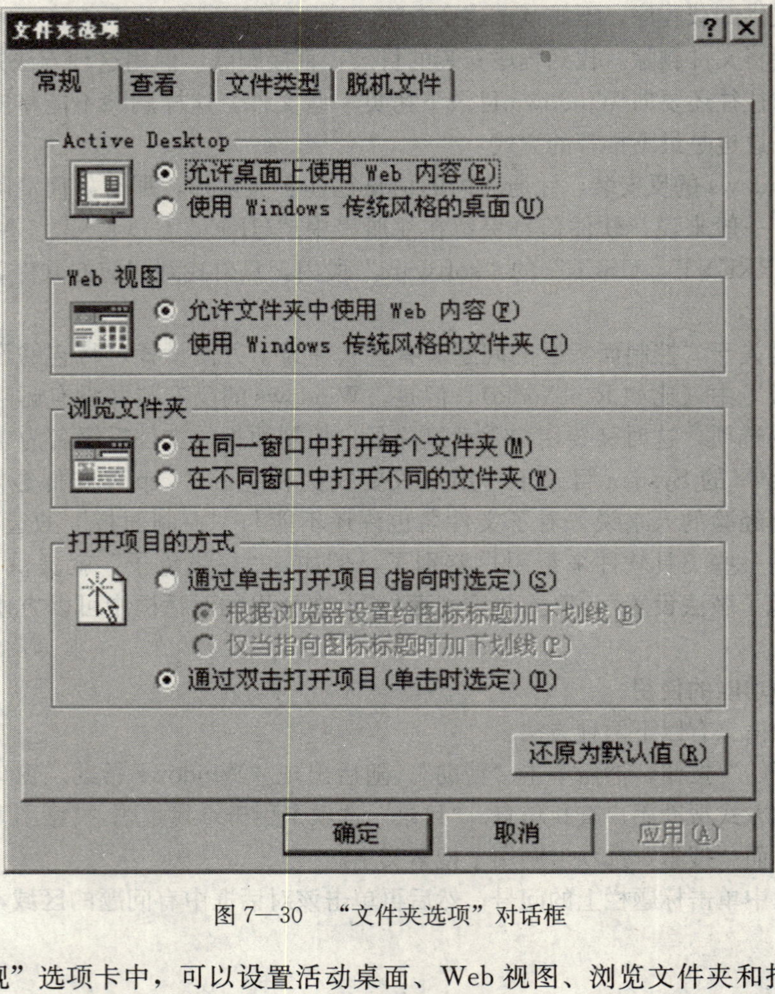

图 7—30　“文件夹选项”对话框

在“常规”选项卡中，可以设置活动桌面、Web 视图、浏览文件夹和打开项目的方式；

在“查看”选项卡中，可以设置文件夹和文件在资源管理器中的表现方式，如图7—31所示。

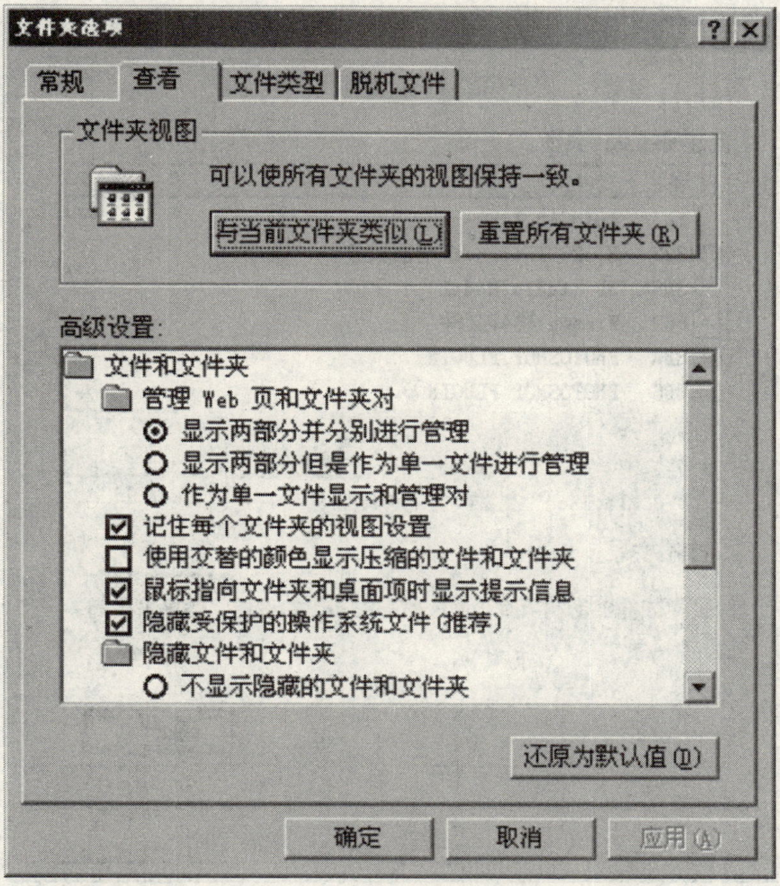

图 7—31 “查看”选项卡

在“文件类型”选项卡中，可以浏览并删除已注册的文件类型，可以自定义这些文件类型的图标，也可以新建文件类型，如图 7—32 所示。

在“脱机文件”选项卡中，设置存储在网络上的文件在脱机工作的时候可用，如图 7—33 所示。

二、文件、文件夹的快捷方式的设置

快捷方式，是 Windows 中一种重要的链接方式，它可以指向本地计算机或网络上的任何可访问的项目，包括程序、文件、文件夹、磁盘驱动器、Web 页、打印机或另一台计算机等。快捷方式仅仅提供了指向这些项目的链接，并不是这些项目本身，删除快捷方式并不会从磁盘上真正删除它所指向的项目，如程序、文件等。通过快捷方式可以快速启动或直接访问它所指向的项目。可以将快捷方式图标放置在任何位置，如桌面、“开始”菜单或特定文件夹中。选定快捷方式所在的文件夹的文件名称，右键单击文件或文件夹，在弹出的快捷菜单中选择“创建快捷方式”，然后将生成的快捷方式粘贴到希望的位置即可。

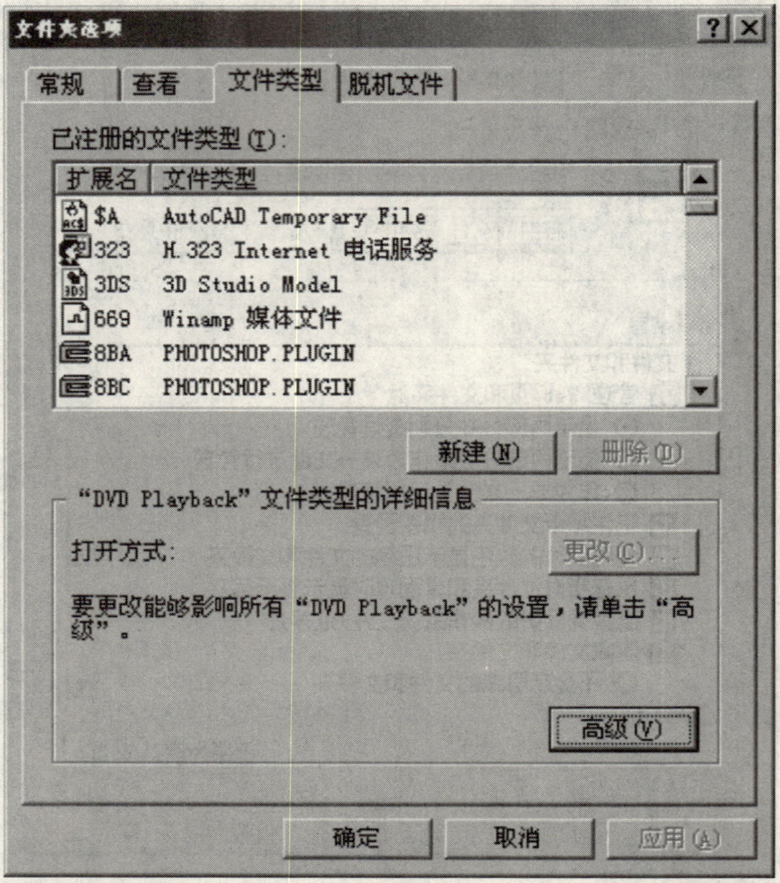

图 7—32　“文件类型”选项卡

三、文件类型的注册

Windows 98 操作系统，允许嵌入多种应用程序，以扩展其功能，使得 Windows 98 具备打开多种数据文件的功能。应用程序在嵌入 Windows 98 系统的过程中，要将本应用程序所要打开的数据文件的类型向 Windows 98 系统注册。

文件类型的注册分为两种方式。一种是自动注册，它是在应用程序的安装过程中自动进行的；另一种是被动注册，是由人工注册完成的。

自动注册是在 Windows 98 环境中安装应用程序，由安装程序进行注册的。这种注册是在人们不知不觉的过程中完成的，应用程序安装完成后，打开“已注册的文件类型”窗口，就会看到该应用程序可以打开的数据文件的类型。

被动注册指在 Windows 98 系统环境中，要打开还没有被注册的数据文件，则 Windows 98 就要求操作者对该类文件进行注册。其具体过程是，当要求 Windows 98 系统打开未注册的文件时，Windows 98 系统会在屏幕上出现“打开方式”窗口。要求操作

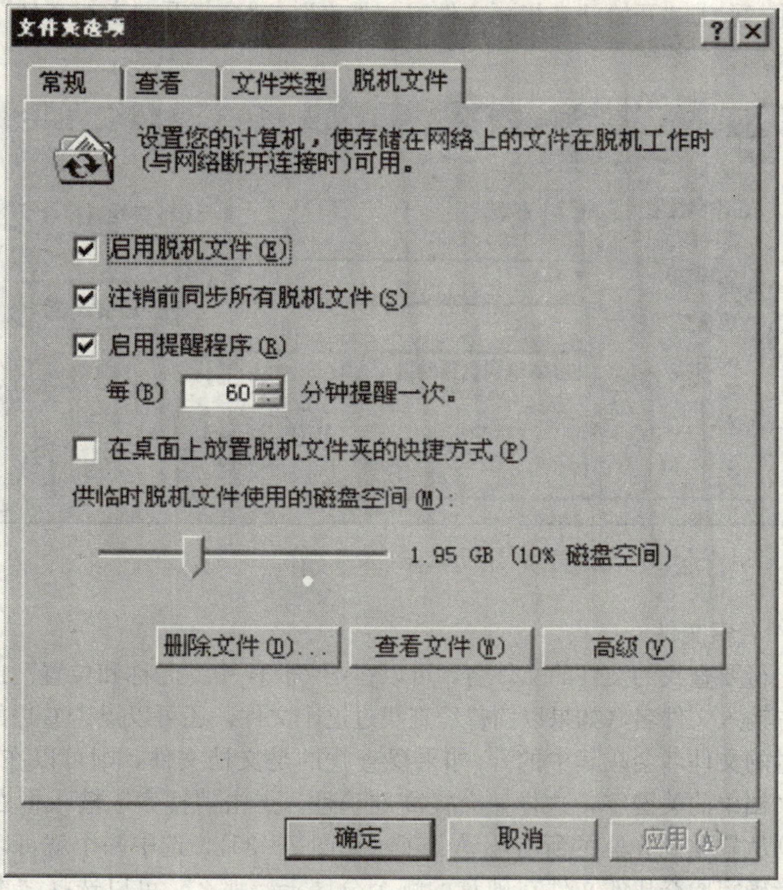

图 7—33 “脱机文件”选项卡

者在该窗口中选择一个应用程序，操作者正确地选择一个应用程序后，单击“确定”，注册完成，Windows 98 就会启动所选择的应用程序去打开操作者要打开的数据文件。如果操作者在注册时，选择的应用程序不对，则 Windows 98 系统会在屏幕上出现“该文件不能被×××程序打开”的提示；允许操作者在“打开方式”窗口中重新选择应用程序。

在“打开方式”窗口中进行注册时，还有一个选择项，其作用很重要，即在“打开方式”窗口下方的“始终使用该程序打开这种类型的文件”的选择项，在人工注册某类文件时，不选择该项，则注册只对本次使用有效；当操作者再次在 Windows 98 系统下直接打开数据文件时，Windows 98 系统还要求使用者选择应用程序，即注册文件类型。如果选择了该项，则注册长期有效，以后凡是在 Windows 98 系统环境下，直接打开同类的数据文件，均用同一种应用程序打开。自动注册时，安装程序均选择该项。

四、文件的查找

计算机中存储了很多文件，有时忘记放在哪里或忘记文件名，可通过“查找”程序查找需要的文件。点击“开始→查找→文件或文件夹”，就会打开“查找文件”对话框，如图 7—34 所示。

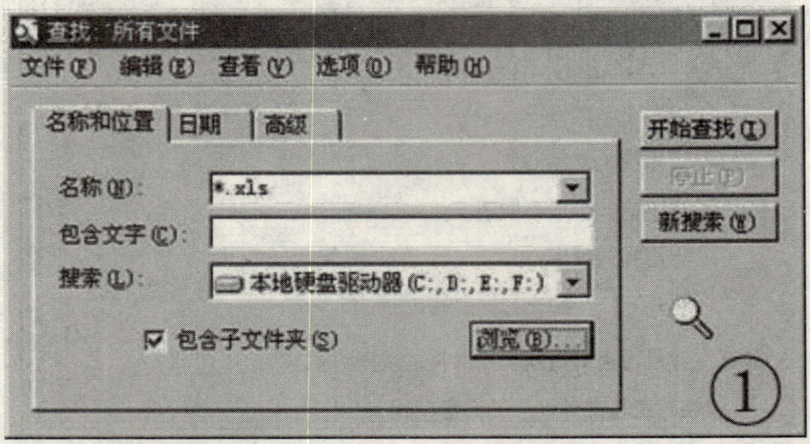

图 7—34　查找文件

1. 按文件名索文件

如果还记得要查找的文件的文件名，可以在图 7—34 中“名称和位置”选项卡的“名称”输入框中输入文件名（如果以前曾经查找过这个文件，还可以点击右边的那个下拉列表，以前查过的文件名会在其中的）。如果要查找的是文档文件，则可以在“包含文字”文本框输入文档中的关键字，这样，会提高准确性。点击“搜索”输入框右侧的下拉列表，就会看到从软驱到光驱的所有驱动器了（见图 7—35），选中一个就可以确定搜索范围。如果不能确定要查找的文件在硬盘的哪个分区上，那么，可以选择“本地硬盘驱动

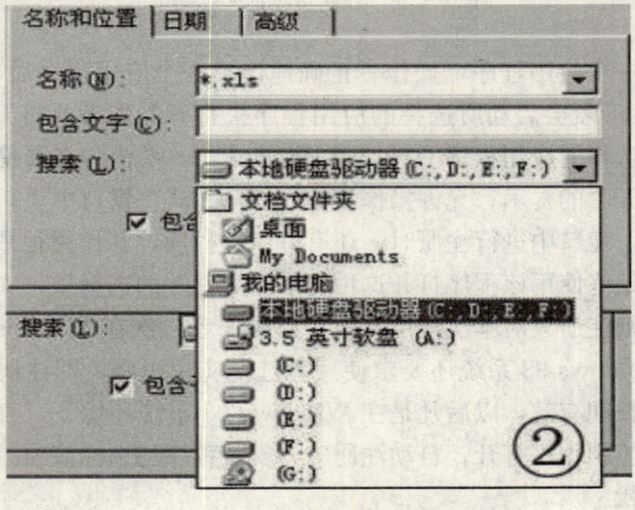

图 7—35　设置搜索范围

器”，在整个硬盘上进行查找。当然，要是清楚地记得要查找的文件在哪个文件夹中的话，那么，可以点击图 7—34 中的“浏览”按钮，在弹出的窗口中指定要查找的文件夹（见图 7—36）。一切都设置好后，即可点击“开始查找”按钮。如果输入的文件名正确，那么很快就会有结果出来的。

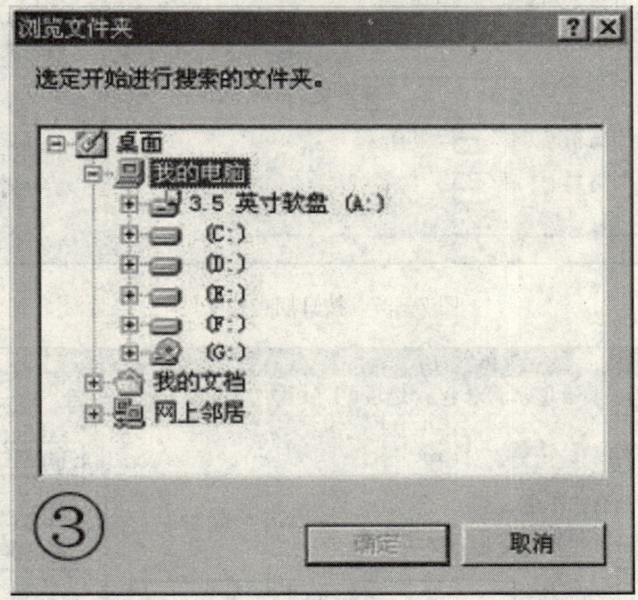

图 7—36　选定搜索的文件夹

如果已经记不清文件名了，只是模模糊糊地记得几个关键词或字母，或者只记得文件的扩展名。这也没关系，因为 Windows 98 里的查找是支持通配符的，可以使用“*”（不含引号，且为英文输入法状态下输入）来代替文件名中的一个或几个字母、汉字；也可以使用一个“?”来代替一个字母。比如在“名称”处输入“中国*报. doc”，则会将所有文件名的前两个字为“中国”，文件名最后一个字是“报”的 DOC 文档全部查找出来。而像图 7—35 中所示的用法，则会把硬盘上所有的 XLS（Excel 表格）文件全部查找出来的。

2. 按日期索文件

除了用文件名查找之外，还可以配合按日期查找文件。点击“日期”选项卡，得到对话框，如图 7—37 所示。默认的情况下，“所有文件”单选项是选中的。用户可以点击“查找所有文件”单选项。从它的下拉式菜单中，可以选择“修改时间”“创建时间”和“上次访问时间”三项设定中的一项。然后，通过点击下方“介于”时间的下拉列表，修改日期条件，如图 7—38 所示。或者选中“在前××月”或“在前××天”单选项，设置日期条件。

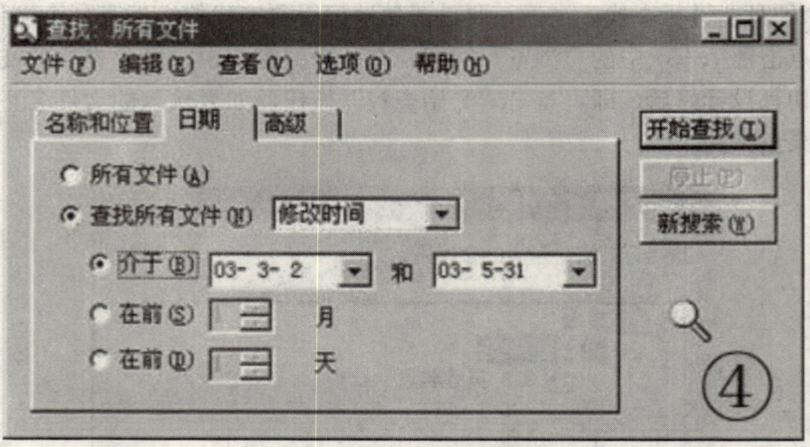

图 7—37　按日期查找文件

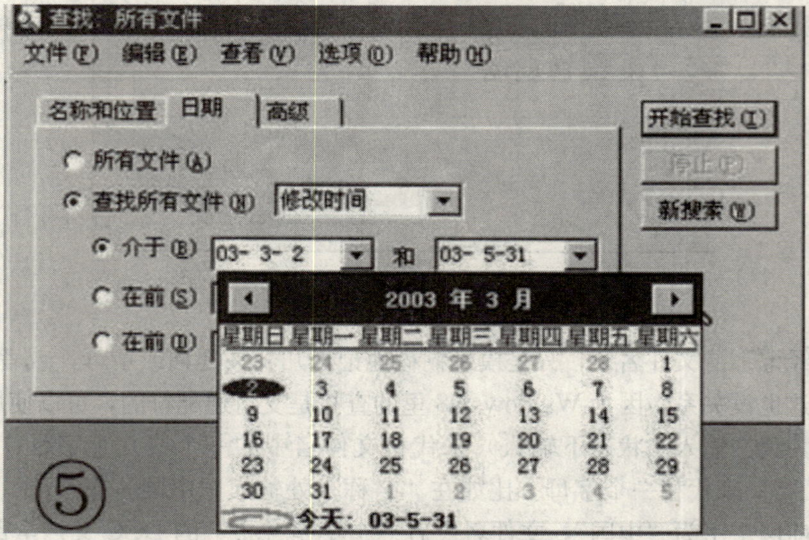

图 7—38　修改日期条件

第三节　控制面板的使用

一、添加和删除程序

Windows 98 中文版是一个操作系统，可以在它上面运行多种应用程序，如字处理软件、电子表格程序、图形/图像处理程序、CAD 软件等。这些应用软件不包含在操作系统中，要使用它们必须进行安装，同时，当不再需要这些软件时，还应将它们从操作系统中删除掉，以节约系统资源。下面介绍 Windows 98 应用软件的安装与删除以及 Windows 98 中文版组件的添加与删除的方法。

1. 应用程序的安装和卸载

Windows 的应用程序一般都带有自己的安装程序，用于完成文件的复制和文件夹、程序组的建立等安装的细节问题。一般情况下，典型的安装程序在开始时总是要提出一些问题，如安装的方式、安装的文件夹、软件的序列号、用户信息等，正确回答这些问题后安装程序才会开始复制文件。文件复制完成后，安装程序还会自动在“开始”菜单的“程序”级联菜单中添加新的文件或快捷方式、修改系统的设置，有的软件还会提示用户通过因特网向软件生产商注册。此外，有的软件还会在安装完成后，要求用户重新启动计算机。

双击“添加/删除程序”图标，出现添加/删除程序对话框，其中包括三个选项卡，在“安装/删除”选项卡中可以安装或删除已安装的应用程序，如图 7—39 所示。

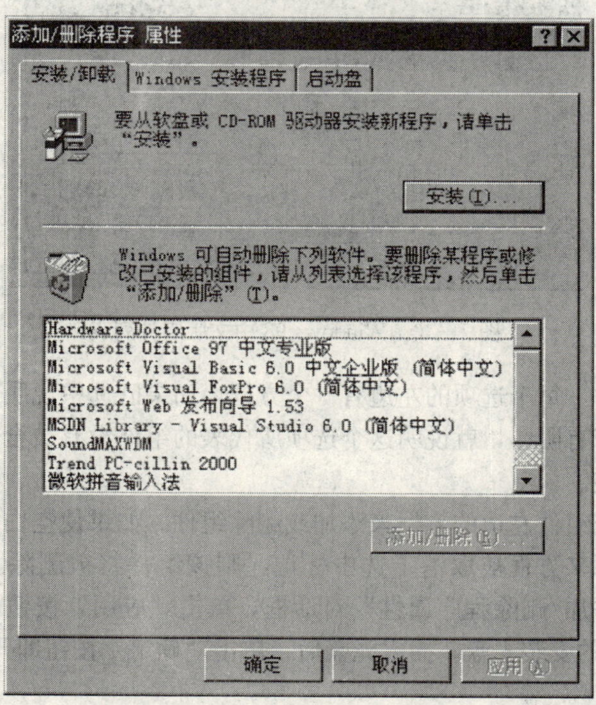

图 7—39　添加/删除程序

如果要安装应用程序可单击“安装”按钮；如果要删除一个已安装的应用程序可选中该应用程序，然后单击“添加/删除”按钮。接着就可根据提示进行操作，因其操作比较简单，这里不再作介绍。此外，随着软件的发展，一般应用程序都自带安装和卸载程序，使安装和删除工作变得更为轻松。

2. 安装 Windows 98 中文版组件

在“Windows 安装程序”选项卡中可以通过选中或取消选中来添加或删除 Windows 98 的组件，在此对话框中列出所有已安装和未安装的组件，如图 7—40 所示。

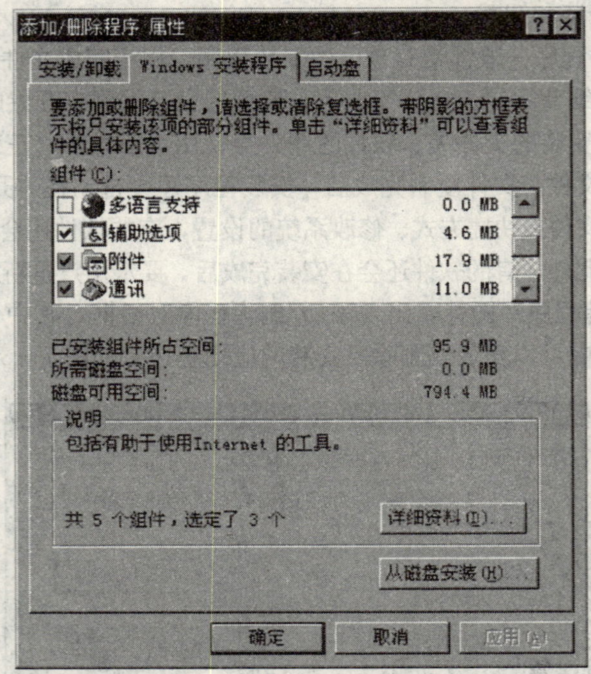

图 7—40　Windows 98 中文版组件列表

在组件列表框中，每个选项的左边有一个方框，如果已选中说明这个组件已安装在系统中；如果方框中带有阴影，就说明这个选项所代表的组件没有被全部安装；如果没有选中则表明没有被安装。

用户可通过单击组件左边的方框来添加或删除组件。如果使空白的方框内选中，则将安装该组件，如果原来方框被取消了选中标记，则该组件将被删除。选择好后按下“确定”按钮，返回“添加/删除程序属性”对话框，单击“应用”按钮，这时将会要求插入 Windows 98 第二版的安装光盘，插入光盘后，单击“确定”按钮即开始安装。

3. 制作启动盘

在“启动盘”选项卡中可以制作一张在 Windows 出现问题时，用来进行辅助维护的启动盘，如图 7—41 所示，单击“创建启动盘”按钮可进入创建过程，在此过程中会要求用户插入 Windows 98 第二版的光盘，然后还要求用户插入一张未使用的软盘，并提示用户将格式化该盘并删除盘中全部信息，最后提示创建完成，就可以用这张盘启动计算机了。

二、鼠标设置

Windows 98 中文版操作系统支持两键式鼠标，当鼠标移动时，桌面上的鼠标指针也随之移动。在正常情况下，鼠标指针为一个小箭头，而当系统处于不同的工作状态时，鼠标的指针形状也会发生变化。鼠标有多种操作方式，但最基本的操作方式仍是单击、双击和拖动。现在较新的鼠标中带有滚轮，可以上下滚动，使对话框内或文本框内的内容也随之上下移动，方便浏览。在有些应用程序里鼠标的滚轮不仅能上下左右移动，而且还能支持左上、左下、右上、右下的移动，特别对制作图形或三维动画的操作人员带来很大的方便。使用鼠标滚轮的方法有两种，一种是直接滚动，鼠标指针不发生变化；另一种是按下滚轮的同时再移动鼠标，可使文本内容连续移动，同时鼠标指针也会发生变化，如图 7—42 所示，这里仅列出了三种形状，在不同的应用程序里，查看不同的对象，鼠标指针的形状都会发生变化。

1. 鼠标按钮的配置

对于一般人来说，右手使用鼠标比较方便、快捷，但是，对于左撇子来说，这就很不方便了，因为他们的左手比右手更灵活，因此他们需要在使用鼠标时更改鼠标左右键的功能。在 Windows 98 中，设置这种功能比较简单。

在控制面板中双击鼠标图标打开“鼠标属性”对话框，如图 7—43 所示，在“按钮”选项卡中一般默认为右手习惯，若要改为左手，只需选择“左手习惯”即可。

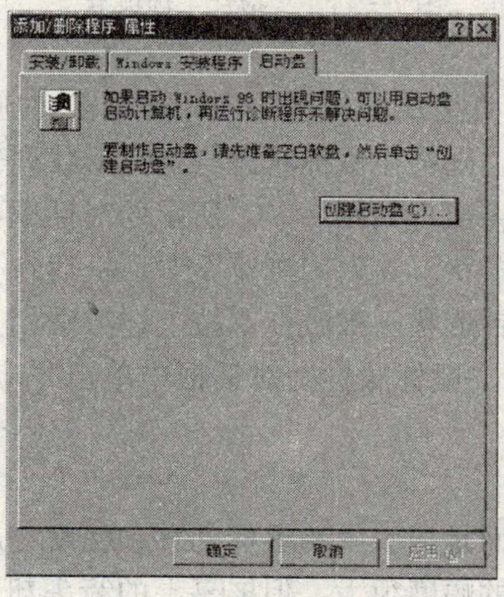

图 7—41　制作启动盘

图 7—42　鼠标指针的三种变化形状

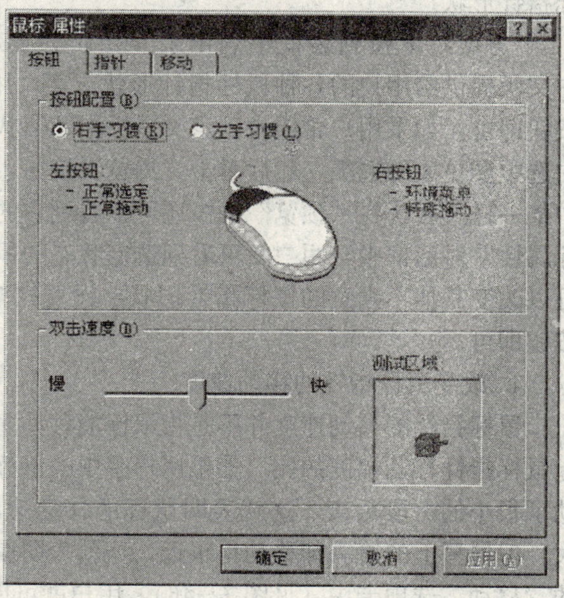

图 7—43　“鼠标属性”对话框

2. 调整鼠标双击速度

鼠标单击和双击都是最常用到的操作。对于入门者来说，双击算是一个不大不小的难题，因为如果连续两次按下鼠标左键的速度不够快，系统就会认为用户进行了两次单击操作。因此，用户可根据自己的实际情况，对双击速度进行调整。所谓双击速度就是两次击键之间的时间间隔。

在“双击速度”选项组中有一个用来设置鼠标双击速度的标尺和测试区域，用户可以拖动“双击速度”滑标来调整这个速度，并可在测试区域中进行测试，若有玩偶出现说明测试通过。

3. 更改鼠标指针的外观

鼠标在不同的工作状态下的形状会有所不同，在一般情况下，它的形状是一个小箭头，而当系统在运行程序时，它就会变成一个小沙漏形。Windows 98 为用户提供了多种鼠标指针形状的方案，用户可以直接在“鼠标属性”对话框的“指针”选项卡中选择一种方案（见图7—44），或者根据自己的爱好建立一个新的鼠标指针形状。

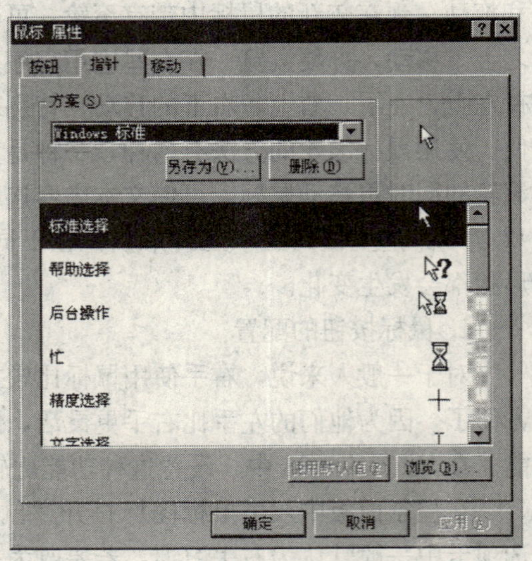

图 7—44　“指针”选项卡

“方案”下拉列表框中列出了 Windows 98 中文版提供给用户的各种鼠标指针形状方案，用户可直接从中任选一项，再单击“应用”按钮即可。如果用户希望自己定义鼠标指针形状方案，则可在鼠标状态与指针形状列表框中选中要更改的选项，然后单击“浏览”按钮，此时将出现如图 7—45 所示的对话框，选中某一样式后，在“预览”框中还可以看到它的真实形状。关闭“浏览”对话框后在“鼠标属性”对话框中，用户就可看到选定状态的鼠标指针形状已被改变，按上述方法用户就可以改变其他不满意的鼠标指针形状。设置完毕，在“鼠标属性”对话框中单击“应用”按钮即可。

4. 改变鼠标指针的移动速度

鼠标指针的移动速度并不是指鼠标能移动多快，而是指手中的鼠标的移动幅度与屏幕上鼠标指针移动幅度的比。如果用户手中的鼠标移动的幅度很大，但屏幕上的箭头却只移动了很小的一段距离，这就表明鼠标的移动速度慢；反之，若手中的鼠标移动的幅度不大，但屏幕上的箭头却移动得很远，这就表明鼠标的移动速度快。在“鼠标属性”对话框的“移动”选项卡中（见图 7—46），用户就可以调整鼠标的移动速度。由于此项设置与使用的习惯有很大关系，所以一般都使用默认设置。鼠标移动速度快有利于用户迅速地移动鼠标指向屏幕的各个位置，但不利于精确定位；否则相反。

5. 设置鼠标的轨迹

设置鼠标轨迹能很容易地发现鼠标，但轨迹过长又有碍注意力，因此用户应根据实际情况调整轨迹的长度。要设置鼠标指针的运动轨迹，只要选中如图 7—46 所示对话框中的

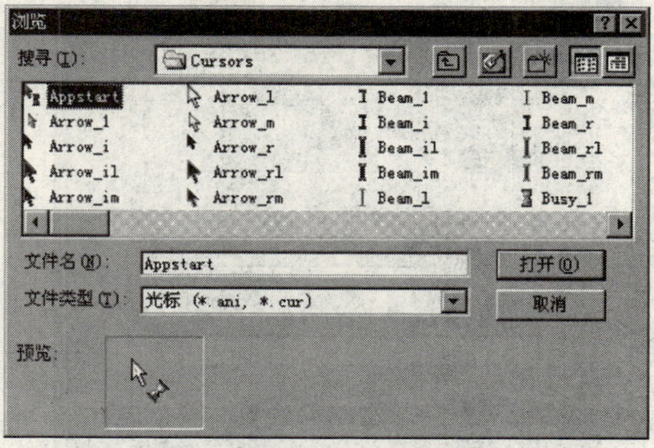

图 7—45　各种鼠标指针形状方案

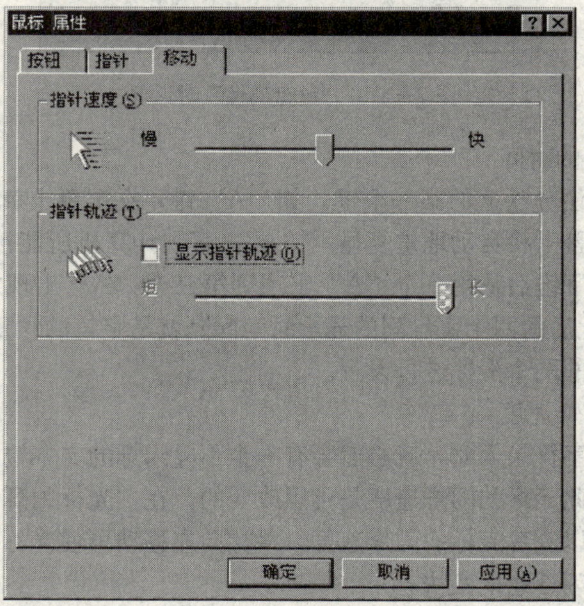

图 7—46　“移动”选项卡

“显示指针轨迹”复选框，这时复选框下方的标尺变为可用，然后把滑标向左拖动，则鼠标指针的轨迹变短，反之则变长。

三、键盘设置

键盘是计算机的传统输入设备，在 DOS 操作系统中键盘输入几乎是人机对话的唯一途径。在 Windows 的操作中，虽然鼠标的使用已十分普遍，但有时还是不可避免地要使用键盘，使用键盘可以提高工作效率。

在“键盘属性”对话框中有“速度”和“语言”两个选项卡，如图 7—47 所示。

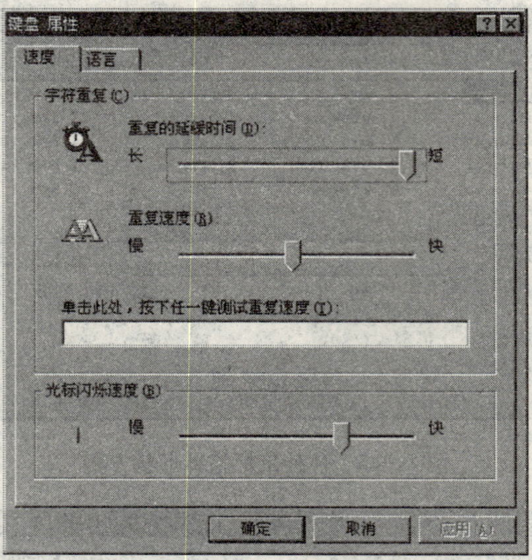

图 7—47 “键盘属性”对话框

1. 更改键盘响应的时间

如果用户一直按住键盘上的某一个键，如“A”键，在屏幕上就会先出现一个“A”，稍等一段时间后，屏幕上将自动地重复显示“A”，直到计算机所能接受的最大值后结束，同时发出警告声。按下键后从第一个“A”出现到第二个“A”出现之间的时间即为“重复的延缓时间”；而此后的两个字母间的显示时间间隔就是字符的“重复速度”，这两个属性都可以通过此页中的两个滑标进行设置。

2. 设置光标的闪烁速度

在用计算机进行字符录入时，就必然会有一个不停闪烁的文本输入光标指引下一个字符出现的位置。其实此光标的闪烁速度是可以改变的，在“光标闪烁速度”选项组中通过滑标的左右移动就可以改变光标的闪烁速度，滑标向左移动可使光标的闪烁速度变慢，向右移动则可使光标的闪烁速度变快。

3. 语言的设置

键盘属性的“语言”选项卡用于配置和设置键盘语言和键盘布局。键盘语言的种类有很多，计算机所使用的字符集对不同的国家是不同的，有时在同一台计算机中也可能不一样，需要使用各种键盘语言。如果用户设置了多种键盘语言，则还可以选择是否用左“Alt＋Shift”切换键盘语言，或者选择用“Ctrl＋Shift”切换键盘语言，如图 7—48 所示。

在“语言”选项卡中列出所有已安装的语言和布局，单击“添加”按钮可以打开“添加语言”对话框，如图 7—49 所示，在“语言”列表框中选择需安装的语言，单击“确定”按钮即可。

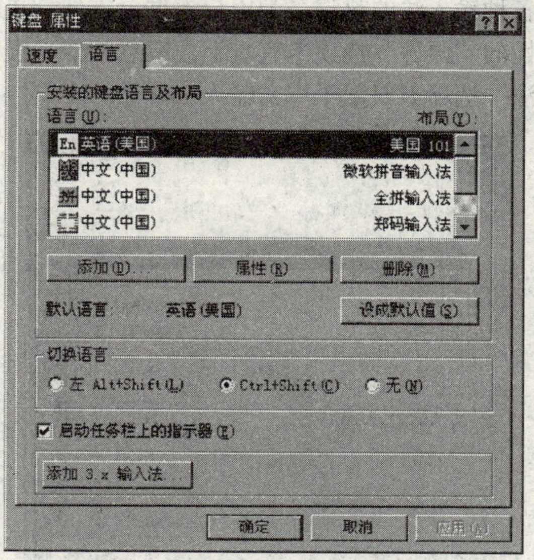

图 7—48 “语言”选项卡

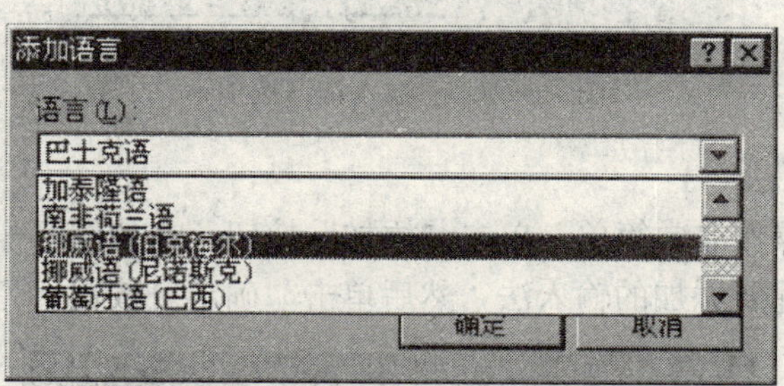

图 7—49 “添加语言”对话框

“属性”按钮用来设置每一种键盘语言输入法的风格和功能。对于不同的输入法和键盘布局，其属性的设置方法也不相同。

“删除”按钮的功能是删除已添加的键盘语言，删除时只要用鼠标选中文本框中的键盘语言选项，然后单击“删除”按钮即可。

“设成默认值”按钮是用来将某种键盘语言设为默认键盘布局。

“启动任务栏上的指示器”复选框用于决定在任务栏上是否显示用户所使用的键盘语言的图标。

“添加 3. X 输入法”用于向计算机添加 Windows 3. X 中的输入法。下面将介绍有关输入法的设置。

四、输入法属性设置

双击“控制面板”中的“输入法”图标，即会出现“输入法属性”对话框（见图 7—50)，在“输入法属性”对话框中，可以添加适合用户习惯的输入方法或删除某种不需要的输入法，还可以设置各种输入法的热键，为用户提供更方便、更快捷的服务。注意“输入法”选项卡和键盘属性的“语言”选项卡有看上去有点相似，但在“语言”中的设置对象范围较大，而“输入法”选项卡仅限于中文输入法。

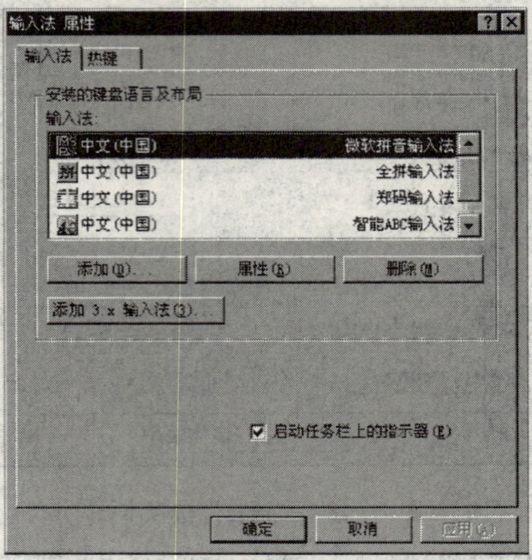

图 7—50　“输入法”选项卡

1. 添加/删除输入法

添加一种输入法操作非常简单，单击“添加”按钮，在如图 7—51 所示的添加“输入法”对话框列表中选择要添加的输入法，然后单击“确定”按钮。

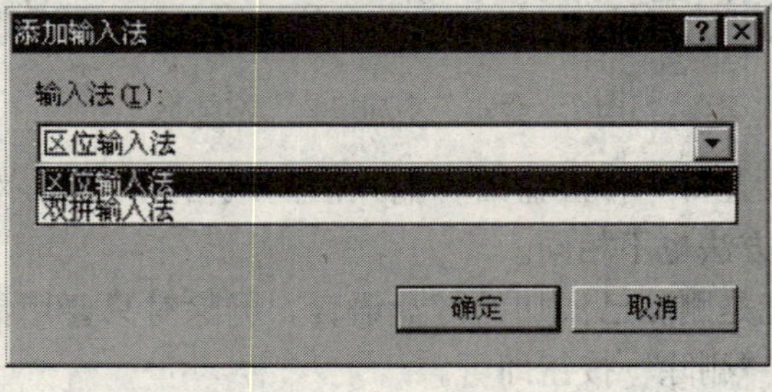

图 7—51　“添加输入法”对话框

如果要删除某一种输入法，可先选中该输入法，然后单击“删除”按钮即可删除该输入法，如图 7—50 所示。

2. 输入法快捷键的设置

单击“热键”选项卡出现如图 7—52 所示的对话框，可以为各种输入法的切换方式设置快捷键。注意在设置时，“左键”和“右键”两个复选框至少要选择一个。

在 Windows 98 中，用户可使用“Ctrl＋Space”切换中英文输入，也可使用“Ctrl＋

Shift”在各种中文输入法及英文输入法之间切换。

3. 输入法状态指示器的使用

在某种中文输入法状态下，语言指示器的左边会出现一个外观像笔和纸那样的图标，称为“输入法指示器”，单击该指示器出现三个选项（见图 7—53）：关闭输入法、打开软键盘和显示输入法状态。第一项可用来关闭或重新打开当前的输入法；第二项可以打开或关闭当前默认的软键盘，软键盘共有 13 种（见图 7—54），如希腊字母、俄文字母、拼音、标点符号、特殊符号等一些字符的输入；第三项是设置是否在桌面上显示当前输入法的状态。

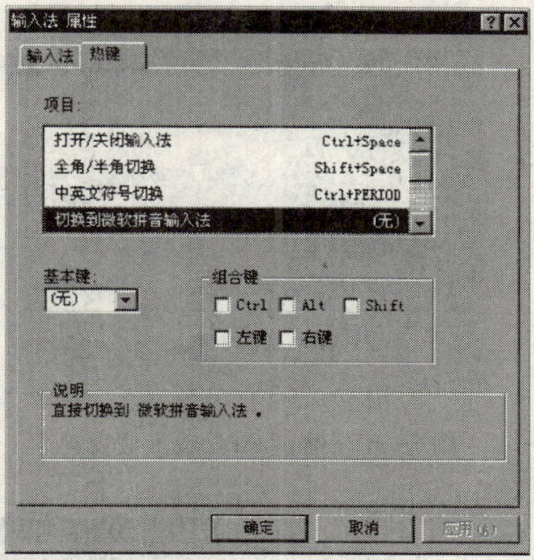

图 7—52 设置输入法快捷键

4. 配置输入法

右键单击状态栏上指示器，出现配置输入法菜单（见图 7—55）或有“设置”选项的快捷菜单（见图 7—56），点击均可打开配置输入法对话框。不同的汉字输入法有不同的输入法设置属性，标准输入法也就是智能 ABC 的输入法设置对话框如图 7—57 所示，微软拼音输入法设置对话框如图 7—58 所示。

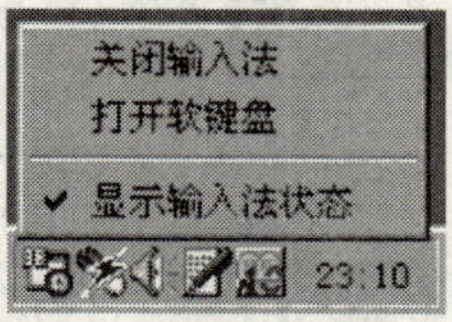

图 7—53 输入法指示器

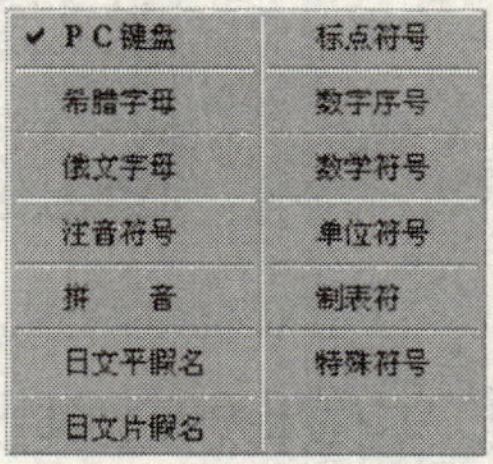

图 7—54 13 种软键盘

图 7—55 配置输入法

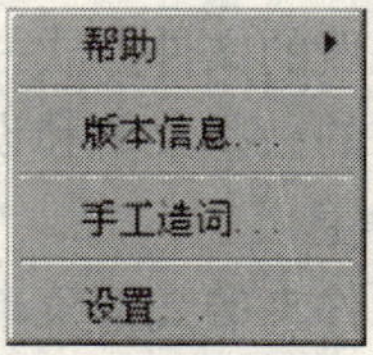

图 7—56 快捷菜单中的“设置”

五、字体配置

在控制面板中的“字体”实际上是字体文件夹的快捷方式，打开它即为打开 Windows 目录下字体文件夹 FONTS，如图 7—59 所示。从中可以看出此文件夹与一般的文件夹有

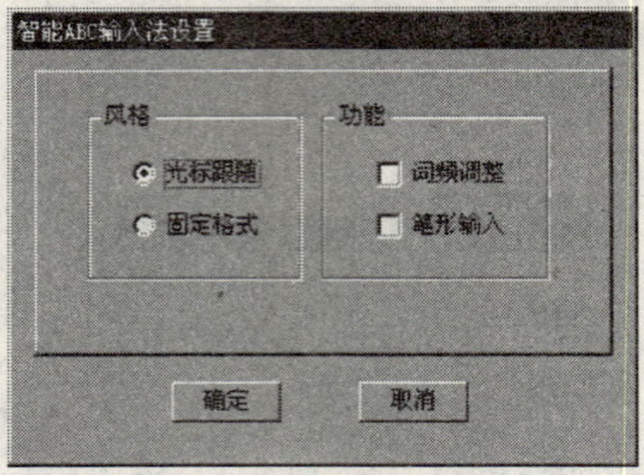

图 7—57　智能 ABC 输入法设置

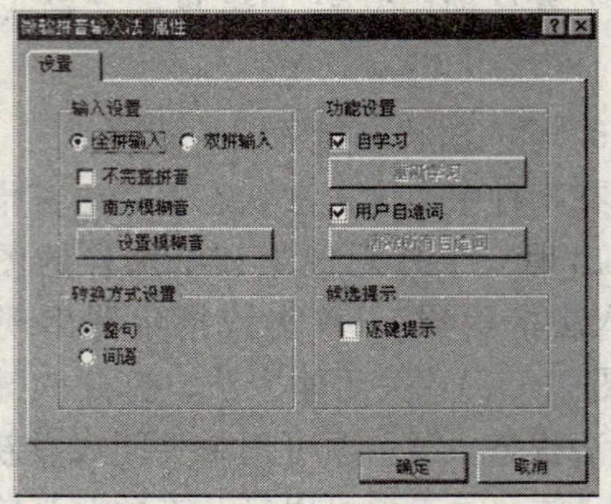

图 7—58　微软拼音输入法设置

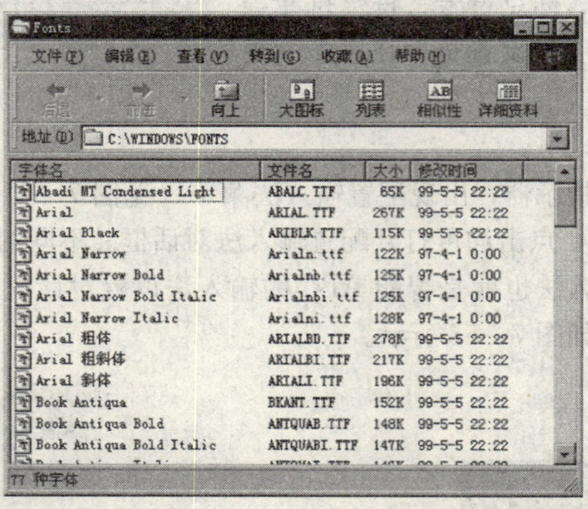

图 7—59　FONTS 文件夹

很大的不同，不仅体现在工具栏上，而且在显示文件的内容方式上也不同。一种字体对应一个字体文件，其中字扩展名为 TTF 的字体文件对应 TrueType 字体。用户可以用不同的方式来查看字体文件，如按“相似性”“大图标”“隐藏变体”或“列表”等，其中有些查看方式与一般的文件方式一样，而有些是查看字体文件时所特有的。下面介绍一下字体文件夹中特有的一些菜单和设置。

1. 字体信息

在字体文件夹的文件菜单也有一个“打开”子菜单，其实当打开选中的一个字体文件时即为打开该字体的所有信息（见图 7—60），当按“确定”按钮时可关闭此显示框。

2. 安装新字体

如果用户觉得 Windows 98 所带的字体不够用，也可安装新的字体。在文件菜单中有一个“安装新字体”子菜单，打开此对话框（见图 7—61），指定需安装字体的路径和文件名，按“确定”按钮即可将此字体安装到系统中。注意在安装时须选中“将字体复制到

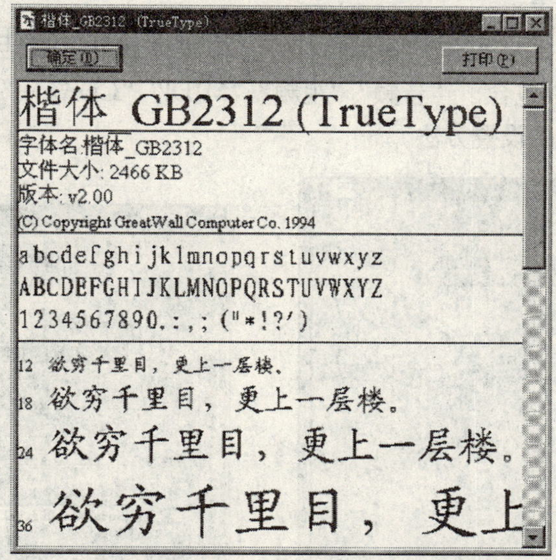

图 7—60　字体信息框

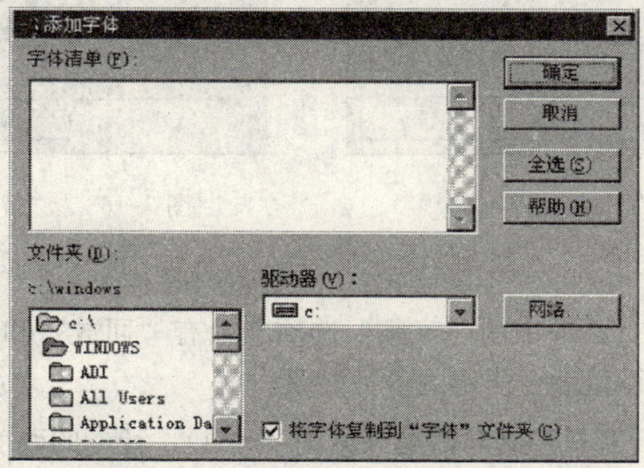

图 7—61　“添加字体”对话框

‘字体’文件夹”，否则只安装此字体的快捷方式。

3. 删除字体

删除字体的操作非常简单，只要选中该字体文件，然后使用文件菜单或快捷菜单中的“删除”命令即可。

4. 字体文件夹的选项设置

在字体文件夹的选项设置中，与其他的文件夹选项设置有一点不同，一般此对话框中有“文件类型”选项卡，而它没有，但有一个“TrueType”选项卡（见图 7—62），如果选中的其中的“本机的程序只显示 TrueType 字体”复选框，那么整个系统中只显示 TrueType 字体，其他的字体都不显示。

六、多媒体属性设置

双击控制面板中的“多媒体”图标，打开“多媒体属性”对话框（见图 7—63），在“多媒体属性”对话框中包含了“音频”“视频”“MIDI”“CD 音乐”和“设备”五个选项卡，下面分别介绍每项的设置方法。

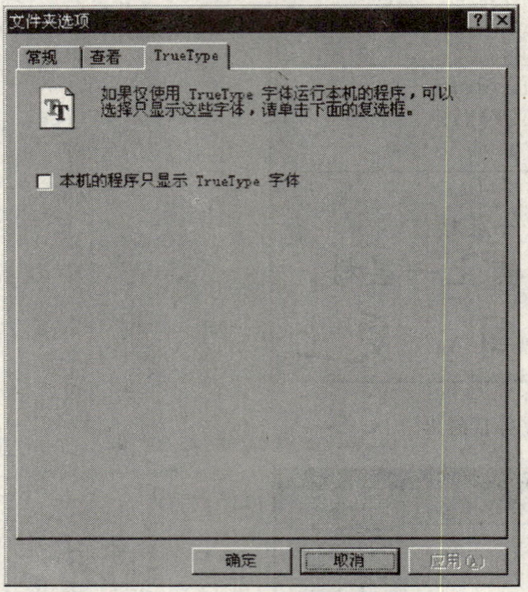

图 7—62　设置 TrueType 字体

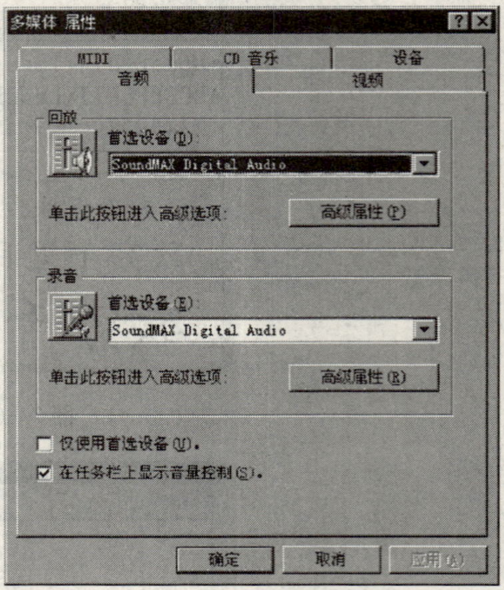

图 7—63　“多媒体属性”对话框

1. 音频属性的设置

在“多媒体属性”对话框中的“音频”选项卡上有“回放”和“录音”两个选项组。在这两个选项组中用户可以改变声音的各种设置。

单击按钮可打开音量控制对话框（见图 7—64），音量的改变可通过移动滑标来改变。如果要增加或减少某种音量控制的显示，可通过选项菜单中的“属性”子菜单对话框中音量控制列表框中复选框进行选择，如图 7—65 所示。

单击回放组中的“高级属性”按钮可打开“高级音频属性”对话框（见图 7—66），在该对话框的“扬声器”选项卡中，用户可以在“扬声器设置”列表框中选择用户计算机上的扬声器，当用户选择扬声器后，对话框上的示意图会随用户的选择而发生变化。在“性能”选项卡（见图 7—67）中，用户可拖曳“硬件加速”和“采样率转换质量”标尺上的滑标设置硬件加速性能和放音的质量。

单击录音选项组中的，可打开如图 7—68 所示对话框，它与音量控制的对话框非常相似，但它在文件菜单中多了一个“高级属性”子菜单，选中它后会在“Microphone”的音量控制中多一个“高级”按钮，打开此按钮，弹出如图 7—69 所示的对话框，可对音

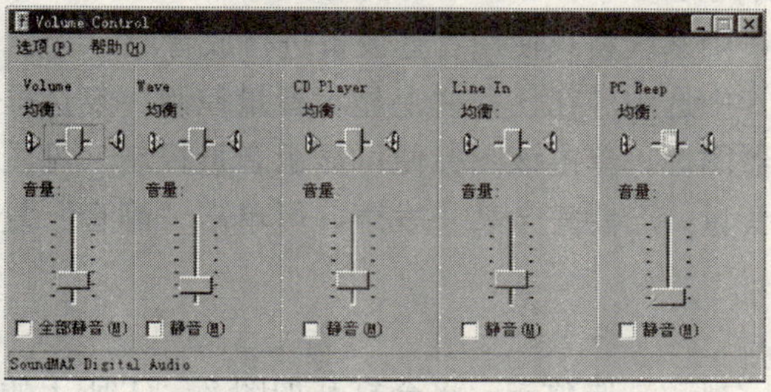

图 7—64　音量控制对话框

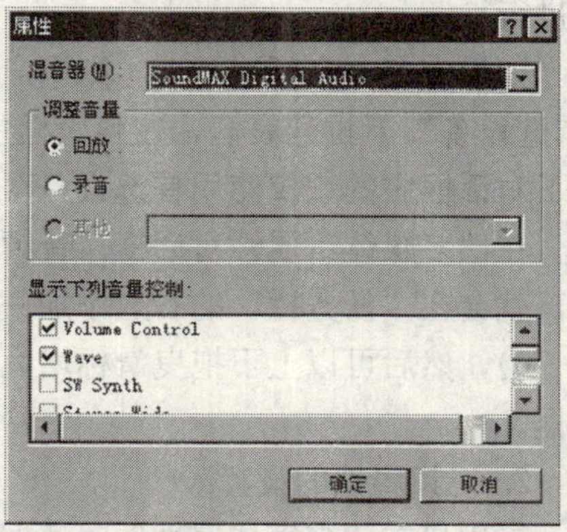

图 7—65　增加或减少某种音量控制的显示

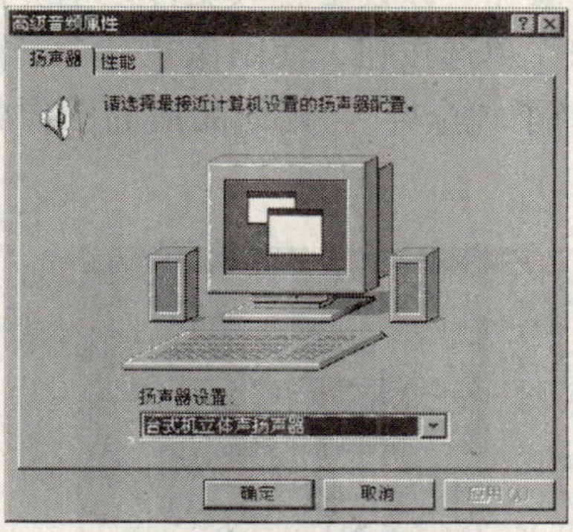

图 7—66　“高级音频属性”对话框

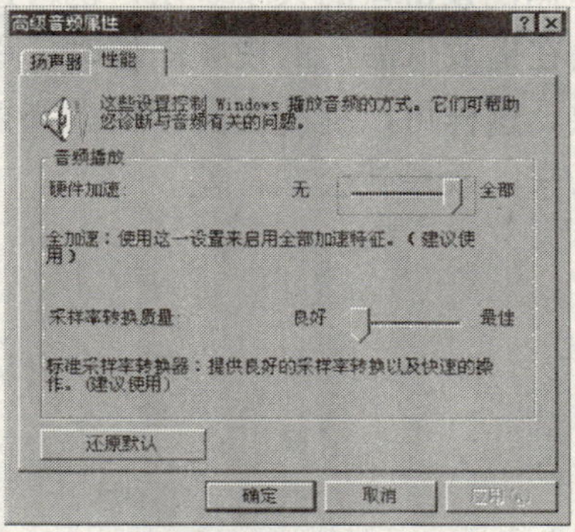

图 7—67　“性能”选项卡

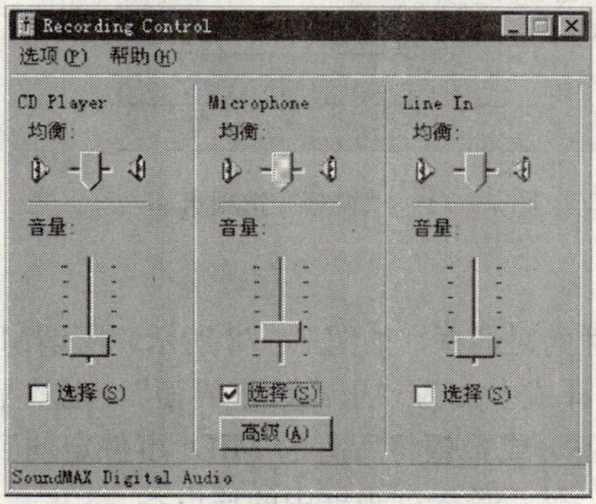

图 7—68　音量控制

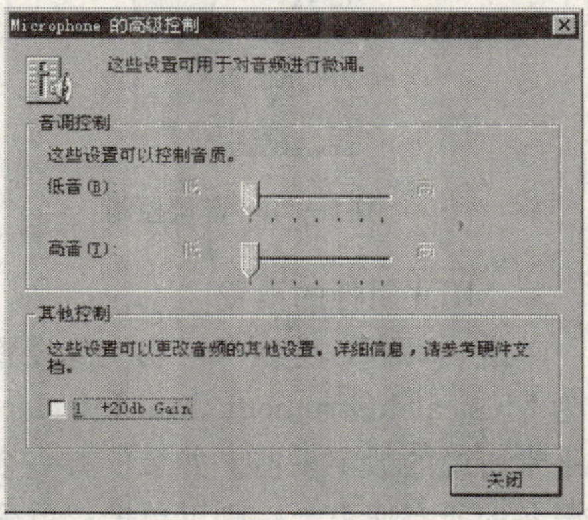

图 7—69　微调音频

频进行微调。

如果有多个音频适配器，则用户还可打开“多媒体”属性对话框“音频”选项卡中的“首选设备”下拉列表框，在列表框中选择要优先用来放音和录音的适配器。如果用户选中了对话框中的“仅使用首选设备”复选框，则系统将只使用首选设备进行放音或录音。

在“多媒体”属性对话框“音频”选项卡中选中“在任务栏上显示音量控制”复选框后，就会在“任务栏”的右边添加一个扬声器图标，单击该图标便可显示音量控制（见图7—70），然后可以上下拖曳滑标增大或减小音量，若要完全禁止发声，可单击“静音”复选框。

2. 视频属性的设置

当用户在“多媒体属性”对话框中单击“视频”选项卡，将会打开如图 7—71 所示的对话框，在此页中只有两个选项：窗口方式或全屏方式。选择窗口方式时，可在其列表框中选择视频窗口的大小。用户也可选中“全屏”单选按钮，以设置视频文件以全屏模式播放。在播放低品质的视频图像时，用户可选择“窗口”单选按钮，使图像在一个子窗口中播放，这样可以提高视频图像的播放效果；如果选择了“全屏”，则低品质的图像将被拉伸开来，效果就会非常差。

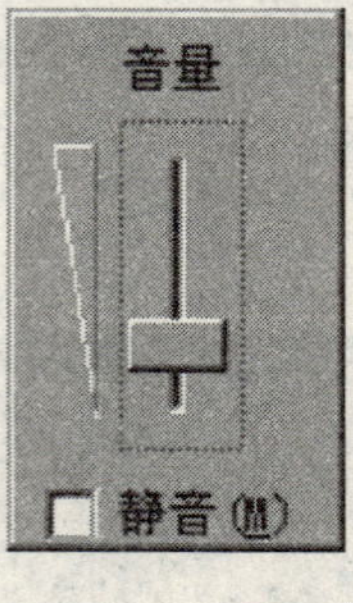

图 7—70　音量控制

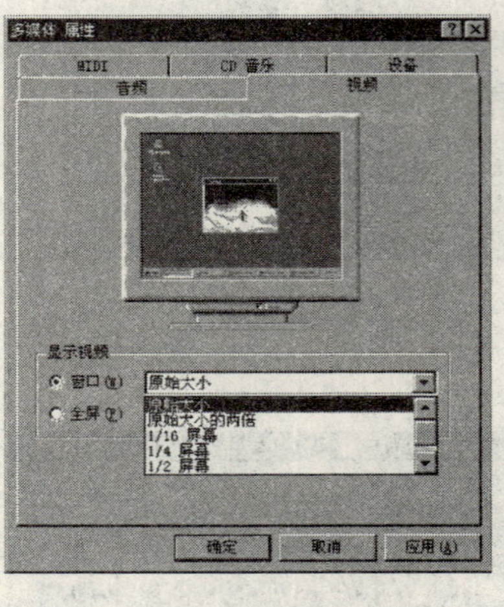

图 7—71　“视频”选项卡

3. MIDI 属性的设置

单击“MIDI”选项卡可切换到设置 MIDI 属性的对话框，如图 7—72 所示。所谓MIDI即为 Musical Instrument Data Interface 的缩写，译成中文为“乐器数字界面”，也就是人们平常所说的数字乐器。如果仅有一个 MIDI 设备，或希望将所有的 MIDI 事件定向到这个设备的所有通道上，则可单击“单乐器”按钮，然后单击列表框中的该设备。

单击“自定义配置”按钮可选择一个定制 MIDI 通道方案或生成一个新定制的方案。如果已生成了一个定制方案，则可在“MIDI 方案”下拉列表中选择。

4. CD 音乐的设置

在“多媒体属性”对话框中单击“CD 音乐”选项卡即可打开如图 7—73 所示的对话框。在此页中，用户可以改变计算机中 CD 音乐的设置。如果用户拥有多个 CD－ROM 驱动器，则可在“CD－ROM 选择”选项组中选择一个驱动器作为 CD 音乐默认的驱动器。此外，拖曳“CD 音乐音量”滑标可改变 CD 音乐音量的大小。

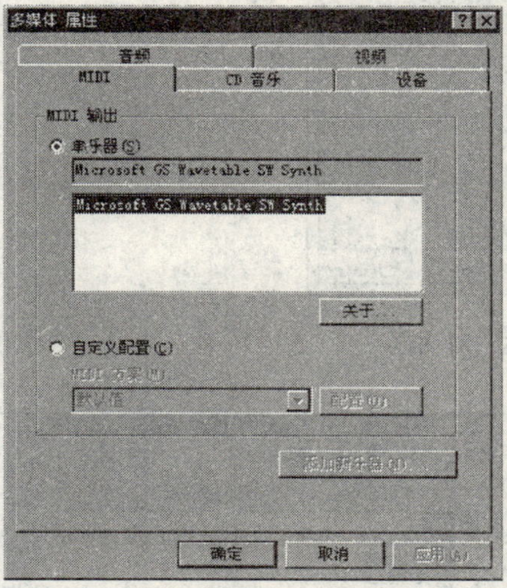

图 7—72 “MIDI”选项卡

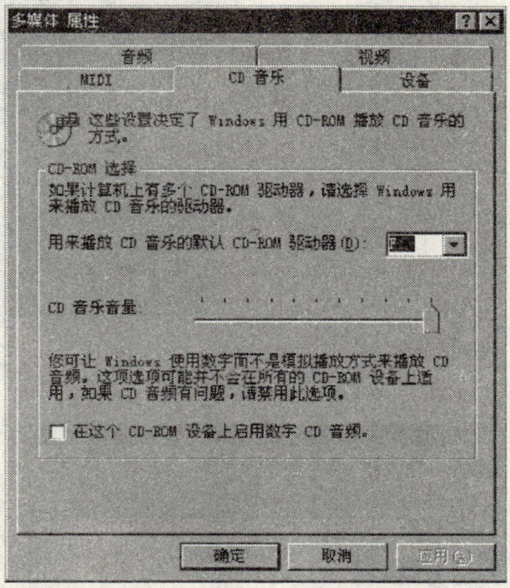

图 7—73 “CD 音乐”选项卡

这里的音乐设置可能不会控制连接在用户 CD－ROM 驱动器输出插孔上耳机的音量，它仅能控制用户声卡的输出音量。

七、系统属性的设置

双击“控制面板”中“系统”或打开桌面上“我的电脑”的快捷菜单中的“属性”子菜单，或使用快捷键 Win＋Break 都可打开系统属性的对话框（见图 7—74），在这里 Windows 操作系统提供了用户对于系统设备及资源进行各种设置和调整的工具。

在系统属性框中共有常规、设备管理器、硬件配置文件和性能 4 个选项卡。

1.“常规”选项卡

在此选项卡中显示出有关系统信息，如系统版本号、注册的用户名和组织名、计算机等级以及物理内存的大小等，如图 7—74 所示。

2.“设备管理器”选项卡

在“设备管理器”选项卡中可以用两种方式查看系统所安装的硬件：一种是“按类型查看设备”（见图 7—75），即让列表按设备类型来组织和显示；另一种是“按连接查看设备”（见图 7—76）是让列表按设备的连接关系来组织和显示，双击某设备类型名或单击它前面的加号框就会扩展列表，显示具体的设备。

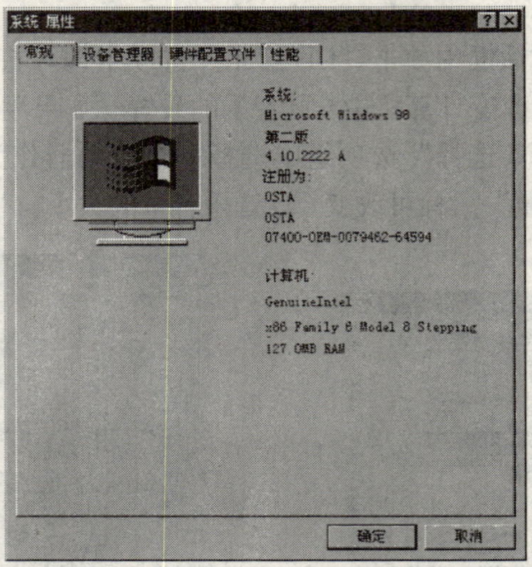

图 7—74　“系统属性”对话框

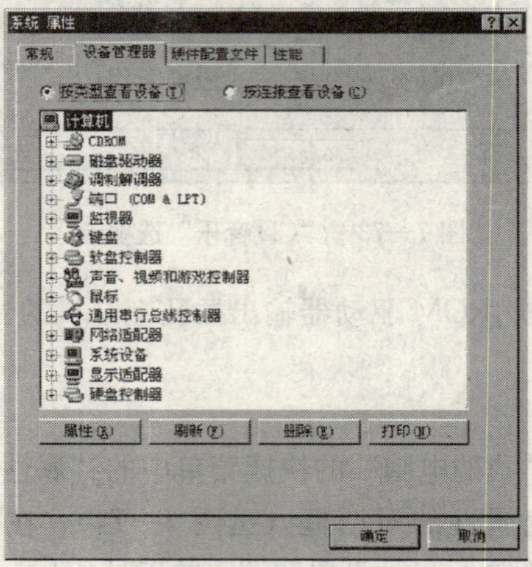

图 7—75　按类型查看设备

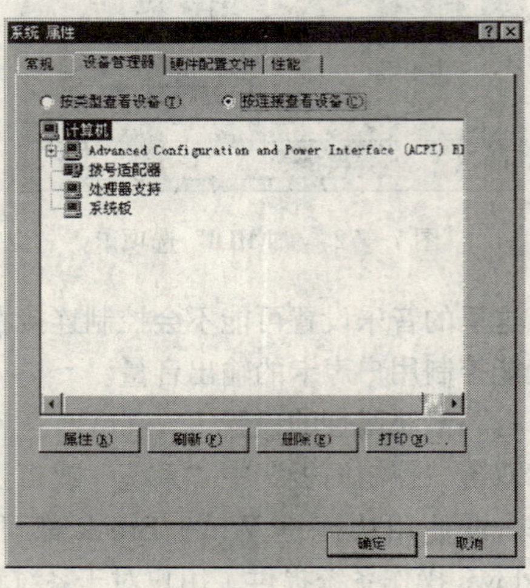

图 7—76　按连接查看设备

（1）查看设备属性。选择具体的设备后点右键，单击“属性”按钮或用左键双击该设备，可打开此设备的属性对话框，不同设备的属性对话框的内容也不尽相同，但所有设备的属性对话框中都有一个常规选项卡，除了显示有关信息外，有些设备还有一个“设备的用法”选项组，可对其复选框进行选择。另外，凡占用系统资源的设备都有一个“资源”选项卡，显示资源的占用情况。

（2）系统资源。设备所占用的系统资源有：中断请求（IRQ）、直接内存访问（DMA）及内存、输入/输出地址范围（I/O）。如要查看系统中各设备当前所有的资源，可以查看计算机的属性（见图 7—77）。下面先介绍一下这些资源的含义。

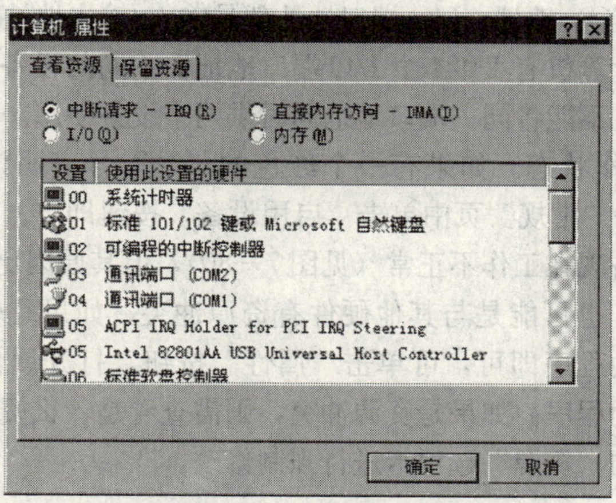

图 7—77 查看系统中各设备当前所占用的资源

1）中断请求（IRQ）。IRQ 就是一般常说的中断请求，中断请求包括由硬件和软件引起的中断请求。在计算机上有 16 个硬件中断：IRQ0～IRQ15，其中许多中断为本机系统硬件所占用，例如 IRQ0 为系统时钟所占用，IRQ1 为系统键盘所占用，COM2 用 IRQ3，COMl 用 IRQ4，软盘控制器使用 IRQ6，打印机端口占用了 IRQ7，IRQ14 为硬盘所占用，在一般情况下 IRQ5，IRQ10，IRQ11，IRQ15 是系统为用户所保留的中断号，但在本机中分别被 USB，MODEM，815 主板的图形控制器和光驱所占用，所以当单击“保留资源”选项卡时已没有保留资源，如图 7—78 所示。

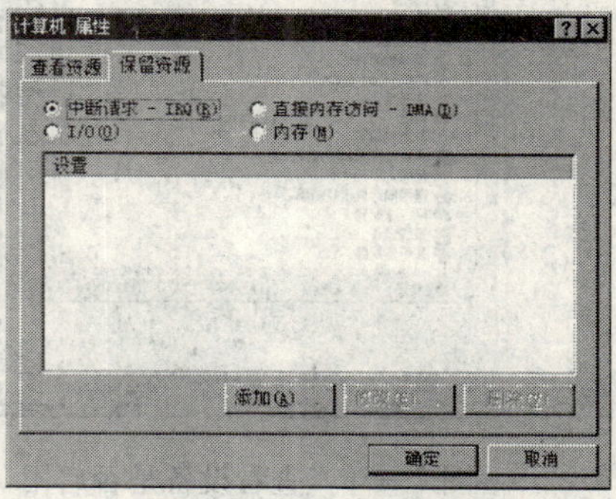

图 7—78 查看保留资源

硬件所用的中断号越小，其 CPU 响应级别越高，如当鼠标（占用 IRQ12）与键盘（占用 IRQ1）一起被按下时，CPU 首先响应键盘请求。每增加一个新的硬件，系统都必须为其配置一个可用的中断号，要把所安装的新硬件中断号设置在空闲的中断号中，否则新安装的硬件设备将拒绝工作，甚至会导致系统崩溃。因此，了解 IRQ 与调整它们之间的冲突关系是很重要的。在很多的情况下尤其是在 Windows 98 操作系统下系统会自动给所安装的新硬件分配一个中断号。

2）直接内存访问（DMA）。DMA（Direct Memory Access，直接内存存取）可以协助 CPU 进行大量的数据传输，它可以与 CPU 并行工作，用于处理一些高速外设与 CPU 之间的数据通讯问题。DMA 通道也不允许被两个或两个以上的设备同时使用，否则系统或该设备将不能正常工作。

3）输入/输出（I/O）地址。I/O 端口地址就是输入/输出地址，它是外围设备同 CPU 传递数据的中转站。计算机有 1 024 个 I/O 端口地址，不同的设备有不同的端口地址。与 IRQ 和 DMA 一样，也不能将同一端口地址同时供两个设备使用。

（3）查看设备工作状态。如果有一个红色的“×”号表明该设备没有启用（见图 7—79），只需在该设备“常规”页中单击“启用设备”按钮即可。如果用户查看到设备标有感叹号，表明该设备现在工作不正常（见图 7—80），但其原因比较复杂，可能是因为驱动程序没有成功安装，也可能是与其他硬件有资源冲突。如果是驱动器程序没有成功安装，只需重新装载驱动程序即可，可单击“属性”按钮，打开属性对话框中的“驱动程序”选项卡，升级驱动程序。如果是资源冲突，则需查看是什么资源引起的冲突，然后才能对其属性对话框中的“资源”选项卡进行强制修改。

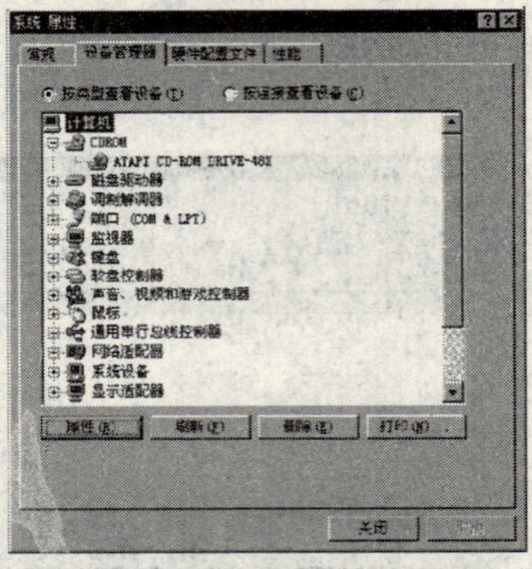

图 7—79　查看设备是否启用

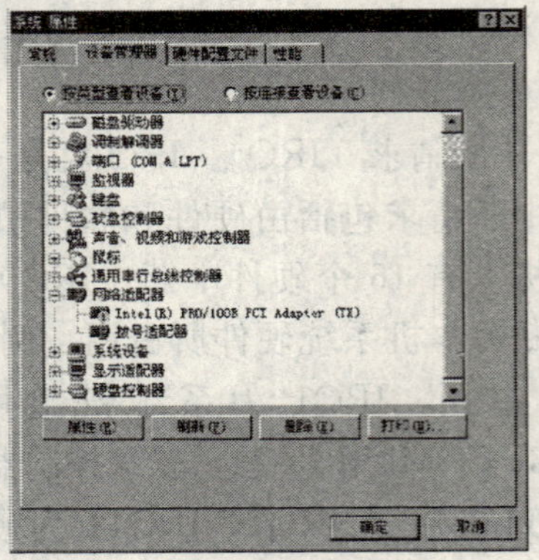

图 7—80　查看设备是否正常工作

经检查，图 7—80 所示的网卡问题是由于中断冲突引起的，要解决这个中断冲突问题，可以采用两种措施：一是修改通讯端口的中断请求，二是修改网卡的中断请求。根据不同的主板，有些主板系统将 COM2 的中断默认为 03，不允许用户更改，因此用户只能修改网卡的中断请求。在这里只能将网卡的中断由 3 改为 11（见图 7—81），更改方式非常简单，在系统属性对话框中双击“网络适配器”图标，在列表中选取此网卡，双击此图标或单击“属性”按钮选择“资源”选项卡，列出该网卡的资源占用情况，双击中断请求，打开“编辑中断请求”对话框，进行修改即可，如图 7—82 所示。确定并重启后此网卡就能正常工作了。

3. 硬件配置文件的设置

在默认情况下，“系统属性”对话框的“硬件配置文件”选项卡中只有一个“Original Configuration”的硬件配置文件（见图 7—83）。如果用户需经常更换硬件环境，且每次都需重新配置硬件驱动和信息，那么使用此项功能就会非常方便。只需为不同硬件环境配置起个名，以后只需更改硬件配置文件名即可。

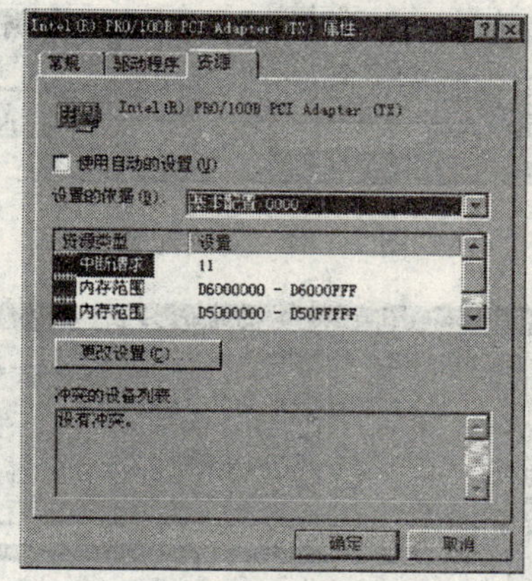

图 7—81　修改网卡的中断请求

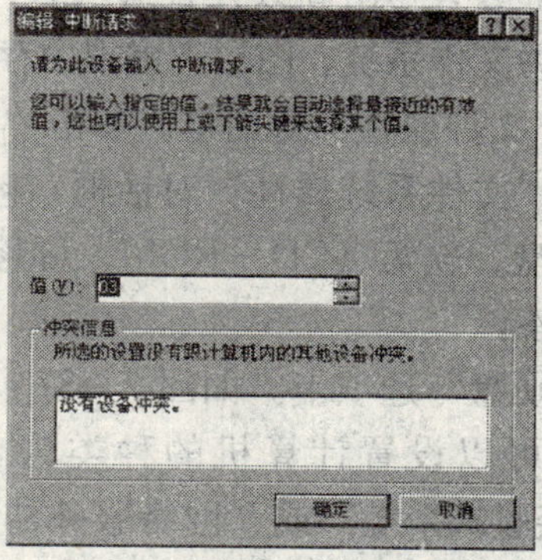

图 7—82　“编辑中断请求”对话框

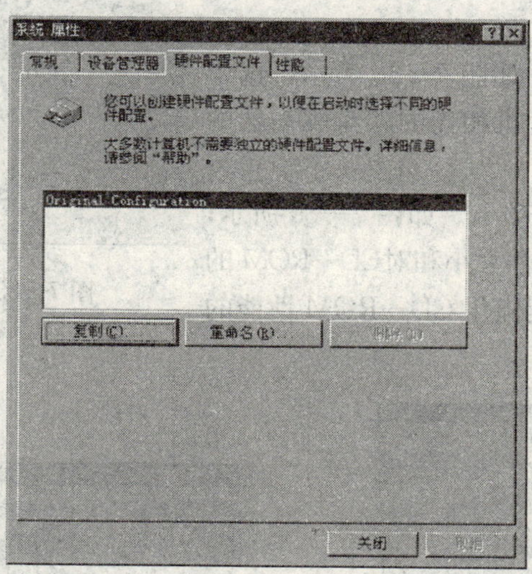

图 7—83　设置硬件配置文件

创建一个新的硬件配置文件必须通过对原有文件的复制来完成。在对话框中选择一个配置文件（见图 7—83），单击“复制”按钮，则出现“复制配置文件”对话框（见图 7—84），键入要创建的硬件配置文件的名称，即可创建新的硬件配置文件，如图 7—85 所示。

如果要删除或重命名某一硬件配置文件，单击“删除”或“重命名”按钮即可完成这个配置文件的删除或改名。注意当前正在使用的配置文件不能删除。

4. 系统性能的设置

单击“性能”选项卡出现如图 7—86 所示的对话框，图中显示了性能的状态，包括内存、可用的系统资源、文件系统的格式、虚拟内存及磁盘的压缩情况。一般在正常情况下，系统应该是“按照最优性能配置的”。在此页的下半部分有一个高级设置选项组，有三个按钮，分别为文件系统、图形和虚拟内存。

（1）“文件属性”对话框。单击“文件系统”按钮出现“文件系统属性”对话框，包括五个选项卡，硬盘、软盘、CD－ROM、可移动式磁盘和疑难解答。

1）“硬盘”选项卡。如图 7—87 所示，在此选项卡中可以设置计算机的种类为“台式机”“便携或接驳式系统”或“网络服务器”，使之能更好地发挥其性能。硬盘数据预读功能可以提高数据传送的效率，在可以的情况下应设置为完全。

2）“软盘”选项卡。如图 7—88 所示，选中此项可使系统优化与计算机相连的软盘驱动器的性能。

3）“CD－ROM”选项卡。如图 7—89 所示，在此页中可设置追加的缓存大小和对CD－ROM 的最佳访问方式，从而达到优化 CD－ROM 性能的目的。

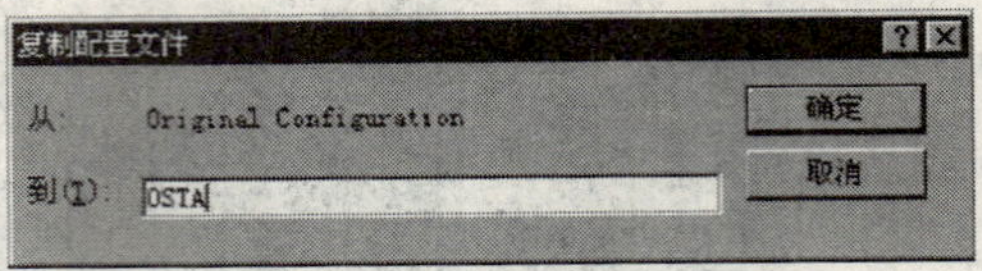

图 7—84　复制配置文件

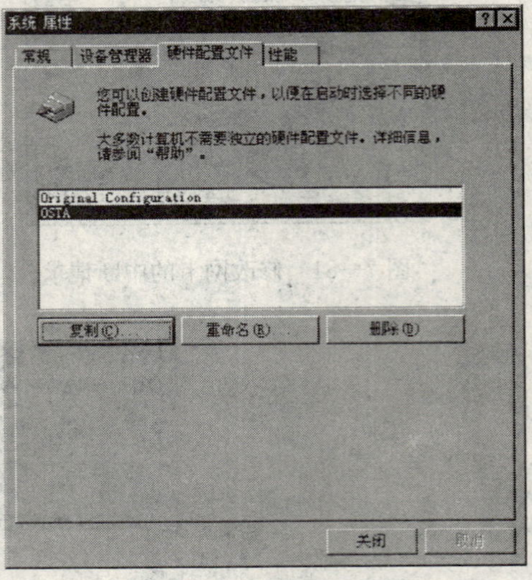

图 7—85　创建硬件配置文件

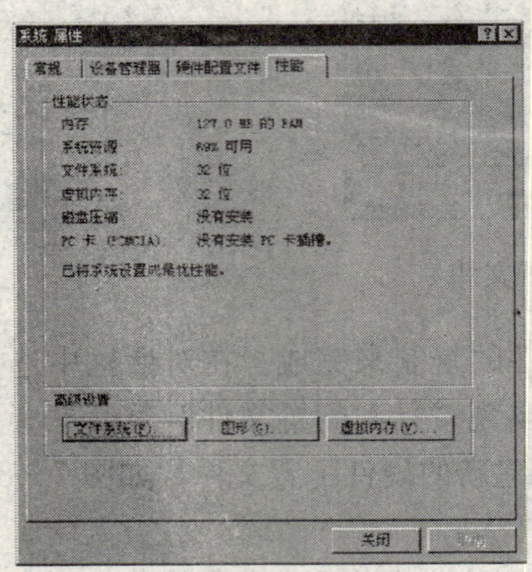

图 7—86　“性能”选项卡

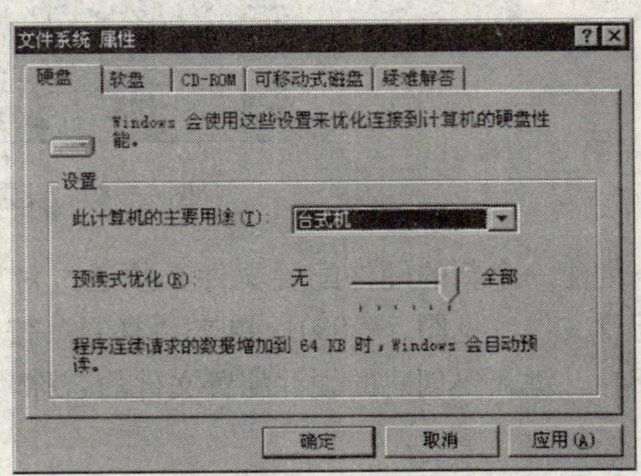

图 7—87　“文件系统属性”对话框

4）“可移动式磁盘”选项卡。如图 7—90 所示，如果用户计算机上安装了可移动的磁盘，使用此页中的复选框，可优化其性能。

5）“疑难解答”选项卡。如图 7—91 所示，在此页中列出了一系列复选项，用户可以

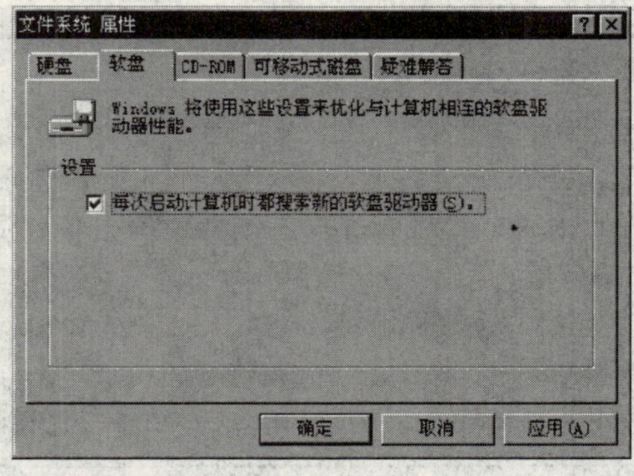

图 7—88 “软盘”选项卡

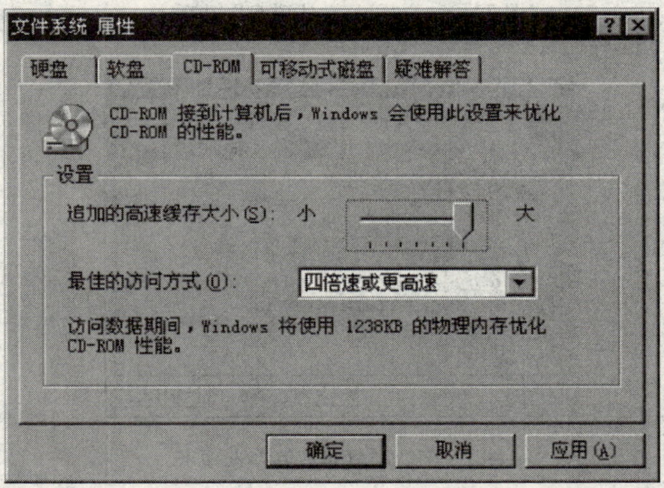

图 7—89 “CD—ROM”选项卡

根据自己的需要进行设置。但在此页中系统同时提示用户需小心更改此设置，因为这些选项都会使系统的整体性能下降。

（2）“高级图形设置”对话框。单击“系统属性”对话框，“性能”选项卡中“图形”按钮，出现“高级图形设置”对话框，如图 7—92 所示。用户可以根据所用的显示设备设置“硬件加速”的程度，调整滑标可以设置无加速、基本加速、多数加速和全部加速。在此对话框中系统同样提醒用户，如果硬件没有问题推荐使用全部加速功能。

（3）“虚拟内存”对话框。当计算机的物理内存不足时，一些应用程序将使用硬盘的剩余空间作为虚拟内存。这时用户可单击“系统属性”对话框“性能”选项卡中“虚拟内存”按钮，打开“虚拟内存”对话框（见图 7—93）进行一些设置。在一般情况下系统推

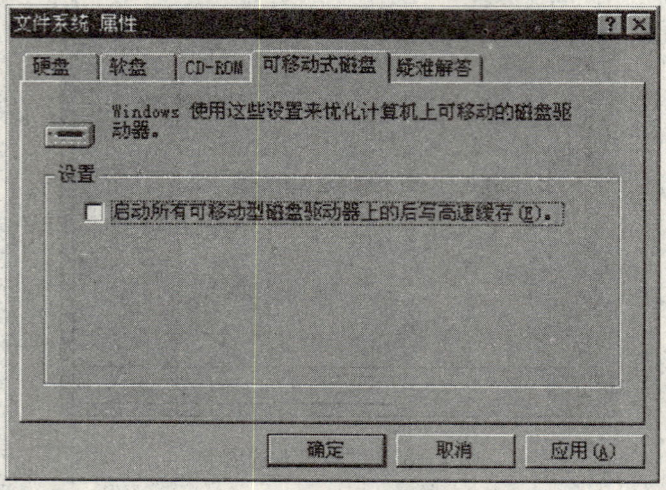

图 7—90　“可移动式磁盘”选项卡

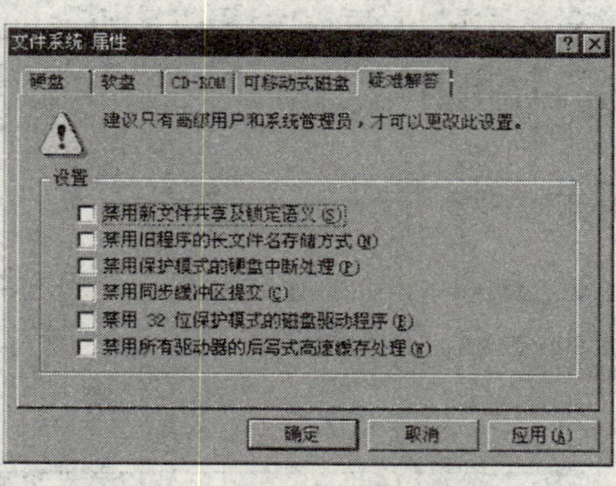

图 7—91　“疑难解答”选项卡

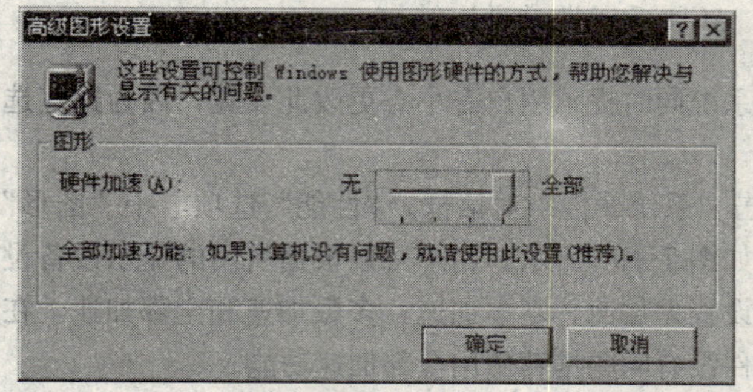

图 7—92　“高级图形设置”对话框

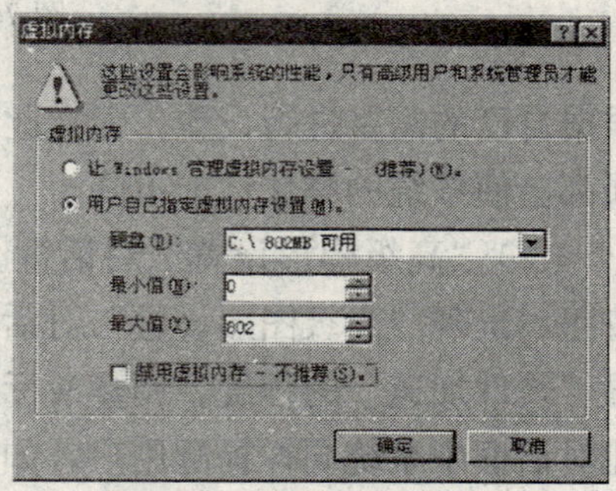

图 7—93　“虚拟内存”对话框

荐使用让 Windows 管理虚拟内存设置，只有在用户有特殊需求的情况下改用其他设置。请注意如果不用虚拟内存而且物理内存资源又不足，可能会导致系统崩溃。

八、添加新硬件

与 Windows 95 相比，Windows 98 中文版内置了更多、更新的硬件驱动程序，提供了更强的即插即用技术，取得了各硬件厂商的大力支持，所以在 Windows 98 系统中安装新的硬件已非常方便。但不管安装哪类硬件设备，都需要在 Windows 系统中安装其相应的驱动程序并做必要的配置，Windows 操作系统提供了自动检测或安装新硬件的功能，同时也能由用户通过控制面板下的“添加新硬件”进入安装向导。

所谓即插即用（Plug and Play），是指硬件本身安装之后系统会自动完成其驱动程序的安装和配置，简称 PnP。从理论上讲，真正的 PnP 需要三个前提条件，即支持 PnP 的 BIOS、支持 PnP 的硬件和支持 PnP 的操作系统。

硬件驱动安装配置的过程和方法是因硬件而异的，有些硬件厂商提供安装程序，一般只需运行盘中的 Setup 安装程序即可；有些支持即插即用的硬件，Windows 操作系统启动时会出现“发现新硬件”对话框，然后根据提示进行安装。在《计算机文字录入处理员》（初级）中已经介绍了如何安装一台打印机，这里以调制解调器为例来说明其安装和设置过程。

为了适应高速发展的信息社会，用户可以利用计算机与因特网连接来获取各种有用的信息。对一般用户来说，通常就是在计算机上安装一个调制解调器，然后通过电话拨号连接到因特网的服务提供商，再与因特网相连。但由于电话网络是为传输模拟信号而设计的，而计算机只能处理数字信号，所以在发送端要有一种将数字信号转变成模拟信号的设备，而接收端则要有一种将模拟信号转换为数字信号的设备，也就是需要有调制—解调过程，调制解调器就是为此而设计的。

1. 调制解调器的安装

在 Windows 98 中文版中有强大的即插即用功能，同时还支持更多的硬件厂商提供的驱动程序。用户可能在完成调制解调器的硬件安装后再重新启动计算机时就会发现 Windows 98 中文版已确认了用户的调制解调器，并安装了相应的驱动程序。如果 Windows 98 中文版不能正确分辨用户的调制解调器，那用户只有自己来安装调制解调器的驱动程序了。安装驱动程序的方法有多种：有些厂商提供安装程序，只要运行附带的光盘或软盘中 Setup 程序，根据向导就能完成；而有些厂商只提供驱动程序，特别是一些通过因特网下载的升级驱动程序都需按如下操作步骤进行：

第一步：双击“控制面板”中的“调制解调器”图标，打开“安装新的调制解调器”对话框（见图 7—94），如果用户从调制解调器生产厂商那里获得了调制解调器的驱动程序，则可选定对话框中的“不检测调制解调器，直接从列表中选取”复选框来直接安装调制解调器，单击“下一步”按钮。

第二步：此时，屏幕弹出的对话框如图 7—95 所示，如果用户希望使用调制解调器的

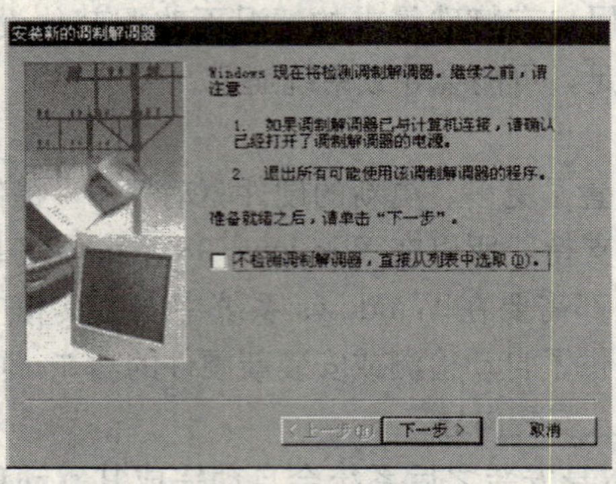

图 7—94　安装调制解调器向导

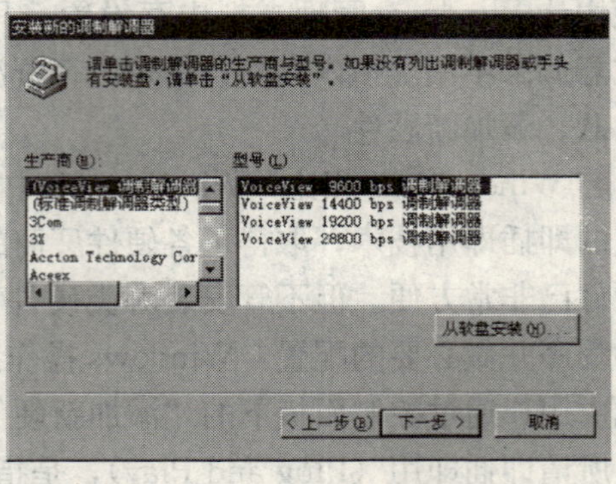

图 7—95　选择生产商及其型号

生产厂家提供的驱动程序，将硬件厂商提供的驱动程序放入软驱中，然后单击对话框上的“从软盘安装”按钮，此时将弹出“从磁盘安装”对话框（见图 7—96），在“要复制的厂商文件来自”的列表框中输入硬件厂商提供的驱动程序所在的路径，然后单击“确定”按钮。

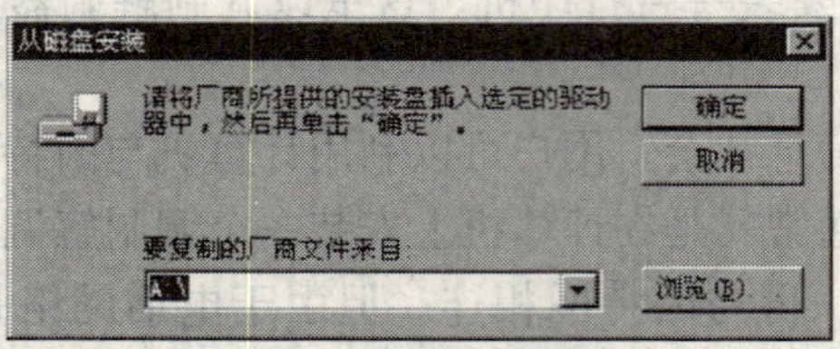

图 7—96　“从磁盘安装”对话框

第三步：此时在弹出的对话框（见图 7—97）中将列出盘上所有的驱动程序，在列表中选定所需的调制解调器类型，在“安装新调制解调器”向导完成文件复制工作后，会弹出如图 7—98 所示对话框，单击对话框中的“完成”按钮，即完成了调制解调器的安装。

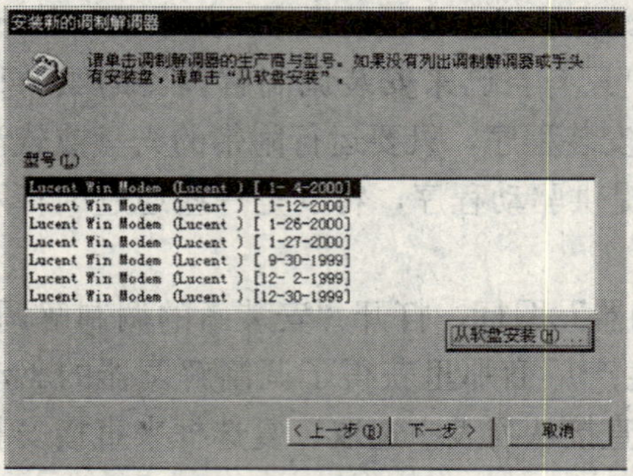

图 7—97　驱动程序列表

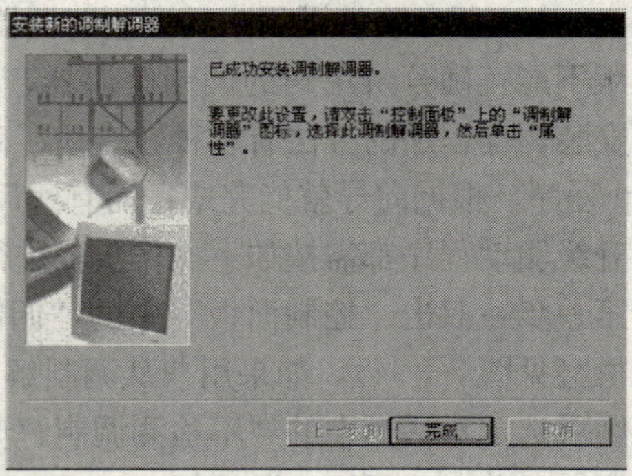

图 7—98　安装向导完成

如要安装内置式调制解调器，其软件安装与外置式的安装过程是相似的，但建议读者在安装内置式调制解调器时注意以下几点：在进行硬件安装时先查看用户手册，并设置好调制解调器的跳线；在进行软件安装前应首先添加计算机端口，因为绝大多数内置式调制解调器所使用的端口是“com3”端口。如硬件厂商提供了自己的端口驱动程序，则建议在添加端口时使用硬件厂商自带的驱动程序。

2. 调制解调器的设置

调制解调器的设置包括对调制解调器信息的配置和拨号的配置。在“控制面板”窗口中双击“调制解调器”图标，打开“调制解调器属性”对话框（见图 7—99），从已安装的调制解调器列表中选择要进行配置的调制解调器，单击“属性”按钮，打开所选调制解调器的“属性”对话框（见图 7—100），在这个对话框中可以设置调制解调器的端口、扬声器音量、最快速度等属性。如果安装的调制解调器具有上述属性，那么对话框中的相应设置项都可用。

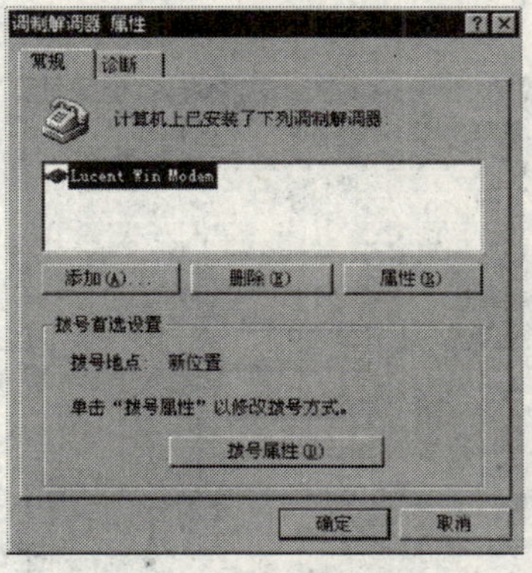

图 7—99 设置调制解调器属性

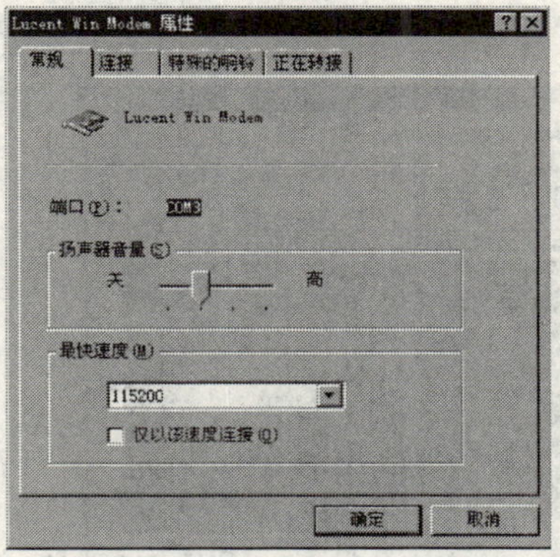

图 7—100 打开所选调制解调器的“属性”对话框

打开此对话框中的“连接”选项卡（见图 7—101），在这个对话框中可以进行连接设置、拨号设置以及一些高级连接设置等。如要修改连接属性，可参阅调制解调器的说明书或请教有经验的管理员。建议普通用户不要对此设置进行改变。

九、其他设置

1. “区域”设置

在控制面板中的“区域”设置中，可以设置时间、日期、数字、货币等。在“区域设置”选项卡中可进行国别的设置（见图 7—102）；在“数字”选项卡中可进行数字格式的设置（见图 7—103）；在“货币”选项卡中可选择货币符号及设置格式（见图 7—104）；在“时间”选项卡中可选择所使用的时间格式（见图 7—105）；在“日期”选项卡中可设置长日期和短日期以及其他一些日期格式（见图 7—106）。

2. “日期/时间”设置

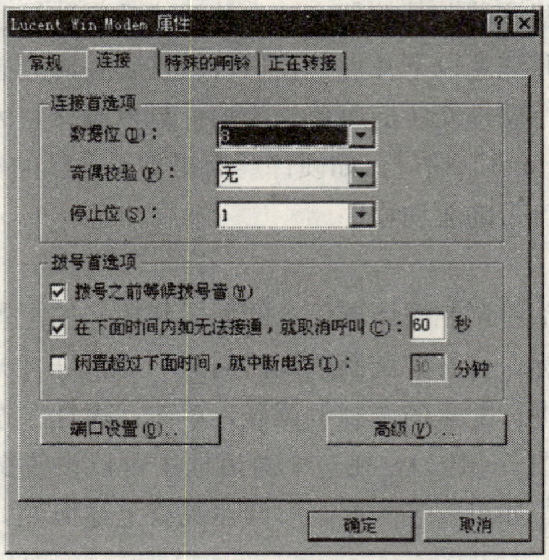

图 7—101　“连接”选项卡

图 7—102　“区域设置”选项卡

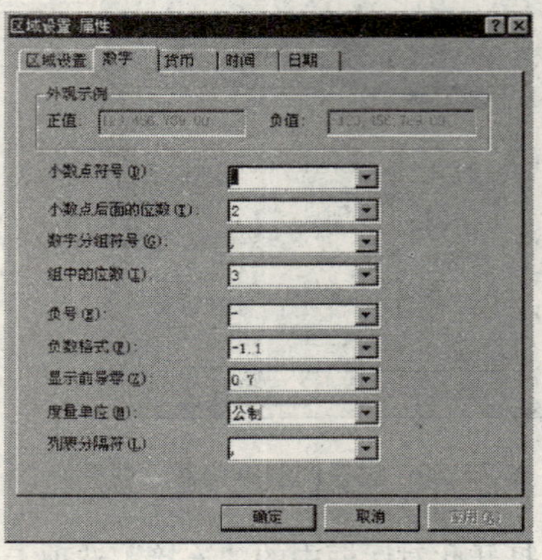

图 7—103　“数字”选项卡

在控制面板的“日期/时间”中可设置当前的所用的时区、时间和日期，如图 7—107 所示。

3. “声音”设置

在控制面板的“声音”中可为 Windows 的一些事件设置声音（见图 7—108），在此对话框中有一个“事件”列表框以及“声音”和“方案”两个选项组。在列表框中一般有 6 个组：Windows、电源管理、Windows 资源管理器、录音机、媒体播放机和 Microsoft NetMeeting。如果用户还安装了其他应用程序附带的声音提示，那么在列表框中还会增加这个应用程序组的声音提示，例如，安装了 Office 97，它就会在列表框中增加一个 Microsoft office 组。

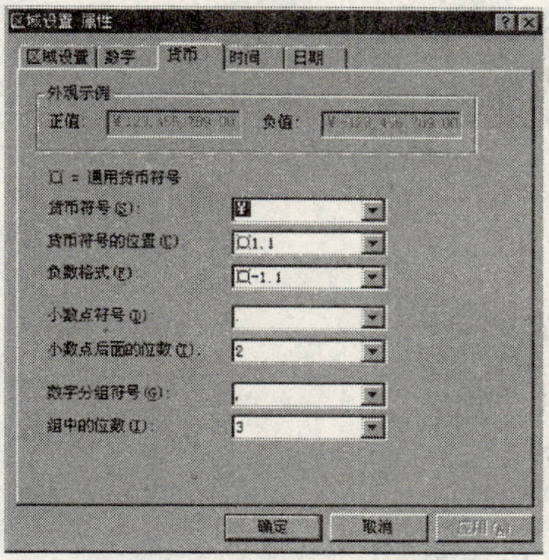

图 7—104 “货币”选项卡

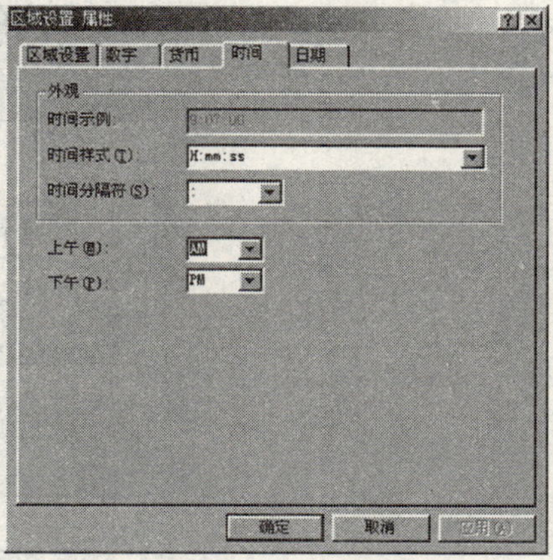

图 7—105 “时间”选项卡

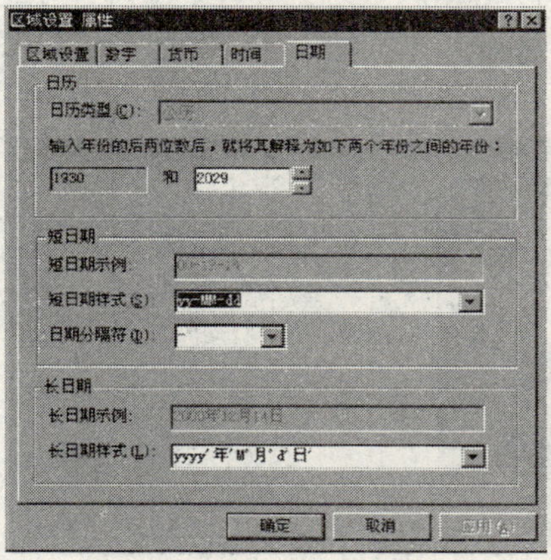

图 7—106 “日期”选项卡

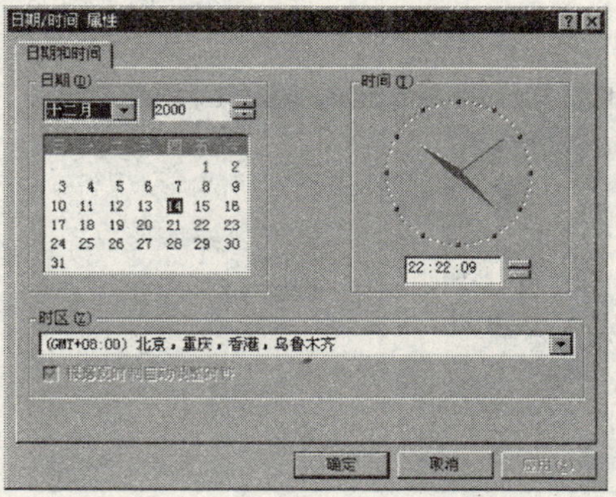

图 7—107 设置日期和时间

在“声音”选项组中用户可以更改某一选中事件的声音，同时还可以用播放按钮进行预览。在“方案”组中用户可在列表框中选择 Windows 所提供的声音配置方案，方便用户改变声音配置。

4.“多用户”设置和操作

如果一台计算机有多人使用，相互之间又希望使用不同的配置方案，那么就需要使用多用户设置。用户使用各自的密码登录 Windows 操作系统后，将会有各自的桌面、开始菜单、收藏夹等个性化项目。下面介绍如何进行多用户的设置。

(1) 双击控制面板中的“用户”图标，如果以前从没有设置过多用户，将直接打开设置多用户的对话框，如图 7—109 所示。

(2) 根据提示单击“下一步”按钮，弹出“添加用户”对话框（见图 7—110），要求输入用户名，这里输入“OSTA”作为用户名。

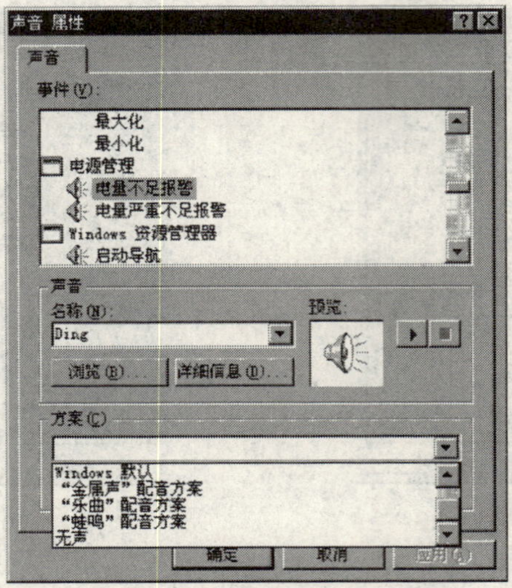

图 7—108　设置声音属性

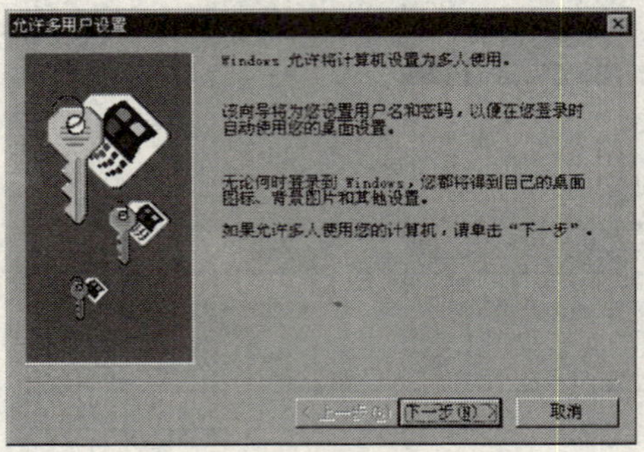

图 7—109　打开多用户设置

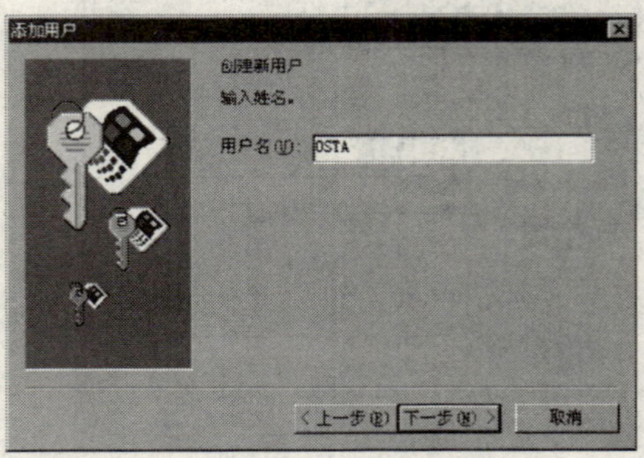

图 7—110　添加用户

(3) 单击“下一步”按钮，打开“输入新密码”对话框（见图 7—111），输入一个 6 位数的密码，同时在确认密码对话框中再输入一次，以防误操作，假若两次输入的密码不一致，系统会提示并要求重新输入。

(4) 单击“下一步”按钮，打开个性化项目设置对话框（见图 7—112），在此对话框中有一个项目组和两个单选按钮，这里示例做如图的选择。

(5) 单击“下一步”按钮，系统在打开的对话框中（见图 7—113）提示已经完成对多用户的设置，单击“完成”按钮，将重新启动计算机。重启后出现“输入密码”对话框（见图 7—114），要求选择用户并输入密码，然后按“确定”按钮进入该用户的系统。

这时如果再次打开控制面板中的“用户”设置，将会出现“用户设置对话框”（见图 7—115），此对话框中有用户列表，可以增加新用户、删除已有的用户或制作副本，制作

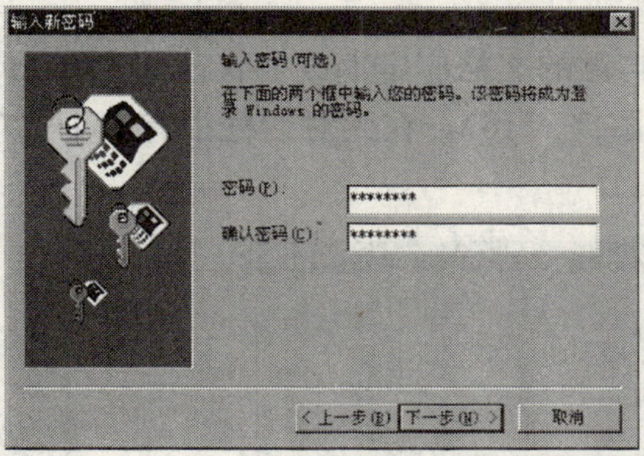

图 7—111　输入密码对话框

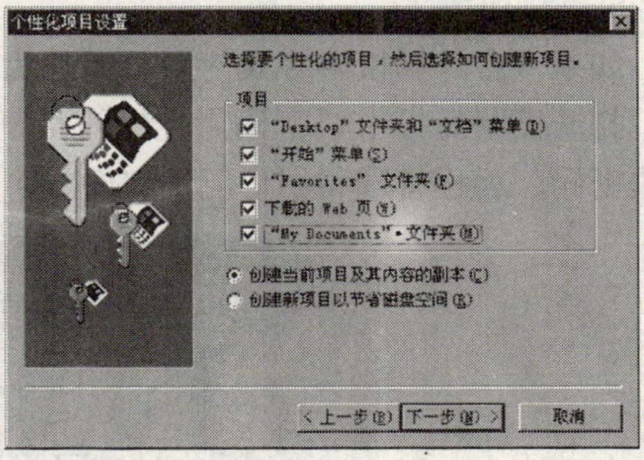

图 7—112　个性化项目设置

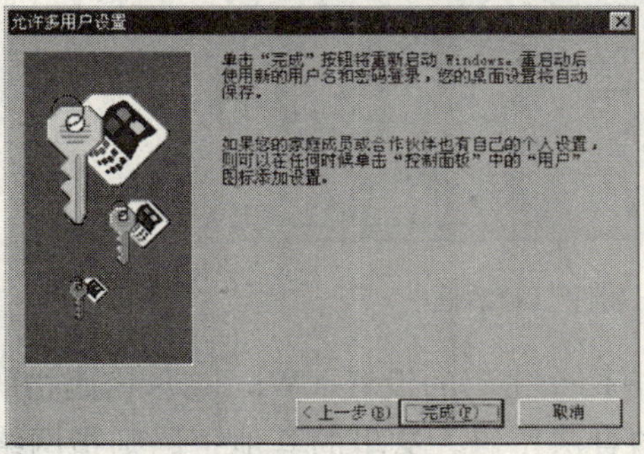

图 7—113　多用户设置完成

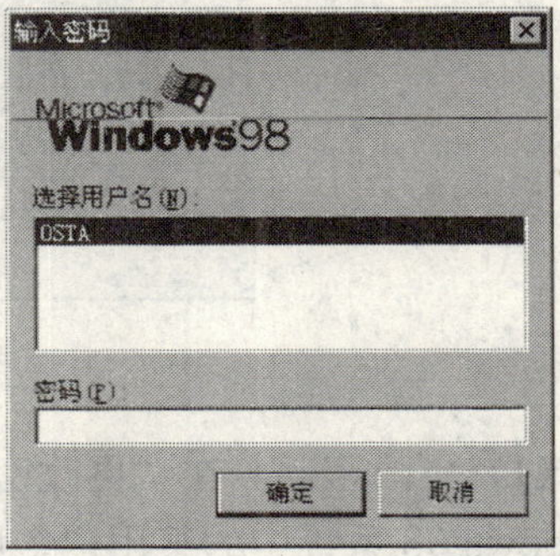

图 7—114　登录对话框

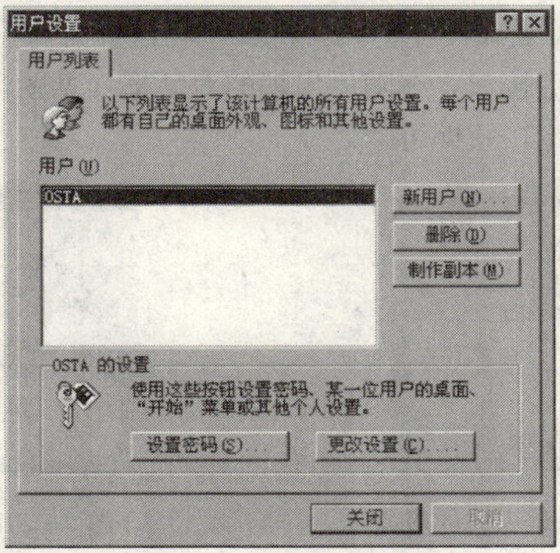

图 7—115　"用户列表" 对话框

副本与增加新用户的操作相同。在"OSTA 的设置"选项组中可更改 OSTA 用户的密码，更改个性化项目设置。

5. 密码设置

如果一台计算机由多人使用，用户为保护自己的文档应定期改变自己的 Windows 密码。打开控制面板中“密码属性”对话框（见图 7—116），在此对话框中有三个选项卡：更改密码、远程管理和用户配置文件。

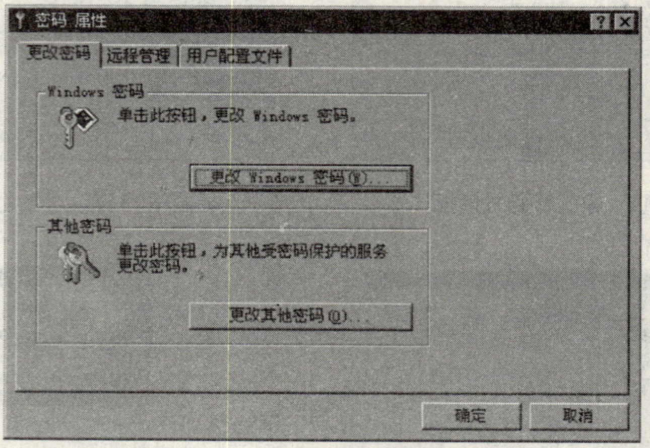

图 7—116　“密码属性”对话框

（1）更改密码。在“更改密码”选项卡中有两个密码的设置，Windows 密码指的是在 Windows 98 系统中的某用户个性化项目设置的合法密码。这里的其他密码则指网络用户用来登录到某个 Windows NT 域时所用的密码，所以此选项只有当用户以网络用户的身份登录时才有效。如果要改变 Windows 密码，只需单击其按钮，弹出的对话框中提示（见图 7—117），在此同时也可更改其他密码，将其密码设置为与 Windows 密码一致。选择需要同一密码的项目后按确定按钮，在随后出现的对话框（见图 7—118）中输入一次正确的旧密码，两次新密码按确定按钮即可。

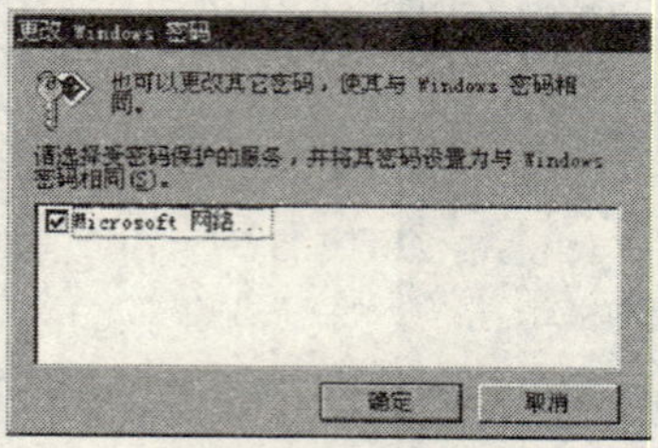

图 7—117　选择受密码保护的服务

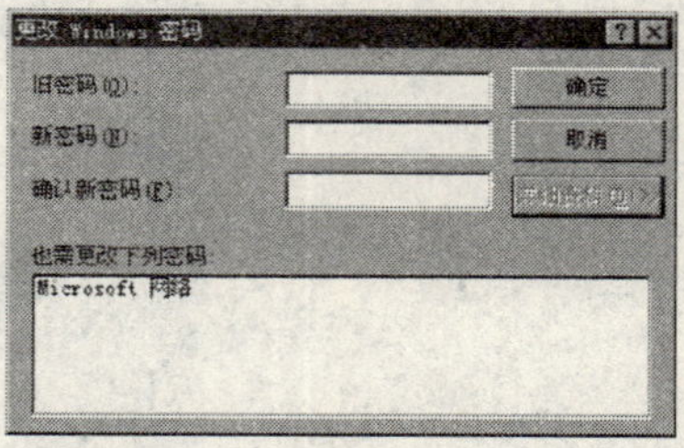

图 7—118　更改 Windows 密码

如果在进入 Windows 操作系统时不以任何用户身份登录，“更改密码”选项卡将不会出现在“密码属性”对话框中。

（2）远程管理。在“远程管理”选项卡中，如果此计算机已登录到某个网络服务器，可选择启用此服务器的远程管理选项，允许其他用户从远程计算机管理本机的文件和打印机。

(3) 用户配置文件。在“用户配置文件”选项卡中，如果选择“此计算机上的所有用户使用相同的首选项及桌面设置”，可让所有用户有相同的桌面和首选项；如果选中“用户可自定义首选项及桌面设置。登录时，Windows 自动启用个人设置”，则系统为每一用户建立一个配置文件，使每一用户有不同的桌面等一系列个性化项目，同时还可选择是否将桌面图标、网上邻居目录或开始菜单及程序组包含到用户设置中。

每一用户的配置文件都存放在 Windows 主目录下的 Profiles 目录中，图 7—119 所示是 OSTA 用户的配置文件目录。

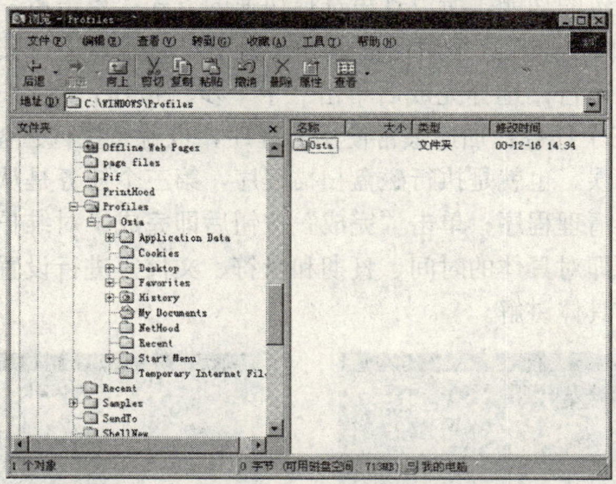

图 7—119　OSTA 用户的配置文件目录

第四节　系统维护及注册表

注册表代表一系列数据文件，主要用于帮助 Windows 对硬件、软件、用户环境以及 Windows 的“外观与感觉”进行控制。注册表采用大家熟悉的树形结构，最上面的一层是“我的电脑”，其下有 6 个分支：HKEY _ CLASSES _ ROOT，HKEY _ CURRENT _ USER，HKEY _ LOCAL _ MACHINE，HKEY _ USERS，HKEY _ CURRENT _ CONFIG，HKEY _ DYN _ DATA。其作用分别介绍如下：HKEY _ CLASSES _ ROOT 包含了启动应用程序所需的全部信息，HKEY _ CURRENT _ USER 包含与当前登录用户有关的映射配置信息，HKEY _ LOCAL _ MACHINE 保存软件、硬件正常运转所需的设置，HKEY _ USERS 包含默认用户和登录用户的设置信息。

Windows 98 提供了丰富而强大的系统工具，利用这些系统工具可以方便地管理、维护自己的系统，使系统更安全、更稳定、更具效率。

一、系统维护向导

Windows 98 为用户提供了一个定期自动对计算机的文件系统进行调整的工具，它能定期、定时的自动清理空间、检查硬盘错误、整理硬盘的碎片。下面简单介绍系统维护向导的设置。

执行“开始”菜单中的“维护向导”程序，在维护向导程序启动后，打开如图 7—120 所示的对话框，在该对话框中有两个单选按钮：一种为快速定义方式，使用系统默认的设置；另外一种是自定义的方式，可自己选择每一个维护设置。因为对于“维护向导”工具只要求了解一下其大致的功能，所以这里选择快速的方式；单击下一步，打开选择维护安排对话框（见图 7—121），在这个对话框中可根据用户的需要进行安排，一般可以选择在计算机空闲的时候来运行；选择完成后单击“下一步”按钮，“维护向导”对话框将提示 Windows 执行以下三个任务：加速最常使用的程序，也就是执行磁盘碎片整理程序，第二个任务是检查硬盘错误，也就是执行磁盘扫描程序，第三个任务是从硬盘删除不需要的文件，也就是执行磁盘清理程序；单击“完成”按钮后即完成了对维护向导的设置。如果用户需要自定义设置，即对具体的时间、日期和盘符、文件等进行设置。由于其设置操作非常简单，这里不再作具体讲解。

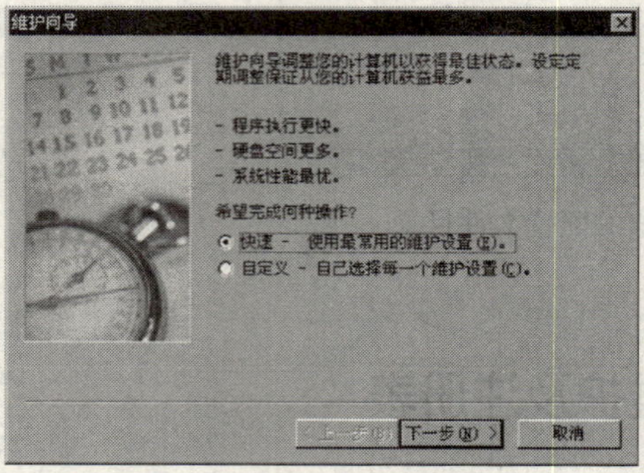
维护向导
维护向导调整您的计算机以获得最佳状态。设定定期调整保证从您的计算机获益最多。
- 程序执行更快。
- 硬盘空间更多。
- 系统性能最优。
希望完成何种操作?
快速 - 使用最常用的维护设置(E)。
自定义 - 自己选择每一个维护设置(C)。
下一步(N) >
取消

图 7—120 选择维护方式

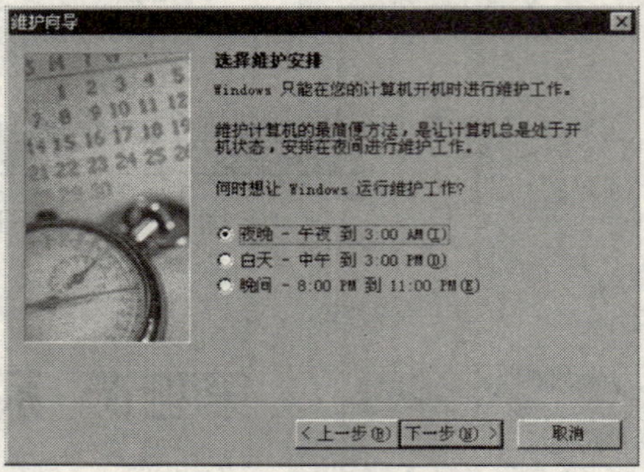
维护向导
选择维护安排
Windows 只能在您的计算机开机时进行维护工作。
维护计算机的最简便方法，是让计算机总是处于开机状态，安排在夜间进行维护工作。
何时想让 Windows 运行维护工作?
夜晚 - 午夜 到 3:00 AM(I)
白天 - 中午 到 3:00 PM(D)
晚间 - 8:00 PM 到 11:00 PM(E)
< 上一步(B)
下一步(N) >
取消

图 7—121 选择维护安排

二、资源状况程序

Windows 98 是一个多任务的操作系统，用户可以同时在 Windows 98 中运行多个应用程序。不过，这些程序的运行都是要消耗一定资源的，尤其是在几个大程序同时运行时，计算机资源更是宝贵。而资源状况程序则可以监视正在使用的资源，从而让用户对当前的资源利用状况有所了解，同时资源状况程序和其他程序一样，它在运行时也要占用一定的系统资源，这可能会导致计算机的运行更缓慢。

执行“开始”菜单中的“资源状况程序”，第一次启动资源状况程序时会出现一个信息框，如图 7—122 所示，告诉用户资源状况程序的用处。单击确定按钮后，任务栏上就添加了一个资源状况程序图标。

将鼠标指向该图标，稍作停留，就会弹出一个提示框，报告当前的资源状况；或者用鼠标双击该图标，就会打开“资源状况”对话框，并在对话框中以数字和图形相结合的形式直观形象的报告当前资源的状况，如图 7—123 所示。

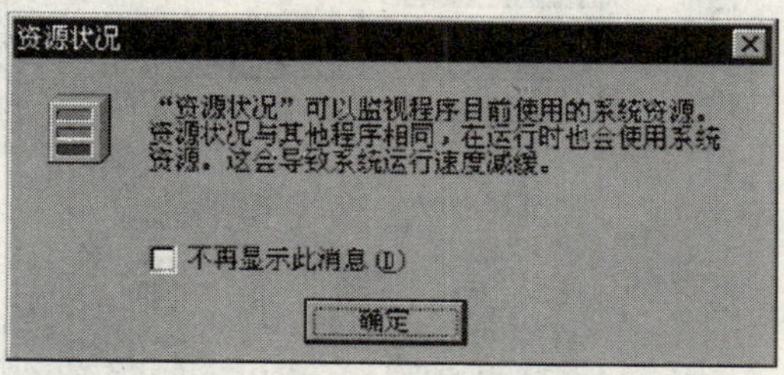
资源状况
“资源状况”可以监视程序目前使用的系统资源。资源状况与其他程序相同，在运行时也会使用系统资源。这会导致系统运行速度减缓。
不再显示此消息(D)
确定

图 7—122　第一次启动资源状况程序

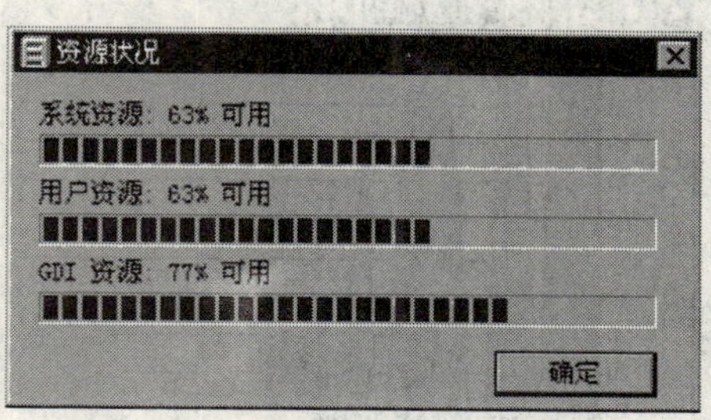
资源状况
系统资源: 63% 可用
用户资源: 63% 可用
GDI 资源: 77% 可用
确定

图 7—123　当前资源状况

利用资源状况可以观察三种资源的状况：系统资源，用户资源和 GDI（图形设备接口）资源。

三、系统监视器

利用“资源状况”程序只能大致的了解资源的使用情况，而利用“系统监视器”则可以更加详细地观察各种资源的使用情况。

在“开始”菜单中启动“系统监视器”程序，打开“系统监视器”窗口（见图 7—124），在此对话框中显示的是内核处理器的利用率，并显示出了利用率时间变化的图表。其实，系统监视器可以同时显示许多不同的项目，只要打开添加项目对话框，用户可根据自己的需要选取监视项目的类型。如果有些项目不再需要监视，也可在“编辑”菜单中单击“删除项目”子菜单，删除不再需要监视的项目。

四、计划任务

前面介绍的各种磁盘操作应用程序的运行及系统维护的操作都可以安排在计划任务中，然后在方便的时候执行这个任务。

在“开始”菜单中启动“计划任务”程序，打开“计划任务”窗口，在任务列表中，单击“添加已计划的任务”图标，然后按照“添加计划任务”向导中的指令安排任务。可以将任务安排在每天、每星期、每月或某个时刻（如计算机启动和空闲时）运行。

如果想对任务进行高级设置，如要将其设置为每次运行时重复运行，或者指定任务命令的参数，可以在向导的最后一个对话框中选择“打开任务的高级属性”复选框，然后进行设置，图 7—125 是磁盘碎片整理任务的高级属性设置界面。

如果需要对一个已计划的任务进行修改，在打开的“计划任务”窗口中双击需要修改的任务或单击其快捷菜单中的“属性”，也可打开“高级属性设置”对话框进行设置。

当“计划任务”正在运行时，在任务栏的时钟旁出现“计划任务”图标。如果要启动任务，可在“计划任务”窗口中单击该任务，然后单击“运行”命令。

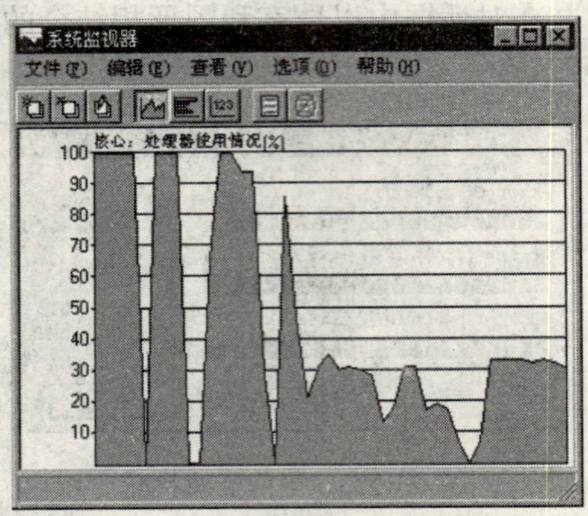

图 7—124 系统监视器

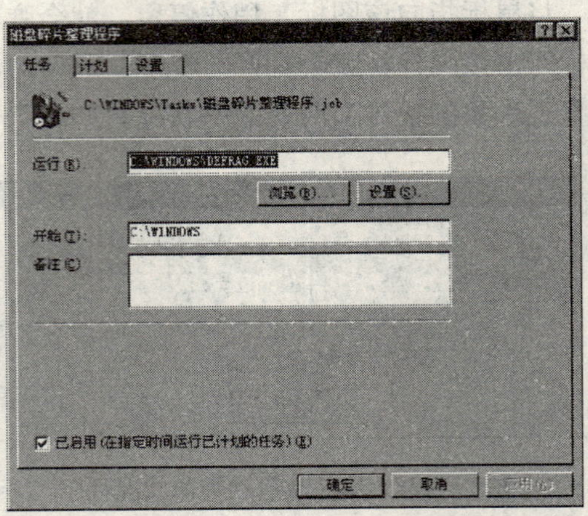

图 7—125 磁盘碎片整理程序高级属性设置

如果要删除一个任务，可在“计划任务”窗口中立即删除列表中的该任务。

如果要停止任务运行，可在任务栏上执行其快捷菜单中的“结束任务”。注意，只有当前运行的任务才可能停止运行，停止任务即结束对应的应用程序。

如果要暂停计划，可在“计划任务”窗口中单击高级菜单上的“暂停执行计划任务”程序，暂时停止所有计划，同时在任务栏上“计划任务程序”图标将会有一个停止运行的标记。单击“高级”菜单上的“继续执行计划任务程序”，则重新开始所有的任务计划。

如果要关闭计划任务程序，可在“计划任务”窗口中单击“高级”菜单上的“终止使用计划任务程序”，则关闭计划任务。关闭后，计划的任务将不再运行，并在下次机器启动时不再自动启动计划任务程序。

五、注册表的备份与恢复

在 Windows 95 中，注册表由保存在 Windows 目录下的 System. dat 和 User. dat 两个具有只读隐藏属性的文件所组成，前者中有系统硬件和软件的设置信息，而后者则保存着与用户使用环境有关的信息，它们均可以由运行 Windows 目录下的注册表编辑器（Regedit. exe）来打开及进行编辑。Windows 95 每次开机时，均会自动在这两个文件所在的同一目录下以 System. da0 和 User. da0 为名（均为只读隐藏文件）为注册表文件建立备份文件，以便用户在万一需要时作为注册表的恢复之用。要特别指出的是：System. da0 和 User. da0 在系统重新再启动后，实际上已用原注册表文件作为蓝本进行了覆盖备份，所以这时的备份文件从严格意义上来说已无备份恢复之价值了。

在 Windows 98 中的 Windows 目录下，仍有 System. dat 和 User. dat 两个文件用来存放系统注册表信息，但没有了 System. da0 和 User. da0 这两个备份文件。因此在 Windows 98 中，注册表的备份及恢复工作与 Windows 95 就有了一些不同。下面介绍在 Windows

98 中对注册表进行备份及恢复的几种常用方法。

1. 直接进行备份及恢复

这是一种很原始的方法，即直接将所需之 System. dat 及 User. dat 两个文件拷贝存放在硬盘某个指定目录下或直接拷到软盘上作为备份，恢复时再将该备份替换覆盖回原处即可，当然在备份及恢复时都需对这两个文件的只读及隐藏属性进行相应的修改操作。需要注意的是：一般情况下由于 Windows 98 的注册表（包括 System. dat 和 User. dat 两个文件）往往有近 2 MB 甚至更大，用一般 1. 44 MB 的 3. 5 英寸软盘来存储备份是放不下的，所以必须利用压缩软件将其压缩后才能放入 1. 44 MB 软盘中。当需要恢复时，还需要用解压缩软件将其解开后再放入 Windows 目录下替换覆盖原注册表数据。用这种方法的好处是如因注册表问题而导致系统瘫痪，开机后无法进行 Windows 系统时，可用应急启动盘进入 Windows 98 自带之 DOS 7. 1 界面后，用常规的 DOS 操作来将存在硬盘或通过解压缩软件将软盘中的备份覆盖回原处，恢复原备份时注册表的正常数据。

2. 利用注册表编辑器自带的导出及引入功能

注册表编辑器是 Windows 自带的修改注册表信息的功能，可以在“开始”菜单的，“运行”对话框中，键入“regedit”运行 Regedit. exe 打开 Windows 98 注册表编辑器，利用“注册表”的“导出”及“引入”功能也可以用来备份或恢复注册表信息。具体方法为：打开左上角“注册表”下拉菜单，点击“导出注册表文件”项，在出现的“导出注册表文件”对话框中，键入欲备份注册表的文件名及其保存位置，再按“保存”按钮即可。需恢复注册表时，用同样的方法打开注册表编辑器，打开“注册表”下拉菜单后点击“引入注册表文件”项，在出现的对话框中选中所需恢复的备份文件，再按“打开”按钮即可将该注册表备份恢复回 Windows 系统了。

该方法主要适用于 Windows 系统还未瘫痪或能用启动时按 F8 键的方法，选择安全模式启动 Windows 98 系统时恢复注册表之用，如因注册表问题而连 Windows 系统都进入不了时，则该法就无法应用了。此外因备份无法压缩而其大小又超过 1. 44 MB 软盘容量，所以应用该法也只能将备份保存在硬盘里了。

3. 用 Windows 98 中新增的注册表自动备份功能

在 Windows 98 中，取消了 Windows 95 中每次开机时自动以 System. da0 和 User. da0 为名的两个文件来备份注册表数据的功能，而新增加了以 . Cab（Cabinet）为后缀的压缩文件作为注册表备份的功能，具体使用如下：

（1）备份。该备份过程是由 Windows 98 系统自动完成的。在用户当天第一次开机时，Windows 98 将会自动将系统中原有的注册表信息，包括 System. dat 和 User. dat，甚至还包括了 System. ini 和 Win. ini 这四个文件都压缩成 Cab 形式的文件，以 rb00 * . cab 之名存放在 Windows \ Sysbckup 目录下（其中 * 为 0～4 的数字）。系统自动保存最近 5 开机天（注意不是 5 天）的注册表数据，超过 5 开机天时则自动挤掉最早日期的备份文件。

（2）恢复。可以用 Windows 自带的 Extract. exe（在 Windows\command 目录下）解开该压缩文件，恢复替换回原注册表文件即可，也可用其他第三方解压缩程序如 Winzip 7.0 等解开所需之 rb00 *. cab 备份压缩文件覆盖回去。

该方法增加了注册表恢复的灵活性，可以对最近 5 开机天的注册表备份根据需要选择进行恢复。

第五节 使用画图程序

Windows 98 中的图像编辑程序由两个最常用的“画图”程序和“图像处理”程序组成。其中“画图”程序用于处理位图。在画图程序中，可以编辑新的图形，也可以导入外部的图形进行编辑处理。

一、启动画图程序

启动画图的方法是依次单击“开始”“程序”“附件”和“画图”。也可以直接双击现有的位图文件来启动画图程序，进入位图文件的编辑窗口，如图 7—126 所示。

窗口中具有菜单栏、工作区、状态栏、工具箱、调色板、图片的前景色和背景色及线

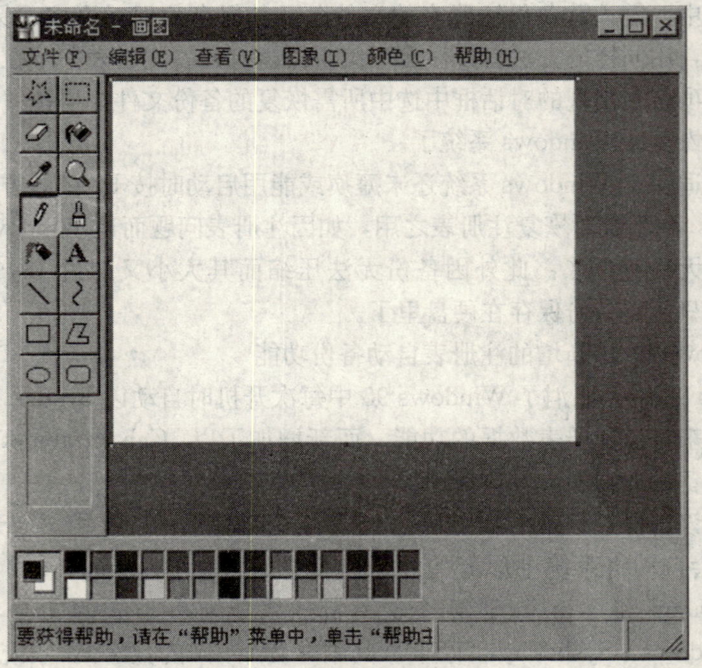

图 7—126 给出了画图程序的启动窗口

宽选择。

二、线条和线框的编辑

线条编辑包括对直线和曲线的处理。线框的编辑包括绘制、修改矩形框、多边形框和圆形框。在选择工具按钮的时候，会自动弹出工具提示。

1. 绘制直线或曲线

(1) 在工具箱中单击“直线”或“曲线”按钮。

(2) 在工具箱底部选择线宽或不选择线宽（使用默认的线宽）。

(3) 拖动鼠标指针即可画线。

在绘制直线的时候，默认的背景色和前景色显示在调色板的左侧。这时单击鼠标左键便可用前景色，单击右键就可用背景色画线。这两个颜色的改变只需单击选择调色板中的颜色。

要画精确的水平线、垂直线或45°斜线，应按住“Shift”键，同时拖动鼠标指针来进行绘制。

在绘制曲线的时候，要单击曲线的一个弧所在的位置，然后拖动鼠标指针调整曲线形状。对第二个弧线重复该操作。每条曲线至少有一段弧，但最多只能有两段弧。

2. 绘制任意曲线

(1) 首先在工具箱中单击“铅笔”按钮。

(2) 在绘图区域拖动鼠标指针便可以画线。

在绘制任意曲线的时候，默认背景色和前景色也显示在调色板的左侧。这时单击鼠标左键便也可用前景色画线，单击右键就可用背景色画线。

值得注意的是，在绘制任意曲线的时候，虽然一次可以进行多步绘制，但是，要撤销绘制时，最多只能撤销三次更改。撤销方法是单击“编辑”菜单上的“撤销”命令。

3. 绘制圆形和带圆角的矩形

(1) 在工具箱中要绘制圆或椭圆，就单击“椭圆”按钮；要绘制矩形或正方形，则单击“矩形”按钮，要绘制带圆角的矩形，便单击“带圆角的矩形”按钮。

(2) 在对角线方向上拖动指针。

4. 绘制多边形

(1) 在工具箱中单击“多边形”按钮。

(2) 要绘制多边形，请拖动指针并在每个转角处单击鼠标，画完后再双击鼠标。

5. 选择填充色

对于上述几种图形，单击工具箱底部的填充模式便可以为图形创建彩色填充。

用鼠标左键单击调色板中的新颜色可更改线的颜色；用鼠标右键单击调色板中的新颜色可更改填充颜色。

以上所绘制框的边宽与所选直线工具的宽度相同。要更改边宽，可单击工具箱中的直线或曲线工具，然后在工具箱下面的框中单击所需的宽度。

三、编辑图片中的文本

1. 插入文本

(1) 单击工具箱中的 A 形“文字”按钮。

(2) 沿对角线拖动鼠标，创建所需大小的文字编辑框。

(3) 在文字工具栏上，单击文字的“字体”“字号”和“字形”。

(4) 单击文字框内部，键入文字。

2. 显示文字工具栏

要查看文字工具栏，需单击“查看”菜单的“文字工具栏”命令。如果文字工具栏遮住了部分“画图”窗口，可以将此工具栏拖动到窗口的其他位置。

四、改变图形颜色

1. 用颜色填充选定区域

(1) 在工具箱中单击“用颜色填充”按钮。

(2) 单击要填充的区域或对象。

2. 自定义颜色的创建

(1) 在调色板中单击要更改的颜色。

(2) 在菜单栏中单击“颜色”下的“编辑颜色”，这时会出现如图 7—127 所示的“编辑颜色”对话框。

(3) 单击“规定自定义颜色”展开对话框。

(4) 单击要更改其“色调”和“饱和度”的颜色样品，然后移动颜色梯度中的游标改变其“亮度”。

(5) 单击“添加到自定义颜色”。

(6) 单击“确定”按钮。

3. 使用黑白色

要将图形改为黑白色，操作步骤如下：

(1) 在“图像”菜单上单击“属性”选项，出现“属性”对话框，如图 7—128 所示。

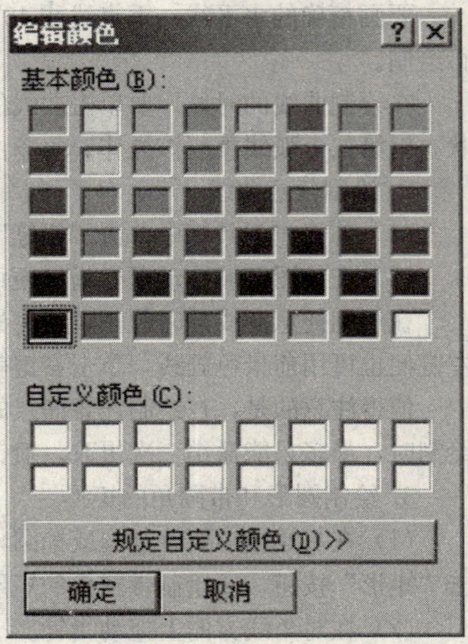

图 7—127　“编辑颜色”对话框

(2) 单击“颜色”选项区域的“黑白”单选按钮。

(3) 单击“确定”按钮。

4. 反色

要对一个图片反色，只需在“图像”菜单上，单击“反色”。反色以后，每种颜色都变成其相反的颜色。例如，红色变成青色，蓝色变成黄色。

5. 设置线条的颜色

绘制了线条以后，可以对它的颜色进行修改，步骤如下：

（1）在工具箱中单击“颜料喷洒”按钮。

（2）在调色板中单击要设置的颜色。

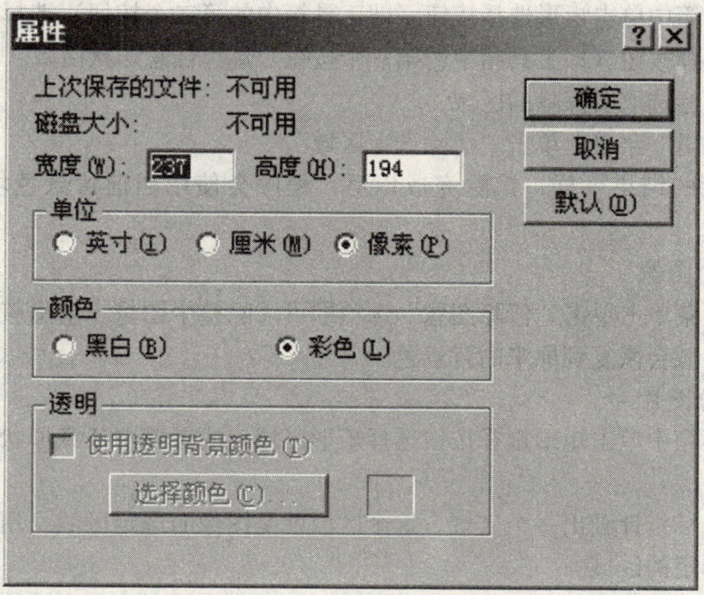

图7—128 “属性”对话框

（3）单击要换色的线条。

在修改线条的颜色时，用户要注意，如果线条是图形的一部分，那么所有与它相交的垂直和水平线也将变为新设置的颜色。

五、画面的修改

通常，修改画面的方法如下：

- 利用橡皮工具进行擦拭。
- 利用“BackSpace”键删除键入的文本。
- 在“编辑”菜单中选择“撤销”命令清除上一步的绘制图形。
- 在绘制过程中按下右键，撤销当前的绘制进程。
- 对图形上的选定部分按下“Del”键可以将其删除。

1. 擦除小块区域

（1）在工具箱中单击“橡皮”按钮。

（2）在工具箱底部单击选择橡皮形状。

（3）在要擦除的区域内拖动鼠标。

实现擦除以后，橡皮擦过的地方会呈现图片所选的背景色。如果要将选定的区域设定为将要更改的背景色，可以先擦除这个区域，然后右击调色板中的颜色更改背景色。通过将前景色更改为要擦除的颜色并将背景色更改为要替换的颜色，可以更改指定的颜色（其他颜色不改）。

2. 擦除大块区域

(1) 在工具箱中单击矩形选择按钮（即工具箱中的第二个按钮）选择矩形区域，或者单击任意形状选择按钮（即工具箱中的第一个按钮）选择任意形状区域。

(2) 拖动鼠标选取要擦除的区域。

(3) 在“编辑”菜单上单击“清除选定区域”。

与小块擦除的结果一样，擦除完成以后，程序会使用当前背景色填充被清除的区域。

3. 清除整个图像

在“图像”菜单上单击“清除图像”选项即可清除整个图像。清除整个图像以后，图像所在的编辑区域会恢复到原来的背景色。

4. 选择部分图片

(1) 在工具箱中单击矩形选择按钮选择矩形区域，或者单击任意形状选择按钮选择任意形状区域。

(2) 拖动鼠标指针画出一个区域。这个区域就是图像的选定区域，用户接下来的操作将只针对这个选定的区域。

(3) 选定一个区域之后，再单击所选框的外部就会去掉对选定区域的选择。

5. 复制图片选定部分

(1) 选定要复制的区域。

(2) 选择粘贴方式，单击不透明图像按钮可以实现不透明粘贴；单击透明图像按钮可以实现透明粘贴。

(3) 在“编辑”菜单上单击“复制”命令。

(4) 在“编辑”菜单上单击“粘贴”命令。

(5) 将粘贴的区域拖动到目标位置。

6. 保存部分图片

有时候我们需要使用一个图片的某个部分，这时，可以先选定这个部分，然后把它粘贴到一个新的文件并保存。其具体步骤是：

(1) 选择图片中要使用的部分。

(2) 在“编辑”菜单上单击“复制到”选项，出现“复制到”对话框。

(3) 指定文件和文件夹名。

(4) 单击“保存”按钮。

六、更改图片显示效果

1. 更改图片大小

(1) 在“图像”菜单上单击“属性”选项，出现“属性”对话框。

(2) 在“属性”对话框中单击宽度和高度的度量单位，如“英寸”“厘米”或“像素”。

（3）在“宽度”和“高度”中输入宽度和高度。

更改了图片的大小以后，如果当前图片大于新尺寸，则图片的右边和底边部分将被剪掉，以适应较小的区域；如果当前图片小于新尺寸，多出的区域将用所选背景颜色填充。

2. 更改图片显示大小

（1）在“查看”菜单上，指向“缩放”选项。

（2）单击“自定义”选项，出现“自定义缩放”对话框，如图 7—129 所示。

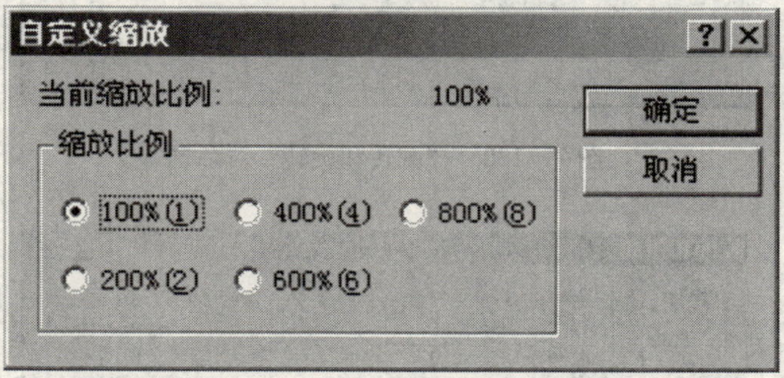

图 7—129 “自定义缩放”对话框

（3）选择适当的缩放比例。

（4）单击“确定”按钮。

3. 显示格网

在更改显示方式的时候，还可以选择显示网格，显示网格的步骤如下：

（1）改变图像的缩放比例。

（2）在“查看”菜单上，指向“缩放”，然后单击“显示网格”选项。

在显示网格以后，再选择“显示网格”的复选标记，或者单击“查看”菜单，指向“缩放”选项，然后单击“常规尺寸”选项都可以删除网格线。

4. 翻转或旋转图片或对象

（1）选择需要翻转或旋转的区域。

（2）“图像”菜单上，单击“翻转和旋转”选项，这时会出现如图 7—130 所示的“翻转和旋转”对话框。

（3）单击所需的选项。

（4）单击“确定”按钮。

5. 拉伸或扭曲

（1）选择要操作的区域。

（2）在“图像”菜单上，单击“拉伸/扭曲”选项，这时会出现如图 7—131 所示的“拉伸和扭曲”对话框。

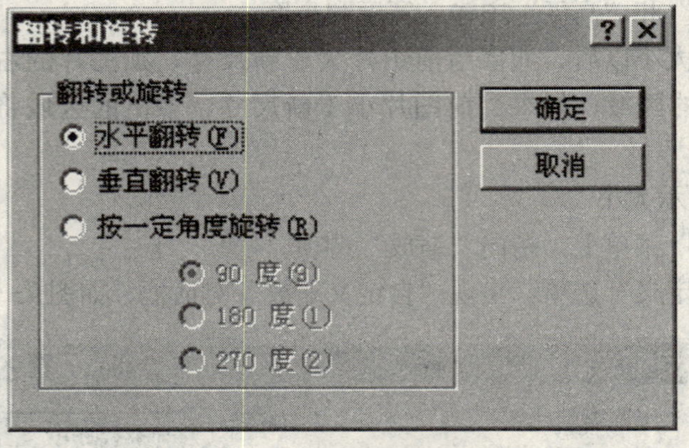

图 7—130　“翻转和旋转”对话框

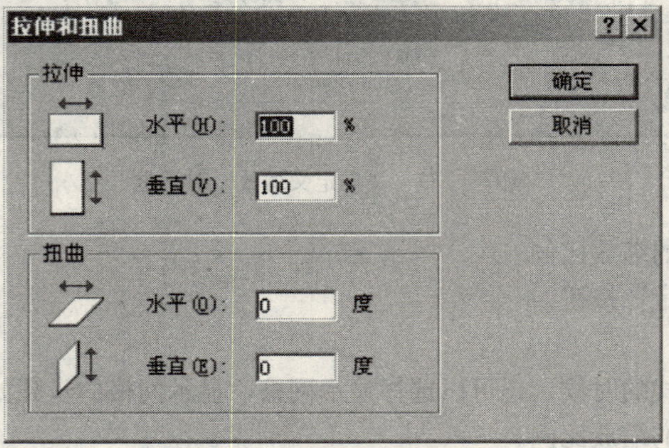

图 7—131　“拉伸和扭曲”对话框

（3）在拉伸或扭曲的选项中键入幅度。

（4）单击“确定”按扭。

第八单元　Word 2000 基本操作

第一节　编辑公式

在前面章节中，已经介绍了在 Word 中插入公式的方法，即应用 Office 中附带的公式编辑器（Microsoft Equation 3.0）进行编辑公式的操作。下面详细介绍编辑公式的操作。

一、编辑公式

将光标置于在要插入公式的位置，点击“插入”菜单中的“对象”命令，然后单击“新建”选项卡，单击“对象类型”框中的“Microsoft Equation 3.0”选项，单击“确定”按钮，打开“公式”工具栏。对于要修改的公式，也可以双击公式所在区域，打开“公式”工具栏。

1. 选定公式中的元素

每个公式中有多个元素，即多个运算数和运算符，这些计算数可能是公式中的上角或下角，不易选定，因此，能否准确、熟练地对公式中的元素进行选定，是对公式进行编辑的基础。可以用鼠标拖动的办法进行选定，也可以按住“Ctrl”键并单击修饰字符进行选定，还可以利用“Shift”键和光标键进行选定，而用鼠标左键双击也可以选定。

2. 定位、移动插入点

在公式编辑器中，插入点的水平线沿插槽底边闪动，竖线则沿插槽顶端到底端闪动，其大小和形状表明要键入的下一个文字或要插入的下一个符号显示的位置。

利用鼠标和键盘都可以定位插入点，用鼠标定位插入点很简单，但有时面对很小的插槽的确很难“下手”，这时应该考虑用键盘。

利用键盘在公式中移动插入点有多种方法：

（1）首选考虑的是应用光标键，它可以对插入点准确地定位，利用向右键或向左键，可在当前的插槽或模板中向右或向左移动一个单位，而利用向上键或向下键可上移一行或下移一行。

（2）“Tab”键对快速移动插入点有很大的帮助，按下“Tab”键，插入点移动到插槽的结尾，如果插入点已在结尾处，则移动到下一个逻辑插槽，若同时按下了“Shift”和“Tab”键，则插入点会移动到上一个插槽的结尾处。

（3）要想将插入点快速移动到当前插槽的开始或结尾，“Home”和“End”键是最佳的选择。

3. 复制和移动

对于公式的复制或移动，在其创建过程或编辑的过程中都可以进行，也可以在文档中对创建好的公式进行操作，操作方法与对文本的操作类似。也可将公式编辑过程中选中的部分元素直接粘贴到正文中，粘贴后内容是作为“公式”保存的。

4. 删除公式中的项目

对于模板和插槽，在进行删除时首先要选定它们，再利用“BackSpace”键或“Delete”键，就可以快速删除，若单击“编辑”菜单中的“清除”命令也可删除。

若要恢复删除的内容，删除项目后，立即选择“编辑”菜单中的“撤销键入”命令即可，需要注意的是，撤销操作只能执行一次。若要删除插槽，最好先将插槽清空再删除，因为对于有些插槽，如果不先删除包含它们的模板，是不能将其删除的。

5. 给公式加编号

用户可以在公式与文字混排时给公式加上编号，但有时在编辑公式过程中加上编号会更好一些，例如，在书写方程组时，在编辑公式过程中可以非常容易地给每个方程加上编号（见图8—1），但如果在公式与文字混排时再给方程加编号，那就比较麻烦了。

$$\begin{cases} \dfrac{\sin\alpha}{\cos\alpha} = -3 & (1) \\ \sin^2\alpha + \cos^2\alpha = 1 & (2) \end{cases}$$

图 8—1　给每个方程加上编号

二、精细调整公式

1. 调整元素间距

在公式编辑器窗口中，单击“格式”菜单中的“间距”命令，可打开“间距”对话框（见图8—2），在这里可以对公式中各元素的间距进行详细地设置，如对行距、元素间距、字符的高度、上标高度、根式间距等进行设置，对于每一项内容，对话框右侧都有预览说明和图示，若想恢复系统的默认设置，只要单击“默认”按钮即可。

2. 增加空格

在编辑公式时，若要增加几个空格，用键盘上的空格键（Space）不行，这是因为现

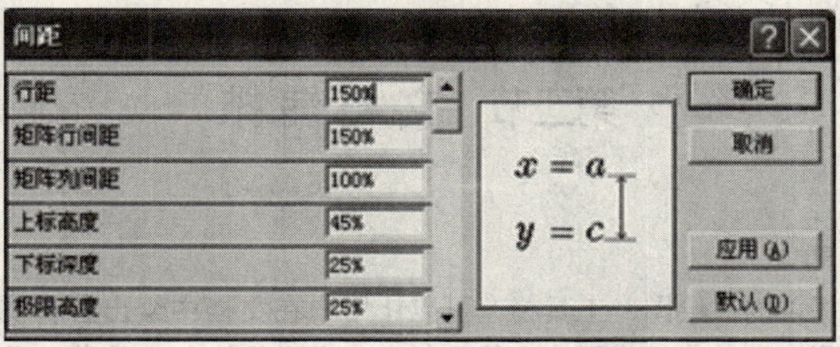

图 8—2 “间距”对话框

在选择的是“数学”样式，打开“样式”菜单，可以看到选择的是“数学”样式，切换到“文字”样式就可以输入空格了。

其实在“数学”样式中也可以用空格键输入空格，只要将输入法切换到“中文输入法”状态就可以了，为了输入一个空格，来回不断地切换太麻烦，其实可以用工具栏中的“间距和省略号”按钮（见图 8—3），其中提供了几种增加元素间距（或空格）的选项。

3. 精确调整公式

如果要对公式进行非常精确的控制、移动等，必须利用“微移”命令，“微移”可精确控制公式中各项目的位置，在调整模板插槽的项目时尤其有用，实现的方法是：利用“Ctrl＋光标键”可以“微移”所选项目。

4. 公式的对齐

在公式编辑器的“格式”菜单中，专门准备了几个对齐命令，其实还有一件对齐的秘密武器，它使公式在任意位置都能准确对齐，它隐藏在工具栏的“间距与省略号”按钮中（见图 8—3 中圆圈标识的符号），在每行的对齐位置插入这个符号，各行就会自动对齐。

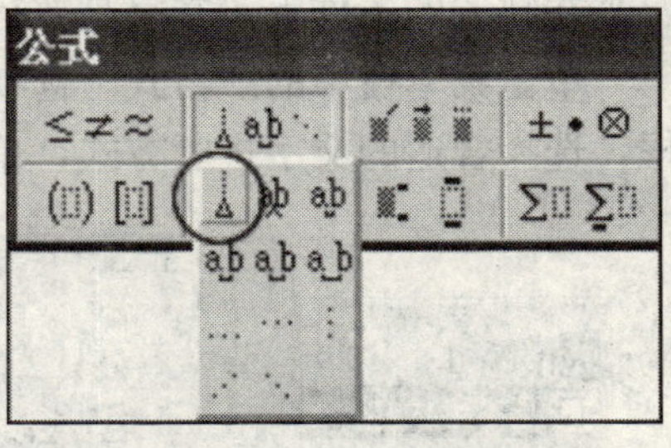

图 8—3 工具栏

5. 公式与正文的排版

如果编辑完公式后马上就用鼠标在公式编辑框外单击，那么得到的公式将是“嵌入型”的公式，如果需要进行图文混排，比较难处理。

“嵌入型”公式和其他“嵌入型”对象一样，可以右击该公式，选择“设置对象格式”项，并在“版式”选项卡中将其转换为“紧密型”环绕就可以了，当然也可以根据需要选择其他的环绕形式。

第二节　文档编排

一、绘图工具

Word 2000 提供的“绘图”工具栏，可以让用户在文档中绘出各种图形。“绘图”工具栏的“自选图形”菜单中提供了许多能够任意改变形状的自选图形，可以重新调整图形的大小，还可以对其进行旋转、翻转、添加颜色，并与其他图形组合为更复杂的图形。此外，在自选图形中还可添加文本。

如果要绘制自选图形，可以按照以下步骤进行：

第一步：单击“绘图”工具栏中的“自选图形”按钮，出现“自选图形”菜单，如图 8—4 所示。

第二步：移动鼠标指针到需要的菜单，并在子菜单上单击适当的图形，如图 8—4 所示。

第三步：将鼠标指针移到要绘制图形的地方，然后单击鼠标左键，Word 2000 将按照默认大小绘制图形。如果要绘制特定大小的图形，请按住鼠标左键并拖动到合适的大小。

二、文字方向

在缺省的条件下，文字是按行水平方向排列的，但可以把文字垂直排版，方法如下：

单击菜单栏中的“格式”选项，然后单击“文字方向”命令；弹出“文字方向”对话框，选择合适的文字排版方式，单击“确定”按钮，如图 8—5 所示。

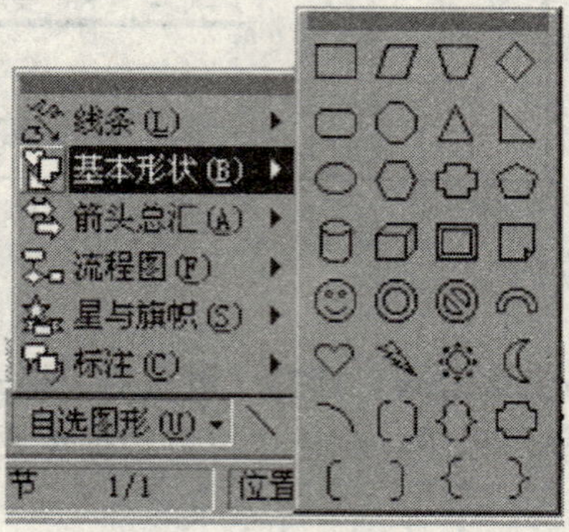

图 8—4　选择图形

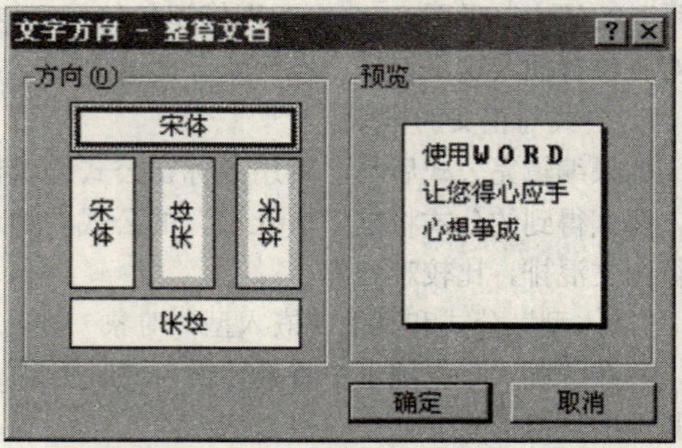

图 8—5　设置文字方向

一个值得注意的问题是：该排版方式是适用整篇文档，如果选择了竖排方式，整篇文章都成为竖排，如果想为某一段文字设置成竖排，使用“插入”菜单中的“文本框”，在

"文本框"中插入竖排的文字。

三、水印

水印是打印时显示在已存在的文档文字的前面或后面的任何文字或图形。例如，在出售的项目目录中，可以在售出的项目上面显示"已售出"字样。或者，可以使用水印，使如公司商标的图形或如"绝密"字样的文字轻轻地出现在每个打印页的背景里。

1. 创建水印

如果要打印水印，必须将水印插入页眉或页脚。把水印放在页面上什么位置，水印就会在什么位置打印出来，不必局限于页面顶端或底端。

(1) 单击"视图"菜单中的"页眉和页脚"命令。

(2) 单击"页眉和页脚"工具栏上的"显示/隐藏文档正文"按钮，隐藏主文档中的文字和图形。

(3) 插入在每页中都要显示的图形，比如自选图形、剪贴画、艺术字、图片或导入的艺术图案等图形对象。操作方法是如果要插入文字，可单击"插入"菜单中的"文本框"命令，然后键入需要在每一页中都显示的文字，可通过拖动尺寸控点来调整文本框的大小。

(4) 如果要设置图形的格式，可先选定图形，然后单击"格式"菜单中的"图片"命令，选择"图片"选项卡上"图像控制"项下"颜色"框中的"水印"选项，用适用于水印的预先设置好的亮度和对比度设置图片格式，或用"亮度"和"对比度"游标来手工调整亮度和对比度。如果要使文字排列在图形之上，而不是环绕在四周，可单击"格式"菜单中的"图片"命令。在"版式"选项卡上单击"衬于文字下方"或"浮于文字上方"按钮。

(5) 如果要设置文本框中文字的格式，可先选定文字，再单击"格式"菜单中的"字体"命令，然后选择所需选项。如果要旋转文字，可单击"格式"菜单中的"文字方向"命令，然后选择所需选项。由于文本框是图像对象，可用"绘图"工具栏上的选项设置其边框、背景色等格式。

(6) 单击"页眉和页脚"工具栏上的"关闭"按钮。

2. 取消水印

如果要取消水印，必须将它从页眉或页脚中删除，具体操作如下：

(1) 打开需要取消其中水印的文档。

(2) 单击"视图"菜单中的"页眉和页脚"命令。

(3) 如果需要，移至需要删除其中水印的页眉或页脚。

(4) 在页眉或页脚区中选定文字或图形，然后按 Delete 键。

四、图文编排

在 Word 2000 中可插入图片到文档，以实现图文混排。这些图片可以是 Word 2000 的绘图程序绘制的图片，也可以是其他绘图软件绘制后，通过剪贴板和文件插入到 Word

2000 文档中。图文混排是 Word 2000 最具特色的优点之一。

在 Word 2000 中，插入的图片出现在图形层，你可以任意改变图片的环绕方式。Word 2000 默认的正文环绕方式是上下型环绕，也可以用图片工具栏或者设置图片格式对话框选择不同的文字环绕方式。

1. 应用“图片”工具栏设置图片的环绕方式

要通过“图片”工具栏来设置图片的环绕方式，请单击该图片，然后单击“图片”工具栏中的“文字环绕”按钮，出现列表（见图 8—6），可以从中选择“四周型环绕”“紧密型环绕”“穿越型环绕”“衬于文字下方”“浮于文字上方”和“上下型环绕”等。

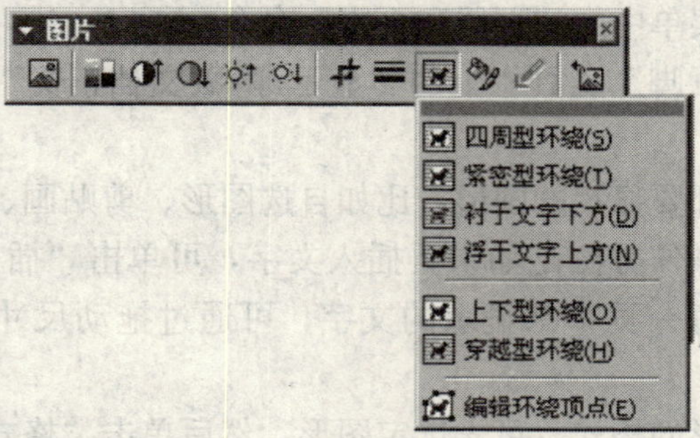

图 8—6 设置图片环绕方式

2. 通过“设置图片对话框”设置图片环绕方式

要通过“设置图片格式”对话框来设置图片环绕方式，可以参照以下步骤进行：

(1) 单击要设置文字环绕的图片。

(2) 选择“图片”工具栏中的“设置图片格式”按钮，出现“设置图片格式”对话框。

(3) 单击“版式”选项卡，如图 8—7 所示。

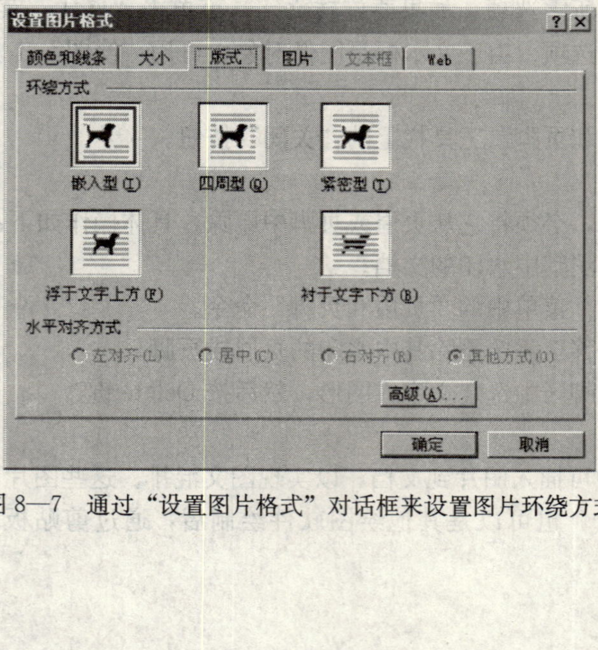

图 8—7 通过“设置图片格式”对话框来设置图片环绕方式

（4）在“环绕方式”组框中选择需要的文字环绕方式。

（5）如果选择了“四周型”“紧密型”或“嵌入型”环绕方式，则可以点击“高级”按钮打开“高级版式”对话框，点击“文字环绕”选项卡，选择更详细的环绕设置，如在“距正文”组框中设置图片上、下、左、右各边与文字之间的距离。

（6）单击“确定”按钮，Word 2000 将按照设置使正文环绕图片排列。

五、视图模式

Word 2000 状态栏左下角的四个按钮用来在几种最常用的视图间切换，如图 8—8 所示。Word 2000 提供了针对文字输入的“普通视图”、针对网页制作的“Web 版式视图”、针对排版打印的“页面视图”、针对组织文稿的“大纲视图”。各视图功能各异，用户可视具体情况有选择地应用适宜的视图。

图 8—8 视图

1. 普通视图

在 Word 2000 中，普通视图是默认的视图方式，普通视图简化了页面的布局，这样可快速键入或编辑文字。普通视图的重新分页和屏幕刷新速度在各种视图中是最快的，在普通视图下有些信息诸如页眉/页脚、图形标注等都不显示，若要在普通视图中进行页眉/页脚操作，则需要从“视图”菜单项中选择“页眉和页脚”，打开“页眉/页脚”窗口。普通视图下的自动分页符以点划线表示，人工分页符以带有“分页符”字样的虚线来表示，分节符以带有“分节符”字样的双点划线表示。如果要在普通视图下进一步提高 Word 2000 的显示和处理文档的速度，可以从“工具”菜单中选择“选项”，在打开的“选项”对话框中单击“视图”标签，选中“草稿字体”，“确定”即可。

2. Web 版式视图

Web 版式视图是 Word 2000 中新增的用以取代 Word 97 的联机版式视图来满足用户需要的。Web 版式视图主要用于 HTML 文档的编辑，HTML（*.htm）是 Web 网页格式文件，在 Web 版式视图方式下编辑文档，可以更准确地看到其在 Web 浏览器中显示的效果。此外，在该视图方式下还可以应用 Word 2000 创建和编辑 Web 页面。

3. 页面视图

在页面视图中，可以看到对象在实际打印页面的位置，在该视图中可以查看和编辑页眉和页脚，只需用鼠标双击页眉/页脚区，Word 2000 就会自动显示“页眉/页脚”工具栏，还可以在该视图中调整页边距，以及处理分栏、图形对象和边框。屏幕顶端和两边的暗灰色背景就是对应于所设置的打印纸张类型之外的区域。在页面视图中可以显示或隐藏非打印字符，这些非打印字符不会被打印出来，只是作为控制字符显示在屏幕上，以便于查看或编辑文档，例如回车符、段落标记、制表符、空格等。这样就可以很容易地看到是否在单词之间添加了多余的空格，键入的是空格还是制表符。Word 使用箭头代表制表符，圆点代表空格。如果在文档中绘制图形或加入标注时，Word 2000 将自动切换到页面视图模式。

4. 大纲视图

大纲视图显示文档的层次结构，如章、节、标题等，这对于长文档来说，可以让用户清晰地看到它的概况简要。在大纲视图中，可折叠文档只查看到某级标题，或者扩展文档以查看整个文档，还可以通过拖动标题来移动、复制或重新组织正文。进入大纲视图时会自动出现大纲工具栏，其中就包括有关主控文档的按钮，主控文档用来组织和维护一个长文档，主控文档视图可以将多篇 Word 文档组成一篇主控文档，然后对长文档中进行修改编辑。在浏览或编辑文档中相距较远的两部分信息可以使用屏幕拆分方式，将显示窗口拆分成两个窗口，拆分后的上下两个窗口可以使用不同的视图，可以是一个为大纲视图，另一个为普通视图，这样就可以非常方便地浏览和查看相关资料了。

六、模板及其保存设置

1. 新建模板

(1) 根据已有文档创建一个新模板。操作如下：

1) 打开要创建模板的文档。单击“文件”菜单中的“打开”命令，然后打开所需文档。

2) 保存模板。单击“文件”菜单中的“另存为”命令，在“保存类型”框中，单击“文档模板”。在“文件名”框中键入新模板名称，然后单击“保存”按钮。

(2) 根据已有模板创建一个新模板。操作如下：

1) 打开要创建模板的模板。单击“文件”菜单中的“新建”命令。单击与要创建的模板相似的模板，再单击“新建”栏下的“模板”选项，然后单击“确定”按钮。

2) 单击“文件”菜单中的“另存为”命令。

3) 在“保存类型”框中，如果保存的是已创建为模板的文件，则该文件类型已被选为“文档模板”。在“文件名”框中，键入新模板的名称，然后单击“保存”按钮。

注意：“模板”文件夹是“保存位置”框中的默认文件夹。要使模板出现在“常用”选项卡以外的其他选项卡中，请切换到“模板”文件夹中的相应子文件夹。

2. 修改模板

在新模板中添加所需的文本和图形（添加的内容将出现在所有基于该模板的新文档中），并删除任何不需要的内容。还可改变页边距设置、页面大小和方向、样式及其他格式。

最后，单击“保存”按钮，然后单击“文件”菜单中的“关闭”命令。

七、样式

如果想把文档中所有小字的字体变成“幼圆”，若用格式复制的话要花费很多时间，如果用样式来设置就很简单了，文档中这些字体都使用了“正文”的样式，将光标定位在该段落中，打开“格式”菜单中“样式”对话框，如图 8—9 所示。

选中“样式”中的“正文”，单击“更改”按钮，弹出“更改样式”对话框，如图 8—10 所示。

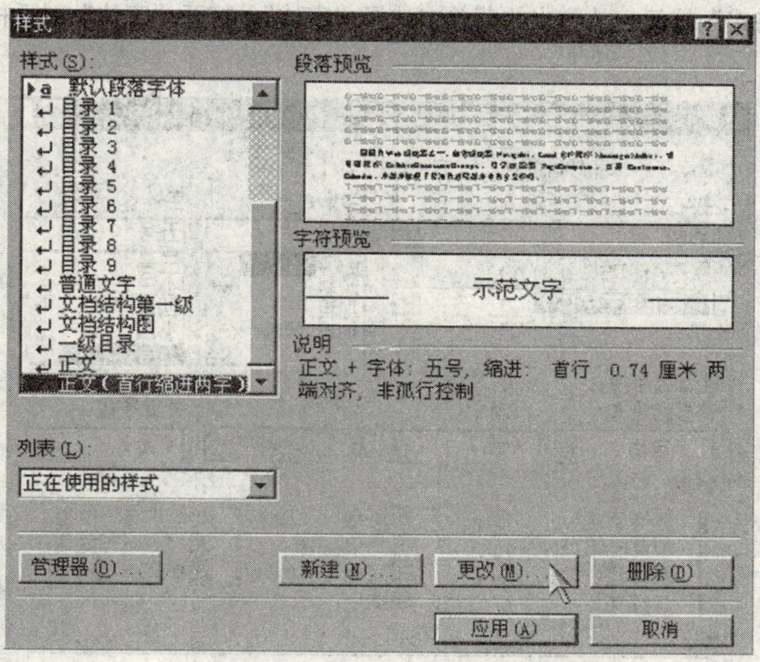

图 8—9 “样式”对话框

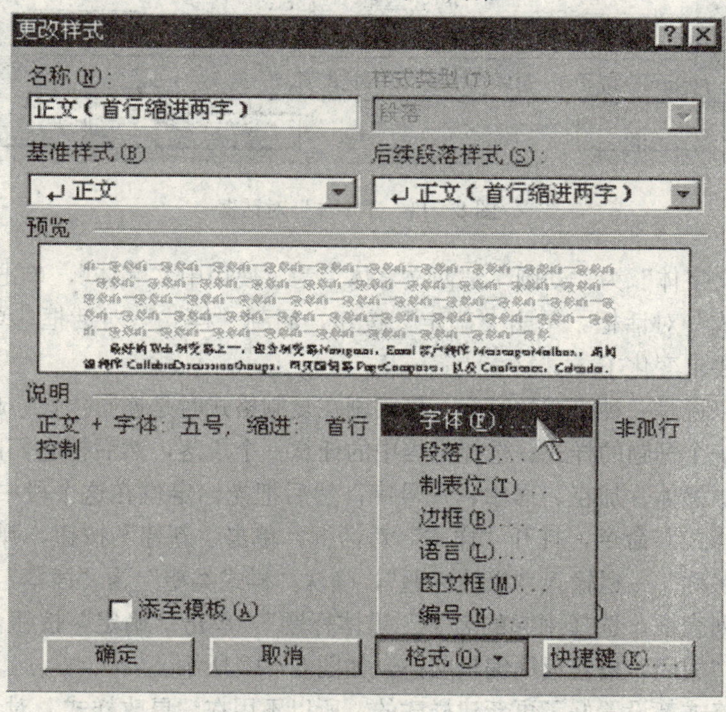

图 8—10 “更改样式”对话框

单击“格式”按钮，从弹出的菜单中选择“字体”，打开“字体”对话框，如图 8—11 所示。

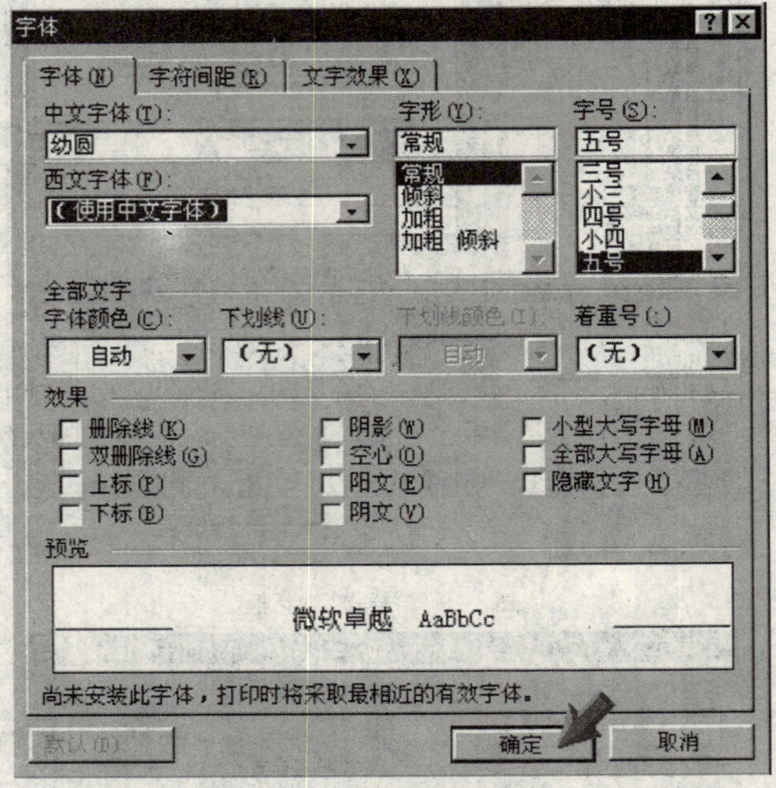

图 8—11　“字体”对话框

选择“中文字体”为“幼圆”，“西文字体”为“使用中文字体”，单击“确定”按钮，回到“更改样式”对话框，单击“确定”按钮，回到“样式”对话框，单击“关闭”按钮，文档就按要求变化了。

样式，可以说是一种格式的组合，格式刷在复制格式时是连同样式一起来复制的。

下面设置一个标题的样式：选择文档中的任意一个段落，然后把它们的格式设置为用户要求的样子：黑体、加粗、居中、一号字，然后把光标定位在这个段中，打开“格式”菜单，单击“样式”命令，打开“样式”对话框，单击“新建”按钮，弹出“新建样式”对话框，在“名称”一栏输入“黑体标题”，确认“样式类型”为“段落”，单击“后续段落样式”下拉列表框，选择刚起的名字“黑体标题”，单击“确定”按钮，这个样式就建立好了。单击“关闭”按钮返回编辑状态，如图 8—12 所示。

刚才是把格式都设置好了再新建样式的，所以不用在“更改样式”对话框中设置样式包含的各种格式，不过再更改样式时就一定要在“更改样式”对话框中进行了。我们来下

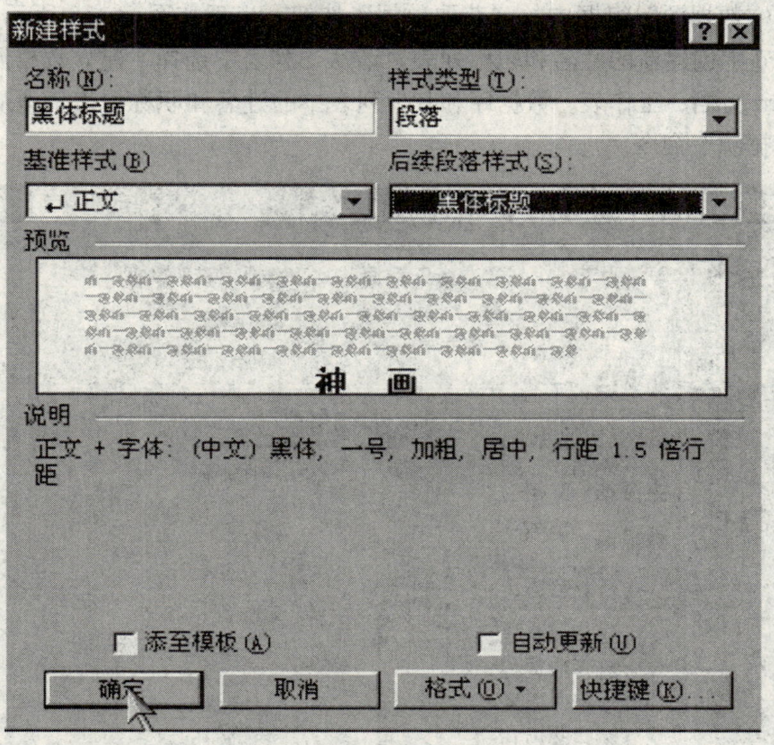

图 8—12　新建样式

面试一下新建的样式：把光标定位到下面的一个段落中，单击“样式”下拉列表框的下拉箭头，这里就出现了刚才建立的“黑体标题”样式，单击它，就把刚才设置的样式应用过来了。

八、邮件合并

邮件合并可以把一系列信息与一个标准文档合并，从而生成多个文档。例如，公司要想向多个用户发出邀请信函，信函内容完全一样，只是抬头不同，使用邮件合并功能，可以把几百份邮件迅速处理完毕。邮件合并过程通常涉及到两个文档，一是在合并过程中保持不变的主文档，一是包含变化信息的数据源。在合并过程中，Word 2000 把来自数据源的相关信息加入到主文档的邮件合并域中。

1. 创建主文档

主文档包含在每一份合并结果中都有相同的文本内容。创建主文档的方法与创建普通文档完全相同。用户可以创建一份新的主文档，也可以打开已有的文档作为主文档。

2. 创建数据源

创建主文档之后，可以指定该合并中使用的数据源。创建数据源的具体操作步骤：

(1) 选择“工具”菜单中的“邮件合并”命令，出现“邮件合并帮助器”对话框。

（2）单击“数据源”组框中的“获取数据”按钮，出现如图 8—13 所示的下拉列表。如果要在 Word 中创建新的姓名和职称列表，请从下列表中选择“建立数据源”命令。如果要使用 Word 文档、工作表、数据库和其他列表中的姓名和职称列表，请从下拉列表中选择“打开数据源”命令。

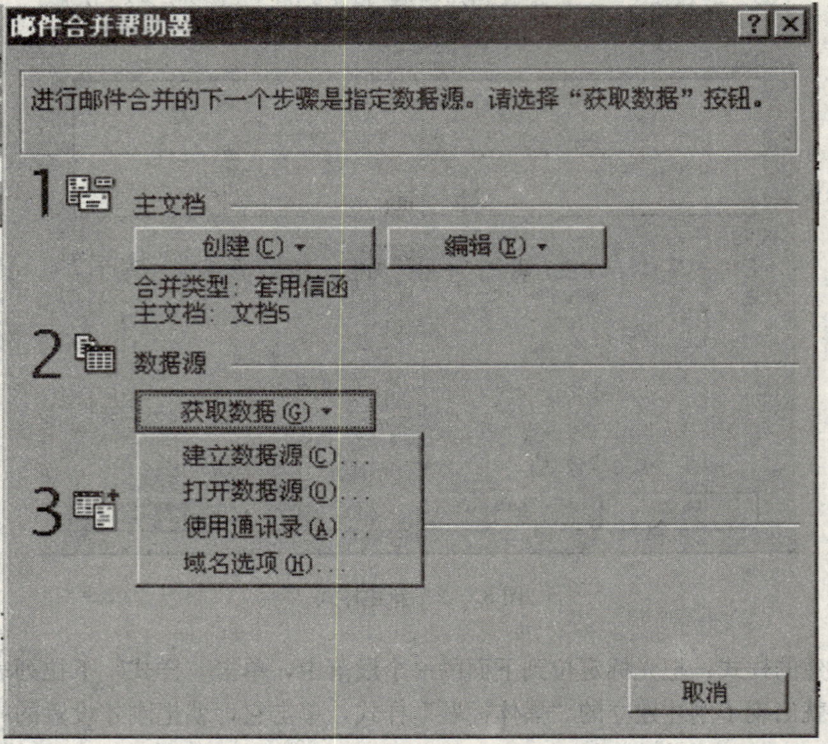

图 8—13　邮件合并帮助器

（3）从下拉列表中选择“建立数据源”命令，出现如图 8—14 所示建立数据源对话框。

（4）在“建立数据源”对话框中显示了一系列可用在数据源中的域名。如果要删除某些域名，只需从“域名行中的域名”列表框中选择域名，然后单击“删除”按钮。如果要添加新的域名，只需单击“域名”文本框，然后输入新的域名，并单击“添加域名”按钮；如果要调整“域名行中的域名”列表框中的域名顺序，可以先选择要移动的域名，然后使用对话框右边的向上或向下按钮改变其在列表中

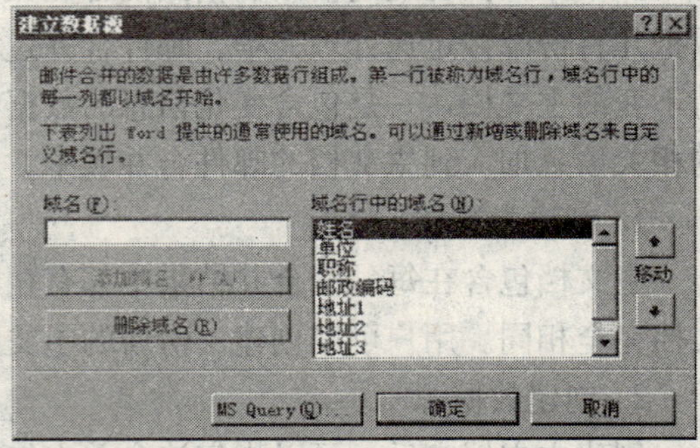

图 8—14　建立数据源

位置。

(5) 设置完毕后，单击“确定”的按钮。此时，出现“另存为”对话框可为数据源命名。

(6) 在“文件名”框中为新文档输入名字，然后单击“保存”按钮。此时，Word 显示信息询问是要编辑数据源还是主文档，如图 8—15 所示。

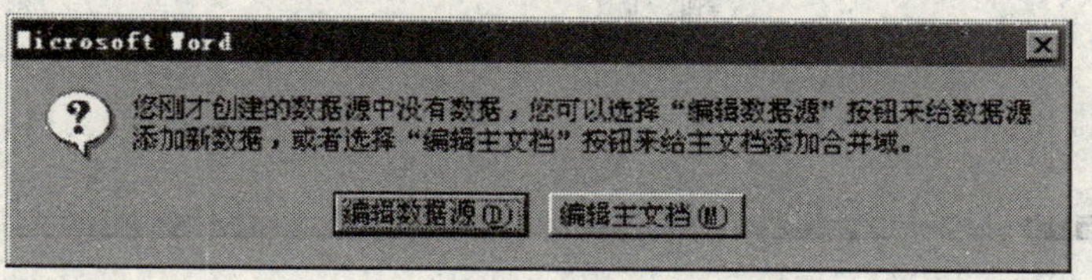

图 8—15　提示信息

(7) 单击“编辑数据源”按钮，出现如图 8—16 所示的对话框。

图 8—16　数据表单

(8) 在“数据表单”对话框中可以输入记录中每个数据的内容，利用“Enter”键把插入点移到下一个域的文本框中。

(9) 输入第一个记录后，单击“新增”按钮开始输入新的记录。

1) 单击“删除”按钮，删除当前记录。

2) 单击“还原”按钮，将当前记录还原到编辑前的状态。

3) 单击“查找”按钮，将在当前数据源中搜索指定信息。

(10) 单击“查看数据源”按钮，切换到数据源编辑窗口，如图 8—17 所示。所有的记录将显示在数据源文档窗口中的表格中，可以像编辑表格一样对其进行编辑。

(11) 要切换回主文档，请单击“数据库”工具栏中的“邮件合并主文档”按钮。此时屏幕上将显示邮件合并工具栏如图 8—18 所示。

3. 在主文档中插入合并域

创建主文档和数据源后，需要将数据源以合并域的形式插入到主文档中。具体操作步骤如下：

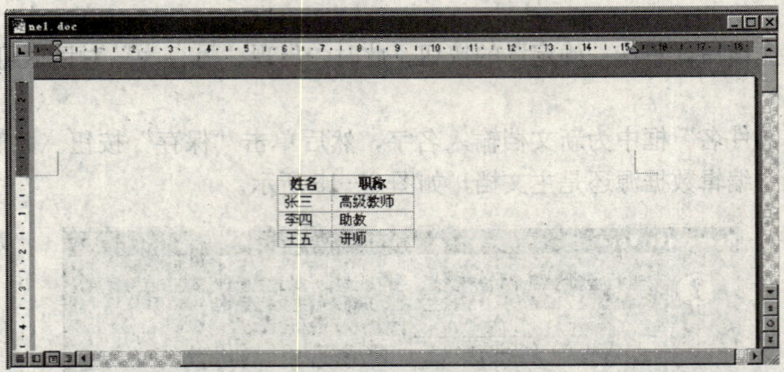

图 8—17　数据源编辑窗口

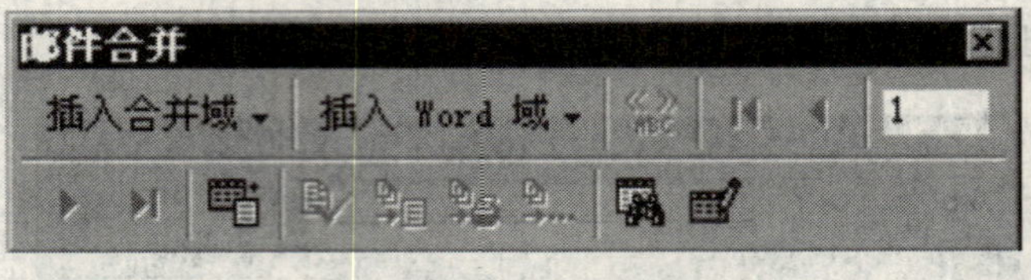

图 8—18　邮件合并

（1）打开主文档。

（2）将插入点置于要插入合并域的地方。

（3）单击“邮件合并”工具栏中的“插入合并域”按钮，从下拉列表中选择要插入的域名。

（4）在主文档中插入合并域，并对其进行格式化。

（5）如果要预览合并后的结果，可以单击“邮件合并”工具栏中的“查看合并数据”按钮。要查看用数据源文件中其他记录合并的结果，可以使用“邮件合并”工具栏中的“首记录”“上一记录”“下一记录”和“尾记录”按钮，或者在“定位到记录”中输入记录号。

4. 合并数据源与主文档

在主文档中插入合并域以后，则可以合并数据源与主文档。具体操作步骤如下：

（1）选择“工具”菜单中的“邮件合并”命令，出现“邮件合并帮助器”对话框。

（2）单击“合并”按钮，出现如图 8—19 所示对话框。

（3）在“合并到”下拉列表中选择一个选项：“新建文档”“打印机”或“电子邮件”。如果选择“新建文档”选项，则把信件内容保存到一新文档中，每封信之间用分隔符分隔；如果选择“打印机”选项，则把合并结果直接送至打印机；如果选择“电子邮件”选项，则把文档合并到电子邮件和传真系统。

（4）在“要合并的记录”组框中选择在要合并中使用的记录。如果要合并所有的记

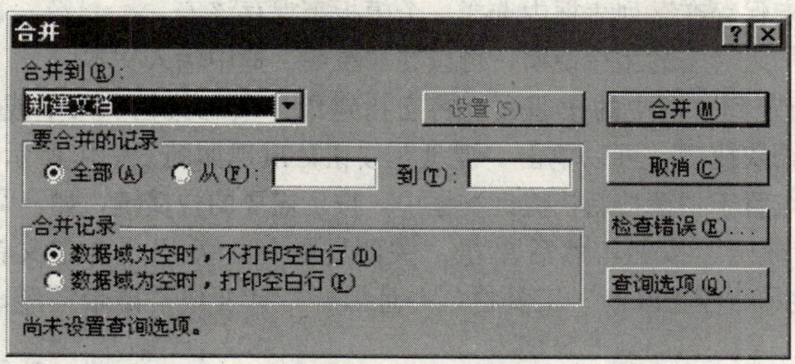

图 8—19　合并对话框

录，则选择全部选项；如果一次仅合并某一连续范围的记录，则在“从”框中输入开始的记录号，在“到”框中输入结束的记录号。

(5) 在“合并记录”组中可以根据需要选择“数据为空时，不打印空白行”或者“数据为空时，打印空白行”选项。

(6) 单击“合并”按钮。

九、宏

宏是 Word 2000 许多功能中最有用的功能，用户只需花很少的时间去学习宏，就会节省大量时间。这里将简单介绍宏的概念、宏的录制和宏的运行。

1. 宏的概念

如果要在 Word 2000 中重复进行某项工作，则可以用宏使其自动执行。同时将一系列的命令和指令组合在一起作为一条命令，以实现任务执行的自动化。一旦创建一个宏，即可将该宏指定到菜单、工具栏或组合键，以便在任何时候运行宏。

宏的用途很多，可以通过录制一个简单的宏对指定字符串应用复杂的格式而不改变字符串的样式；或编写一个宏从多个数据库中获取信息等。

2. 宏的录制

录制宏是创建宏的最简单方法：打开宏录制器，指定一种方法运行宏，执行想要包含在宏中的操作，然后关闭宏录制器。

录制宏过程实际就是进行一系列需要重复使用的操作，由 Word 2000 将这些操作记录下来，并用 Visual Basic 语言存储起来。

例如，本例中以 AAA 为宏名在当前文档创建新宏：把文档中“计算机”的字体格式改为字体：宋体、四号，字体颜色：红色，字形：倾斜、加粗，效果：阳文，下划线：波浪线，动态效果：赤水情深。录制宏的过程如下所示：

(1) 选择“工具”菜单中的“宏”命令，再从子“菜单”中选择“录制新宏”命令，出现如图 8—20 所示“录制宏”对话框。

(2) 在“宏名”框中输入宏名。例如，输入 AAA。

（3）在“将宏保存在”列表框中选择一个模板来保存该宏。

（4）如果要加入对宏的用途说明，可以在“说明”框中输入文本。

（5）“将宏指定到”框中的按钮允许将宏指定给一个工具栏、菜单或快捷键。例如，想把录制宏指定给快捷键，可以单击“键盘”按钮，出现如图 8—21 所示“自定义键盘”对话框。将插入点置于“请按新快捷键”框中，按下需要的快捷键，如：“Alt+A”键。

（6）单击“确定”按钮，然后单击“关闭”按钮，关闭“自定义键盘”对话框。此时，Word 将显示“停止录制”工具栏，并且鼠标指针变成“磁带”形，如图 8—22 所示。

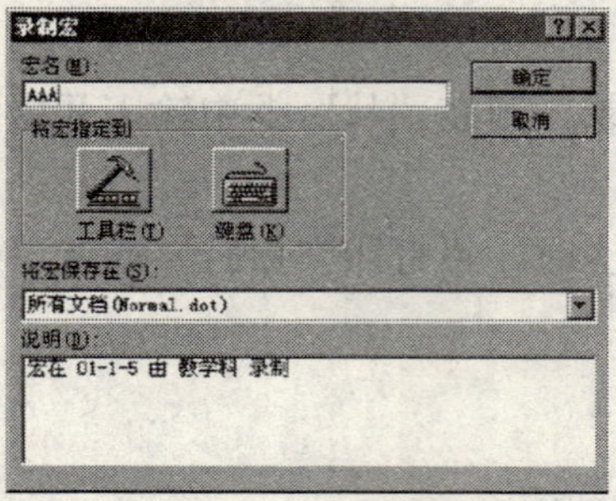

图 8—20　录制新宏

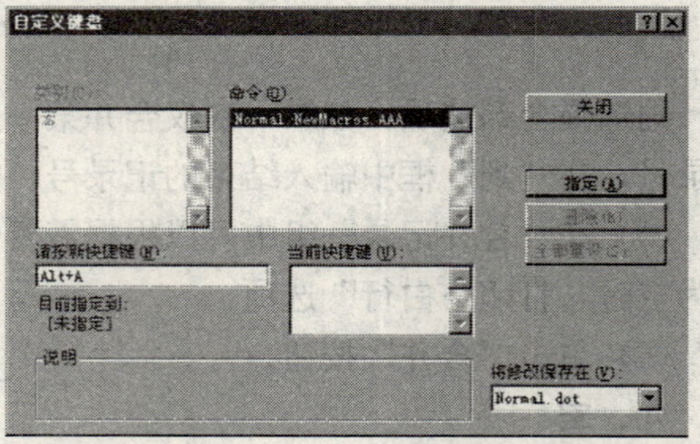

图 8—21　自定义键盘

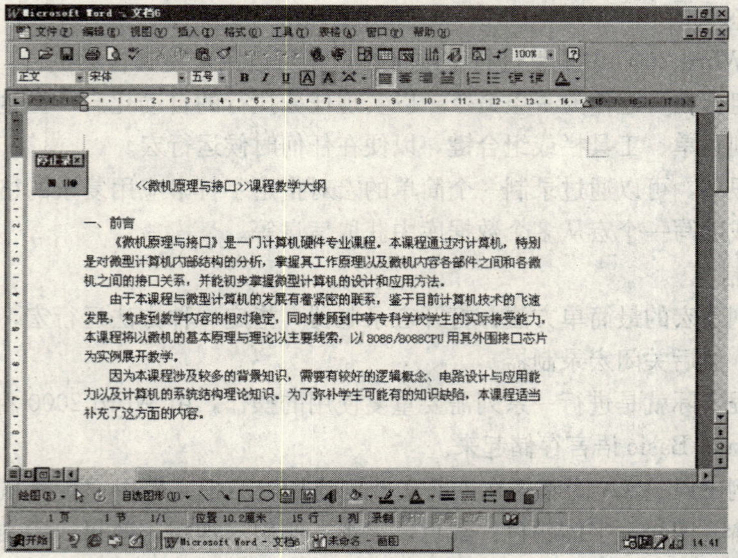

图 8—22　停止录制

（7）执行宏中需要的所有操作。如果要暂停宏的录制，可以单击“停止录制”工具栏中的“暂停”按钮，再次单击该按钮将恢复宏的录制。

(8) 完成宏操作之后，单击“停止录制”工具栏中的“停止”按钮，结束录制宏的过程。

3. 宏的运行

录制了宏之后，就可以在文档中运行它。如果在录制宏的过程中已经为宏指定的工具栏、菜单命令或快捷键，就可以使用它们来运行宏。如果需要运行的宏没有指定工具栏、菜单或键盘，还可以使用宏对话框来运行宏。

如果要使用宏对话框来运行宏，可以按照以下步骤进行：

(1) 打开要运行宏的文件。如果要运行的宏是对选定项目进行操作，应该先选定宏的操作对象。

(2) 选择“工具”菜单中的“宏”命令，再从子菜单中选择“宏”命令，出现如图8—23所示的对话框。

(3) 如果需要运行的宏没有列在“宏名”列表中，则单击“宏的位置”列表框右边的向下箭头，从下拉列表中选择宏所在的模板。

(4) 在“宏名”列表框中选择要运行的宏，或者直接在文本框中输入宏的名字。

(5) 单击“运行”按钮。

十、超级链接

所谓超级链接显示文字即是文档中或 Web 页上的超级链接部分，在屏幕上显示为文字。用户单击显示的文字可跳转到超级链接的目的地。在显示的文字下经常加有下划线，并具有与周围文字不同的颜色。

超级链接一般是与书签同时使用的。下面介绍超级链接与书签的使用方法。

超级链接可以是一个“热点”，它能从一处跳转到另一处位置。这种位置可以包括硬盘或局域网上的其他文件（Word 文档或 Excel 工作表等）、Internet 地址（如 http://www.microsoft.com）、书签或幻灯片。域包括提示文字，一般为蓝色、带下划线，用户可单击此处跳转至指定位置。可单击“插入”菜单中的“超级链接”命令插入超级链接。

1. 插入超级链接

(1) 选择作为超级链接显示的文本或图形对象，然后单击“插入超级链接”按钮，如图8—24所示。

(2) 如果所做改动尚未保存，Word 将给出保存文件的提示。建议首先保存文件，尤其当要创建相关链接时，以便今后成组地移动文件。

(3) 在“链接到文件或 URL”框内，输入要超级链接所跳转到的文件的路径。

(4) 如果有所属地址，则在“文件中有名称的位置”框内键入所属地址。要跳转至其他 Office 文件中某个特定的、已命名的位置，请输入要跳至的工作表区域、数据库对象、幻灯片编号，或者 Word 书签名。单击“浏览”按钮即可查看选择项列表。

注意：要在 Word 文档中指定要跳转到的位置，要首先打开该文件，然后插入书签。

2. 更改代表超级链接的文字或图像外观

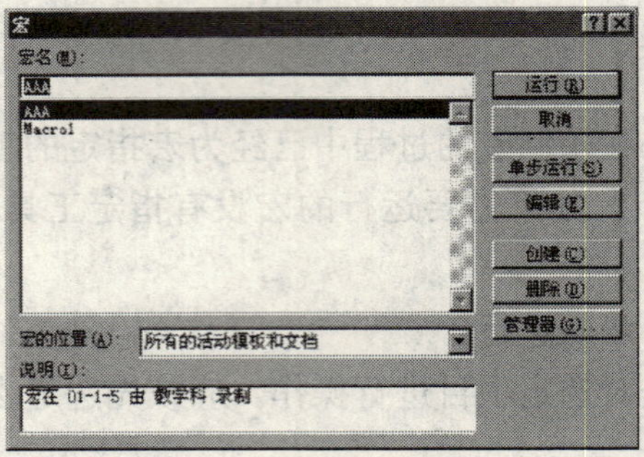

图 8—23　“宏”对话框

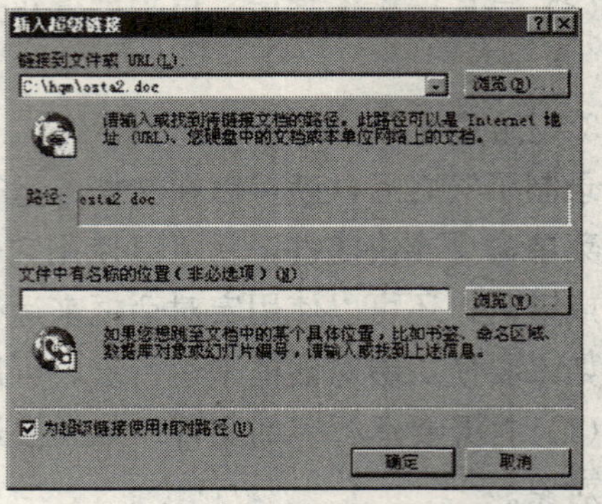

图 8—24　插入超级链接

可以更改代表超级链接的文字或图像（处于“热”状态的文字或图像，只需单击即可启动该超级链接）的外观，就像编辑位于文档页中的文字或图像一样。为避免激活该超级链接或打开插入的超级链接指向的文档，最好用键盘选定要更改的文字或图像。

（1）单击该文字或图像的外部。

（2）按方向键，以使插入点正好位于要改变的文字或图像的左侧或右侧。

（3）按“Shift”键和方向键选定这些文字或图像。按“Ctrl＋Shift”组合键选定整个词。

（4）对这些文字和图像进行编辑。

3. 更改 Word 文档中所有超级链接的外观

若要更改 Word 文档中所有超级链接的外观，请进行以下步骤：

（1）打开需要变更的超级链接所在的文档。

（2）单击“格式”菜单中的“样式”命令。

（3）在“样式”框中单击“超级链接”选项，然后单击“更改”按钮，以修改该超级链接的外观。在“样式”框中单击“已访问的超级链接”选项，然后单击“更改”按钮，可修改已访问的超级链接的外观。

（4）单击“格式”按钮，然后单击“字体”命令。

（5）选择所需选项。

4. 更改超级链接的链接目标

（1）右击要更改的超级链接，指向快捷菜单中的“超级链接”子菜单，再单击“编辑超级链接”命令。

（2）选择所需选项。

5. 删除超级链接

（1）用鼠标右键单击要删除的超级链接，指向快捷菜单中的“超级链接”子菜单，单击“编辑超级链接”命令。

(2) 单击“取消链接”按钮。

注意：选定要删除的超级链接，然后按“Delete”键，可删除该超级链接及代表该超级链接的文字或图像。

十一、书签

书签是为进行引用而命名的位置或所选文本。Word 以指定的名称来标记该位置。书签不仅仅是占位符，还可以使用书签创建并给交叉索引编号。

1. 插入书签域

如果要用 ASK 或 SET 域打印指定到书签的信息，必须在主文档文本中需要 Word 打印信息的位置插入书签域。

(1) 选定需要 Word 打印信息的位置。

(2) 按“Ctrl+F9”组合键插入一对域符号({ })。

(3) 在域符号之间输入 SET 或 ASK 域中定义的书签名，如图 8—25 所示。

如果该书签名也是一个 Word 域的名称，在书签名前输入 REF。

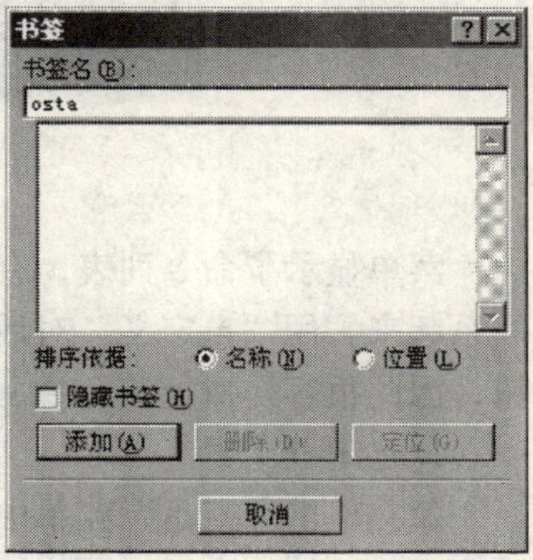

图 8—25　“书签”对话框

2. 添加书签

(1) 单击要插入书签的位置。

(2) 单击“插入”菜单中的“书签”命令。

(3) 在“书签名”下面，键入或选择书签名。

3. 删除书签

(1) 单击“插入”菜单中的“书签”命令。

(2) 单击要删除的书签名，然后单击“删除”按钮。要删除书签和与书签有关的所有文本，先选定这些文本，然后按“Delete”键。

4. 显示文档中的书签

(1) 单击“工具”菜单中的“选项”命令，然后单击“视图”选项卡。

(2) 选择“书签”复选框。屏幕上的书签在方括号（[ ]）中显示，打印时不带括号，如图 8—26 所示。

十二、工具栏的自定义

工具栏允许按照需要组织 Word 中的命令，这样就可快速找到并使用这些命令。自定义工具栏是很容易的。例如，可以添加或移去菜单和按钮，创建自己的工具栏，隐藏或显示工具栏，移动工具栏。在以前版本的 Office 中，工具栏只包含按钮。现在工具栏可包含按钮、菜单或者都包括。

菜单栏是特殊的工具栏，位于屏幕的顶部，其中包括“文件”“编辑”和“视图”等菜单。还可自定义菜单栏，自定义的方式与自定义任何内置工具栏的方式相同，例如，可以在菜单栏上快速添加或移去按钮和菜单，但是不能隐藏菜单栏。

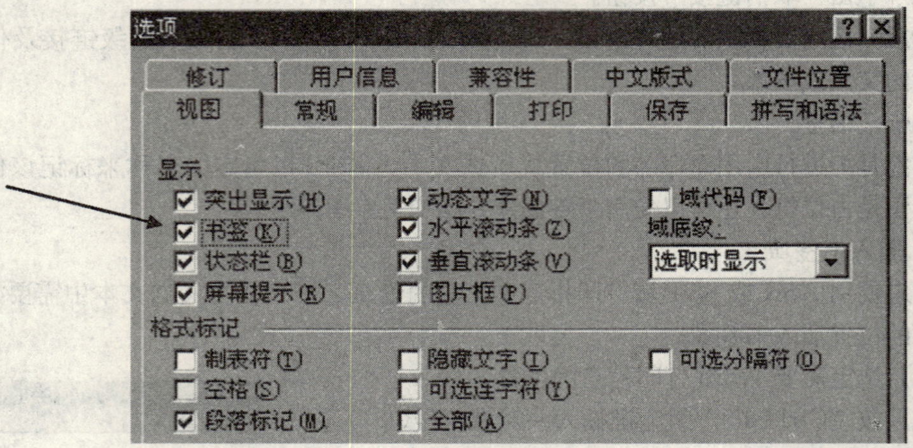

图 8—26　“视图”选项卡

菜单显示了命令列表。有些命令的旁边有图像，这样可以快速将该命令与相应的图像联系起来。用“自定义”对话框向工具栏拖动命令，这样为该命令创建了一个工具栏按钮，因此很容易执行该命令。

1. 创建工具栏

（1）单击“工具”菜单中的“自定义”命令，然后单击“工具栏”选项卡，如图 8—27 所示。

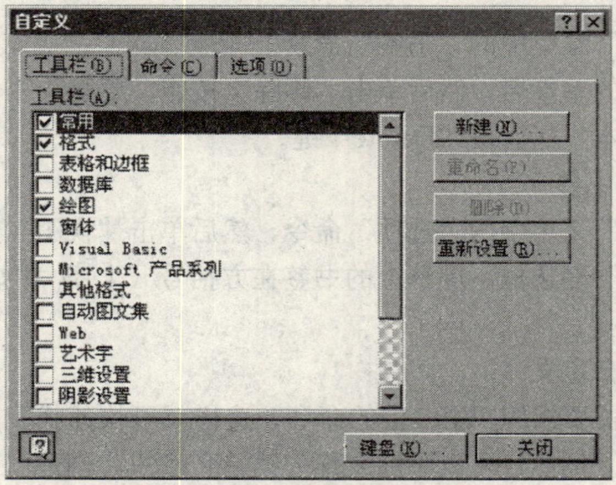

图 8—27　“工具栏”选项卡

（2）单击“新建”按钮。

（3）在“工具栏名称”框中键入需要的名称。

（4）在“工具栏可用于”列表框中单击需要保存工具栏的模板或文档。

(5) 要向工具栏添加按钮，单击“命令”选项卡。在“类别”列表框中单击命令的类别。将需要的命令从“命令”框中拖动到显示的工具栏。要向工具栏中添加内置菜单，单击“命令”选项卡。在“类别”框，单击“内置菜单”。将需要的菜单从“命令”框中拖动到显示的工具栏。添加所需的按钮和菜单之后，单击“关闭”按钮。

2. 重新命名自定义的工具栏

重新命名自定义的工具栏的步骤如下：

(1) 单击“工具”菜单中的“自定义”命令，然后单击“工具栏”选项卡。

(2) 在“工具栏”框中，选择需要重新命名的自定义工具栏。在“自定义”对话框中单击一个工具栏名称，可以显示或隐藏该工具栏。

(3) 单击“重命名”按钮。

注意：不能重新命名一个内置的工具栏。

3. 将自定义菜单添至工具栏

将自定义菜单添至工具栏的步骤如下：

(1) 显示要添加自定义菜单的工具栏。

(2) 单击“工具”菜单中的“自定义”命令，然后单击“命令”选项卡，如图 8—28 所示。

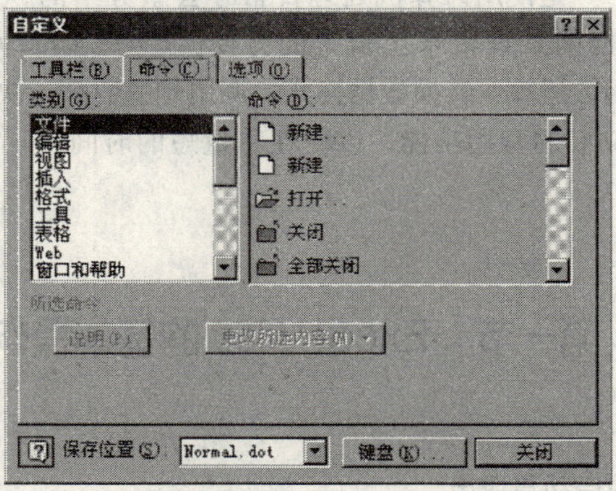

图 8—28 “命令”选项卡

(3) 单击“类别”下的“新菜单”命令。

(4) 将“命令”下的“新菜单”拖动到显示的工具栏上。

(5) 用鼠标右键单击工具栏上的新菜单，然后单击快捷菜单中的“命名”命令。按下 Enter 键。

(6) 要将命令添加到自定义菜单中，请单击工具栏上的自定义菜单名称，显示一个空框。单击“类别”下的一种类型，然后将“命令”下的命令拖到工具栏上的空框中。

第九单元 Excel 2000 基本操作

数据的管理和分析，是使用计算机处理日常办公事务中的一个重要内容。电子表格程序 Excel 2000 给数据的处理带来了很大的方便。Excel 2000 可以记录数据，制作表格，建立图表，进行函数运算，转换数据格式，调用外部数据，决策分析等。下面我们分专题着重介绍 Excel 2000 的常用功能，以便在尽量短的时间内，掌握电子表格的实际应用。

第一节 Excel 2000 的基本操作

一、Excel 2000 的启动与退出

1. 启动

启动 Excel 2000 有以下几种方法：

(1) 单击“开始”菜单“程序”中的“Microsoft Excel”命令选项启动 Excel 2000，如图 9—1 所示。

(2) 直接打开一个 Excel 文件以启动 Excel。

用 (1) 中的方法启动 Excel 2000 后，程序会自动创建一个基于默认工作簿模板的空白工作簿（默认文件名为 Book1）。在这个工作簿中，有三个工作表，Sheet1 为可供用户操作的活动工作表。

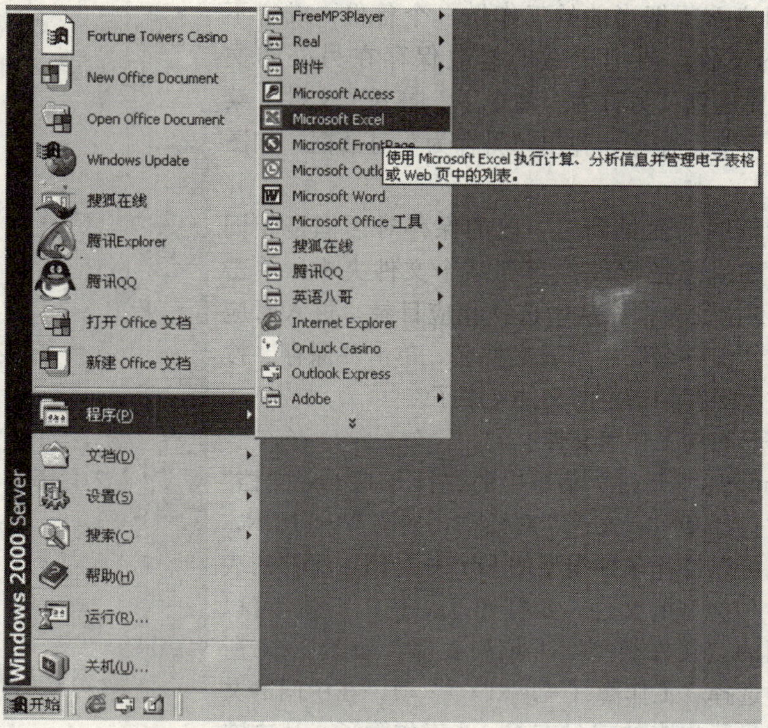

图 9—1 Excel 2000 的启动

2. 退出

退出 Excel 有以下几种方法：

(1) 单击标题栏右边的“关闭”按钮×退出 Excel 2000。

(2) 使用“文件”下拉菜单中的“退出”命令退出 Excel 2000，如图 9—2 所示。

二、新建一个工作簿文件

在安装了 Office 之后，单击 Windows 桌面左下角的“开始”命令，在弹出的菜单中单击“新建 Office 文档”项，打开“新建 Office 文档”对话框，如图 9—3 所示。

在此对话框中可以新建任何一个 Office 组件的文档，还可以使用模板来建立一个新的工作簿。选中“空工作簿”项，单击“确定”按钮，就启动了 Excel 2000 并建立了一个新的工作簿。

三、保存工作簿文件

单击工具栏中的“保存”按钮或“文件”菜单中的“保存”命令可以实现保存操作，在工作中要注意随时保存工作的成果。

在“文件”菜单中还有一个“另存为”命令。前面已经打开的工作簿，如果定好了名字，再使用“保存”命令时就不会弹出“保存”对话框，而是直接保存到相应的文件中。但有时用户希望把当前的工作做一个备份，或者不想改动当前的文件，要把所做的修改保存在另外的文件中，这时就要用到“另存为”命令了。打开“文件”菜单，单击“另存为”命令，弹出“另存为”对话框，如图9—4所示。

这个对话框同前面见到的一般的保存对话框是相同的，同样地，如果想把文件保存到某个文件夹中，单击“保存位置”下拉列表框，从中选择相应目录，进入对应的文件夹，在“文件名”中键入文件名，单击“保存”按钮，这个文件就保存到指定的文件夹中了。

四、打开已有的工作簿文件

单击 Windows“开始”菜单中的“打开 Office 文档”命令，弹出“打开 Office 文档”对话框，如图 9—5 所示。

从这里也可以打开多种类型的 Office 文档，文件列表区域列出了各种类型的文件。要打开 Excel 工作簿，可以单击窗口下面的“文件类型”下拉列表框，如图 9—6 所示。从列表中选择“工作簿（*. xl*）”项，在中间的文件列表区域中显示出来的就只有 Excel 工作簿了，从中选择要打开的工作簿，单击“打开”按钮就可以到 Excel 环境中进行编辑了。

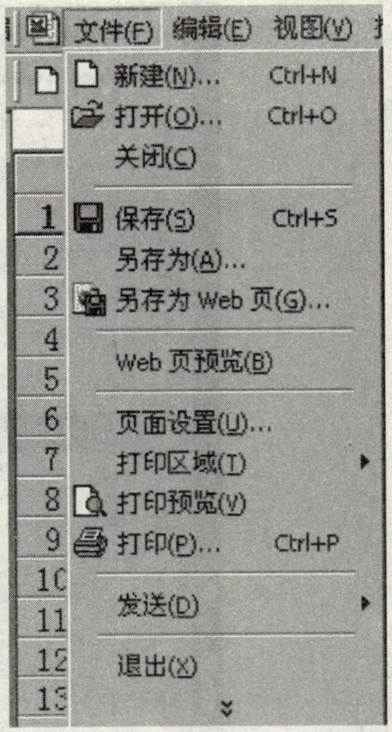

图 9—2　退出 Excel 2000

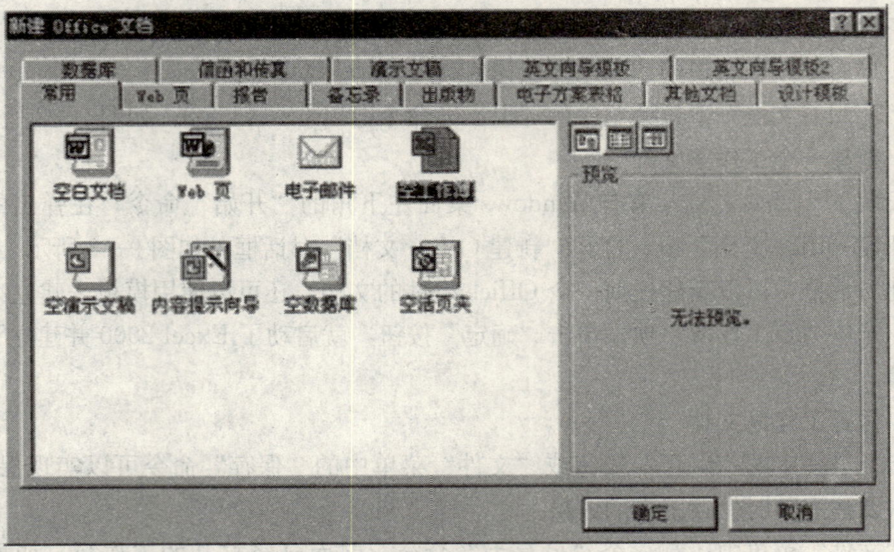

图 9—3　“新建 Office 文档”对话框

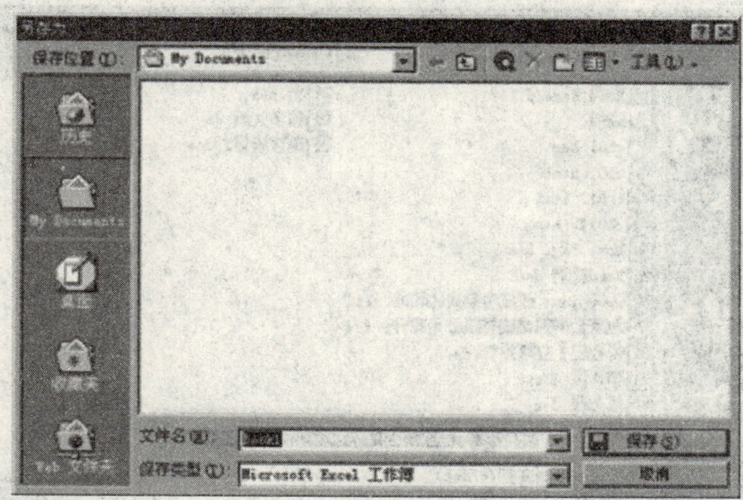

图 9—4 “另存为”对话框

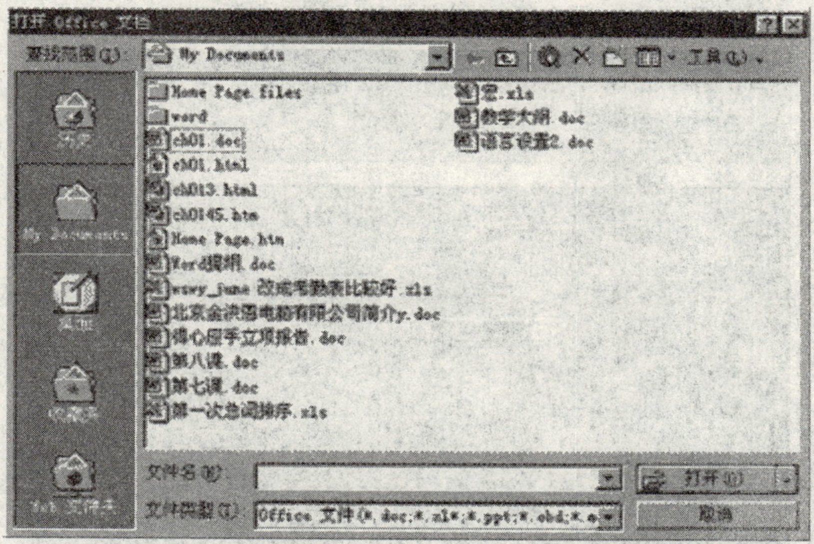

图 9—5 “打开 Office 文档”对话框

五、关闭工作簿文件

单击标题栏上的“关闭”按钮的作用是退出 Excel 2000。如果同时打开了两个工作簿，单击“关闭”按钮会同时将这两个工作簿都关闭。如果要关闭的只是当前编辑的一个，可以单击菜单栏上的“关闭窗口”按钮，工作簿就被关闭了。如果单击菜单栏上的“最小化”按钮，界面中工作簿就变成了小条，如图 9—7 所示。可以用鼠标任意拖动来改变它们的位置，这样在同时使用多个工作簿时就可以方便地选择要编辑的工作簿，切换起

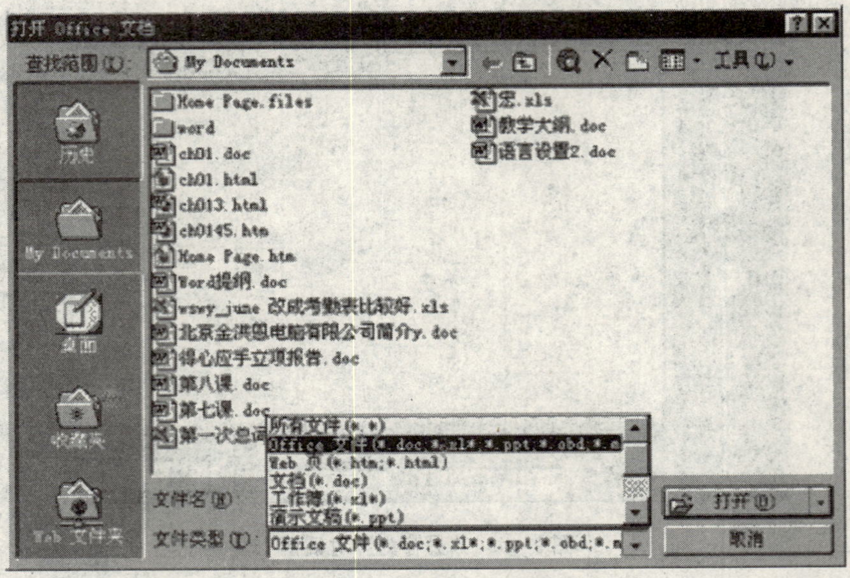

图 9—6　“文件类型”下拉列表框

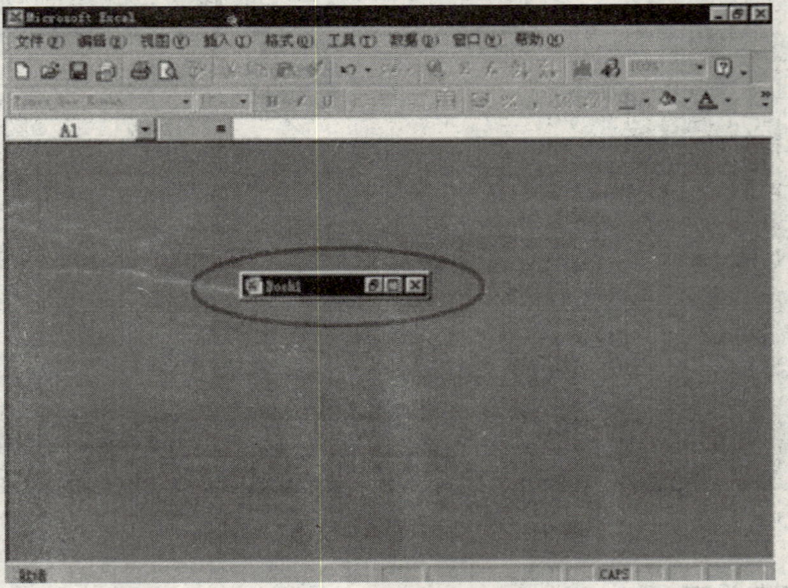

图 9—7　界面中的工作簿

来也很容易。

六、在工作表中输入数据

在建立表格之前，通常先把表格的大致结构考虑清楚，比如表头的内容、标题列的内容等。同样地，在用 Excel 2000 建立一个表格的时候，开始先建立一个表头，然后确定表的行标题和列标题的位置，最后再填入表的数据。

首先把表头输入进去：单击选中 A1 单元格，输入文字。然后从第三行开始输入表格行和列的标题，最后再把不用计算的数据填进去。

输入的时候要注意合理地利用自动填充功能，先输入一个数据，然后把鼠标放到单元格右下角的方块上，当鼠标变成一个黑色的十字时就按往左键向下拖动，到所需的数量就可以了。自动填充还有许多其他的用法：例如，输入一个 7－11，回车，它就自动变成了一个日期“7 月 11 日”，继续向下填充，日期还会按照顺序变化，如图 9—8 所示。

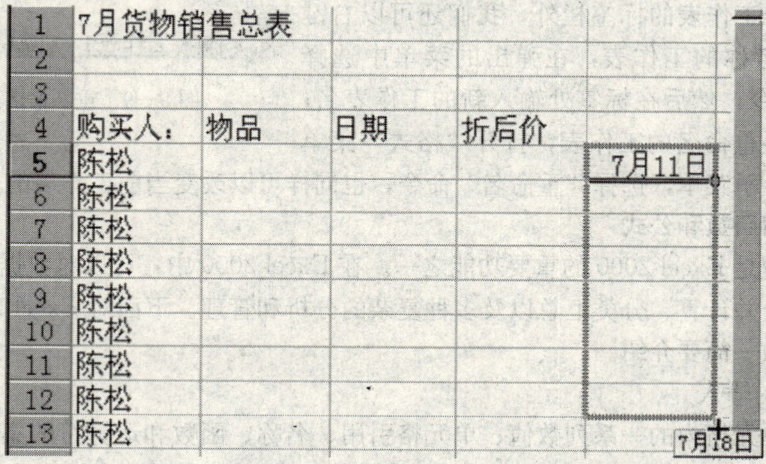

图 9—8　日期按照顺序变化

七、工作表中数据的编辑

有时使用 Excel 2000 进行一些资料的整理，会需要在一个单元格中输入几段文字的内容，但此时按“Enter”键的作用并不是在单元格中进行分段，而应在一段文字的结束按组合键“Alt＋Enter”，这样才能在一个单元格中输入几个段落。

1. 表格区域的选定

选定表格区域的方法有很多：如单击行标可以选中一行，单击列标可以选中整列，单击“全选”按钮（表格左上角的第一个格）可以选中整个工作表，单击某个单元格即可选中该单元格。

如果要选择一些连续的单元格，则在要选择区域开始的单元格按下左键，拖动鼠标直到最终的单元格就可以了。

如果要选定不连续的多个单元格，则应按住“Ctrl”键，一一单击要选择的单元格就可以了。

用同样的方法可以选择连续的多行、多列，不连续的多行、多列，甚至行、列、单元格混合选择等。

2. 工作表中的数据编辑

（1）移动数据。选定要移动的单元格，移动鼠标到单元格的任意边缘，当鼠标指针变为十字形时，按住鼠标左键向下拖动，虚线框表示移动的目标位置，同时，鼠标指针变形为箭头，并显示目标区域单元格。松开鼠标，移动成功。

（2）复制数据。选定要复制的单元格，单击“常用”工具栏上的“复制”按钮，确定复制的目标位置，单击“常用”工具栏上的“粘贴”按钮，完成数据复制。

八、重命名工作表

双击相应的工作表标签，键入新名称覆盖原有名称，如图9—9所示。

除了双击工作表的标签栏外，我们还可以右键单击要更改名称的工作表，在弹出的菜单中选择“重命名”命令，然后在标签处输入新的工作表名；或者先选中要重命名的工作表，打开“格式”菜单的“工作表”子菜单，选择“重命名”命令，也同样可以改变当前工作表的名称。

图9—9　重新命名工作表

九、使用函数和公式

数据处理是Excel 2000的重要功能之一。在Excel 2000中，可以对数据进行计算、排序、筛选、合并计算、分类汇总以及多种复杂的分析和管理。下面对Excel 2000管理数据的基本方法做一简要介绍。

1. 公式的输入

公式是单元格内的一系列数值、单元格引用、名称、函数和运算符的集合，可共同产生新的值。公式总是以等号“＝”开始的。它可以对工作表数值进行加法、减法和乘法等运算。公式可以引用同一工作表内的单元格、同一工作簿中不同工作表内的单元格，也可以引用其他工作簿中工作表内的单元格。公式中可以直接键入数值，还可以使用函数。公式通常由运算符、常量、单元格引用值、名称和工作表函数等元素构成。

（1）输入公式。在Excel 2000中可以创建许多种公式，其中既有进行简单代数运算的公式，也有分析复杂数学模型的公式。输入公式的方法有两种：一是直接键入，二是利用“公式选项板”。

1）直接键入公式。其步骤如下：

①选定需要输入公式的单元格。

②在所选的单元格中输入等号“＝”，如果单击了“编辑公式”按钮（编辑栏）或“粘贴函数”按钮（常用工具栏），这时将自动插入一个等号。

③输入公式内容。如果计算中要用到单元格中的数据，可用鼠标单击所需引用的单元格，如果输入错了，在未输入新的运算符之前，可再单击正确的单元格。也可使用手工方法引用单元格，即在光标处键入单元格的坐标。

④公式输入完后，按Enter键，Excel 2000自动计算公式并将计算结果显示在单元格中，公式内容则显示在编辑栏中。

⑤按“Ctrl＋～（位于数字键左端）”键，可使单元格在显示公式内容与公式结果之间

进行切换。

从上述步骤可知，公式的最前面必须是等号“=”，后面是计算的内容。例如，要在G4中建立一个公式来计算E4+F4的值，则在G4中输入“=E4+F4”，输入公式后按“Enter”键确认，结果将显示在G4单元格中。

2）利用“公式选项板”输入公式。输入公式可以使用“公式选项板”，方法如下：

输入的公式中，如果含有函数，“公式选项板”将有助于输入函数。在公式中输入函数时，“公式选项板”将显示函数的名称和各个参数、函数功能和参数的描述、函数的当前结果和整个公式的结果。如果要显示“公式选项板”，单击“编辑公式”按钮 = 或“粘贴函数”按钮 fx，Excel 2000将插入一个等号，然后输入公式内容，按Enter键确认。

（2）公式自动填充。在一个单元格输入公式后，如果相邻的单元格中需要进行同类型的计算（如数据行合计），可以利用公式的自动填充功能。其方法是：

1）选择公式所在的单元格，移动鼠标到单元格的右下角变成黑十字形，即“填充柄”。

2）当鼠标变成小黑十字时，按住鼠标左键，拖动“填充柄”经过要填充的单元格。

3）当到达目标区域单元格后，放开鼠标左键，公式自动填充完毕。

（3）公式中的语法。最前面是等号“=”，后面是参与计算的运算数和运算符。每个运算数可以是不变的数值（常量）、单元格或区域引用、标志、名称、工作表函数。在默认状态下，公式从等号“=”开始，自左至右计算。可以通过修改公式语法来控制计算的顺序。

（4）公式中使用的运算符及其运算的顺序

1）运算符是公式中的特定符号，运算符对公式中的元素进行特定类型的运算。Excel 2000提供四种类型的运算符：算术运算符、比较运算符、文本运算符和引用运算符。

- 算术运算符可以完成基本的数学运算，如加法、减法和乘法，可以连接数字，并产生数字结果。
- 比较运算符可以比较两个数值并产生逻辑值TRUE或FALSE。
- 文本运算符“&”可以将一个或多个文本连接为一个组合文本。
- 引用运算符可以将单元格区域合并计算。

2）运算符在公式中的运算顺序。

如果公式中同时用到了多个运算符，Excel 2000将按一定的顺序进行运算。如果公式中包含了相同优先级的运算符，如乘法和除法运算符，Excel 2000则从左到右进行计算。如果要修改计算的顺序，必须把公式中需要首先计算的部分括在圆括号内。

公式中运算符的顺序从高到低依次为：冒号、逗号、空格、负号（如-1）、%（百分比）、^（乘幂）、乘号和除号、加号和减号、&（连接符）、比较运算符。

2. 使用自动求和功能

求和计算是一种最常用的公式计算，为此 Excel 提供了快捷的自动求和方法，即使用工具栏按钮来进行，它将自动对活动单元格上方或左侧的数据进行求和计算，步骤为：

（1）将光标放在要存放求和结果的单元格。

（2）单击工具栏“自动求和”按钮 Σ，Excel 2000 将自动显示求和函数 SUM 以及求和数据区域。

（3）单击编辑栏上的“输入”按钮（对号√）确认公式，或重新输入数据区域以修改公式。

在计算连续单元格的数据之和时，如果求和区域内单元格中的数字有改变，Excel 2000 会自动地更新求和结果。

3. 常用函数的用法

函数是一个预先定义好的内置公式，利用函数可以进行简单或复杂的计算。

（1）SUM 函数。用 SUM 函数来对单元格或单元格区域中所有的数值求总和，比创建公式更灵活方便。它返回的是某一单元格区域中所有数字之和。

1）语法

SUM（number1，number2，…）

number1，number2，…为 1～30 个需要求和的参数。

直接键入到参数表中的数字、逻辑值及数字的文本表达式将被计算。如果参数为数组或引用，只有其中的数字将被计算。数组或引用中的空白单元格、逻辑值、文本或错误值将被忽略。如果参数为错误值或为不能转换成数字的文本，将会导致错误。

2）示例

①SUM（8，8）等于 16。

②SUM（“8”，2，TRUE）等于 11，因为文本值“8”被转换成数字，而逻辑值“TRUE”被转换成数字 1。

③不同于前例，如果 A1 包含“3”，而 B1 包含 TRUE，则 SUM（A1，B1，5）等于 5，因为对非数值型的值的引用不能被转换成数值。

④如果单元格 A2：E2 包含 5，15，25，30 和 35，则 SUM（A2：C2）等于 45，SUM（B2：E2，15）等于 120。

（2）AVERAGE 函数。此函数返回参数的平均值（算术平均值）。

1）语法

AVERAGE（number1，number2，…）

number1，number2，…为需要计算平均值的 1～30 个参数。

2）说明。参数可以是数字，或者是包含数字的名称、数组或引用。

如果数组或单元格引用参数中包含文本、逻辑值或空单元格，则忽略其值。但是，如果单元格包含零值则被计算在内。

对单元格中的数值求平均时，应牢记空单元格与含零值单元格的区别，尤其在“选项”对话框中的“视图”选项卡上已经清除了“零值”复选框的条件下，空单元格不计算在内，但计算零值。若要显示“选项”对话框，单击“工具”下拉菜单中的“选项”命令。

3）示例

①如果A1：A5命名为Scores，其中的数值分别为10，7，9，27，2，那么：

AVERAGE（A1：A5）=11

AVERAGE（Scores）=11

AVERAGE（A1：A5，5）=10

AVERAGE（A1：A5）=SUM（A1：A5）/COUNT（A1：A5）=11

②如果C1：C3命名为OtherScores，其中的数值为4，18，7，那么：

AVERAGE（Scores，OtherScores）=10.5

(3) COUNT函数。此函数返回参数的个数。利用函数COUNT可以计算数组或单元格区域中数字项的个数。

1）语法

COUNT（value1，value2，…）

value1，value2，…为包含或引用各种类型数据的参数（1～30个），但只有数字类型的数据才被计数。

函数COUNT在计数时，将把数字、空值、逻辑值、日期或以文本代表的数字计算进去，但是，错误值或其他无法转化成数字的文字则被忽略。

如果参数是一个数组或引用，那么只统计数组或引用中的数字；数组或引用中的空白单元格、逻辑值、文字或错误值都将被忽略。如果要统计逻辑值、文字或错误值，使用函数COUNTA。

2）示例。如图9—10所示，COUNT（C3：C12）=9。

(4) COUNTA函数。此函数返回参数组中非空值的数目。利用函数COUNTA可以计算数组或单元格区域中数据项的个数。

1）语法

COUNTA（value1，value2，…）

value1，value2，…为所要计数的值，参数个数为1～30个。在这种情况下，参数值可以是任何类型，它们可以包括空字符（“”），但不包括空白单元格。如果参数是数组或单元格引用，则数组或引用中的空白单元格将被忽略。如果不需要统计逻辑值、文字或错误值，使用函数COUNT。

2）示例。如图9—10所示，COUNTA（C3：C12）=10。

(5) MAX函数。此函数返回一组值中的最大值。

选手Annie的参赛分数			
编号	评委	分数	备注
1	评委A	9.98	
2	评委B	9.65	
3	评委C	9.55	
4	评委D	9.50	
5	评委E	9.40	
6	评委F	9.35	
7	评委G	FALSE	指评分无效
8	评委H	9.30	
9	评委I	9.10	
10	评委J	8.60	
COUNT	COUNT(C3:C12)	9	求有效分数的个数
COUNTA	COUNTA(C3:C12)	10	求评委的人数

图 9—10　函数 COUNT 和 COUNTA 的使用

1）语法

MAX（number1，number2，…）

number1，number2，…为需要找出最大数值的 1～30 个数值参数。

可以将参数指定为数字、空白单元格、逻辑值或数字的文本表达式。如果参数为错误值或不能转换成数字的文本，将产生错误。

如果参数为数组或引用，则只有数组或引用中的数字将被计算。数组或引用中的空白单元格、逻辑值或文本将被忽略。如果逻辑值和文本不能忽略，使用函数 MAXA 来代替。

如果参数不包含数字，函数 MAX 返回 0。

2）示例。如果 A1：A5 包含数字 10，7，9，27 和 2，则：

MAX（A1：A5）＝27

MAX（A1：A5，30）＝30

（6）MIN 函数。此函数返回一组值中的最小值。

1）语法

MIN（number1，number2，…）

number1，number2，…为要从中找出最小值的 1～30 个数字参数。

参数可以是数字、空白单元格、逻辑值或数字的文本表达式。如果参数为错误值或不能转换成数字的文本，将产生错误。

如果参数是数组或引用，则函数 MIN 仅使用其中的数字、数组或引用中的空白单元格，逻辑值、文字或错误值将被忽略。如果逻辑值和文字串不能忽略，则应使用 MINA 函数。如果参数中不含数字，则函数 MIN 返回 0。

2）示例。如果 A1：A5 中依次包含数值 10，7，3，27 和 2，那么：

MIN（A1：A5）＝2

MIN（A1：A5，0）＝0

（7）IF 函数。此函数执行真假值判断，根据逻辑测试的真假值返回不同的结果。

1）语法

IF（logical _ test，value _ if _ true，value _ if _ false）

logical _ test 表示计算结果为 TRUE 或 FALSE 的任意值或表达式。例如，A10＝100 就是一个逻辑表达式，如果单元格 A10 中的值等于 100，表达式即为 TRUE，否则为 FALSE。本参数可使用任何比较运算符。

value _ if _ true 是 logical _ test 为 TRUE 时 IF 函数返回的值。例如，如果本参数为文本串“预算内”而且 logical _ test 参数值为 TRUE，则 IF 函数将返回文本“预算内”。如果 logical _ test 为 TRUE 而 value _ if _ true 为空，则 IF 函数返回 0（零）。如果要显示 TRUE，则为本参数使用逻辑值 TRUE。value _ if _ true 也可以是其他公式。

value _ if _ false 是 logical _ test 为 FALSE 时 IF 函数返回的值。例如，如果本参数为文本串“超出预算”而且 logical _ test 参数值为 FALSE，则 IF 函数将返回文本“超出预算”。如果 logical _ test 为 FALSE 且忽略了 value _ if _ false（即 value _ if _ true 后没有逗号），则会返回逻辑值 FALSE。如果 logical _ test 为 FALSE 且 value _ if _ false 为空（即 value _ if _ true 后有逗号，并紧跟着右括号），则 IF 函数返回 0（零）。value _ if _ false 也可以是其他公式。

2）说明。IF 函数可以嵌套 7 层，用 value _ if _ false 及 value _ if _ true 参数可以构造复杂的检测条件。在计算参数 value _ if _ true 和 value _ if _ false 后，IF 函数返回相应语句执行后的返回值。如果 IF 函数的参数包含数组，则在执行 IF 语句时，数组中的每一个元素都将被计算。

Excel 2000 还提供了可根据某一条件来分析数据的其他函数。例如，如果要计算单元格区域中某个文本串或数字出现的次数，则可使用工作表 COUNTIF 函数。如果要根据单元格区域中的某一文本串或数字求和，则可使用 SUMIF 函数。具体用法可查阅帮助中的“关于根据条件计算值”。

3）示例

①在预算工作表中，单元格 A10 中包含计算当前预算的公式。如果 A10 中的公式结果≤100，则下面的函数将显示“预算内”，否则将显示“超出预算”。

IF（A10＜＝100，“预算内”，“超出预算”）

②在下面的示例中，如果单元格 A10 中的数值为 100，则 logical _ test 为 TRUE，且区域 B5：B15 中的所有数值将被计算。反之，logical _ test 为 FALSE，且包含函数 IF 的

单元格显示为空白。

IF（A10=100，SUM（B5：B15），“”）

③假设有一张费用开支工作表，B2：B4 中有 1 月份、2 月份和 3 月份的“实际费用”，其数值分别为 1 500，500 和 500。C2：C4 是相同期间内的“预算经费”，数值分别为 900，900 和 925。可以通过公式来检测某一月份是否出现预算超支，下列的公式将产生有关的信息文字串：

IF（B2>C2，“超过预算”，“OK”）=“超过预算”

IF（B3>C3，“超过预算”，“OK”）=“OK”

④如果要给以 AverageScore 为名称所引用的数字设置字母级别，见表 9—1。

表 9—1　　设置字母级别

如果 AverageScore 为	则返回
>89	A
80～89	B
70～79	C
60～69	D
<60	F

可以使用下列嵌套 IF 函数：

IF（AverageScore>89，“A”，IF（AverageScore>79，“B”，IF（AverageScore>69，“C”，IF（AverageScore>59，“D”，“F”））））

在上例中，第二个 IF 语句同时也是第一个 IF 语句的参数 value _ if _ false。同样，第三个 IF 语句是第二个 IF 语句的参数 value _ if _ false。例如，如果第一个 logical _ test（Average>89）为 TRUE，则返回“A”；如果第一个 logical _ test 为 FALSE，则计算第二个 IF 语句，依此类推。

（8）AND 函数。此函数当所有参数的逻辑值为真时返回 TRUE，而只要有一个参数的逻辑值为假即返回 FALSE。

1）语法

AND（logical1，logical2，…）

logical1，logical2，…表示待检测的 1～30 个条件值，各条件值或为 TRUE，或为 FALSE。

参数必须是逻辑值，或者包含逻辑值的数组或引用。如果数组或引用的参数包含文字或空单元格，则忽略其值。如果指定的单元格区域内包括非逻辑值，则 AND 将返回错误值#VALUE!。

2）示例

①AND（TRUE，TRUE）＝TRUE。

②AND（TRUE，FALSE）＝FALSE。

③AND（2＋2＝4，2＋3＝5）＝TRUE。

④如果 B1：B3 单元格中的值为 TRUE，FALSE，TRUE，那么，AND（B1：B3）＝FALSE。

⑤如果单元格 B4 内的数值在 1～100 之间，那么，AND（1＜B4，B4＜100）＝TRUE。

⑥下面的示例当 B4 单元格中的数值严格介于 1～100 之间时，显示 B4 单元格中数值；否则，显示一条提示信息。例如，如果 B4 单元格中的数值为 104，那么：

IF（AND（1＜B4，B4＜100），B4，“数值超出范围”）＝“数值超出范围”。

如果 B4 单元格中数值为 50，那么：

IF（AND（1＜B4，B4＜100），B4，“数值超出范围”）＝50。

（9）OR 函数。此函数当其参数组中任何一个参数逻辑值为 TRUE 时，即返回 TRUE。

1）语法

OR（logical1，logical2，…）

logical1，logical2，…为需要进行检验的 1～30 个条件值，分别为 TRUE 或 FALSE。

参数必须能计算为逻辑值，如 TRUE 或 FALSE，或者为包含逻辑值的数组或引用。如果数组或引用参数中包含文本或空白单元格，这些值将被忽略。如果指定的区域中不包含逻辑值，函数 OR 返回错误值＃VALUE!。可以使用 OR 数组公式来检验数组中是否包含特定的数值。要输入数组公式，在 Excel 2000 中按组合键“Ctrl＋Shift＋Enter”。

2）示例

①OR（TRUE）＝TRUE。

②OR（1＋1＝1，2＋2＝5）＝FALSE。

③如果 A1:A3 包含值 TRUE，FALSE 和 TRUE，则 OR（A1:A3）＝TRUE。

（10）INT 函数。此函数返回实数舍入后的整数值。

1）语法

INT（number）

number 为需要进行取整处理的实数。

2）示例

①INT（9.9）＝9。

②INT（－9.9）＝－10。

③下面公式将返回 A1 单元格中的一个正实数的小数部分：

A1－INT（A1）

（11）ABS 函数。此函数返回参数的绝对值，即参数去掉正负号后的数值。

1）语法

ABS（number）

number 为需要计算其绝对值的实数。

2）示例

①ABS（9）＝9

②ABS（－9）＝9

③如果 A1 中包含－16，则 SQRT（ABS（A1））＝4

第二节　单元格的格式化

打开“格式”下拉菜单中的“单元格”命令，在弹出的“单元格格式”对话框中，可设置单元格格式。

一、单元格中数值的格式化

在“单元格格式”对话框的“数字”选项卡上，“分类”框中可以看到 11 种内置格式。其中“常规”数字格式是默认的数字格式。对于大多数情况，在设置为“常规”格式的单元格中所输入的内容可以正常显示。但是，如果单元格的宽度不足以显示整个数字，则“常规”格式将对该数字进行取整，并对较大数字使用科学记数法。“会计专用”“日期”“时间”“分数”“科学记数”“特殊”等格式的选项则显示在“分类”列表框的右边。

二、单元格内容的对齐

在“单元格格式”对话框的“对齐”选项卡上，可设定所需对齐方式，如图 9—11 所示。“水平对齐”的格式有：常规（系统默认的对齐方式）、靠左、居中、靠右、填充、两端对齐、跨列居中、分散对齐。“垂直对齐”的格式有：靠上、居中、靠下、两端对齐、分散对齐。另外，在“方向”列表框中，可以改变单元格内容的显示方向；如果选中“自动换行”复选框，则当单元格中的内容宽度大于列宽时，会自动换行。

三、单元格字体的设定

在“单元格格式”对话框的“字体”选项卡上，可设定所需的字体、字形、字号、特殊效果等，如图 9—12 所示。

四、单元格边框的设置

在“单元格格式”对话框的“边框”选项卡上，可设定外边框、内部框线及线条的样式、颜色等，如图 9—13 所示。

五、单元格图案的设置

在“单元格格式”对话框的“图案”选项卡，可以设置单元格的底纹与颜色，如图 9—14 所示。

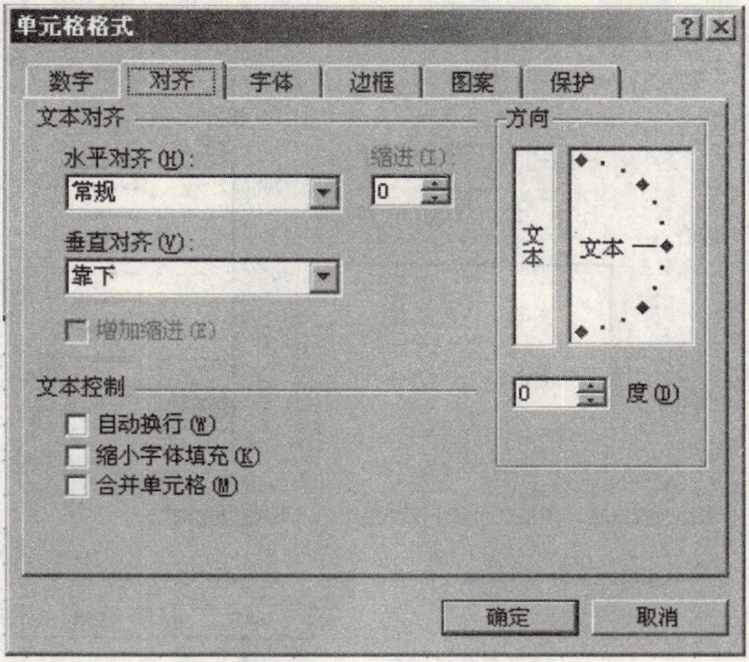

图 9—11 单元格对齐

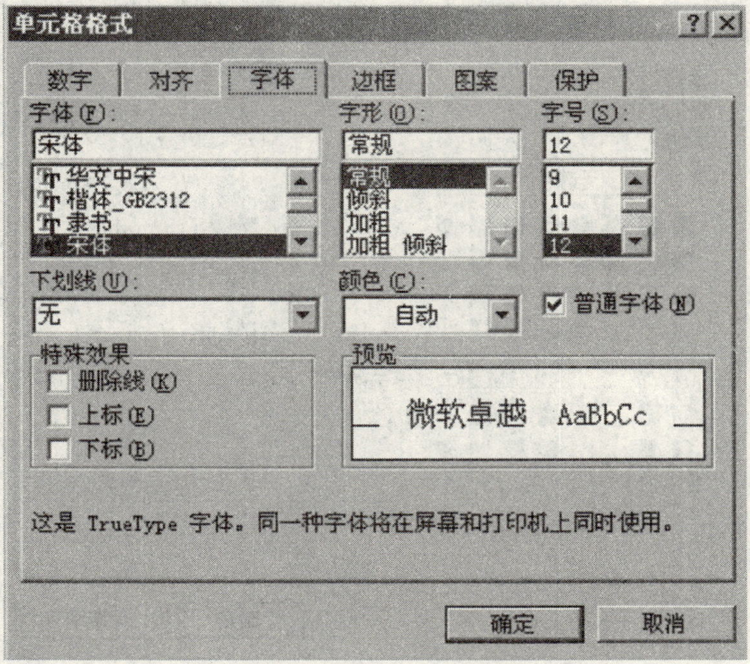

图 9—12 单元格字体的设定

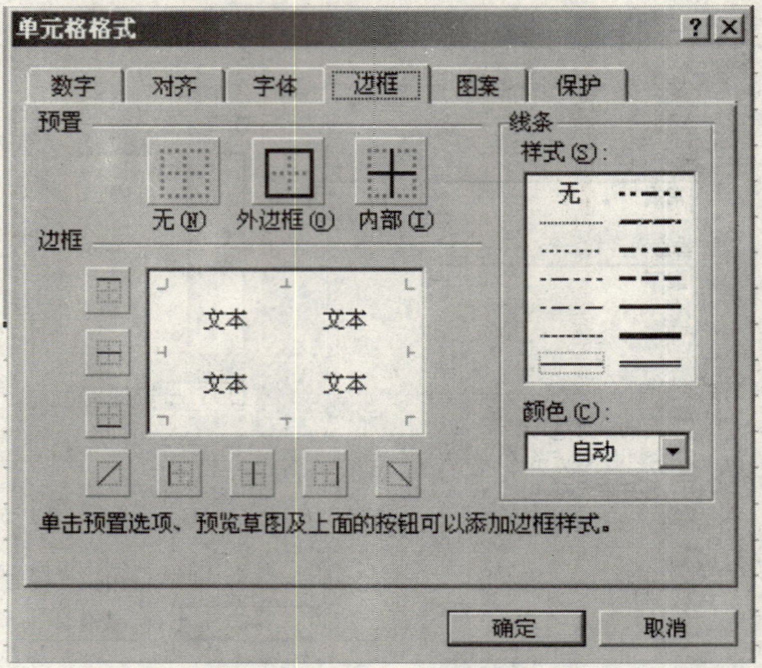

图 9—13　单元格边框的设置

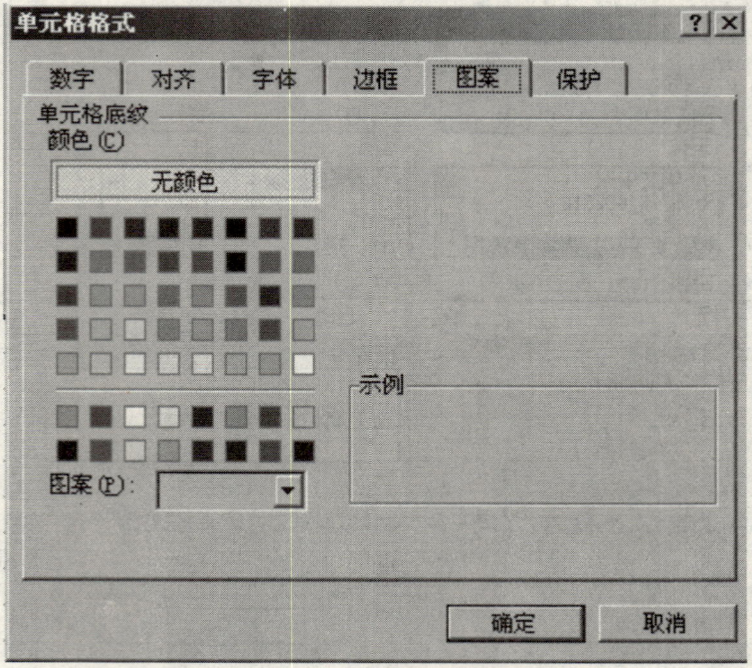

图 9—14　单元格图案的设置

六、表格列宽和行高的设置

可以拖动单元格边框线来设置行高和列宽，但是这样不能达到精确的效果，下面的方法可以精确的设定行高和列宽。

行高的设置：打开“格式”菜单，单击“行”项，从打开的子菜单中选择“行高”，可以打开“行高”对话框，设置好行高，按下“确定”按钮。选择“格式”菜单的“行”子菜单中的“最适合的行高”命令，其效果和双击行标间的横线相同，如图 9—15 所示。

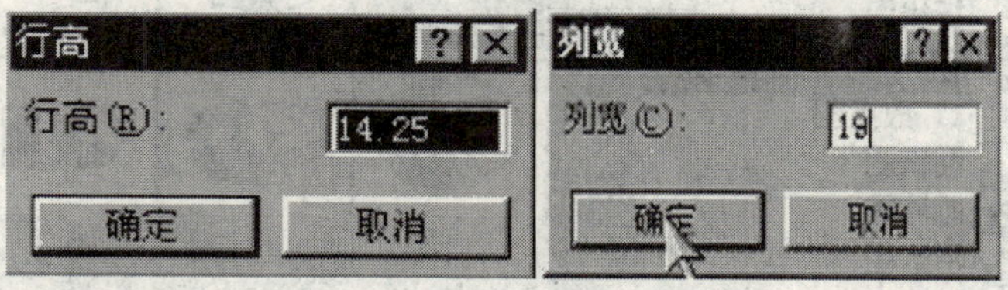

图 9—15　行高和列宽的设置

列宽的设置：打开“格式”菜单，单击“列”项，从打开的子菜单中选择“列宽”，打开“列宽”对话框，在这里输入列宽的数值，单击“确定”按钮。选择“格式”菜单中“列”子菜单中的“最适合的列宽”命令，其效果同双击列标中间的竖线效果是相同的。

第三节　使用工作表数据绘制图表

图表具有较好的视觉效果，可方便用户查看数据的差异、图案和预测趋势。图表是使数据形象化的手段。在工作中，经常要对数据的含义进行说明，使用图表，可以将一组或多组数据取值的特点、数据间的关系、数据的分类以及数据发展趋势等非常直观、生动地展示出来。Excel 2000 提供了强大的图表功能，可以满足用户的日常工作需要。这是一种使用图形来描述数据的方法，用于直观地表达各统计值的大小差异。

图表与生成它们的工作表数据相链接。当修改工作表数据时，图表也会被更新。Excel 2000 可以通过不相邻单元格或区域生成图表，还可以从数据透视表生成图表。

一、使用图表向导绘制图表

图表在数据统计中用途很大。下面用一个市场调查表的例子来进行说明，该表显示了几种品牌的饮料在各个季度的销量百分比。

现在来做一个表示第三季度的几种商品所占比例的饼图。打开“插入”菜单，单击“图表”命令，打开“图表向导”对话框，第一步是选择图表的类型，从左边的“类型”

列表中选择“饼图”，从右边的“子图表类型”列表中选择默认的第一个，单击“下一步”按钮，如图 9—16 所示。

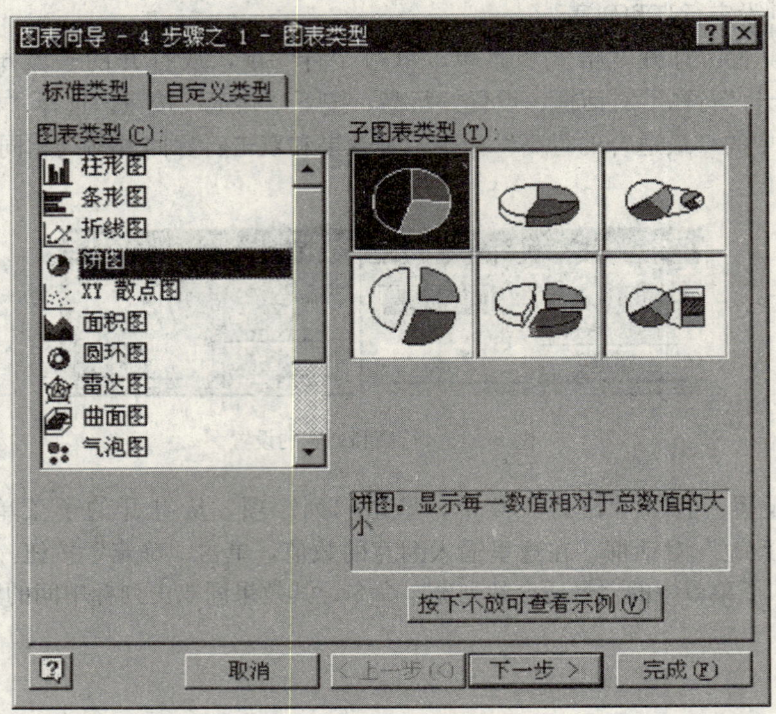

图 9—16　“图表向导”对话框

出现步骤 2 的对话框，这个对话框中要为饼图选择一个数据区域：单击“数据区域”输入框中的“折叠对话框”按钮，对话框缩成了一个横条，选中“第三季度”下面的这些数值，然后单击“图表向导”对话框中的返回按钮，回到原来的“图表向导”对话框，从预览框中可以看到饼图就已经有一个大概的样子了，单击“下一步”按钮，如图 9—17 所示。

现在要设置图表的各项标题，因为饼图没有 X 轴和 Y 轴，所以只能设置它的标题为“第三季度”，单击“下一步”按钮，如图 9—18 所示。

这一步是选择生成的图表放置的位置，选择“作为其中的对象插入”，单击“完成”按钮，如图 9—19 所示。

这样一张图表就做好了，如图 9—20 所示。

二、Excel 2000 图表功能简介

1. 图表向导中各项的功能

(1)“图表向导-4 步骤之 2-图表源数据”对话框中各项的作用

1)“数据区域”选项卡

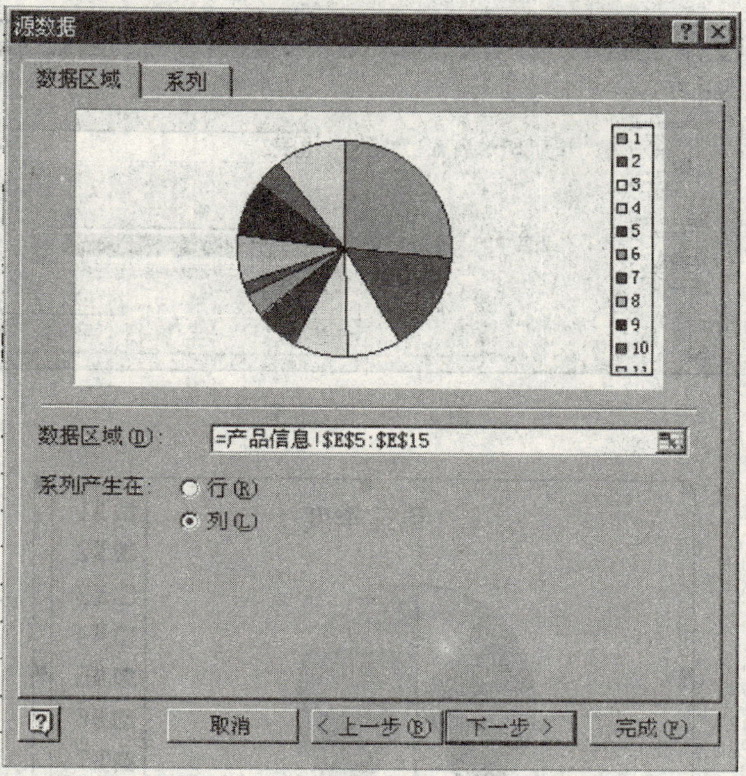

图 9—17　数据区域

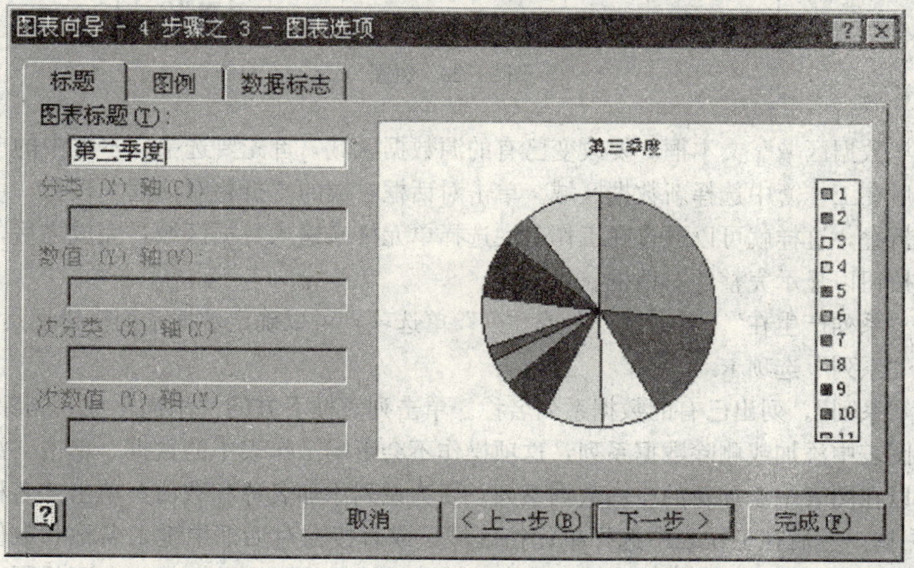

图 9—18　标题

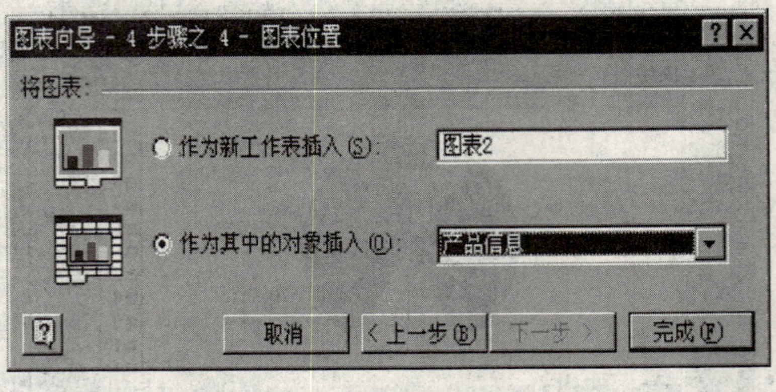

图 9—19　图表位置

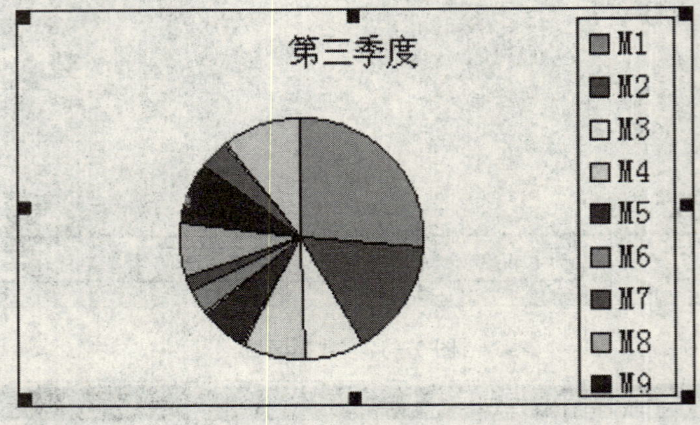

图 9—20　饼图

①“数据区域”文本框。要改变已有的源数据区域，首先要选中文本框中的单元格引用，然后在工作簿中选择新数据区域。单击对话框右端的“折叠对话框”按钮，可暂时将对话框折叠，这样就可以通过在工作表中选择单元格来输入数据区域，完成之后，可再次单击该按钮以显示完整的对话框。

②“系列产生在”。单击“行”或“列”单选项，可以确定数据系列横排还是纵排。

2)“系列”选项卡

①“系列”。列出已有的数据系列名称。单击列表框下方的“添加”或“删除”按钮，可以在图表中添加或删除数据系列，这项操作不会影响工作表中的数据。单击“添加”按钮，可以在图表中添加新的空白数据系列。要为系列添加名称和数值，单击“名称”框和“数值”框，然后在工作表中选择单元格区域，或直接在对话框中键入名称和数值。如果是直接键入，所输入的内容不会添加到工作表中去。单击“删除”按钮，可从图表中删除所选择的数据系列。

②“名称”。显示“系列”列表框中所选择的包含有数据系列标志的单元格引用。在“名称”编辑框中可以更改系列的名称而不影响工作表中的文本。选定系列的名称将出现在图例中。如果在“名称”编辑框中输入一个名称，该名称不再与工作表单元相链接。

③“数值”。显示在“系列”列表框中所选择的用于系列数据的单元格引用。要在新系列中添加数据，先单击“数值”编辑框，然后选择一个工作表数据区域，或者直接在对话框中键入数值。如果是直接键入，所输入的数据不会添加到工作表中去。

④“分类轴标志”。指定一组不同于默认选项的单元格作为类别标志。

(2)“图表向导-4 步骤之 3-图表选项”对话框中各项的作用

1) 在“标题”选项卡中，单击各编辑框，可键入图表或坐标轴的标题。

2) 在“坐标轴”选项卡中，可设置显示或隐藏坐标轴。如果选中“分类轴”复选项，则还有 3 个单选项可供进一步设置：选中“自动”后，如果 X 轴的数据是按日期格式化过的，则自动在带时间刻度的 X 轴上显示数据，对其他数据，则在默认的分类（X）轴上显示；选中“分类”后，即使数据是按日期格式化过的，仍同其他数据一样，在默认的分类（X）轴上显示；选中“时间刻度”后，在分类（X）轴上显示时间刻度，即使 X 轴的数据并没有按日期格式化，根据时间的主要或次要单位，时间刻度标志均匀分布在 X 轴上。

(3)“图表向导-4 步骤之 4-图表位置”对话框中各项的作用

1) 可以设置图表创建完成后存放在工作表的位置。

2) 如果选中“新工作表”，则图表将单独置于一张新的图表工作表中，在右侧的输入框中，可以键入图表工作表的名称。

对于已经创建完成的图表，还可以在现有图表中添加、删除或修改文本、数据、图表类型、显示方式、视图、格式，以及使用误差线和趋势线。

一个图表由若干个图表组件构成，工作表中的图表被称为图表区域，图表区域中一般包括绘图区、背景墙、图表标题、图例、自选图形、系列与数值、数值轴、分类轴、数值轴标题、分类轴标题以及数据表等。

将鼠标指向图表的某个组件，然后单击右键，可弹出一个快捷菜单，单击相应的命令，可进入某项设置的对话框，可以分别设置某一组件的格式、图表类型、数据源、图表位置、三维视图格式、图表窗口、基底、角点等，如图 9—21 所示。

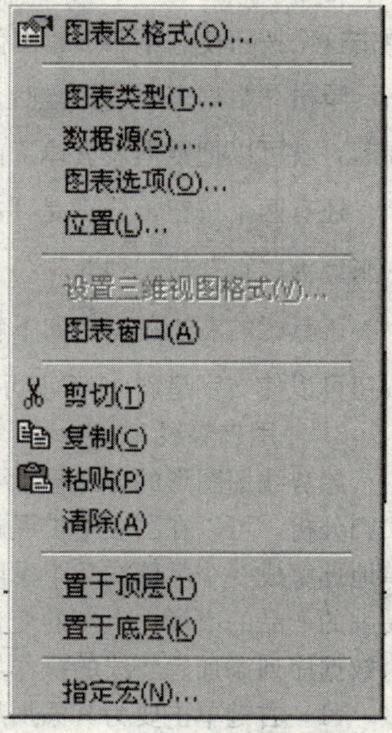

图 9—21　快捷菜单

2.“图表”工具栏的使用

Excel 2000 中为了方便对图表进行操作，专门设置了一个“图表”工具栏，几乎所有的操作都可以通过“图表”工具栏来实现，如图 9—22 所示。

图 9—22　图表工具栏

在插入图表时这个工具栏通常会自动弹出，如果这个工具栏没有出现，单击“视图”菜单中的“工具栏”项，在弹出的菜单中单击“图表”命令，就可以打开“图表”工具栏了。

在“图表”工具栏中，最左边的是“图表对象”下拉列表框，单击这个下拉列表框的下拉箭头，可以从这里选择想要进行设置的图表对象，这对一些不太容易从图表中直接选择的对象如网格线等非常有用。

使用工具栏可以改变图表的类型，单击工具栏上的“图表类型”按钮的下拉箭头，选择要使用的图表类型即可。

单击工具栏上的“图例”按钮，使其处于凹下状态时，图表中就会显示图例，再单击这个按钮使它不凹下，图例又消失了。

单击“数据表”按钮，按钮被按下，图表中出现了所引用的数据表，再单击使其弹起，就可以把数据表去掉了。

还有两个按钮，分别是“按行”和“按列”，这是给图表添加系列时转换数据来源为“行”或“列”。

工具栏的右边还有“向下斜排文字”和“向上斜排文字”两个按钮，这两个按钮可以使文字呈斜 45°角显示。

3. 使用趋势线

趋势线用图形的方式显示了数据的预测趋势并可用于预测分析，也称回归分析。利用回归分析，可以在图表中扩展趋势线，根据实际数据预测未来数据。例如，趋势线可以简单地理解成一个品牌在几个季度中市场占有率的变化曲线，使用它可以很直观地看出一个品牌的产品的市场占有率的变化，还可以通过这个趋势线来预测下一步的市场变化情况。为数据序列添加趋势线的操作如下：

（1）右键单击要为其添加趋势线或移动平均线的数据系列。

（2）在快捷菜单上单击“添加趋势线”命令，弹出“添加趋势线”对话框，如图 9—23 所示。

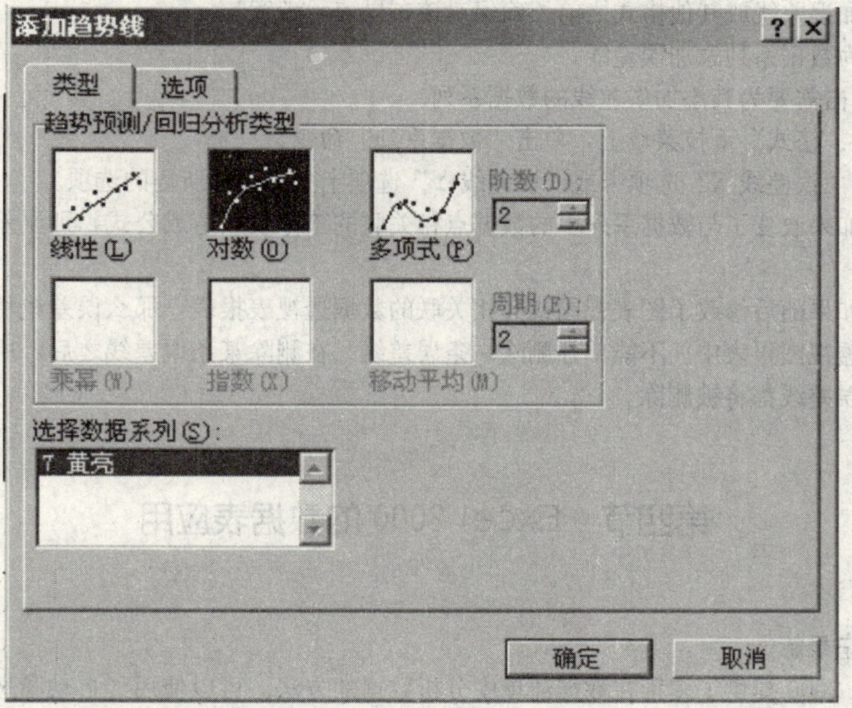

图 9—23　添加趋势线

（3）在“类型”选项卡中，单击所需的回归趋势线类型或选择“移动平均”。

（4）如果选择了“多项式”，在“阶数”框中键入自变量的最高乘幂。

（5）如果选择了“移动平均”，在“周期”框中键入用于计算移动平均的周期数目。

应注意以下几点：

•“选择数据系列”列表框中列出了当前图表中所有支持趋势线的数据系列。要为另一数据系列添加趋势线，在列表框中单击其名称，再选择所需的选项。

• 如果向散点图添加移动平均线，则生成的移动平均线将以图表中所绘的 X 值的次序为基础。若要得到满意的结果，在添加移动平均线之前为 X 值排序。

• 在数据透视图报表中，如果随后修改了图表或其相关联的数据透视表报表的视图，则趋势线和其设置将不会保留。在向数据透视图报表添加趋势线或其他格式前，确保对布局满意。

4. 使用误差线

误差线用图形的方式表示了数据系列中每个数据标志的潜在误差。可以向二维面积图、条形图、柱形图、折线图、XY 散点图和气泡图的数据系列中添加误差线。在 XY 散点图和气泡图中，可以为 X 值、Y 值或两者同时显示误差线。如果更改了图表及其相关联的数据透视表报表的视图，那么数据透视图报表中的误差线将不会保留。在向数据透视图报表中添加误差线或其他格式之前，确保对该布局表示满意。

（1）为数据系列添加误差线

1）单击需要为其添加误差线的数据系列。

2）在“格式”下拉菜单上，单击“数据系列”命令。

3）在“误差线 X”选项卡或“误差线 Y”选项卡上，选择所需的选项。

（2）如果改变了与数据系列中的数据点相关联的工作表数值或公式，则误差线也会做相应调整。

（3）如果随后修改了图表视图或其相关联的数据透视表报表，那么误差线将不会被保留在数据透视图报表中。不能单独删除一条误差线。在删除某条误差线之后，所有数据系列的所有误差线都将被删除。

第四节　Excel 2000 的数据表应用

一、记录筛选

Excel 2000 提供了多种在数据清单中分析数据的方法。可以使用“自动筛选”命令对包含相关数据的一系列工作表数据行进行筛选，以查看符合特定关键字的数据行。

记录筛选的操作步骤如下：

第一步：单击需要筛选的数据清单中任一单元格。

第二步：在“数据”下拉菜单中，指向“筛选”，再单击“自动筛选”命令。

第三步：如果要只显示含有特定值的数据行，单击含有待显示数据的数据列上端的下拉箭头。

第四步：单击需要显示的数值。

如果要使用基于另一列中数值的附加条件，在另一列中重复第三步和第四步。

如果要使用同一列中的两个数值筛选数据清单，或者使用比较运算符而不是简单的“等于”，单击数据列上端的下拉箭头，再单击“自定义”命令，如图 9—24 所示。

当对一列数据进行筛选后，能对其他数据列进行双重筛选的值只能是那些在首次筛选后的数据清单中显示的值。

使用“自动筛选”命令，对一列数据最多可以应用两个条件。如果要对一列数据应用三个或更多条件，使用计算后的值作为条件。在设置自动筛选的自定义条件时，可以使用通配符，其中问号（?）代表任意单个字符，星号（*）代表任意一组字符。

二、记录排序

在查阅数据的时候，经常会希望表中的数据可以按一定的顺序排列，以方便查看。

例如，现在有一张股市的表格（见图 9—25），希望找到涨跌幅度最大的几种股票，以

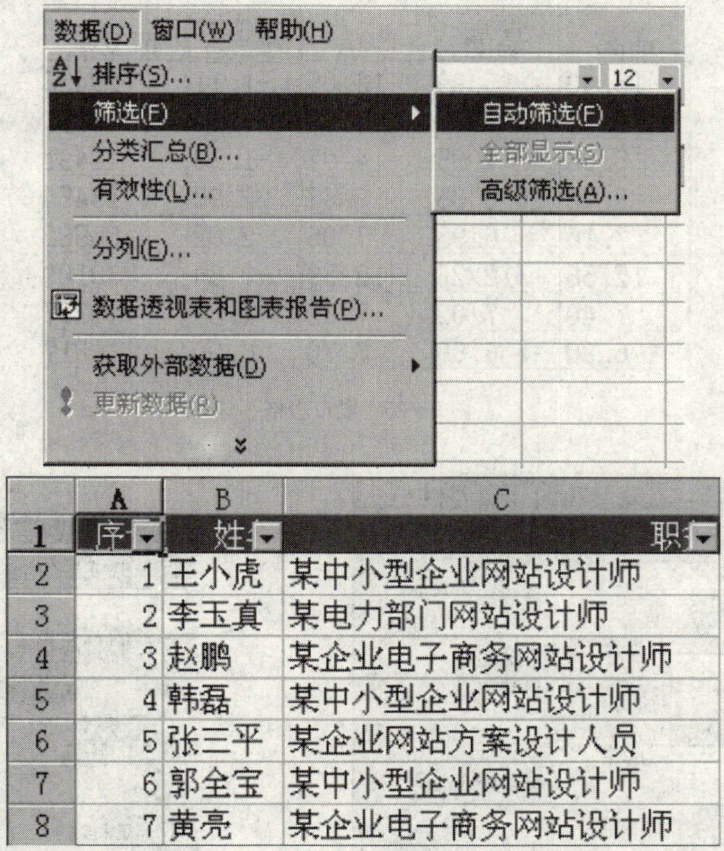

图 9—24 自动筛选数值

找到近日走红和看跌的单股。现在所有的记录从上到下是按照股票的序号排列的，需要让它按照股票的涨跌幅度来排列：单击“涨跌%”单元格，单击工具栏中的“降序”按钮，表中的数据就按照涨跌的幅度从大到小排列了，这样找起股票名称来就方便多了。

如果想从小到大排列，单击“升序”按钮，现在排在前面的就成了跌幅大的股票了。

如果想让涨跌相同的股票按照成交量的大小来排列，打开“数据”菜单，单击“排序”命令，打开“排序”对话框，可以看到 Excel 2000 自动选定了一个排序区域，它的选取还是正确的。在“排序”对话框中可以设置 3 个排序的条件，这里只要用 2 个就可以了。现在工作表排序的主要关键字是“涨跌%”，按递增排列，将其改为“递减”。然后设置一个次要关键字：单击“次要关键字”一栏中下拉列表框的下拉箭头，从列表中选择“成交量”，后面也选择为“递减”；注意下面的标题行的设置，这里选择的是“有标题行”，当不想让标题行也一起排序时一定要选这个选项。最后单击“确定”按钮，如图 9—26 所示。

有时表格需要按照行来排序，这在 Excel 2000 中也可以实现：打开“排序”对话框，单击“选项”按钮，打开“排序选项”对话框（见图 9—27），这里可以设置排序的次序、

最高	最低	收盘	涨跌%	成交量
16.40	15.99	16.05	-1.11	29433
9.77	9.51	9.58	-1.14	11391
5.08	4.95	4.97	-1.19	8491
8.78	8.35	8.68	2.97	15454
7.16	6.93	7.06	2.02	55582
12.56	12.26	12.39	-0.64	10109
7.40	7.02	7.32	1.81	9277
6.80	6.60	6.76	0.90	6817

图 9—25　股市表格

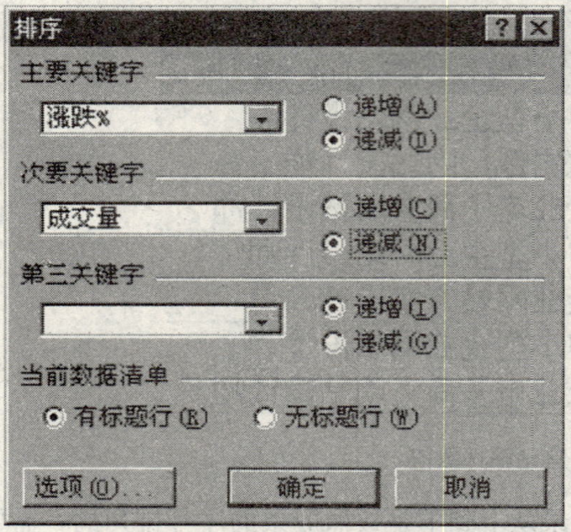

图 9—26　“排序”对话框

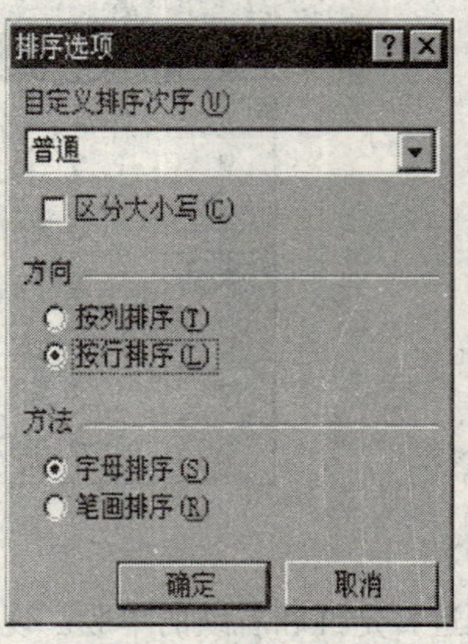

图 9—27　设置排序选项

方向、方法、是否区分大小写等，选择方向为“按行排序”，单击“确定”按钮，可以看到“主要关键字”下拉列表框中的内容发生了变化。不过由于在这里不能正确识别标题列，所以单击“确定”按钮后的排序会出现一些问题，这种情况下最好先选中要排序的单元格，然后再进行排序。

三、分类汇总

现在来看看 Excel 2000 在数据处理方面的功能。

在如图 9—28 所示的货物销售表中希望能够把每个人在每个月的花费都统计出来。

现在用分类汇总来实现：首先单击“购买人”单元格，单击工具栏中的“升序”按钮，把表格按照“购买人”进行排序，然后打开“数据”菜单，单击“分类汇总”命令，弹出“分类汇总”对话框，在这里的“分类字段”下拉列表框中选择分类字段为“购买

7月货物销售总表						
					折扣率	70%
购买人：	物品	单价	数量	总值	日期	折后价
陈松	可乐	3	1	3	7月1日	2.1
邓康	活力28	5	1	5	7月1日	3.5
李江	冰红茶	1.8	1	1.8	7月1日	1.26
马猊	冰红茶	1.8	1	1.8	7月1日	1.26
牛利	美年达	2.8	1	2.8	7月1日	1.96
单奇	可乐	5	1	5	7月2日	3.5
高靖	冰红茶	1.8	1	1.8	7月2日	1.26
王铭	美年达	2.8	1	2.8	7月2日	1.96
严枝	雪碧	3	1	3	7月2日	2.1

图 9—28　排序前的货物销售表

人”，选择汇总方式为“求和”，汇总项只选择一个“折后价”，单击“确定”按钮，如图 9—29 所示。

	A	B	C	D	E
1	7月货物销售总表				
2					
3				折扣率	70%
4	购买人：	物品	总值	日期	折后价
5	陈松	可乐	3	7月1日	2.1
6	陈松	雪碧	3	7月3日	2.1
7	陈松	可乐	3	7月4日	2.1
8	陈松	可乐	3	7月9日	2.1
9	陈松	可乐	3	7月11日	2.1
10	陈松	活力28	5	7月13日	3.5
11	陈松	美年达	2.8	7月21日	1.96
12	陈松	力士	3.4	7月26日	2.38
13	陈松	冰红茶	1.8	7月31日	1.26
14	**陈松 汇总**				19.6
15	单奇	可乐	5	7月2日	3.5

图 9—29　排序后的货物销售表

在分类汇总中的数据是分级显示的，现在工作表的左上角出现了这样的一个区域 1 2 3，单击“1”，在表中就只有这个总计项出现了，如图 9—30 所示。

单击“2”，出现的就只有汇总的部分，这样可以清楚地看到每个人的汇总，如图 9—31 所示。单击“3”，可以显示所有的内容。

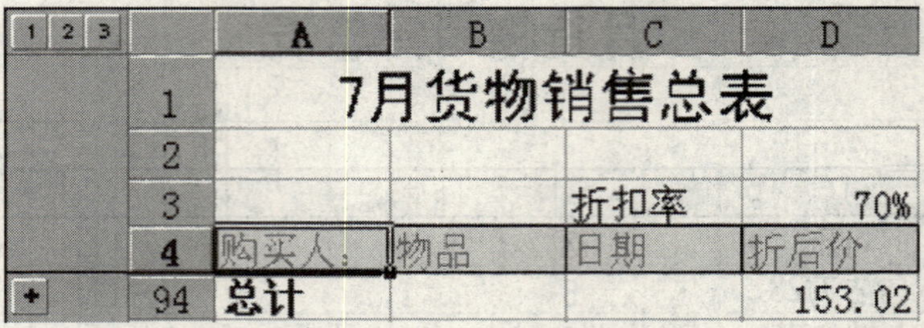

图 9—30　分级显示 1

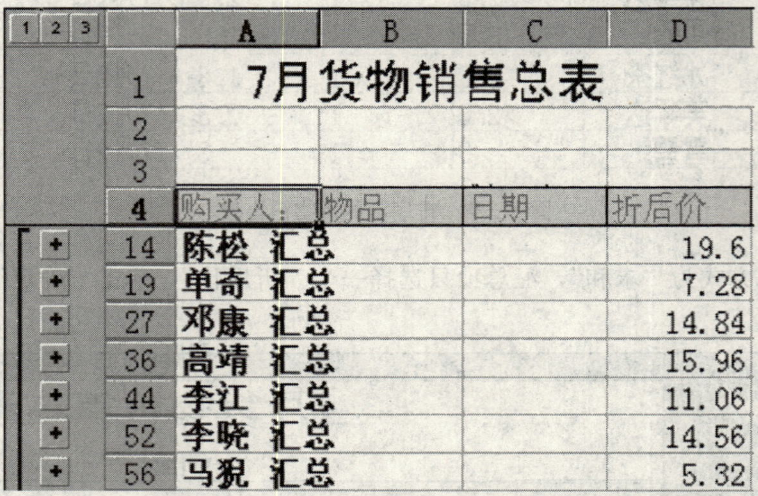

图 9—31　分级显示 2

第五节　Excel 2000 的打印操作

一、打印页面设置

选中要设置的工作表，单击“文件”下拉菜单，打开“页面设置”对话框。

1. 设置方向和纸型

在“页面设置”对话框中选择“页面”标签，在“方向”栏中进行纸张方向的设置，在“纸张大小”中进行纸张大小的设置，如图 9—32 所示。

2. 设置页边距

在“页面设置”对话框中选择“页边距”标签，设置打印页的边距。要使工作表在打印页中居中，选择“垂直居中”或“水平居中”，如图 9—33 所示。

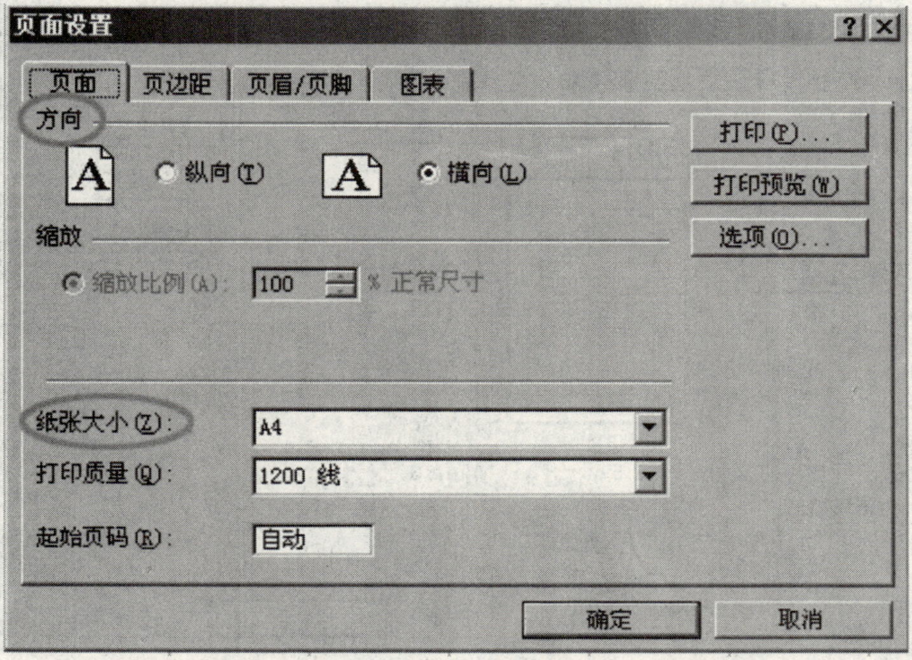

图 9—32 “页面设置”对话框

也可以通过调整页边距来调整表的位置，在预览视图中拖动这些标记调整页边距，还可以通过改变“页面设置”对话框中页边距的数值来实现。

3. 页眉、页脚设置

要将页码或其他文本放置在每页工作表数据的上部或下部，可以向打印工作表中添加页眉和页脚。页眉打印在每页的上部，页脚打印在每页的底部。页眉和页脚是独立于工作表数据的，只有预览或打印时才显示页眉和页脚。

（1）使用内置页眉或页脚

1）单击相应的工作表。

2）然后单击“视图”下拉菜单中的“页眉和页脚”命令。

3）在“页眉”或“页脚”编辑框中，单击所需的页眉或页脚设置。选择了页眉或页脚的形式，就给工作表设置好了一个页眉或页脚，从预览框中可以看到它们的效果，如图9—34 所示。

（2）创建自定义页眉和页脚

1）单击需要自定义页眉和页脚的工作表。

2）单击“视图”下拉菜单中的“页眉和页脚”命令。

3）如果要根据已有的内置页眉或页脚来创建自定义页眉或页脚，在“页眉”或“页脚”下拉列表框中单击所需的页眉和页脚选项。

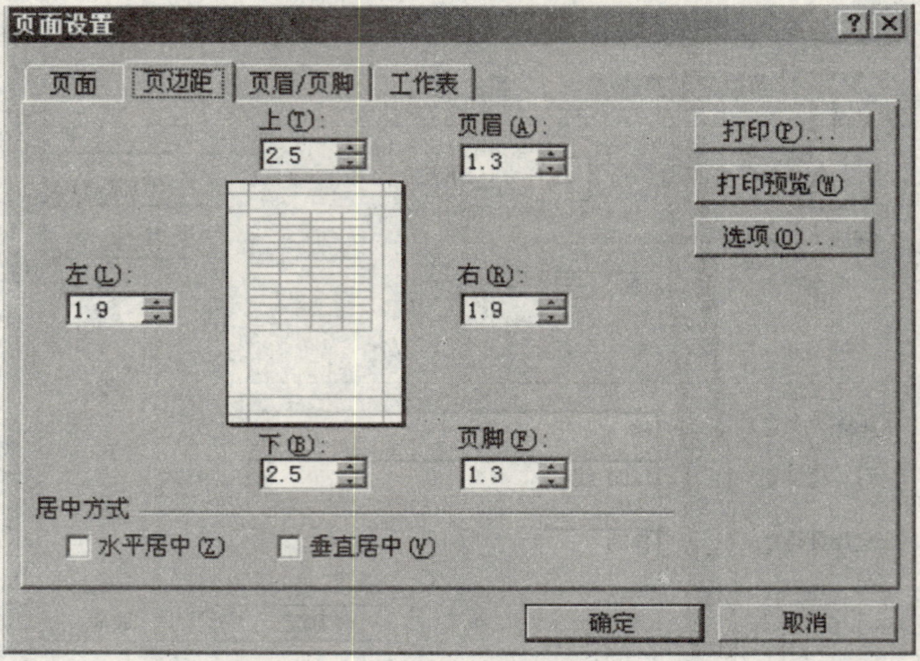

图 9—33　设置页边距

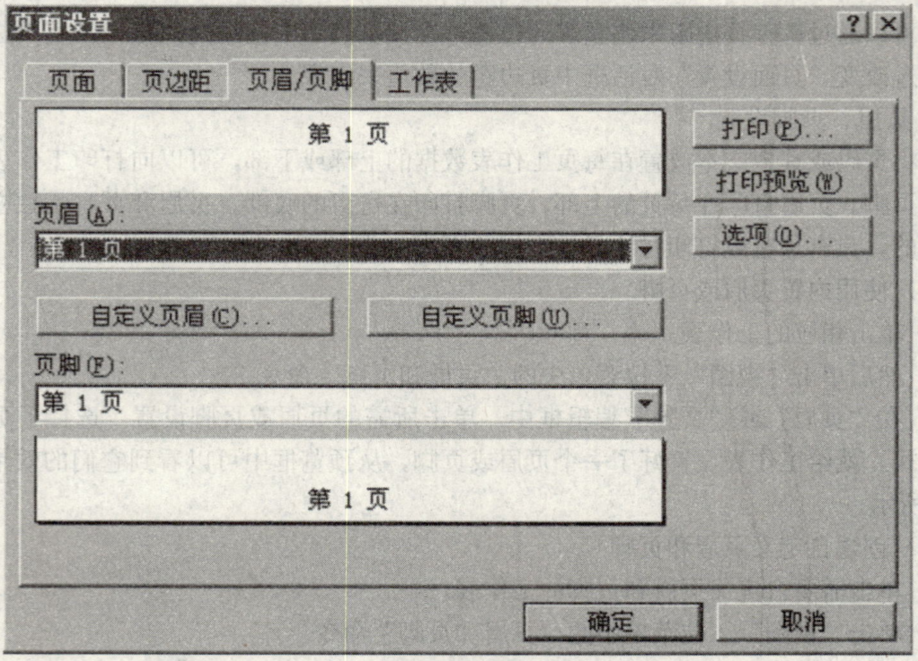

图 9—34　设置页眉页脚

4）单击“自定义页眉”或“自定义页脚”，如图 9—35 所示。

5）单击“左”“中”或“右”编辑框，然后单击相应的按钮，在所需的位置插入相应的页眉或页脚内容，如图 9—36 所示。

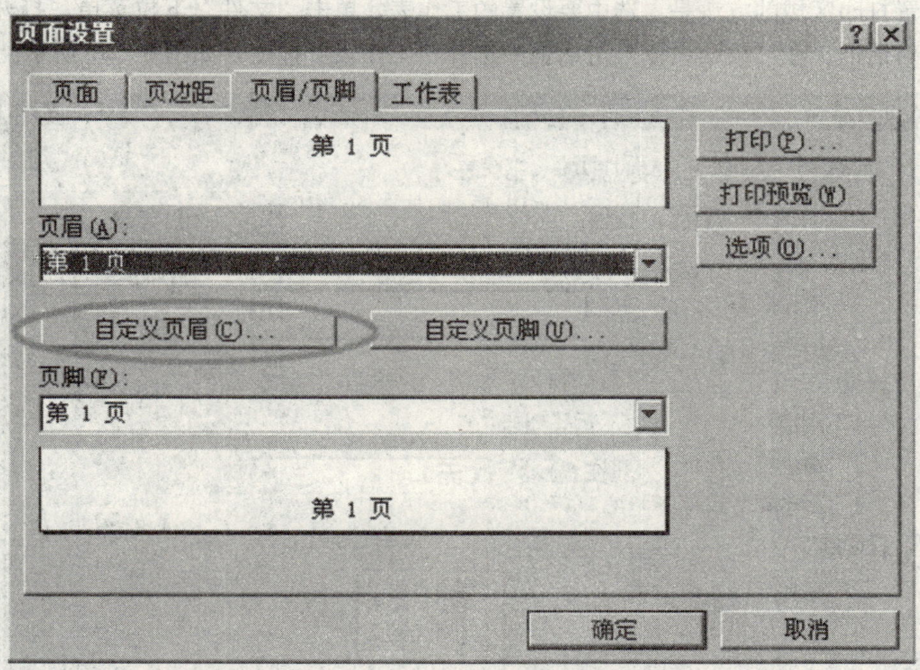

图 9—35　自定义页眉

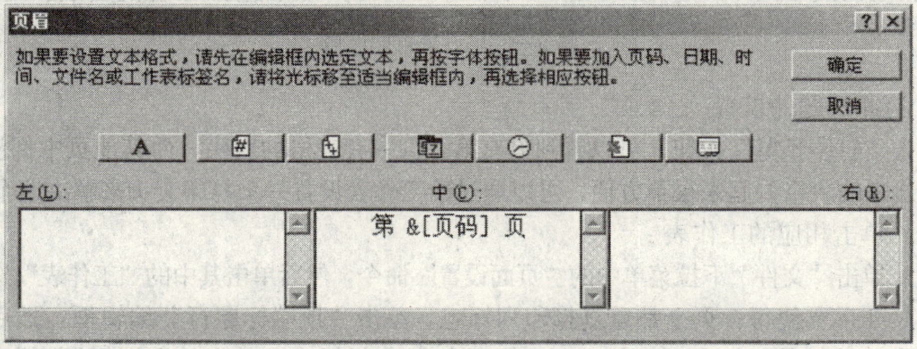

图 9—36　输入自定义页眉

6）如果要在页眉或页脚中添加其他文字，在“左”“中”或“右”编辑框中键入相应的文字。如果要在某一位置另起一行，按 Enter 键。

4. 打印区域的设置

如果在工作表中定义了打印区域，Excel 2000 将只打印该打印区域。如果选定了要打印的单元格区域并选择“选定区域”选项，Excel 2000 将只打印选定区域而忽略工作表中任何已定义的打印区域。

设置打印区域的方法是：选中要设置的工作表，单击“文件”下拉菜单，打开“页面设置”对话框。在“页面设置”对话框中选择“工作表”标签，如图 9—37 所示。

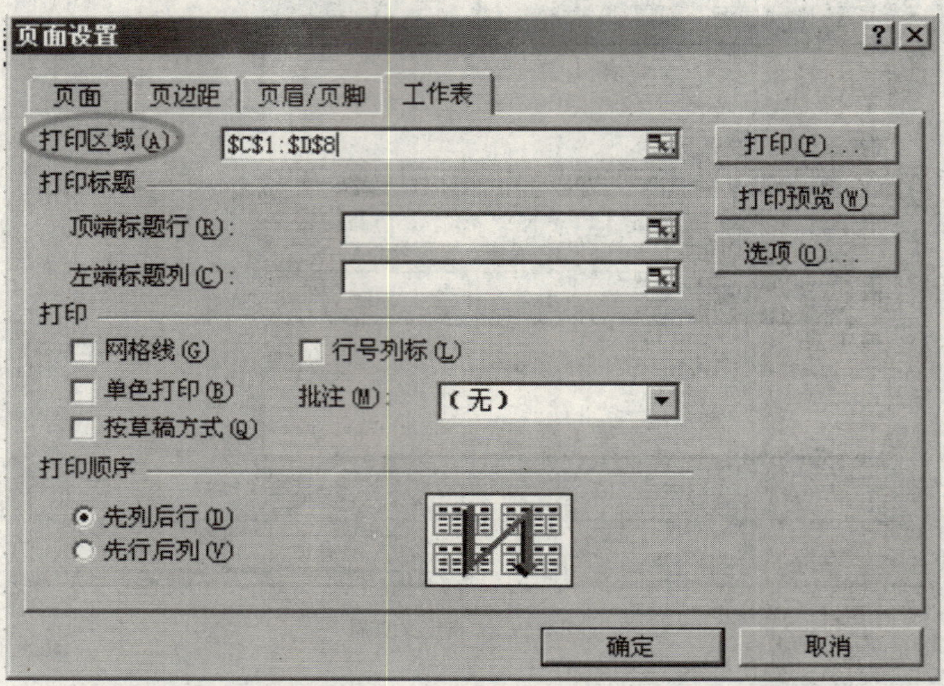

图 9—37　设置打印区域

5. 打印标题的设置

单击“打印预览”按钮，可以看到只有第一页中有表格的表头，而其他页中都没有。这样打印出来的表格看起来很不方便，可以通过给工作表设置一个打印表头来解决这个问题。

（1）单击相应的工作表。

（2）单击“文件”下拉菜单中的“页面设置”命令，然后单击其中的“工作表”选项卡。

（3）如果要使每一页上都重复打印列标志，单击“顶端标题行”编辑框，然后键入列标志所在行的行号。如果要使每一页上都重复打印行标志，单击“左端标题列”编辑框，然后键入行标志所在列的列标，如图 9—38 所示。

Excel 2000 只在含有标志的行或列的页面上才打印重复的行和列标志。但有标志的行下面的行或有标志的列右边的列所在页面则不会打印重复标志。

6. 打印内容的设置

如果在工作表中定义了打印内容，Excel 2000 将只打印该打印内容。打开“文件”下

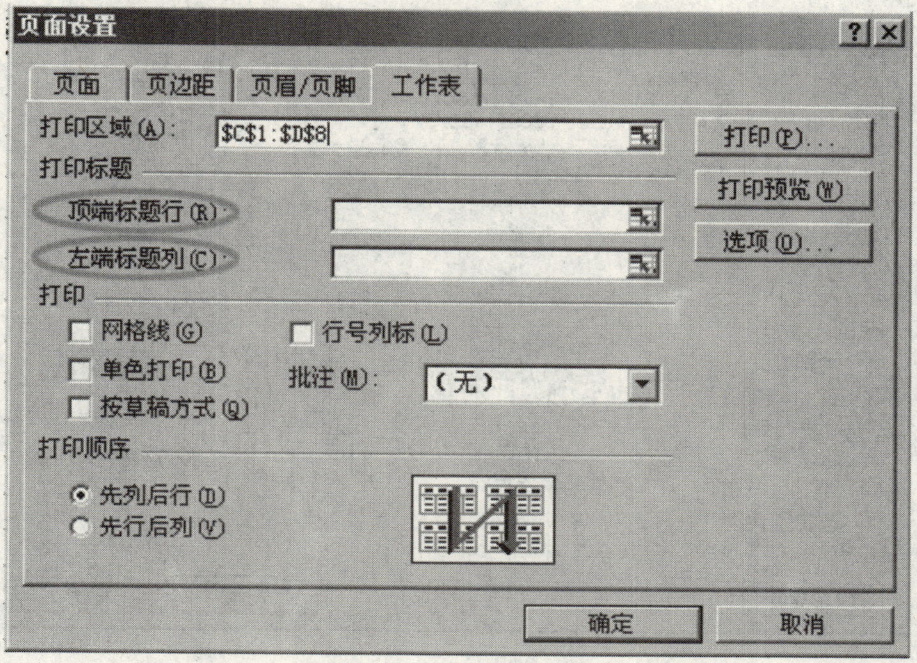

图 9—38　设置打印标题

拉菜单中的“打印”对话框，在“打印”中选择要打印的内容，如图 9—39 所示。

7. 打印顺序的设置

打开“文件”下拉菜单中的“页面设置”对话框，选择“工作表”标签，在“打印顺序”栏中选择“先列后行”或“先行后列”，如图 9—40 所示。

8. 打印范围的设置

打开“文件”下拉菜单中的“打印”对话框，在“范围”栏中选择打印范围，或输入要打印的页数范围，如图 9—41 所示。

9. 打印份数的设置

打开“文件”下拉菜单中的“打印”对话框，在“份数”栏中输入要打印的数量，如图 9—42 所示。

二、打印预览及打印

一般在打印工作表之前都会先预览一下，这样可以避免打印出来的工作表不符合要求。单击工具栏上的“打印预览”按钮，就可以切换到“打印预览”窗口中了。前面也曾经用过这个功能，它的作用就是看一下打印出来的效果，现在看到的是整个页面的效果，单击“缩放”按钮，可以把显示的图形放大，看得清楚一些，再单击，又可以返回整个页面的视图形式。

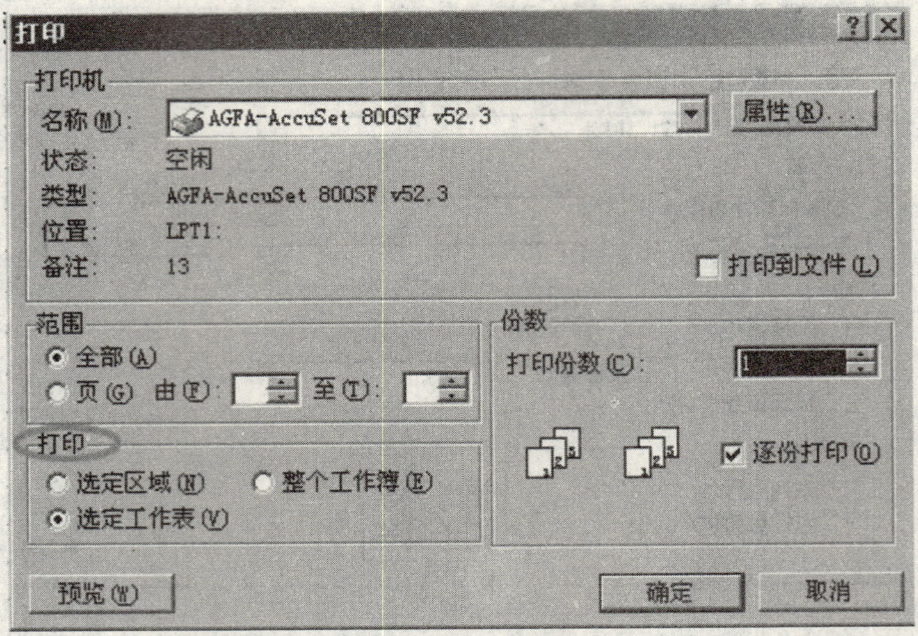

图 9—39　设置打印内容

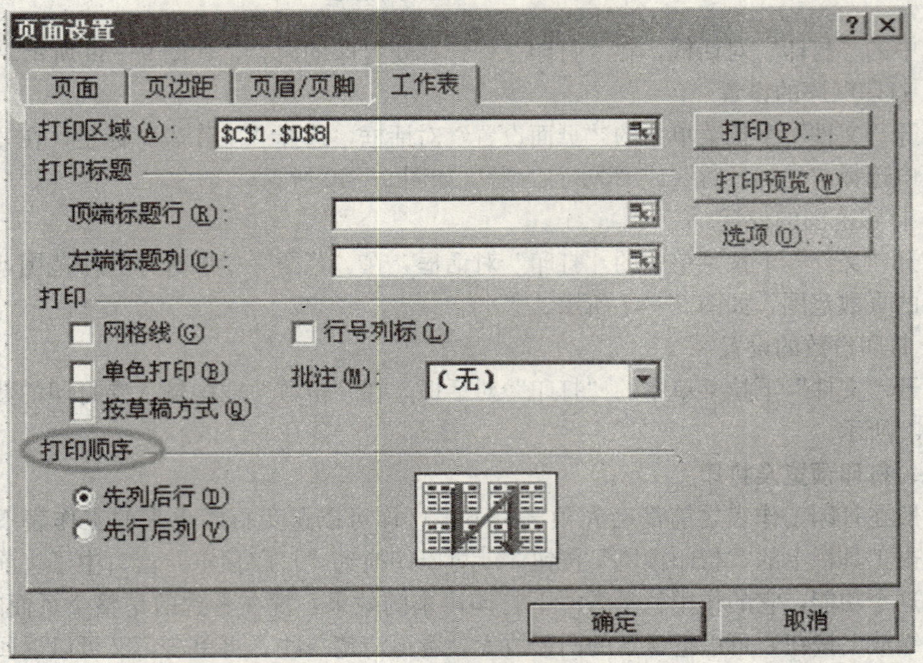

图 9—40　设置打印顺序

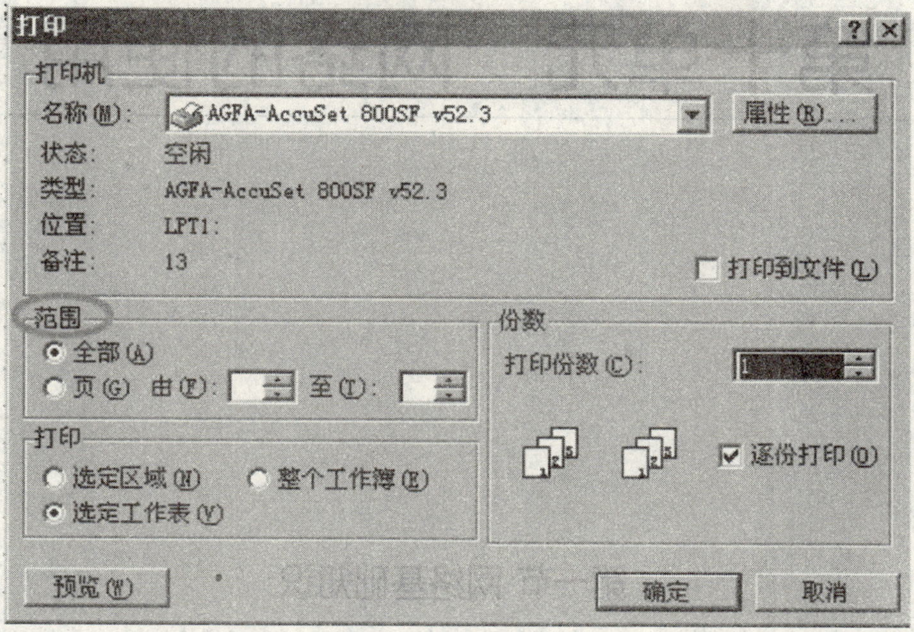

图 9—41　设置打印范围

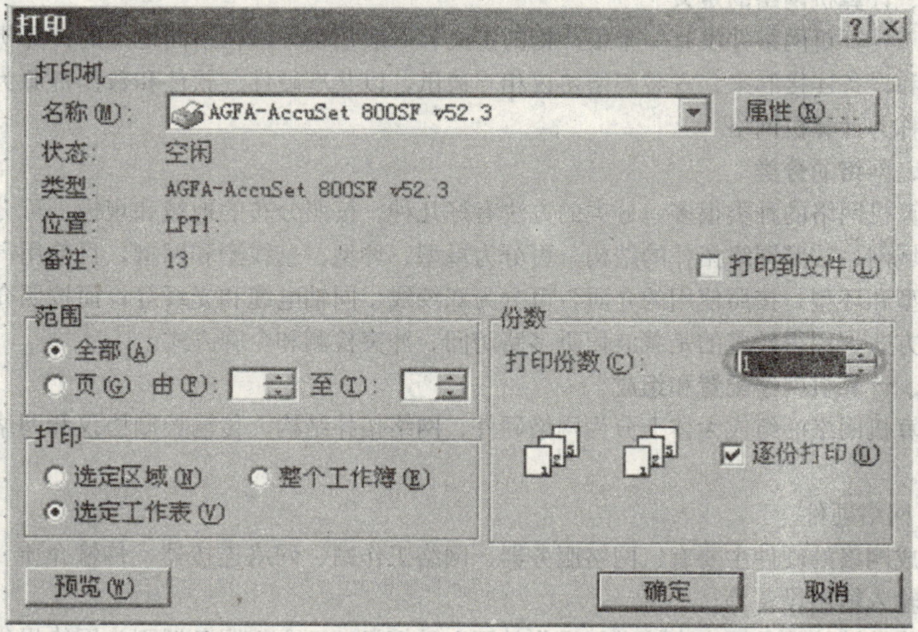

图 9—42　设置打印份数

第十单元　网络的使用

第一节 网络基础知识

一、计算机网络的定义

对于计算机网络并没有一个很严格的定义，一般把将分散在不同地点的计算机通过通信线路和设备连接起来，安装网络协议相互通讯，以共享硬件、软件和数据资源为目标的系统都称为计算机网络。

二、网络的分类

计算机网络的种类很多，分类的方法有好几种。按照分布的地域和规模，可分为广域网和局域网；按照网络拓扑的结构，可分为星型、环型、总线型和网型，目前用得较多的是总线型和环型；按照使用的介质，可分为双绞线、同轴电缆和光纤等；而按照介质访问的控制方式，用得较多的是载波侦听多路访问、冲突检测和令牌方式。

三、计算机网络配置和组成

计算机网络的组成大体上分为网络硬件、网络拓扑结构、传输控制协议和网络软件等几部分。

1. 网络硬件

组成网络的硬件主要有：网络服务器、网络工作站、网络连接器、传输介质、网络适配器和输入输出设备等。

工作站计算机是用户直接进行操作的网上计算机，而文件服务器则为网络提供共享资源并对网络进行管理，它要求有较高的运算速度、较大容量的硬盘和较高的可靠性。

传输介质是网络节点之间的物理通路。常用的介质有双绞线、同轴电缆和光纤。

2. 网络拓扑结构

网络适配器又称为网卡，组成网络的服务器和工作站都必须由网络适配器与网络连接，不同的网络适配器适用于不同的拓扑结构。一般情况下，局域网和 Windows 98 的对等网都采用以太网（Ethernet）适配器。

网络拓扑是指网络中各节点相互连接的方法和形式。组成网络拓扑的结构有多种，主要有星型、环型、总线型和网型。

3. 网络软件

网络软件主要是网络操作系统。在局域网中，网络操作系统用得较多的是微软公司的 Windows NT 操作系统和 NOVELL 公司的 Netware 操作系统。使用 Windows 98 操作系统也能建立简单的对等网。

下一节将介绍 Windows 98 对等网和因特网的使用。

第二节　Windows 98 对等网的使用

对等型网络可以方便地实现资源的共享与信息的传递，特别适合组建小型和微型网络。Windows 98 中文版内置了对等型网络功能，可以方便地组建对等型网络。

一、识别数据设置

Windows 98 中文版利用识别数据来区分网络上的计算机，识别数据包括计算机名、工作组及计算机说明三项内容。设置方法如下：

在“控制面板”中双击“网络”图标或在桌面上打开“网上邻居”的快捷菜单中的“属性”，即可打开“网络”对话框，在“网络”对话框中单击“标识”选项卡，就可以设置计算机名、工作组和计算机说明（见图 10—1）。计算机名用来在整个网络中表示用户自己的计算机名称，以区别于网络中的其他计算机；在同一工作组中的计算机不能同名，否则网络将无法正确识别计算机。如果网络中的计算机较多则可将计算机合理地分为几个工作组，使用户能更加方便地访问其他计算机。

二、协议设置

协议是计算机用户通过网络进行通信的语言，网络上的计算机必须使用相同的协议来进行通信。利用 Windows 98 建立对等网时，必须安装使用 NetBEUI 协议，如果用户的计算机要使用因特网，还须安装 TCP/IP 协议。协议的安装方法如下：

打开“网络”对话框的“设置”选项卡，在“已经安装了下列网络组件”的列表中，选择已安装好的网络适配器（网卡），单击“添加”按钮；打开“请选择网络组件类型”对话框（见图 10—2），选择“协议”后再单击“添加”按钮；进入“选择网络协议”对话框（见图 10—3），在“厂商”列表中选择“Microsoft”，在“网络协议”列表中选择

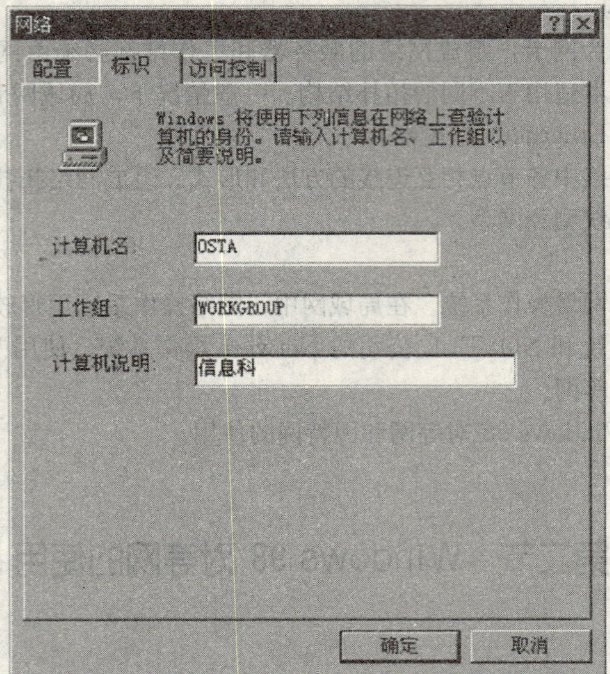

图 10—1　网络标识

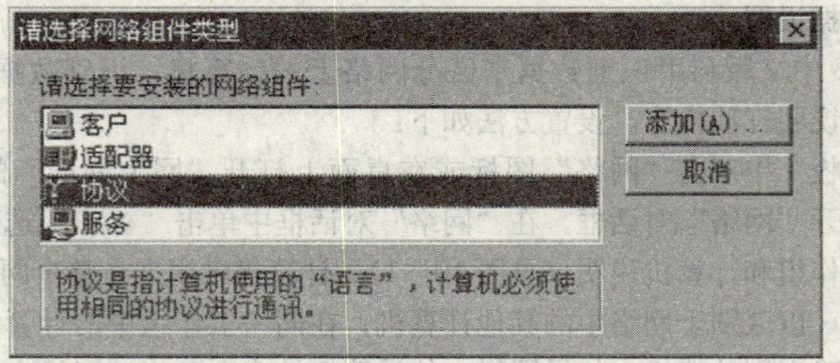

图 10—2　选择网络组件类型

“NetBEUI”协议，最后按“确定”按钮。

由于 Windows 98 中文版支持多种协议，因此，用户可以在同一台计算机中添加多种通信协议，Windows 98 中文版会自动选择一种适当的协议与其他计算机进行信息传递。

三、客户设置

在“网络”对话框的“配置”选项卡中，有一个主网络登录列表。主网络登录用于检测用户名与密码、处理登录脚本等客户程序，可在其下拉列表中选择所需的客户端。如果所需的客户不在列表中，可在“请选择网络组件类型”列表（见图 10—2）中选择“客户”，单击“添加”按钮，打开“选择网络客户机”对话框（见图 10—4），选择需安装的网

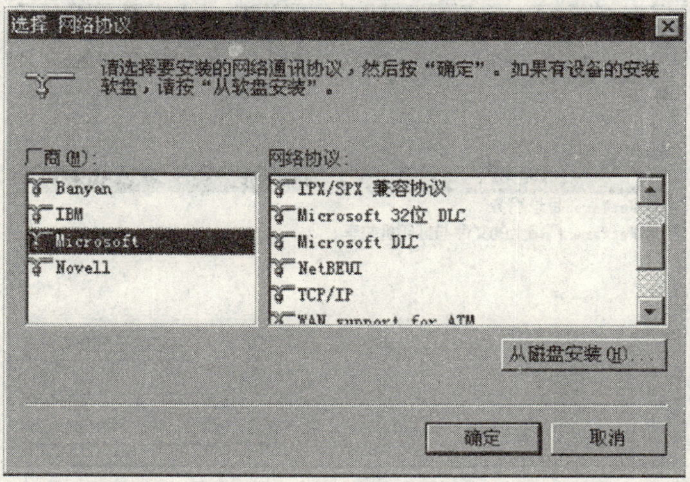

图 10—3　选择网络协议

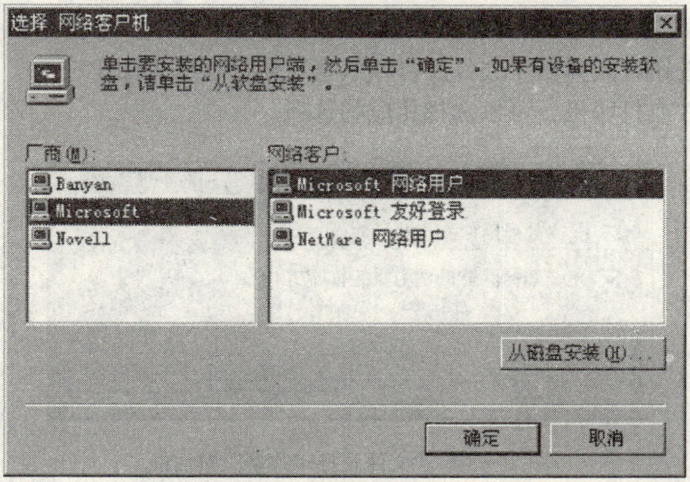

图 10—4　选择网络客户机

络客户端，单击“确定”按钮。如果需要安装盘，按系统提示选择安装盘的目录路径即可。

四、服务设置

在用户正确安装了网络适配器、协议和客户以后，就可以使用其他计算机中的共享资源了。但如果对等型网络上的计算机都只使用他人的资源而不提供资源共享，那么在网络中实际上将无资源可共享。如果希望装有 Windows 98 中文版的计算机提供资源共享，则必须为计算机安装相应的服务组件。安装方法如下：

在图 10—2 所示的“请选择网络组件类型”列表中选择“服务”，单击“添加”按钮，打开“选择网络服务”对话框（见图 10—5），选择“Microsoft 网络上的文件与打印机共

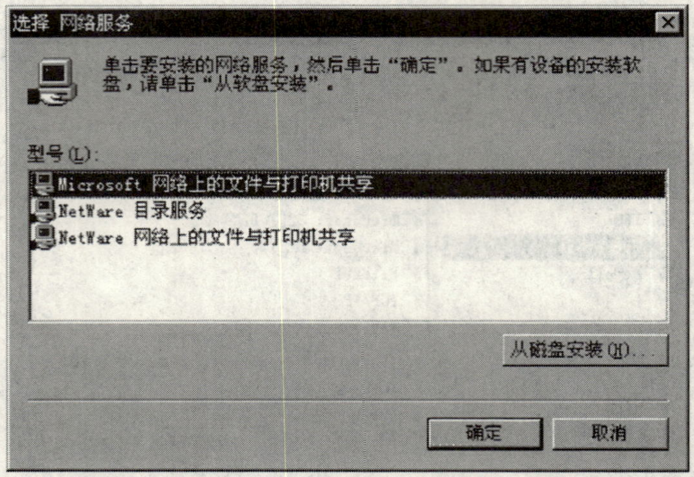

图 10—5　选择网络服务

享”，单击“确定”按钮后，则此服务被添加到了网络组件中。单击组件列表框下的“文件及打印共享”按钮，则弹出“文件及打印共享”对话框（见图 10—6）。如果允许其他用户访问本地的文件或打印机，可以选择相应的选项。

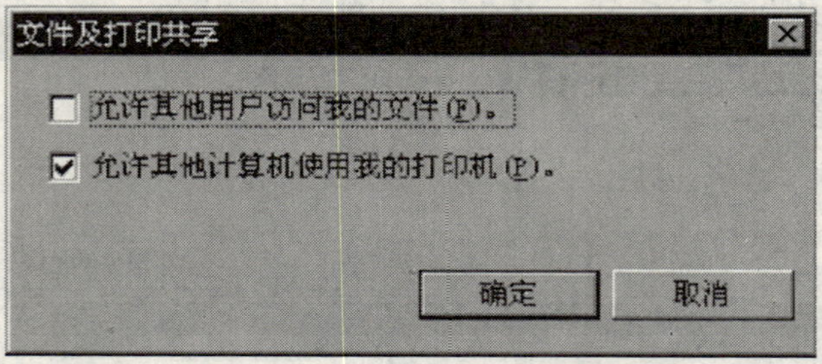

图 10—6　“文件及打印共享”对话框

五、访问控制设置

访问控制用于设置可以访问这台计算机上的共享资源的用户。具体的设置方法如下：单击“网络”对话框（见图 10—1）中的“访问控制”选项卡，在此选项卡中有两个单选按钮，其中“共享级访问控制”可使网络上的其他用户通过本地用户设置的口令访问共享资源；“用户级访问控制”用于指定用户所拥有的访问资源的权限。

六、文件夹及驱动器共享设置

在安装完服务组件以后，用户就可以设定计算机上的资源为共享资源了。设置共享资源的方法与访问控制的设置有关，在对等型网络中需要启用共享级访问控制。在共享级访问控制下设置共享文件夹及驱动器的方法如下：

打开文件夹或驱动器的“属性”对话框中的“共享”选项卡（见图 10—7），在设置共享时，共享名通常由系统自动默认为盘符或文件夹名，可以不用输入。而对于其访问的类型则需要设置：如果选择“只读”，那么网络中其他用户只有读取的权限，不能更改或写入此驱动器或文件夹中的任何信息；如果选择“完全”，那么网络中其他用户可以具有全部的权限，不仅可以读取，还可以写入、更改或删除此文件夹或驱动器中的信息；如果选择“根据密码访问”，则根据用户所输入的密码确定其具有“只读”或者“完全访问”的权限。密码的设置与所选择的访问类型有关，不同的访问设置，提供不同的密码设置方案。

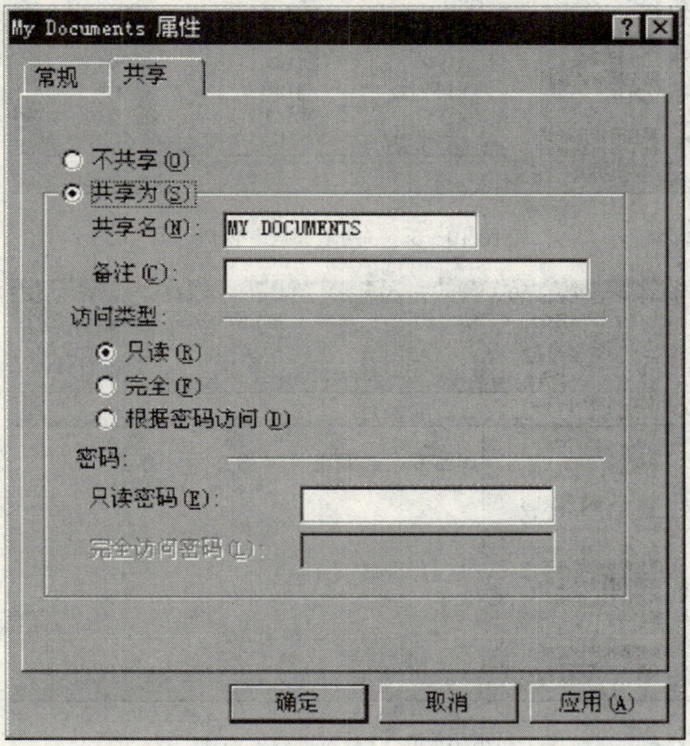

图 10—7　“共享”选项卡

不管是文件夹还是驱动器，当被设置为共享后，将会看到有一只手托着文件夹或驱动器的图标。

七、对等网上资源的使用

通过对上述所有内容的设置，才可以使用对等网上的资源。可以使用不同的方法来浏览对等网上的资源。

1. 利用网上邻居来浏览对等网上的资源

在桌面上双击“网上邻居”图标，打开“网上邻居”窗口（见图 10—8），在这个窗口中，显示出“整个网络”图标和本工作组中的计算机列表。

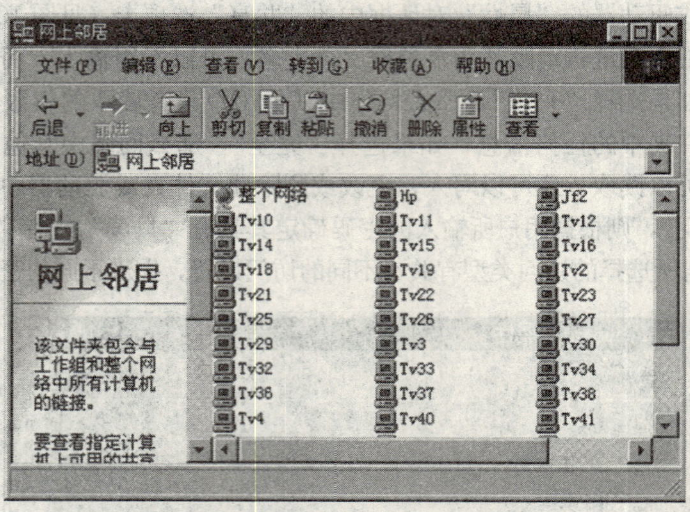

图 10—8 “网上邻居”窗口

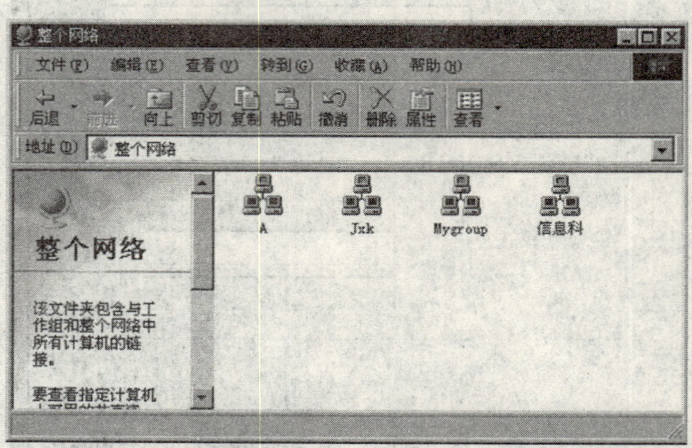

图 10—9 “整个网络”窗口

双击“整个网络”图标将打开“整个网络”窗口（见图 10—9），在此窗口中列出了所有的工作组。双击任何一个工作组，将打开以该工作组命名的窗口，在窗口中列出了该工作组中所有的计算机。

用户使用网络上共享的文件、文件夹和驱动器的方法与使用自己的文件、文件夹和驱动器的方法是相似的。用户可以在设置了完全访问权限的共享资源上进行创建、打开、读取、更改、复制和保存等操作；而在设置了读取访问权限的共享资源上则可以进行读取、打开等操作。

2. 利用资源管理器浏览对等网上的资源

在资源管理器窗口左侧的树形列表中单击“网上邻居”图标，则网络中同组的所有计算机将出现在窗口右侧。

3. 利用地址栏浏览对等网上的资源

在 Windows 98 中文版的窗口和任务栏中都增加了一个地址栏。在地址栏文本框中输入要访问的资源地址，即可直接访问该资源。注意在地址栏中输入的计算机名前要加“\\”。例如，要访问 HP 计算机上共享名为 OSTA 的文件夹，可在地址栏中输入“\\HP\OSTA”,就会在该窗口中显示 OSTA 文件夹中的内容，如图 10—10 所示。

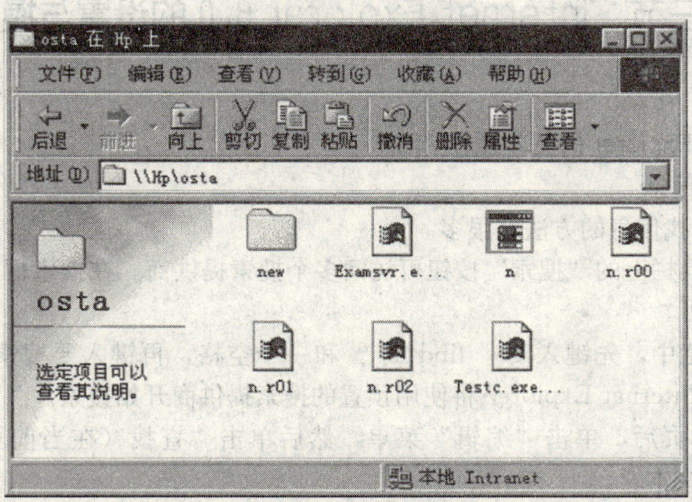

图 10—10　OSTA 文件夹

八、映射网络驱动器

如果用户要经常使用某个网上资源，那么将这个资源映射成一个驱动器后会大大方便用户的操作。在映射网络驱动器后，用户便可像使用本地驱动器一样来访问它。要在网络中映射一个共享资源，可按以下步骤进行。

打开“网上邻居”窗口，找出用户想要映射的共享资源，打开其快捷菜单中的“映射网络驱动器”选项，便可进入“映射网络驱动器”对话框（见图 10—11），此时系统设定的默认驱动器是本机未用的第一个盘符，用户也可单击驱动器的下拉列表按钮来选择其他的驱动器名。如果用户要经常使用该共享资源，则可同时选中“登录时重新连接”复选

图 10—11　映射网络驱动器

框。单击“确定”按钮，创建映射。

用户使用该网络驱动器与用前面介绍的方法使用它所映射的共享资源是等同的。

如果要断开网络驱动器的连接，其操作方法非常简单。打开要断开的网络驱动器的快捷菜单，在其中选择“断开”选项，即断开了网络驱动器的连接。

第三节 Internet Explorer 6.0 的设置与操作

一、Internet Explorer 的基本操作

1. 查找所需信息

在 Web 中查找信息的方法有很多。

（1）单击工具栏上的“搜索”按钮可访问多个搜索提供商。在搜索框中键入要搜索的内容的关键词即可。

（2）在地址栏中，先键入 go，find 或 ? 和一个空格，再键入要搜索的单词或短语，按 Enter 键之后 Internet Explorer 将使用预置的搜索提供商开始搜索。

在进入 Web 页后，单击“编辑”菜单，然后单击“查找（在当前页）”，可在当前 Web 页搜索指定文本。

注意：如果 Web 地址无效，Internet Explorer 将询问是否搜索近似的 Web 地址。可以更改该设置，以便 Internet Explorer 不经提示自动搜索。

上网浏览时为了更方便地查看网页可以使用键盘快捷键，下面列出了浏览网页时的一些常用快捷键：

- 前进（转向下一页）：Alt＋右箭头键
- 后退（转向上一页）：Alt＋左箭头键
- 从任意位置移动到网页的开头：Home
- 从任意位置移动到网页的结尾：End
- 显示某个链接的快捷菜单：Shift＋F10
- 弹出“打开新网页”的对话框：Ctrl＋O
- 打开新的浏览器窗口：Ctrl＋N
- 保存当前页：Ctrl＋S
- 打印当前页或当前的框架：Ctrl＋P
- 全选网页的内容：Ctrl＋A
- 剪切所需内容：Ctrl＋X
- 粘贴所需内容：Ctrl＋V
- 复制所需内容：Ctrl＋C

· 刷新当前页：F5
· 全屏显示：F11
· 停止下载网页：Esc
· 激活选定的链接：Enter
· 查找：Ctrl+F

2. 保存网页中的图片

在浏览网页时，会遇到一些喜欢的图片，以下是保存图片的步骤：

(1) 用鼠标右键单击图片，在弹出菜单中单击“图片另存为”，如图 10—12 所示。

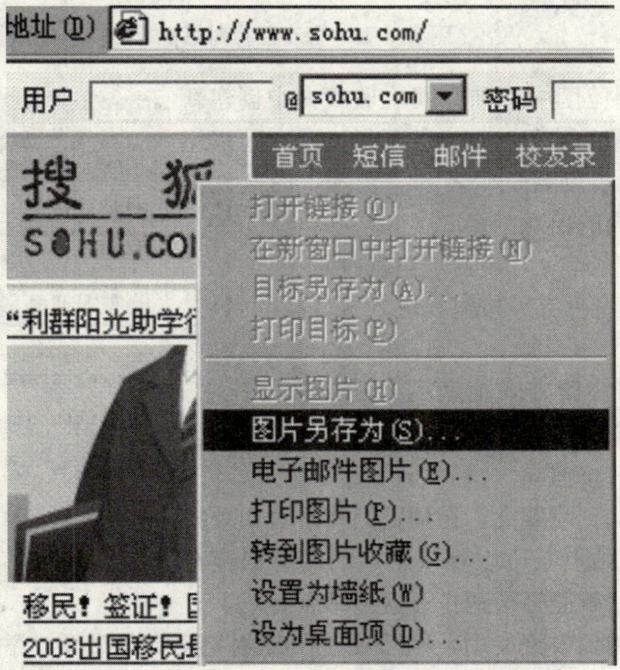

图 10—12　另存图片

(2) 在“保存图片”对话框中选择准备保存图片的文件夹，在“文件名”框中输入图片名称，然后单击“保存”按钮，如图 10—13 所示。

3. 浏览“历史记录”中的网页

如果想找到最近查看过的一些网页内容，但又记不清具体是在哪个网站上看到的，这时就可以用“历史”查找功能快速完成过去内容的查找，如图 10—14 所示。

操作步骤：单击工具条上的“历史”按钮，在左侧弹出的“历史记录”窗口中单击“搜索”，最后在弹出的“搜索”框中输入要查找的内容就可以了。

二、Internet Explorer 的基本设置

1. 设置收藏夹

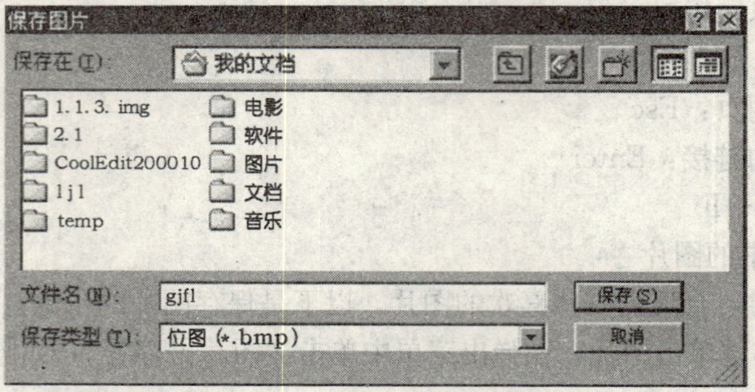

图 10—13　保存图片对话框

（1）在收藏夹中创建文件夹。可在收藏夹中创建新的文件夹来组织收藏的项目。这样便可以按照主题来组织 Web 页。例如，可创建一个名为“艺术”的文件夹来存储艺术展览方面的信息。

1）在“收藏”菜单上，单击“整理收藏夹”。

2）单击“创建文件夹”按钮，键入文件夹的名称，然后按 Enter 键。

3）将列表中的快捷方式拖动到合适的文件夹中。如果因为快捷方式或文件夹太多而导致无法拖动，可以使用“移至文件夹”按钮。

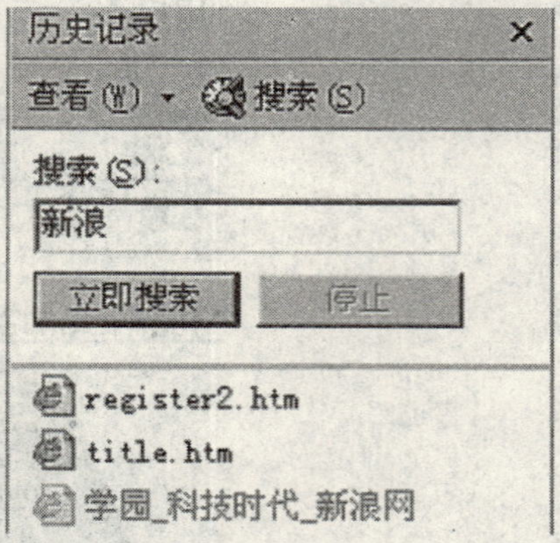

图 10—14　浏览历史记录

（2）将网页添加到收藏夹。在浏览因特网时如果找到喜欢的 Web 页或站点，可以将该站点的网址保存在收藏夹中，这样以后就能轻松地打开这些站点。

把某个站点添加到收藏夹中，则需要在“收藏”菜单中选择“添加到收藏夹”选项，如图 10—15 所示。

（3）“收藏夹”中网页的导入与导出。收藏夹，在 Netscape Navigator 中称为书签，是保存和组织常用站点的捷径。Internet Explorer 会自动导入所有的 Netscape Navigator 书签。在“收藏”菜单上，单击“Imported Bookmarks”文件夹可查看这些导入的书签。

如果在几台计算机上使用 Internet Explorer，通过导出和导入收藏的项目可以很容易地实现收藏夹共享。而且，如果同时使用 Internet Explorer 和 Netscape Navigator，则通过在程序之间进行导出和导入可使收藏和书签相互更新。

要导入收藏或将收藏导出到同一台计算机或其他计算机的书签或收藏夹中，单击“文件”菜单，然后单击“导入和导出”。

注意：导出的收藏项目被另存为常规的 HTML 文件，这样 Internet Explorer 和 Netscape Navigator 均可将其导入。可以导出收藏列表中的所选文件夹，也可以导出全部

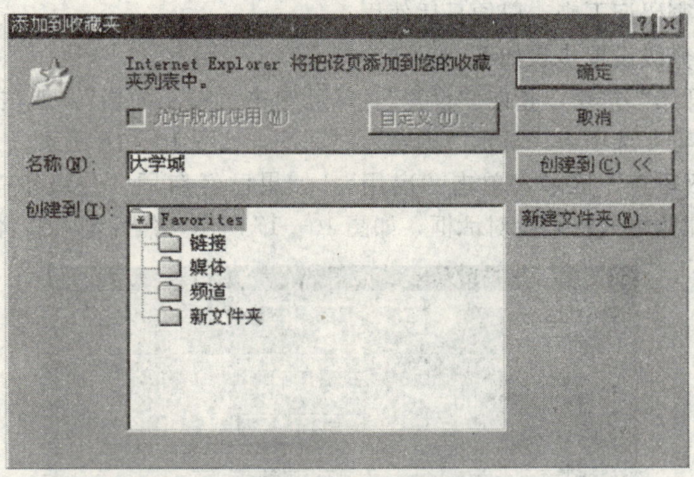

图 10—15　添加到收藏夹

收藏项目。导出的收藏文件通常很小。这样，如果想与他人共享收藏的项目，可以将它复制到软盘中或网络文件夹上，也可以附加到电子邮件中。

2. Internet 选项设置

（1）设置 Internet 隐私级别。Internet Explorer 6.0 提供了更为可靠的个人隐私及安全保护措施，可以让用户来控制浏览器向外发送信息的多少，特别是对 Cookie 的控制。在“Internet 选项”窗口中新增了“隐私”选项卡，用户可以在其中直接设置浏览时的隐私级别，按需要控制其他站点对自己机器所使用的 Cookie。如果正在浏览的站点使用了 Cookie，那么在浏览器状态栏中会有一个黄色惊叹号的标记，双击后可打开“隐私报告”对话框，用户可以在其中查看具体的隐私策略，还可直接点击“设置”按钮后在上述“隐私”选项卡中调节安全隐私级别。

比如：用户可以指定是否允许网站通过 Cookie 收集用户信息。Internet Explorer 6.0 使用的是 P3P（隐私参数选择）V 1.0，能够通过收集、分析网站元数据来确定它是否在有意使用 Cookie 信息。一旦元数据收集完成后，Internet Explorer 将根据用户设置的参数来决定接收或拒绝所访问网站发出的 Cookie。第三方 Cookie 在默认情况下（隐私中级保护）都是拒绝接收的，不过有时可能会造成访问失败。

（2）设置“分级审查”功能。Internet 为浏览者提供了访问各种信息的渠道，然而这些信息却并非对每一位浏览者都适合。例如，家长不希望自己的孩子看见有关暴力或性方面的内容。通过分级审查，Internet Explorer 可以帮助用户控制通过计算机可访问的 Internet 内容的类型。打开“分级审查”功能后，只有满足或超过标准的分级内容才能显示出来。

用户还可以控制访问“分级审查”的有关设置。可以设置密码来控制打开“分级审查”功能以及查看“分级审查”设置。这样就需要输入密码才能更改任何“分级审查”设置，因此需要将密码记下来，以便日后使用。

查看和调整分级设置步骤如下：

1）单击“开始”按钮，指向“设置”，然后单击“控制面板”。双击“Internet 选项”图标。单击“内容”选项卡。显示“内容”对话框，如图 10—16 所示。

2）在“分级审查”区域，单击“启用”。如果已经启用“分级审查”，则单击“设置”，出现“创建监督人密码”对话框，如图 10—17 所示，然后键入监督人密码。

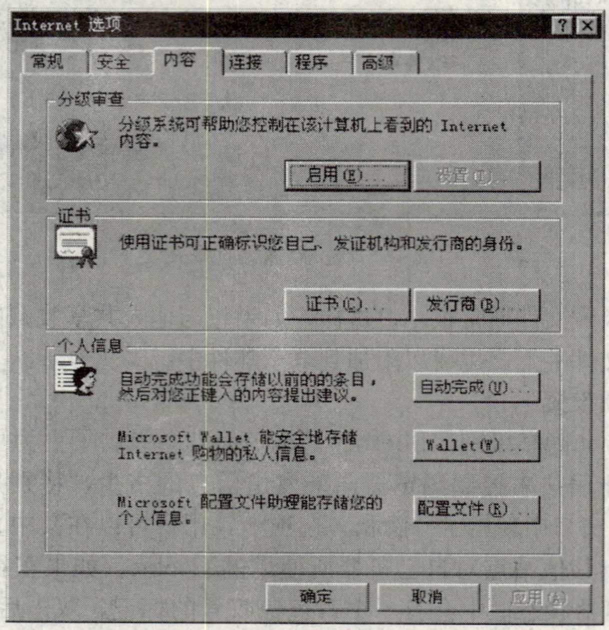

图 10—16　“内容”对话框

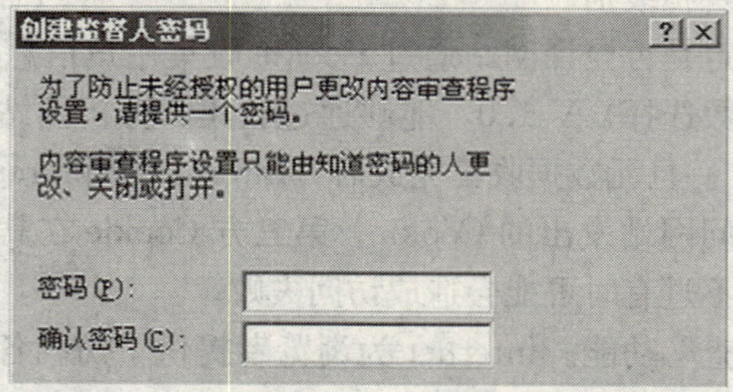

图 10—17　“创建监督人密码”对话框

3）输入密码后确定，弹出“分级审查”对话框，如图 10—18 所示。单击列表中的某一类别，然后调整滑块以设置要使用的限制条件。对于需要限制的每一种类别重复该过程，然后单击“确定”按钮。

4）如果计算机尚未设置监督人密码，系统将提示创建。

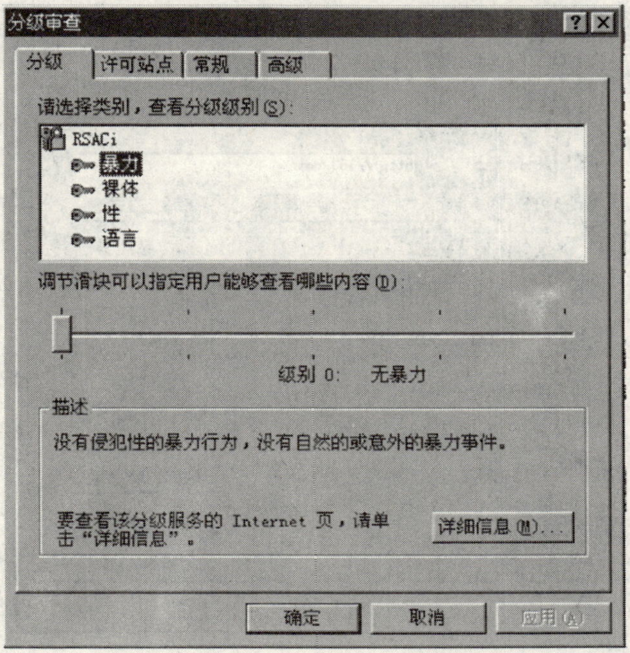

图 10—18　"分级审查"对话框

(3) 设置 Internet 临时文件夹大小。当使用 Internet Explorer 6.0 浏览器上网时，它将已浏览的网页和文件等内容存放在 Internet 临时文件夹中（C:\Windows\Temporary Internet Files)，方便日后快速脱机浏览。

为了使 Internet Explorer 6.0 设置为脱机浏览后可以更快地访问临时文件夹中的网页，可加大临时文件夹的储存空间。操作步骤如下：

1) 启动 Internet Explorer 6.0，单击"工具"菜单上的"Internet 选项"，在"Internet 选项"窗口中的"常规"选项卡上单击"设置"按钮，如图 10—19 所示。

2) 在弹出的"设置"窗口中移动滑动条或直接在输入框中输入数字（如 200）增加临时文件夹的储存空间，如图 10—20 所示。

(4) 删除历史记录。自从推行使用中文实名以来，网址的搜索变得更加容易。但是，时间长了，地址栏中就会留下很多网址和中文实名地址的历史记录，如图 10—21 所示。

这些留下的上网痕迹，往往会将个人信息都暴露在别人面前，一不小心还会给自己带来麻烦。特别是在单位里，往往不愿让别人知道自己都上过哪些网站，尤其是那些显示中文实名的网站。清除历史记录的方法是：

1) 打开"工具"菜单，点击"Internet 选项"，出现"Internet 选项"对话框，如图 10—19 所示。

2) 用鼠标单击"清除历史记录"按钮，再单击"确定"按钮。这时查看 Internet Ex-

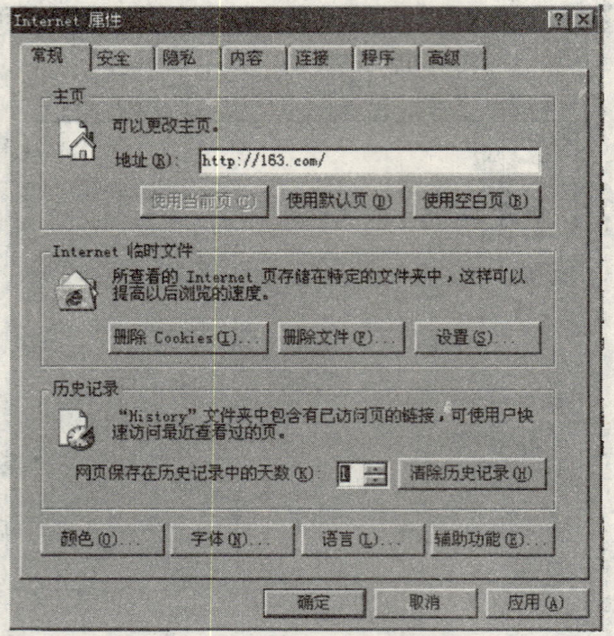

图 10—19　“常规”选项

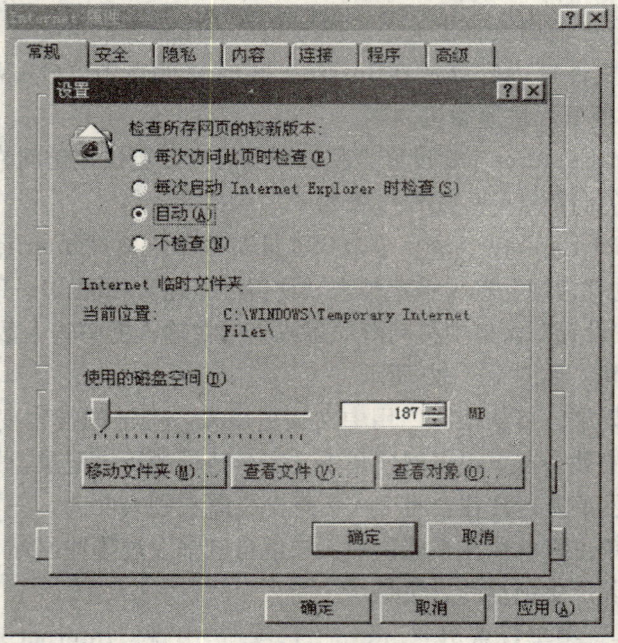

图 10—20　设置增加临时文件夹的储存空间

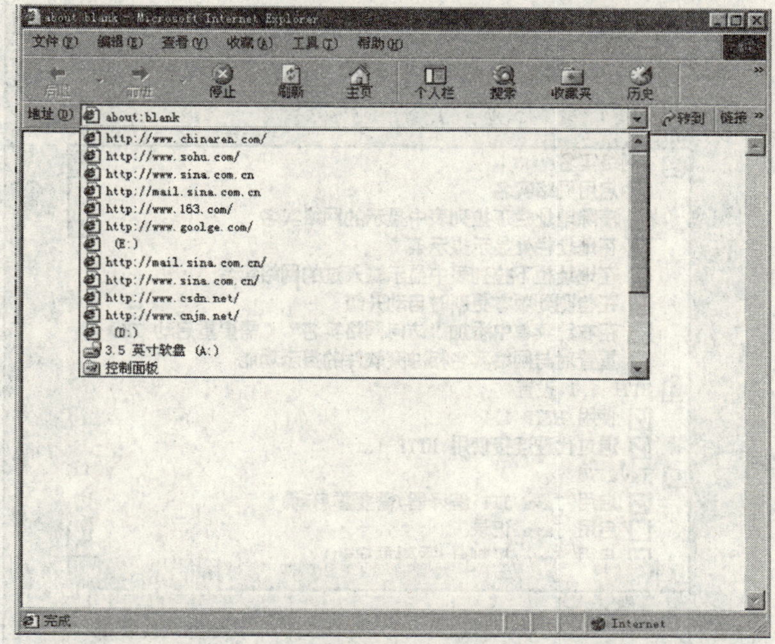

图 10—21 地址栏中的历史记录

plorer 的地址栏，可以看到地址栏中以“http://…”打头的网址都被删除了。

3）但是，使用这种方法，不能删除中文实名地址。此时应单击“Internet 选项”对话框中的“高级”设置按钮，这里有关于网络实名的设置项。单击“在地址栏下拉列表中显示输入过的网络实名”去掉前面方框内的钩，使该项被取消，然后单击“确定”按钮退出，如图 10—22 所示。

4）再次做“清除历史记录”的操作，同时，为了不再使访问过的网络地址保留在地址栏上，将“历史记录”项中的“网页保存在历史记录中的天数”改为 0，单击“确定”按钮退出。这时再次查看 Internet Explorer 的地址栏信息，可以看到其中的英文网址、中文实名信息全部被清除干净了，如图 10—23 所示。

（5）重置 Web 设置。如果在安装了 Internet Explorer 和 Internet 工具之后又安装了其他 Web 浏览器，其中某些 Internet Explorer 设置可能会改变。可以将 Internet Explorer 设置还原为最初的默认设置，包括主页和搜索页以及默认浏览器的选择，而不更改其他浏览器的设置。操作步骤如下：

1）在“工具”菜单上，单击“Internet 选项”。

2）单击“程序”选项卡。

3）单击“重置 Web 设置”按钮。

3. 更改网页字体

（1）执行 Internet Explorer“工具”菜单的“Internet 选项”命令，打开“Internet 选

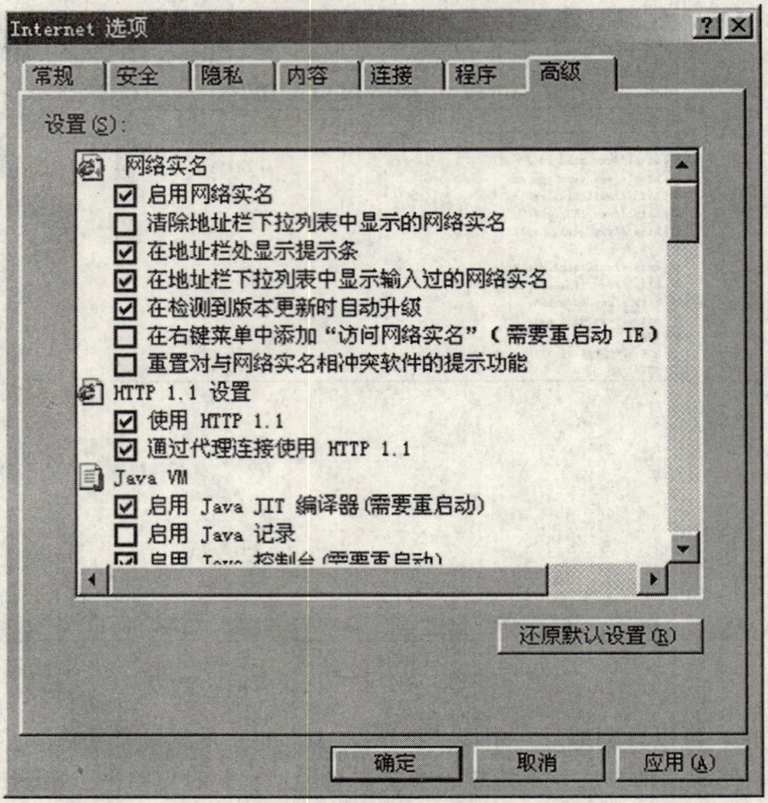

图 10—22　“高级”选项卡

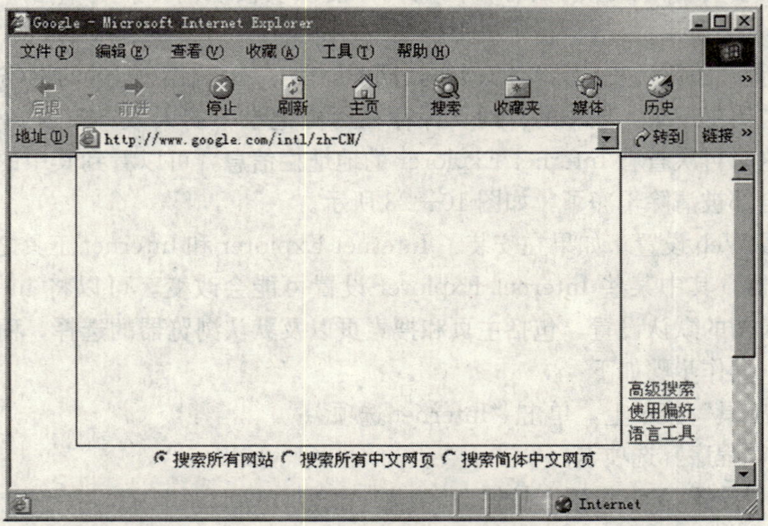

图 10—23　中文实名地址也被删除了

项”对话框并选择“常规”选项卡。

（2）单击“字体”按钮，打开“字体”对话框，如图10—24所示。

（3）在“Web页字体”列表框中选择系统在显示Web页时的默认显示字体，然后在“纯文本字体”列表框中选择在显示纯本文文件时的默认显示字体。

（4）连续单击两次“确定”按钮，关闭所有对话框。

这样就修改默认显示字体和显示字号，此后浏览那些没有设置字体、字号等信息的网页时，系统就会按照设置的默认值进行显示。

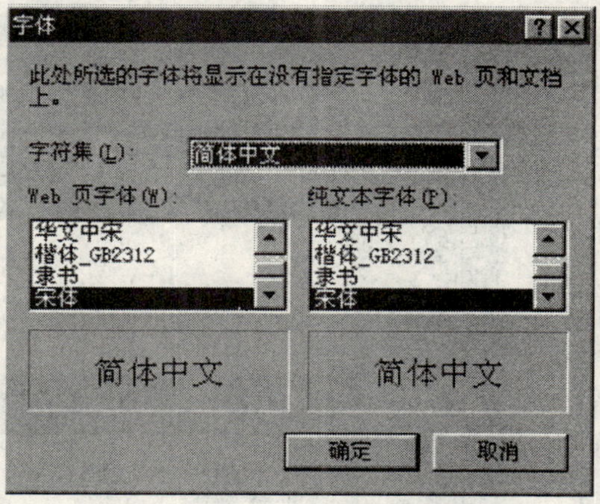

图10—24　“字体”对话框

注意：设置的默认值只对没有设置字体、字号的网页有效，而对于那些已经设置了字体、字号的网页则无效，因为这些网页将会采用自己的设置进行显示。

第四节　Outlook 2000的使用

一、Outlook 2000的基本操作

1. 回复邮件

通常读完邮件后，往往要给对方回复一封邮件。此时先选中要回复的电子邮件，单击“常用”工具栏的“答复发件人”按钮，如图10—25所示。

一个答复邮件编辑窗口就打开了，收件人文本框的内容已经自动填好。输入答复邮件的内容，然后发送邮件就可以了。

2. 全部答复

在Outlook 2000中还有一个“全部答复”按钮，它并不是答复所有邮件的意思。如果要给一封收到的电子邮件的所有收件人、抄送人和发件人回复电子邮件，就可以使用“全部答复”命令。Outlook 2000会将邮件的所有收件人、抄送人和发件人全部自动填写在回复邮件的“收件人”文本框里，这样他们就都可以收到这封回复邮件。而且由于用户自己也是一个收件人，因此用户自己也会收到这封回复邮件。然后，输入邮件的内容，单击“发送”按钮（见图10—26）。已经回复过的邮件的图标将变成一个带红色箭头的打开信封。

3. 转发邮件

有时需要将别人发来的电子邮件原样发送给另外一个人，这时可以使用Outlook 2000的邮件转发功能。先选中待转发的电子邮件，然后单击鼠标右键，弹出命令菜单（见图

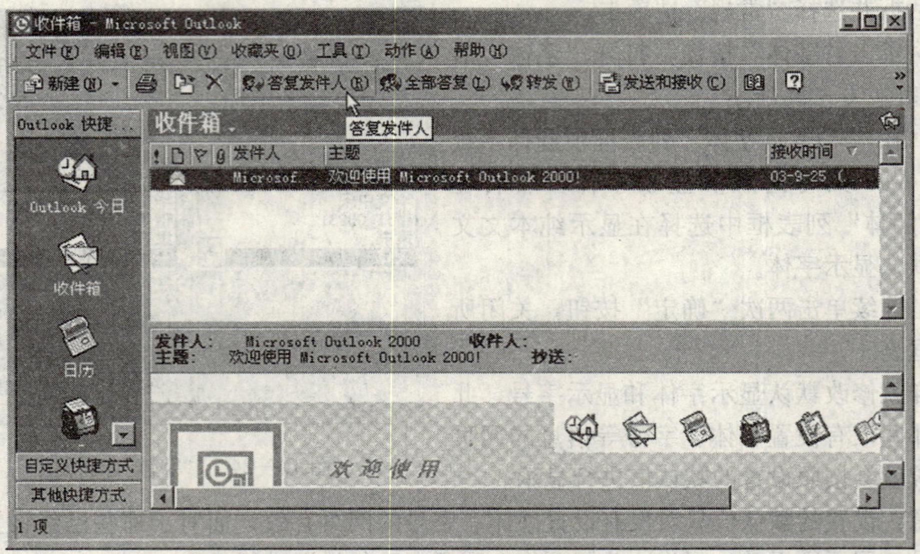

图 10—25 “答复发件人”按钮

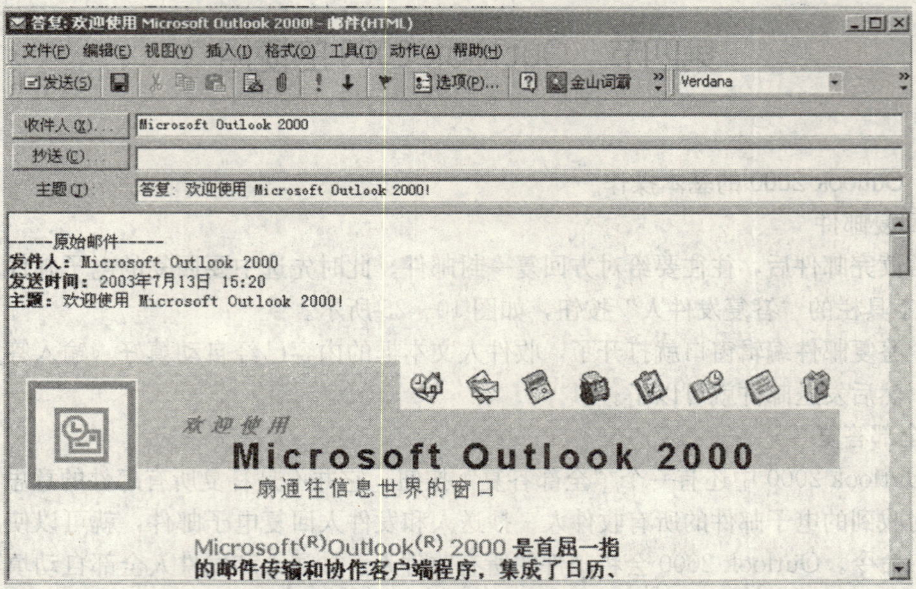

图 10—26 单击“发送”按钮

10—27）。选择“转发”命令，在弹出的邮件编辑窗口里输入收件人地址，单击“发送”按钮，这样这封邮件就存入“发件箱”文件夹准备发送了。

4. 作为附件转发

当转发邮件时，有时会需要将邮件以附件的形式转发，那么可以依照以下的步骤来实现：

（1）单击“工具”菜单栏中的“选项”，如图 10—28 所示。

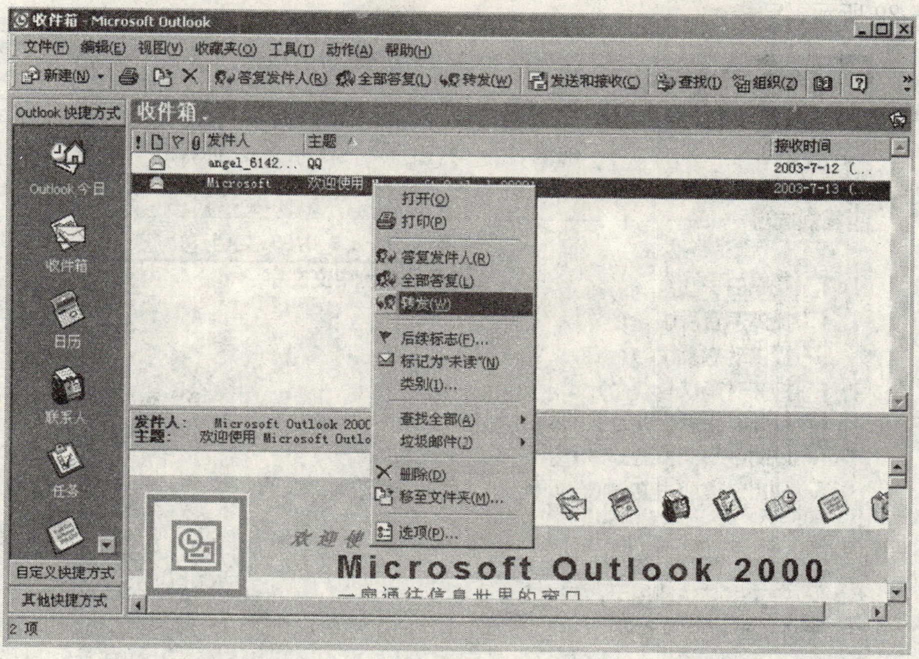

图 10—27　命令菜单

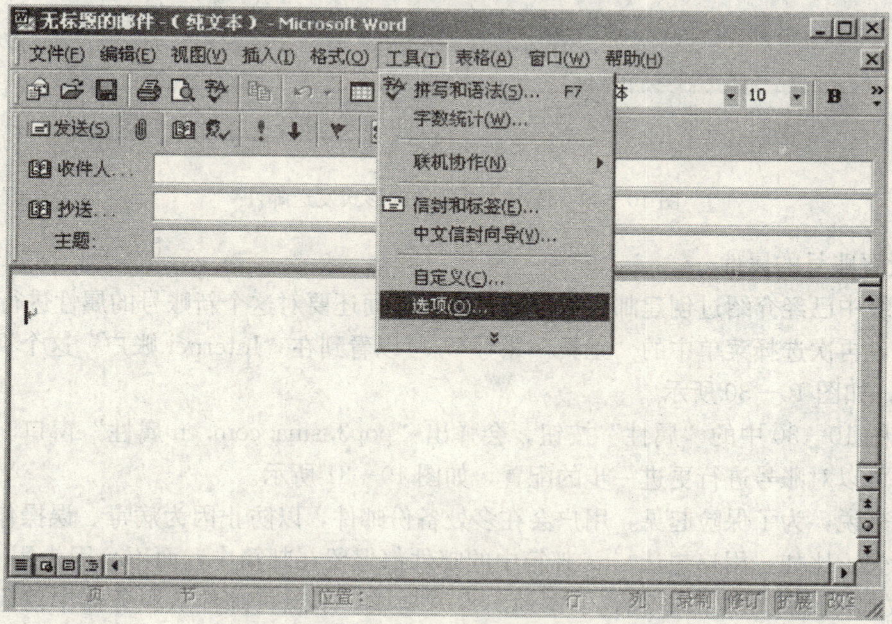

图 10—28　“工具”菜单栏中的“选项”

（2）在弹出的对话框中选择“常规”选项卡，选中“以附件的形式发送邮件”即可，如图 10—29 所示。

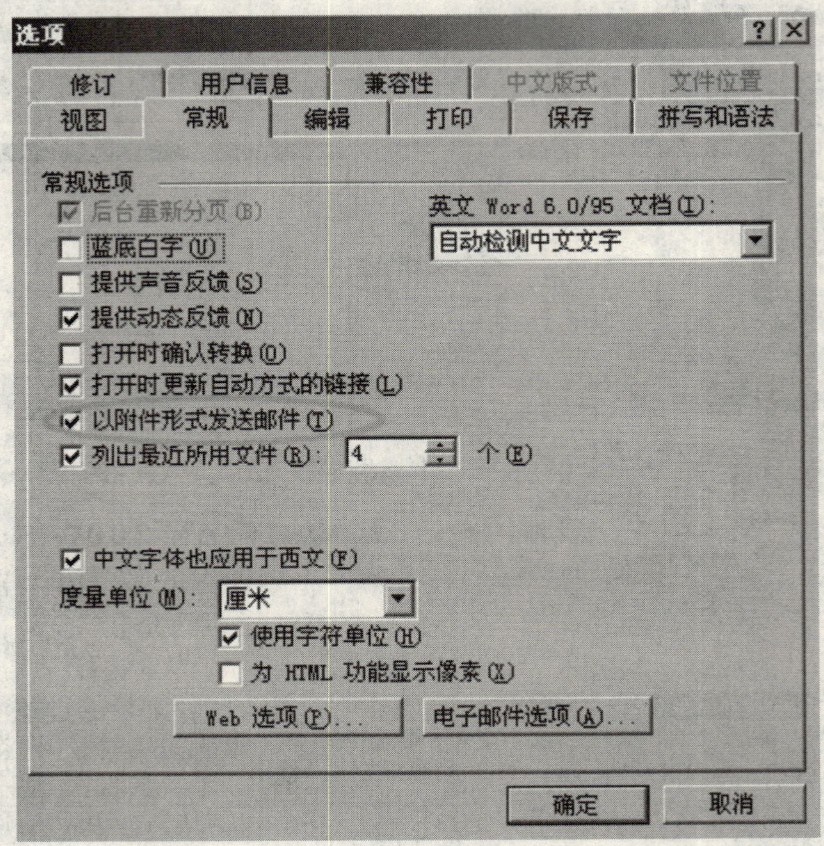

图 10—29　选中“以附件的形式发送邮件”

5. 设置账号的属性

在初级中已经介绍过创建邮件账号的方法，下面还要对这个新账号的属性进行配置。

现在，再次选择菜单中的“工具→账号”，可以看到在“Internet 账户”这个视图中有 2 个账户，如图 10—30 所示。

单击图 10—30 中的“属性”按钮，会弹出“pop3. sina. com. cn 属性”窗口。在这个窗口中，可以对账号进行更进一步的配置，如图 10—31 所示。

一般来说，为了保险起见，用户会在多处备份邮件，以防止因为病毒、误操作等造成的信件丢失。比如，用户想让 sina 邮箱中的邮件都保留在邮箱中，而不会因为用 Outlook 2000 接收邮件而将邮件都下载到了本地。也就是说，不想将邮件从服务器中清除。那么要在“高级”选项卡的“传送”中选中“在服务器上保留邮件副本”这个选项，这样，就可以在不同的地方有多处邮件的备份了，如图 10—32 所示。

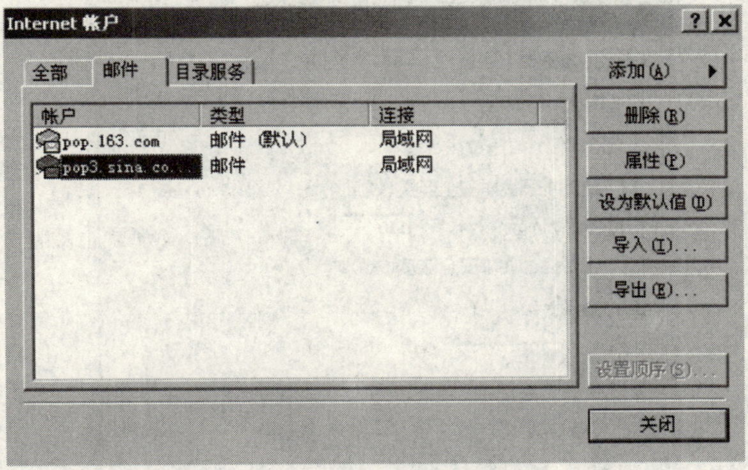

图 10—30　“Internet 账户”列表

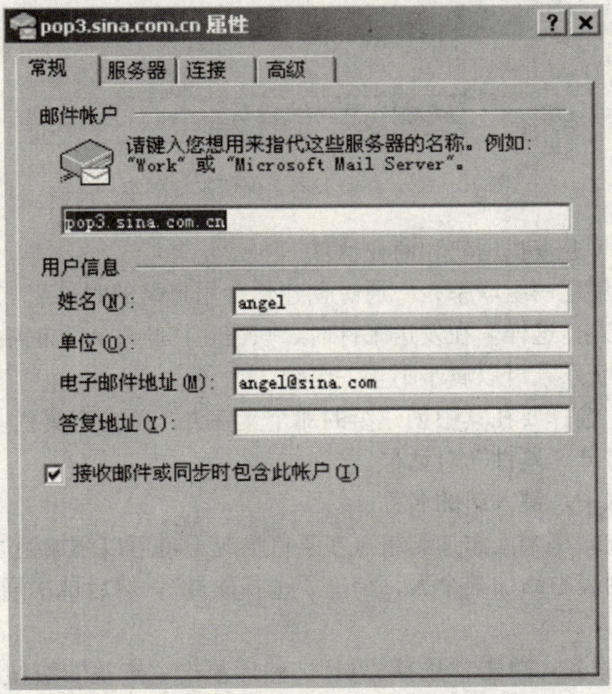

图 10—31　“pop3. sina. com. cn”的属性

现在，可以开始用 Outlook 2000 收发电子邮件了。

6. 通讯簿的设置与管理

通讯簿提供了存储和管理联系人信息的方便功能，它还有访问 Internet 目录服务的功

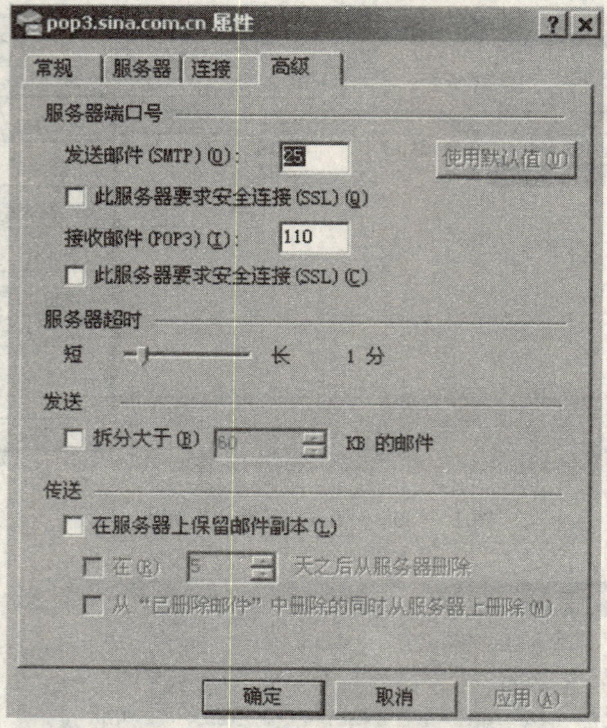

图 10—32　在服务器上保留邮件副本

能，可用来在 Internet 上查找用户和商业伙伴。

(1) 使用通讯簿创建一组联系人。通过创建包含用户名的邮件组（或者“别名”），可以将邮件发送给一组人。这样，在发送邮件时，只需在“收件人”框中键入组名即可。可以创建多个组，并且联系人可以属于不止一个组。

1）在通讯簿中，选择要在其中创建组的那个文件夹，单击工具栏上的“新建”按钮，然后单击“组”，将打开“属性”对话框。

2）在“组名”框中，键入组的名称。

3）可以用多种方式将个人添加到组（在某些情况下也可以添加到通讯簿中）。

4）要从通讯簿列表中添加某个人，单击“选择成员”，然后单击通讯簿列表中的某个姓名。

①若要使用目录服务，单击“选择成员”，然后单击“查找”按钮。从文本框底部的下拉列表中选择一项目录服务，找到并选择一个地址后，它将自动添加到通讯簿中。

②若要直接将某个人添加到组中，则在“属性”对话框的下半部分键入此人的姓名和电子邮件地址，然后单击“添加”按钮。

③若要将某个人同时添加到组和通讯簿中，可单击“新联系人”按钮然后填上相应的信息。

5）重复添加每个人直至完成就可以了。

注意：要从通讯簿列表中查看组的列表，可在通讯簿中单击“查看”按钮，然后确保“文件夹和组”旁边有一个复选标记。

（2）删除通讯簿中的用户。可以很方便地从通讯簿删除联系人和组。但从组中删除联系人时，只是其姓名从组中删除了，组和个人的项目仍然都留在通讯簿中。同样，删除整个组也不会删除该组各个成员的项目。

1）在联系人列表中，单击要删除的联系人，然后单击工具栏上的“删除”按钮。

2）联系人的姓名将同时从其所在的组中删除。

7. 创建邮件

（1）撰写邮件。单击“常用”工具栏的“新建”按钮旁边的向下箭头键，单击“邮件”选项（见图 10—33），这时新邮件编辑窗口就弹出来了，如图 10—34 所示，可以在窗口中编辑新的邮件。

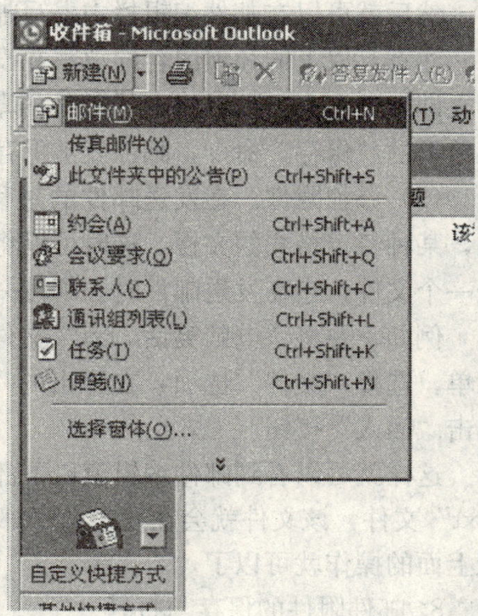

图 10—33 “新建”菜单

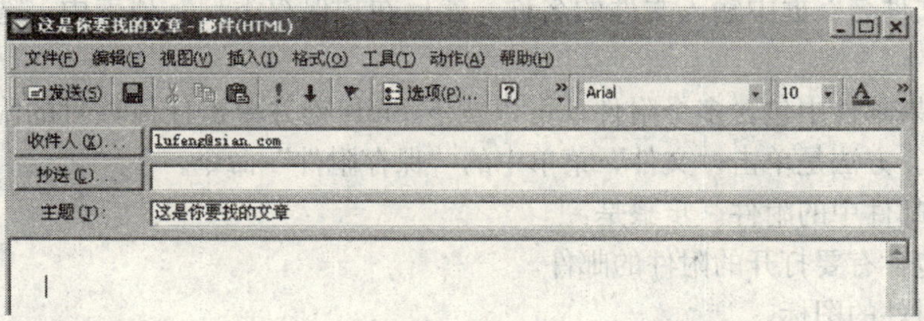

图 10—34　Outlook 2000 自动在“联系人”文件夹里查询收件人的电子邮件地址信息

要发送电子邮件，要在邮件编辑窗口中输入接收电子邮件的人的“姓名和地址”，告诉系统将邮件发送给谁、送到哪里。一个具体的电子邮件地址（如 luten@sina.com）就相当于日常生活中的通讯地址，电子邮件就会发送到这个指定的地方。如果收件人是“联系人”文件夹里的一个条目，并且该收件人条目中包含了收件人的电子邮件信息，就可以在“收件人”文本框里直接输入收件人的姓名。在电子邮件发送时，Outlook 2000 会自动在“联系人”文件夹里查询收件人的电子邮件地址信息。

为了便于对方了解本邮件的大致内容，一般还要输入邮件的主题。比如问候对方的邮件就可以设置主题为“hello”，对求职邮件就可以设置主题为“application for a job”等。当然主题的名称不是一定的，可以根据实际情况来设置，也可以不输入。

然后就可以在邮件编辑栏中书写邮件了。

注意：以上的几项内容的填写并没有一定的先后顺序。有时写好了电子邮件，但不打算立即发送出去，可以将电子邮件的草稿保存下来。在邮件的编辑窗口中，选择“文件”菜单下的“保存”命令，邮件就被保存到草稿箱中了。

(2) 添加附件。在发送邮件的过程中，有时需要给对方发送一个比较大的文件，例如，某种特定格式的文档，这时可以将其用附件的形式发送出去。这里所说的附件其实就是一个文件，它在发送邮件时和邮件一起发送。

例如，要将“电脑笑话.txt”文件添加到邮件里，操作步骤如下：首先单击“插入”菜单，选择“文件”选项，在弹出的“插入文件”对话框里选择“电脑笑话.txt”文件，单击“插入”按钮。

这样就可以看到邮件编辑窗口下部多了一个附件框，里面放着刚才选择的“电脑笑话.txt”文件，该文件就会在发送电子邮件时和邮件一起发送了。如果要添加多个附件，重复上面的操作就可以了。

8. 邮件附件的保存与打开

(1) 保存邮件中的附件。步骤如下：

1) 打开包含有要保存的附件的邮件。

2) 用鼠标右键单击附件的图标，然后单击“另存为”。

3) 在“文件名”框中输入文件的名称，然后在“保存类型”列表中，选择某种文件格式。

注意：如果邮件中包含多个附件，可以按下 Shift 键并单击任何数目的附件，将其保存到同一位置。方法是单击“文件”菜单中的“保存附件”命令。

(2) 打开邮件中的附件。步骤是：

1) 打开包含有要打开的附件的邮件。

2) 双击附件的图标。

注意：邮件中使用 HTML 邮件格式的附件将出现在单独的框架中，其中为其他类型项目的附件包含在项目的文本框中。

9. 自定义窗口

可使用窗口快速而轻松地将发布和收集电子信息的方式标准化。例如，可以创建一个窗口，让单位内部的每个人都用该窗口订购必需品或在公共文件夹中发布信息。Outlook 2000 提供可用于发送邮件和排序联系人信息的内置窗口。可使用“新邮件”窗口撰写邮件，使用“新联系人”窗口输入联系人的信息。如果已发送过电子邮件或创建过约会，表明已经使用过该窗口，每个 Outlook 项目都基于窗口。

窗口可以保存为文件（用作模板或在其他程序中使用），也可以保存在窗口库中（供其他人使用）。

(1) 更改默认的预览窗格的显示方式。如果想要改变窗格的显示方式，可按以下步骤实现：

1）单击“工具”菜单中的“选项”。

2）在弹出的对话框中选择“其他”选项卡，如图 10—35 所示。

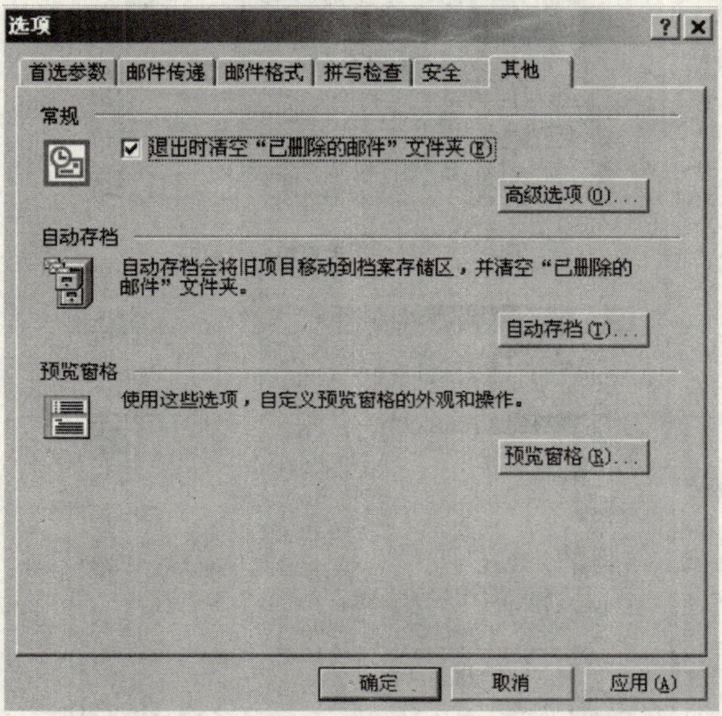

图 10—35　“其他”选项卡

3）在这个选项卡中有一个“预览窗格”的按钮，单击它，出现“预览窗格”对话框，如图 10—36 所示。

4）可以在“预览窗格选项”和“预览标题”中进行相应的设置。

5）最后单击“确定”按钮。

(2) 更改默认的“工具栏”按钮。当我们要改变工具栏的设置时，可以单击“工具”菜单中的“自定义”，在弹出的对话框中我们可以看到 3 个选项卡“工具栏”“命令”和“选项”，如图 10—37 所示。

在“命令”选项卡中可以给工具栏添加或更改按钮。如果想添加按钮，只需将其从“命令”框中拖至某个工具栏即可；在“类别”框中单击另一分类可查看其他命令。

如果想将按钮添至当前尚未显示的工具栏，可单击“工具栏”选项卡，然后选中要显示的工具栏。如果想更改按钮，可单击此按钮，然后单击“更改”选项。

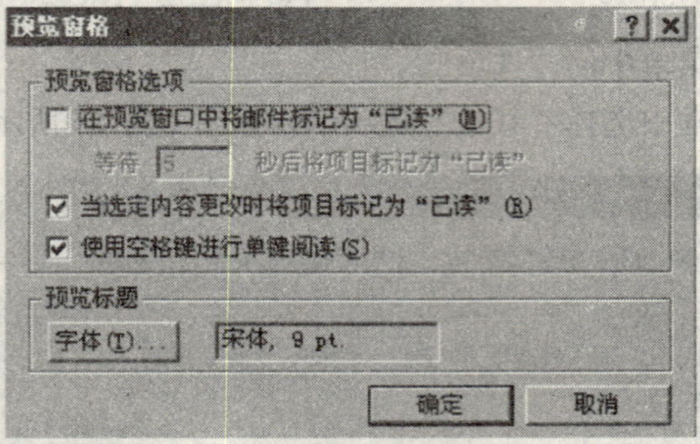

图 10—36 “预览窗格”对话框

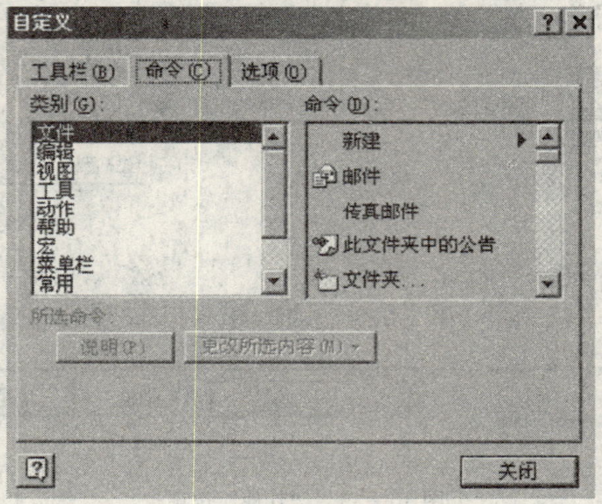

图 10—37 “自定义”对话框

二、Outlook 2000 的基本设置

1. 设置常规功能

可以设置定时收取邮件。如果每天都要收取邮件的话，这种设置会带来很大的方便。

(1) 设置提醒收到新邮件。步骤是：

1) 单击“工具”菜单中的“选项”。

2) 在弹出的选项卡中选择“首选参数”，如图 10—38 所示。

3) 单击“电子邮件选项”按钮，将弹出“电子邮件选项”的对话框，如图 10—39 所示。

4) 选中复选框“新邮件到达时给出通知”，即可启用收发邮件时提醒收到新邮件的功能。

5) 单击“确定”按钮。

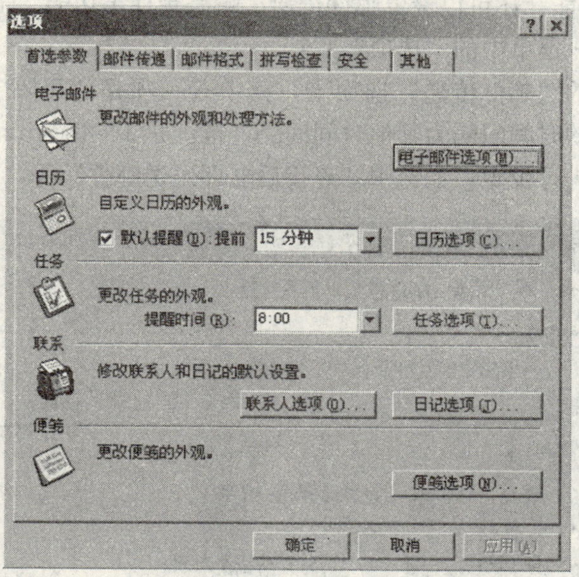

图 10—38 “首选参数”选项卡

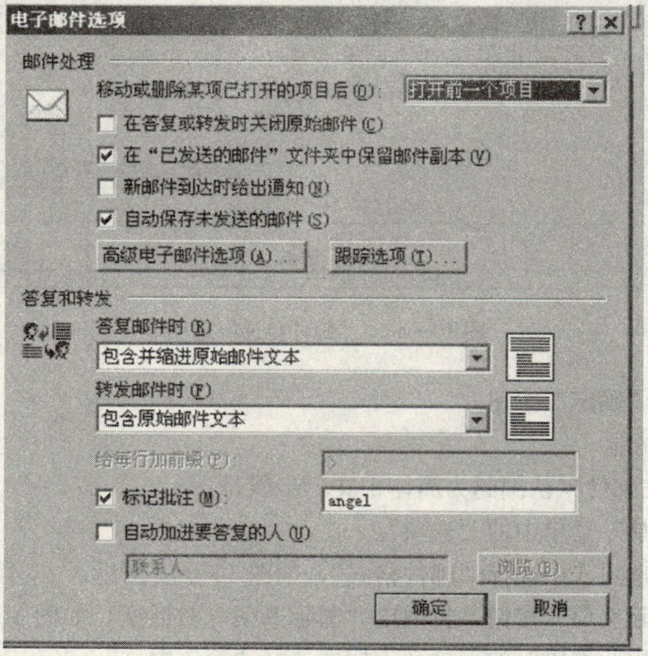

图 10—39 “电子邮件选项”对话框

（2）设置其他功能。还可以设置邮件传递、账号管理等功能。步骤是：

1）单击“工具”菜单中的“选项”。

2）再打开其中的“邮件传递”选项卡，其中有一项是“每隔 10 分钟检查一次新邮件”。可以修改检查的时间间隔为其他时间间隔，范围是 1～480 min。

3）对其他功能进行设置，如选中“连接后立即发送邮件”等，如图 10—40 所示。

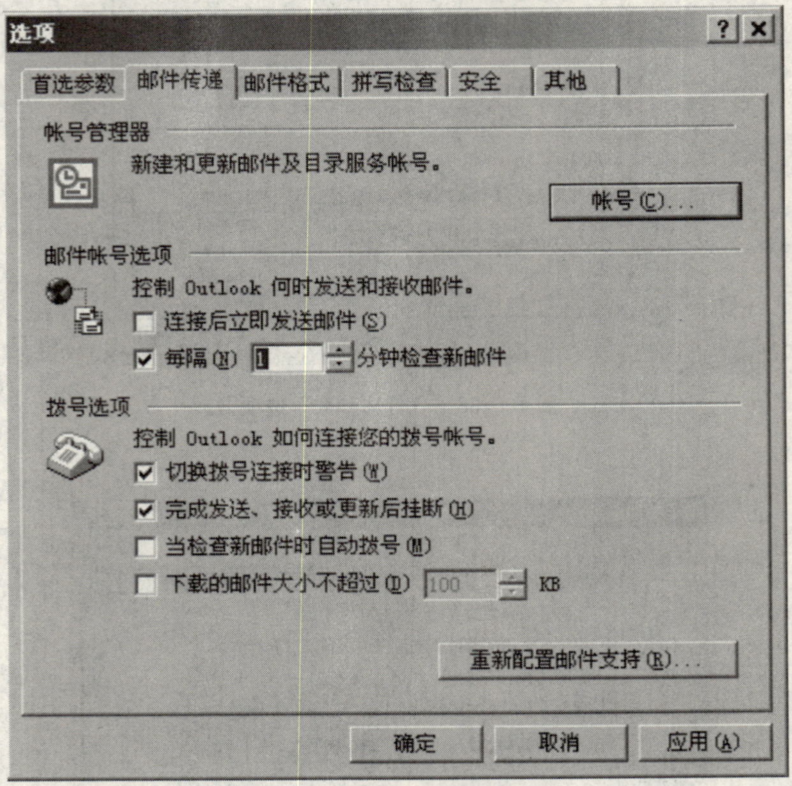

图 10—40 “邮件传递”选项卡

4）然后单击“确定”按钮。

2. 设置发送功能

（1）设置外发邮件默认编码为简体中文。步骤是：

1）单击“工具”菜单中的“选项”。

2）在弹出的选项卡中选择“邮件格式”，如图 10—41 所示。

3）单击“国际选项”按钮，将弹出“国际选项”对话框，如图 10—42 所示，然后在“对于待发邮件使用此编码”的下拉列表框中选择“简体中文”。

4）单击“确定”按钮。

（2）设置回复邮件使用英文标题。步骤是：

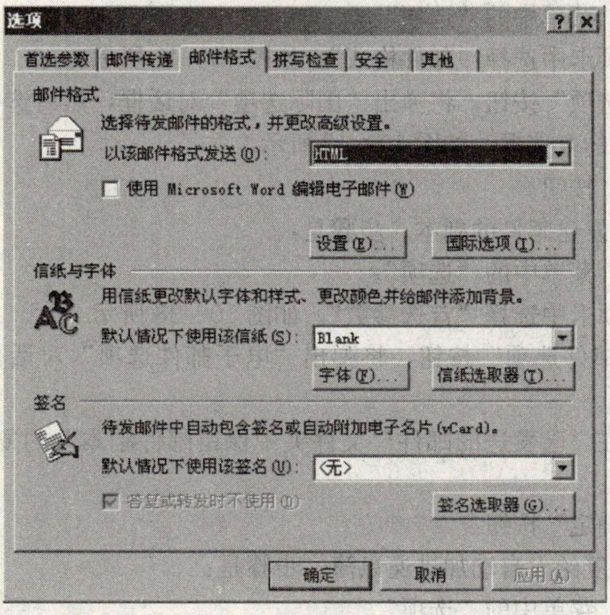

图 10—41　“邮件格式”选项卡

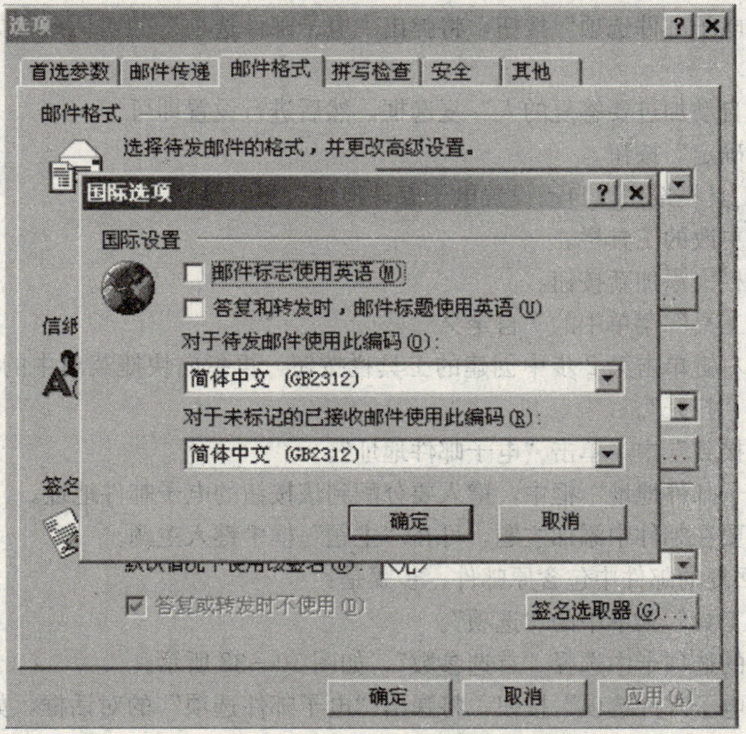

图 10—42　“国际选项”对话框

1）单击“工具”菜单中的“选项”。

2）在弹出的选项卡中选择“邮件格式”，如图 10—41 所示。

3）单击“国际选项”按钮，将弹出“国际选项”对话框，然后选中“答复和转发时，邮件标题使用英语”的复选框，如图 10—42 所示。

4）单击“确定”按钮。

（3）设置保留已发送邮件的副本。步骤是：

1）单击“工具”菜单中的“选项”。

2）在弹出的选项卡中选择“首选参数”，如图 10—38 所示。

3）单击“电子邮件选项”按钮，将弹出“电子邮件选项”对话框，如图 10—39 所示。

4）然后选中“在‘已发送的邮件’文件夹中保留邮件副本”的复选框，即可实现保留已发送邮件的副本。

5）最后单击“确定”按钮。

（4）设置将要答复的人自动加进通讯簿。步骤是：

1）单击“工具”菜单中的“选项”。

2）在弹出的选项卡中选择“首选参数”，如图 10—38 所示。

3）单击“电子邮件选项”按钮，将弹出“电子邮件选项”的对话框，如图 10—39 所示。

4）选中“自动加进要答复的人”复选框，然后进行设置即可。

5）单击“确定”按钮。

（5）创建工具栏按钮以自动设置电子邮件地址。步骤是：

1）显示要更改的工具栏。

2）在工具栏上添加新按钮。

3）单击“工具”菜单中的“自定义”。

4）用鼠标右键单击第 2 步中创建的工具栏按钮，再指向快捷菜单中的“分配超级链接”，然后单击“打开”。

5）在“链接到”中，单击“电子邮件地址”。

6）在“电子邮件地址”框中，键入要分配到该按钮的电子邮件地址。

7）如果需要在邮件中添加主题，可在“主题”框中键入主题。

（6）设置回复的邮件中包含原邮件。步骤是：

1）单击“工具”菜单中的“选项”。

2）在弹出的选项卡中选择“首选参数”，如图 10—38 所示。

3）单击“电子邮件选项”按钮，将弹出“电子邮件选项”的对话框，如图 10—39 所示。

4）在“答复邮件时”下面的下拉列表框中选择“包含原始邮件文本”，则可以实现回复的邮件中，包含原邮件。

5）最后单击“确定”按钮。

3. 设置拼写检查功能

（1）设置 Outlook 2000 的拼写检查选项。要自定义 Outlook 2000 的拼写检查工具，可以设置拼写检查选项。例如，可以让拼写检查工具忽略大写字母、包含数字的单词和在回复或转发时忽略原件中的正文等内容，可根据需要选择，最后单击“确定”按钮，如图 10—43 所示。

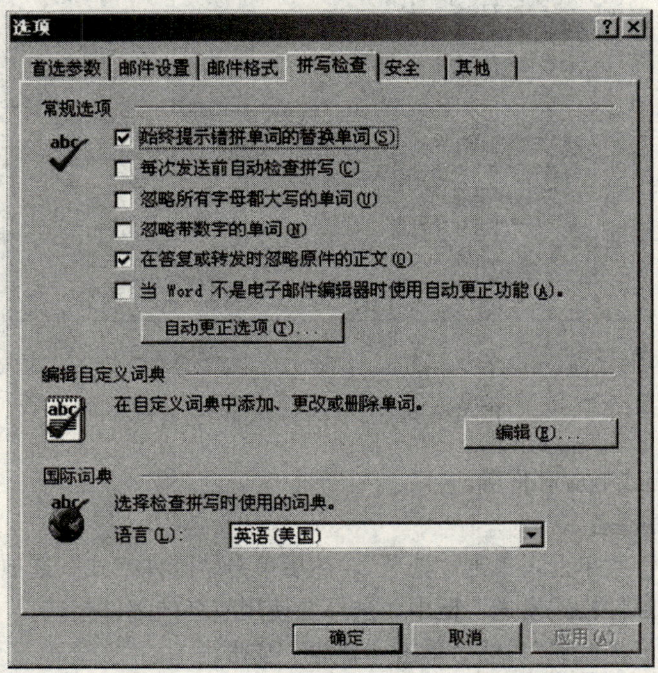

图 10—43 设置“拼写检查”选项

（2）使用 Micnosoft Word 检查拼写和语法错误。如果在“邮件格式”选项中选中了“使用 Microsoft Word 编辑电子邮件”，那么可以使用 Microsoft Word 的拼写和语法检查功能。默认情况下，Microsoft Word 同时检查拼写和语法错误。如果只想检查拼写错误，单击 Word“工具”菜单中的“选项”命令，然后单击“拼写和语法”选项卡，清除“随拼写检查语法”复选框，如图 10—44 所示，在这个选项卡中还有其他的复选框，可根据需要选择，再单击“确定”按钮。

4. 设置签名功能

在书写信件时，人们总是在最后写上自己的名字，或者是自己喜爱的一句格言。在 Outlook 2000 中可以通过建立自己的“签名”，使发送的每封信自动的加上该签名。例如，可以创建包含姓名、职务和电话号码的签名，也可以用签名添加固定内容的段落，指明希

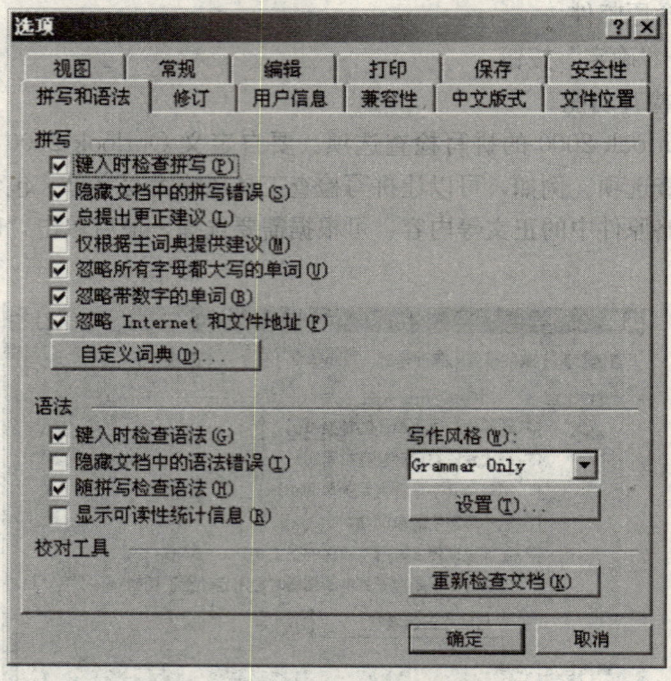

图 10—44　“拼写和语法”选项卡

望其他人以何种方式响应邮件等。

（1）创建邮件签名

1）在“工具”菜单上，单击“选项”，然后单击“邮件格式”选项卡。

2）在“以该邮件格式发送”框中，选择要使用签名的邮件格式。

3）单击“签名选取器”，然后单击“新建”按钮。

4）在“输入新签名的名称”框中输入名称，如图 10—45 所示。

5）在“选择创建签名的方法”下，选择是创建新的签名还是使用现有的签名或文件作为模板。

6）若要选择作为签名模板的文件，则单击“用该文件做模板”并在框中键入路径和文件名，或单击“浏览”从列表中选择。

7）单击“下一步”。

8）在“签名文本”框中，键入要在签名中包含的文本，也可以把来自其他文档的文本粘贴到“签名文本”框中。

9）要更改段落或字体格式，请选定此文本，单击“字体”或“段落”，然后选择所需选项。如果邮件格式为纯文本，则有些选项可能无效。

注意：如果要更改邮件的背景或字体，应使用信纸。可以在 Outlook 2000 中新建信纸。如果用 Microsoft Word 作为电子邮件编辑器，可以在 Word 中创建签名。

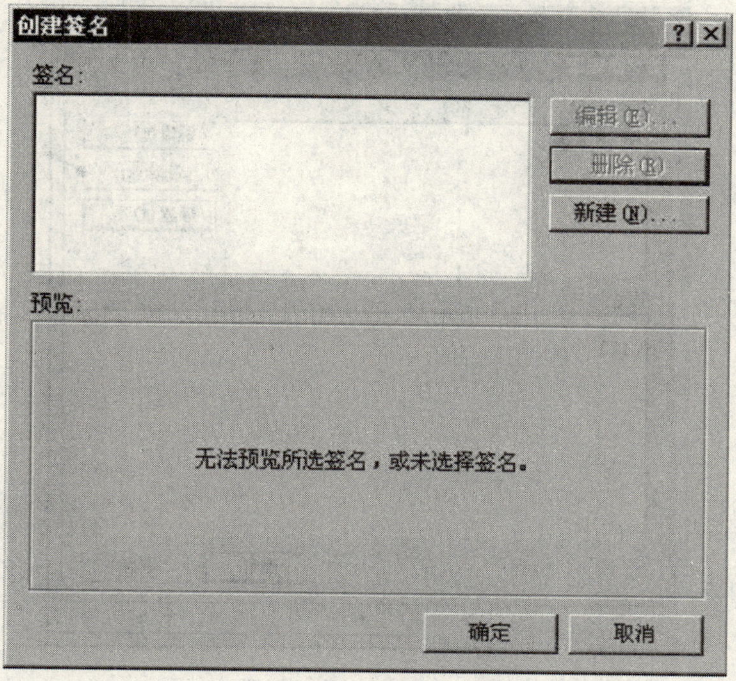

图 10—45 选择“选项”对话框

(2) 更改邮件签名

1) 打开“工具”菜单，选择“选项”。屏幕上会出现一个设置邮件的窗口，单击其中的“邮件格式”的选项卡，如图 10—41 所示。

2) 按下“签名选取器”按钮，屏幕上出现一个“签名选取器”对话框，如图 10—46 所示。

注意：签名的方式有两种，一种是“文本”形式，一种是“网页”形式。如果仅使用文本签名的话，只需要在“文字”栏中输入签名。出于 E-mail 的礼仪和对方阅读方便的考虑，文字签名最好不要超过四行。如果想把签名制作得很精美，可以使用“网页”形式，不过制作的网页包括其中的图片最好不要超过 30 KB，需要注意的是网页中的图片链接的路径要书写完整，不要写成相对路径，同样网页签名不要占用太大的幅面。

3) 可以根据自己的需要新建签名，最后单击“确定”按钮。

5. 设置维护功能

可设置开始或停止自动清空“已删除的邮件”文件夹，其步骤是：

(1) 在“工具”菜单上，单击“选项”，然后单击“其他”选项卡。

(2) 选中或清除“退出时清空‘已删除的邮件’文件夹”复选框，如图 10—47 所示。

(3) 单击“确定”按钮。

注意：如果想在清空“已删除的邮件”文件夹之前得到通知，则可单击图 10—47 中

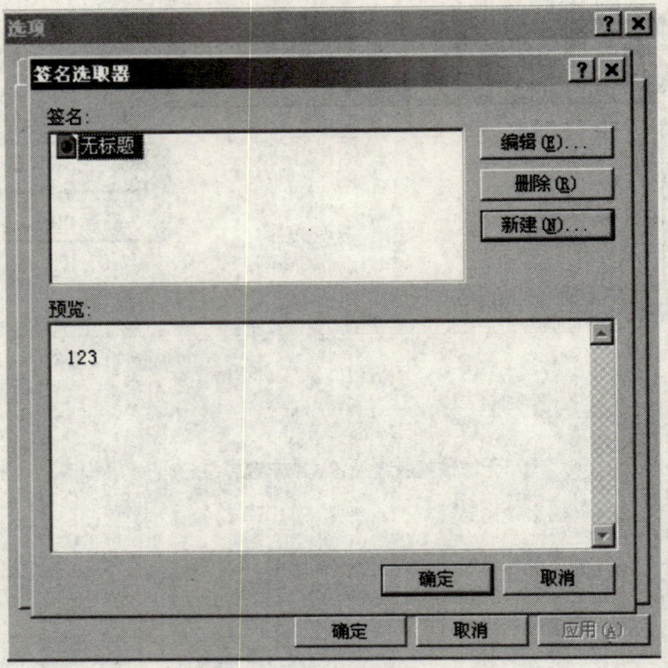

图 10—46　签名选取器

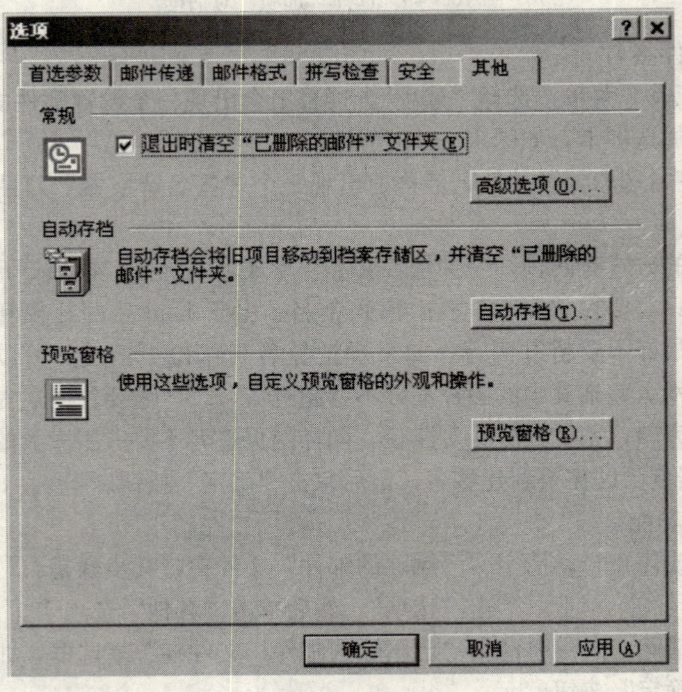

图 10—47　选中或清除“退出时清空‘已删除的邮件’文件夹”复选框

的“高级选项”按钮，然后选中“在永久删除项目前提出警告”复选框。

6. 设置阅读功能

（1）标记。可对邮件或联系人作标记，既可提醒自己跟踪某一问题，也可为其他人标明带请求的待发邮件，还可以针对邮件或联系人设置提醒内容。收件人接收到带标记的邮件后，邮件顶部会出现关于该标记含义的注释。如果设置提醒内容，也会出现该日期。将邮件或联系人标记为待后续内容的步骤是：

1）选中要标记的邮件或联系人。

2）在“动作”菜单上，单击“后续标志”。

3）在“标志”框中，单击所需的标记或键入个人标记。

4）在“到期时间”框中输入日期。

（2）设置阅读邮件的字体

1）更改用于阅读邮件的字符集。步骤是：

①打开要阅读的邮件。

②在“视图”菜单上，指向“编码”，然后单击要使用的字符集，如图 10—48 所示。

③在随即出现的对话框中，单击“是”。

标题中包含待替换字符集的所有邮件都将以所选的语言出现。

注意：答复邮件的发件人时，答复内容将使用与原邮件相同的字符集。如果在答复时更改字符集，除非以 HTML 格式发送邮件且对方的接收程序可读取 HTML 格式的邮件，否则原邮件中的字符可能显示有误。

2）更改用于阅读国际邮件的字体。此字体用于发件人未设置格式的纯文本邮件以及 HTML 邮件。步骤是：

①在“工具”菜单上，单击“选项”，然后单击“邮件格式”选项卡。

②单击“字体”按钮，弹出对话框，如图 10—49 所示。

③单击“撰写和阅读纯文本邮件时”框旁边的“选择字体”按钮。出现设定字体的对话框（见图 10—50），在其中选择所需字体、字号、字符集的相关内容。

④然后单击“确定”。

7. 设置撰写功能

Outlook 2000 在撰写邮件时可以设置字体、字号以及信纸类型，通过以下步骤来实现：

（1）设置字体、字号。步骤是：

1）单击“工具”菜单中的“选项”。

2）在弹出的选项卡中选择“邮件格式”，如图 10—41 所示。

3）单击“信纸与字体”下面的“字体”按钮，将弹出“字体”对话框，如图 10—49 所示，然后再单击相应的“选择字体”按钮，就可以设置在撰写或回复和转发邮件时使用自己喜欢的字体和字号了。

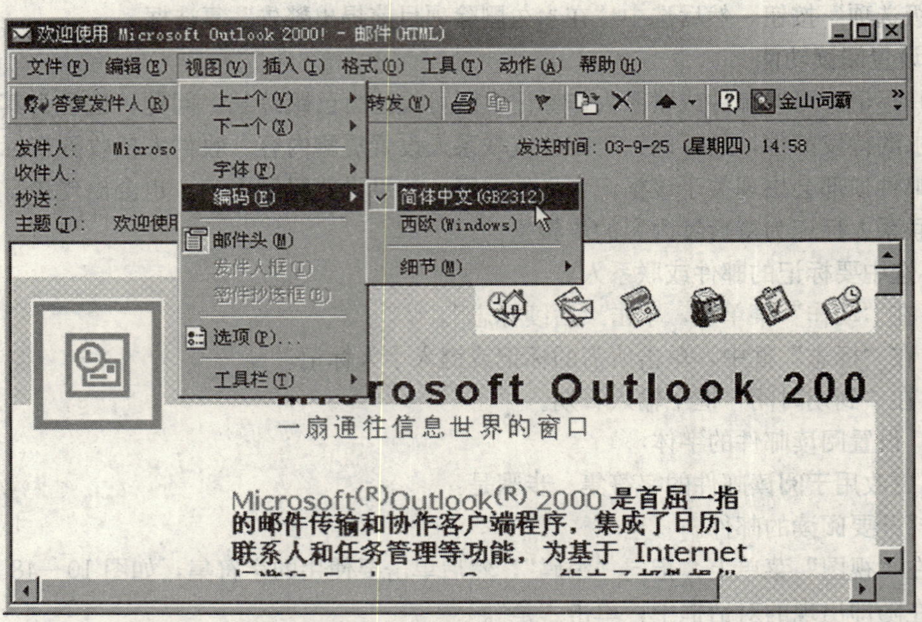

图 10—48　更改字符集

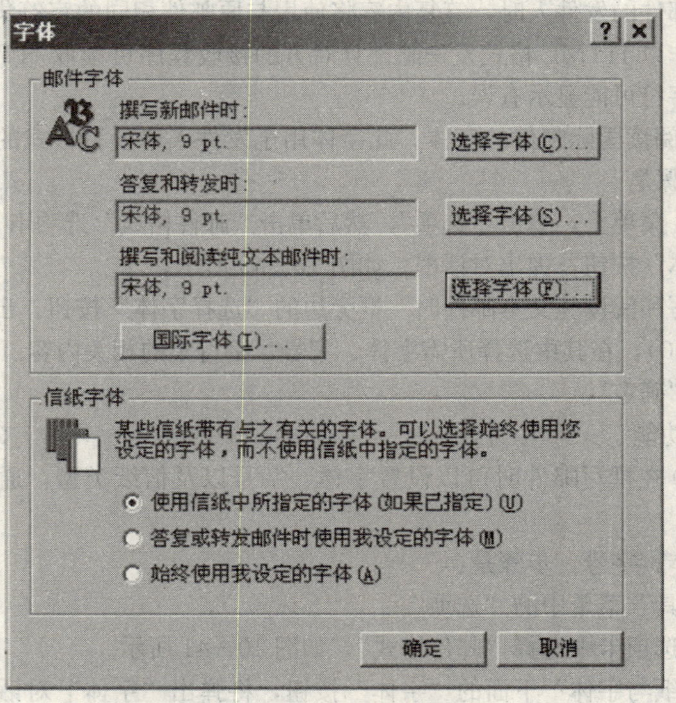

图 10—49　设置邮件字体

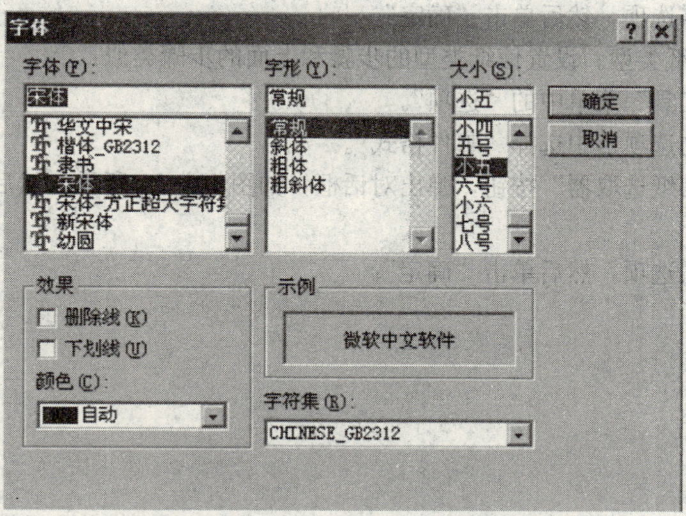

图 10—50　选择字体

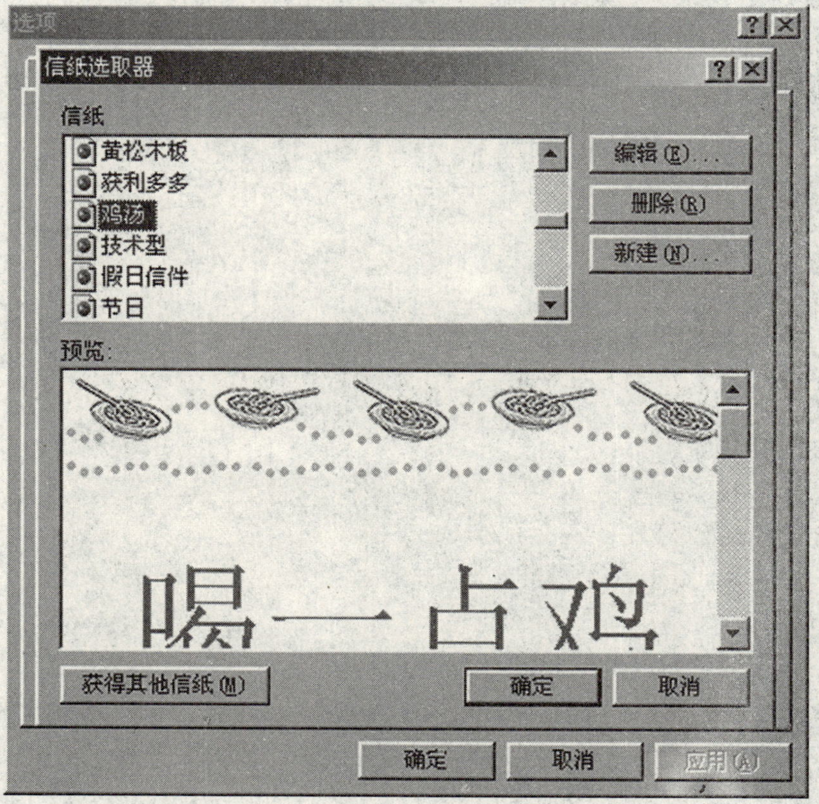

图 10—51　信纸选取器

4）选择所需选项，然后单击“确定”。

(2) 设置信纸类型。设置信纸类型的步骤和上面的步骤类似：

1）单击“工具”菜单中的“选项”。

2）在弹出的选项卡中选择“邮件格式”。

3）单击“信纸选取器”按钮，弹出对话框，如图 10—51 所示。然后就可以选择各种各样的信纸了。

4）选择所需选项，然后单击“确定”。

第十一单元　工 具 软 件

第一节　WinRAR的使用

一、WinRAR 的功能与特点

WinRAR 是 32 位 Windows 版本的 RAR 压缩文件管理器——一个创建、管理和控制压缩文件的强大工具。除了支持本身的 RAR 格式的文件外，内置程序可以解开 ZIP，CAB，ARJ，LZH，ACE，TAR，GZip，UUE，JAR，BZ2 等多种类型的压缩文件。具有估计压缩功能（用户可以在压缩文件之前得到用 ZIP 和 RAR 两种压缩工具的大概压缩率），并且压缩率高、压缩速度快，还提供了创建自解压文件、分卷压缩等功能。

二、WinRAR 的安装和启动

目前 WinRAR 的最新版本为 3. 20，可从 WinRAR 的“中国内地简体中文版联络站”下载，网址为 http://www. winrar. com. cn。下载的软件是试用版，可试用 40 天。

1. 安装

下载的安装文件名为 wrar320sc. exe，假定存放在 C 盘的根文件夹中。具体安装步骤如下：

（1）打开资源管理器，将 C 盘的根文件夹作为当前文件夹。

（2）双击文件 wrar320sc. exe。

（3）在出现的启动窗口中（见图 11—1），单击“浏览…”按钮，在出现的对话框中选择安装目标文件夹；如果安装目标文件夹为默认的 C:\Program Files\WinRAR，则可跳过这一步。

（4）单击“安装”按钮。

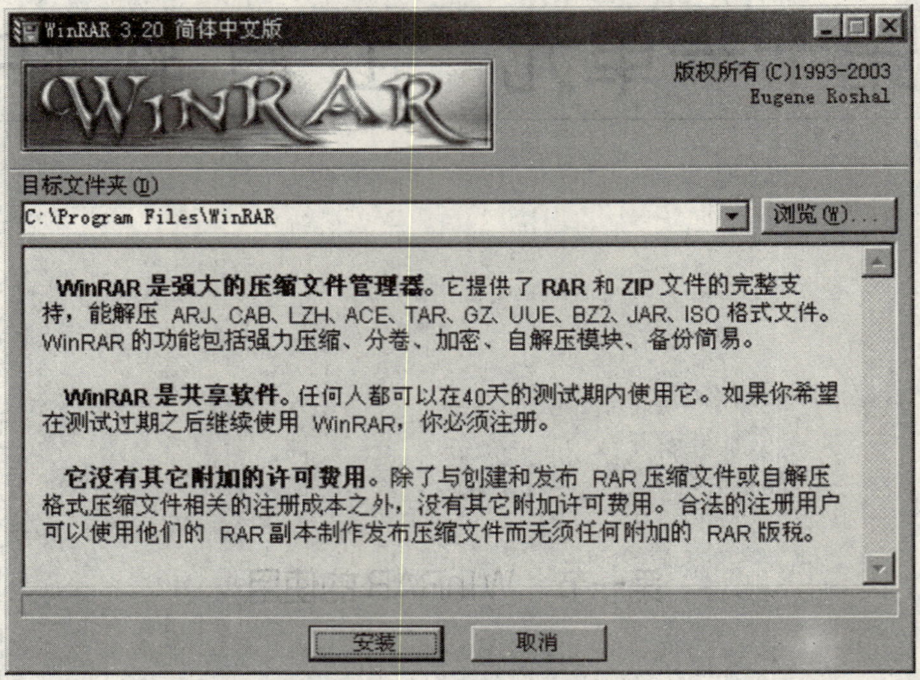
WinRAR 3.20 简体中文版
WinRAR
版权所有(C)1993-2003
Eugene Roshal
目标文件夹(D)
C:\Program Files\WinRAR
浏览(W)...
WinRAR 是强大的压缩文件管理器。它提供了 RAR 和 ZIP 文件的完整支持，能解压 ARJ、CAB、LZH、ACE、TAR、GZ、UUE、BZ2、JAR、ISO 格式文件。WinRAR 的功能包括强力压缩、分卷、加密、自解压模块、备份简易。
WinRAR 是共享软件。任何人都可以在40天的测试期内使用它。如果你希望在测试过期之后继续使用 WinRAR，你必须注册。
它没有其它附加的许可费用。除了与创建和发布 RAR 压缩文件或自解压格式压缩文件相关的注册成本之外，没有其它附加许可费用。合法的注册用户可以使用他们的 RAR 副本制作发布压缩文件而无须任何附加的 RAR 版税。
安装
取消

图 11—1　安装启动窗口

（5）在一系列文件的解压后，出现设置对话框，如图 11—2 所示，安装程序会询问有关参数的设置，通常可单击“确定”按钮，按默认的方式进行。

（6）在参数设置完毕后，出现安装完成对话框，如图 11—3 所示，单击“完成”按钮。

2. 启动

当 WinRAR 安装完毕，按默认方式，会在桌面上出现一个 WinRAR 的快捷方式，同时也会在开始菜单中出现一个 WinRAR 程序组。双击桌面上的 WinRAR 快捷方式或单击开始菜单中 WinRAR 程序组中的 WinRAR 选项都能启动 WinRAR。

WinRAR 启动后，出现它的主界面窗口，如图 11—4 所示。

三、建立新的压缩文件

所谓压缩文件是以一种更紧凑的方式将数据存入于磁盘，它一般比原文件的长度减少些，至于减少多少取决于原文件的类型和压缩的算法。一般情况下，文本文件可压缩到原来的一半。在 WinRAR 中压缩文件有两个含义：既可以是仅仅一个文件压缩后的结果，也可以是若干个文件压缩后的结果，这个文件其实相当于容器，有时被称为压缩包。当然，用户可以把前者看成是后者的特例，即这个压缩包仅包含一个压缩文件。这里“建立新的压缩文件”，其实就是建立仅包含一个压缩文件的压缩包。

建立新的压缩文件的步骤如下：

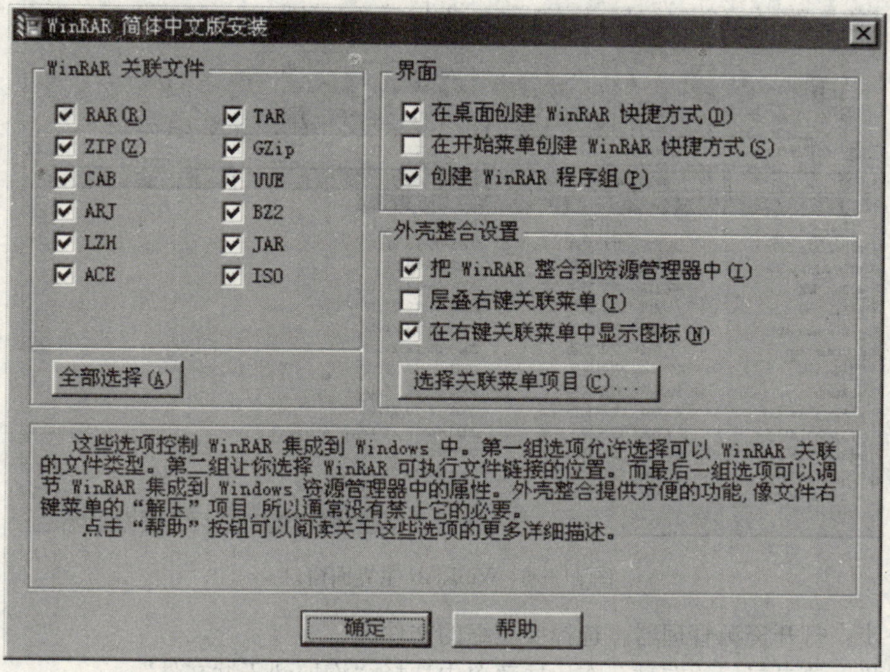
WinRAR 简体中文版安装
WinRAR 关联文件
RAR(R)
TAR
ZIP(Z)
GZip
CAB
UUE
ARJ
BZ2
LZH
JAR
ACE
ISO
全部选择(A)
界面
在桌面创建 WinRAR 快捷方式(D)
在开始菜单创建 WinRAR 快捷方式(S)
创建 WinRAR 程序组(P)
外壳整合设置
把 WinRAR 整合到资源管理器中(I)
层叠右键关联菜单(T)
在右键关联菜单中显示图标(N)
选择关联菜单项目(C)...
这些选项控制 WinRAR 集成到 Windows 中。第一组选项允许选择可以 WinRAR 关联的文件类型。第二组让你选择 WinRAR 可执行文件链接的位置。而最后一组选项可以调节 WinRAR 集成到 Windows 资源管理器中的属性。外壳整合提供方便的功能，像文件右键菜单的“解压”项目，所以通常没有禁止它的必要。
点击“帮助”按钮可以阅读关于这些选项的更多详细描述。
确定
帮助

图 11—2 设置对话框

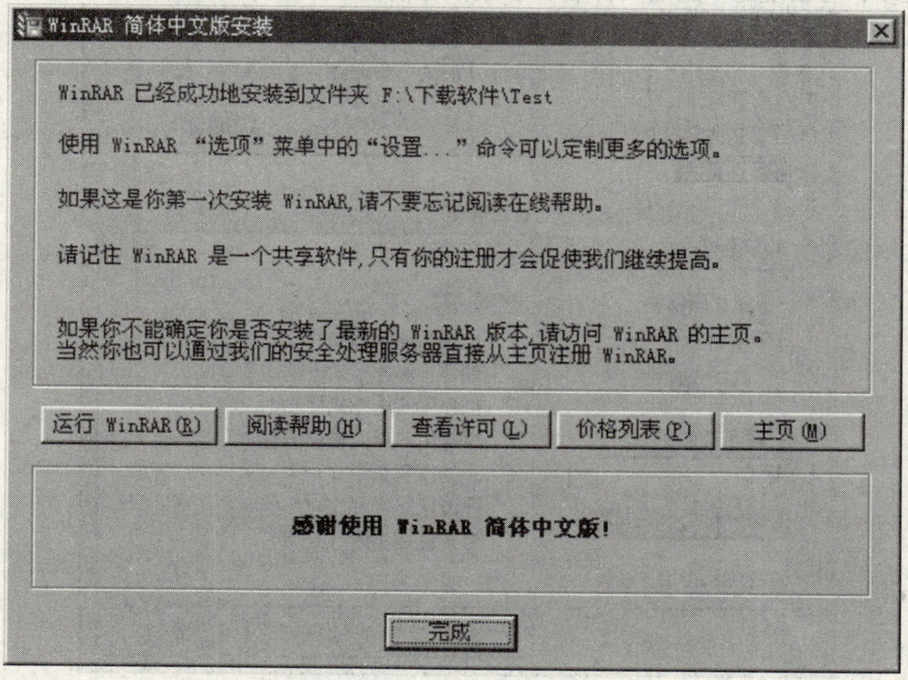
WinRAR 简体中文版安装
WinRAR 已经成功地安装到文件夹 F:\下载软件\Test
使用 WinRAR “选项”菜单中的“设置...”命令可以定制更多的选项。
如果这是你第一次安装 WinRAR，请不要忘记阅读在线帮助。
请记住 WinRAR 是一个共享软件，只有你的注册才会促使我们继续提高。
如果你不能确定你是否安装了最新的 WinRAR 版本，请访问 WinRAR 的主页。
当然你也可以通过我们的安全处理服务器直接从主页注册 WinRAR。
运行 WinRAR(R)
阅读帮助(H)
查看许可(L)
价格列表(P)
主页(M)
感谢使用 WinRAR 简体中文版！
完成

图 11—3 安装完成对话框

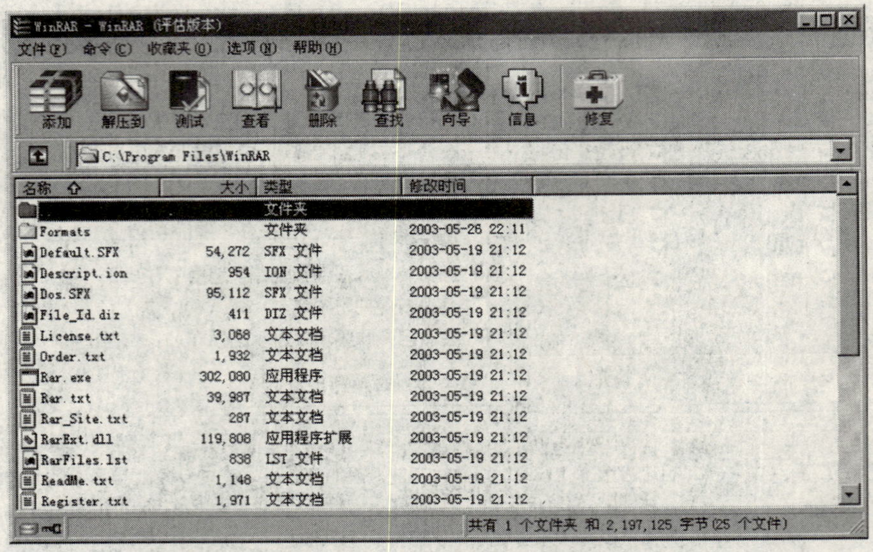

图 11—4　WinRAR 主界面窗口

第一步：打开资源管理器，选择要压缩的文件。

第二步：单击鼠标的右键，在快捷菜单中选择“添加到压缩文件”。

第三步：在出现的“压缩文件名和参数”对话框中（见图 11—5），输入“压缩文件

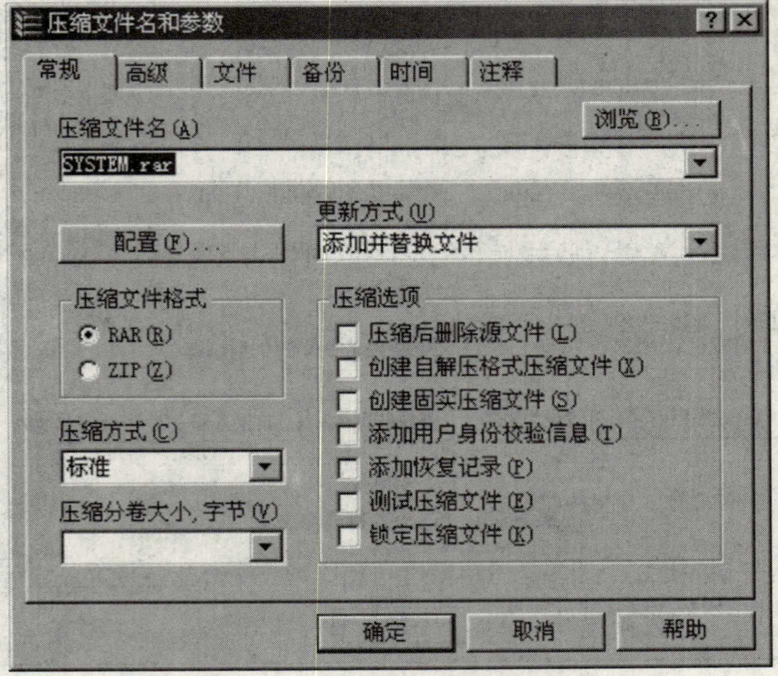

图 11—5　“压缩文件名和参数”对话框

名”，如果不是存放在当前文件夹下，则单击“浏览”按钮，选择存放压缩文件的文件夹。

第四步：如果需要按 ZIP 文件格式压缩，则选中“压缩文件格式”框中 ZIP，这样也可用 WinZip 工具软件进行解压缩。

第五步：如果需要设置密码，选择“高级”选项卡，单击“设置密码”按钮，如图 11—6 所示。

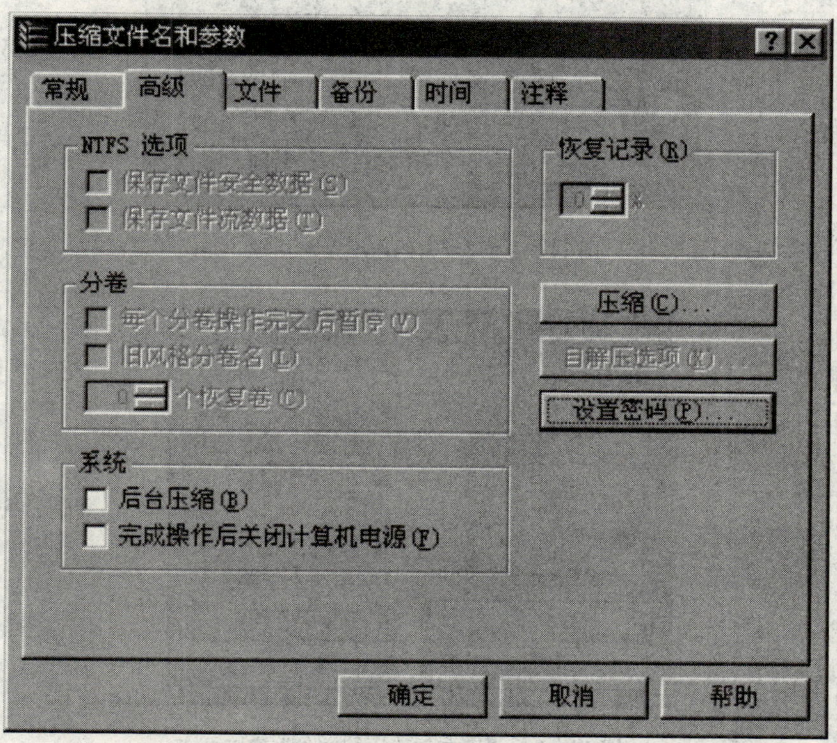

图 11—6 “压缩文件名和参数”对话框的“高级”选项卡

第六步：在出现的“带密码压缩”对话框中，输入密码，单击“确定”按钮，如图 11—7 所示。

第七步：单击“确定”按钮，出现“正在创建压缩文件”窗口，同时显示压缩的进度，如图 11—8 所示。

四、在压缩文件中添加或删除文件

这里的“压缩文件”实际是指“压缩包”，包含多个压缩文件，为叙述方便，下面就以“压缩包”称呼。

1. 在压缩包中添加文件

在压缩包中添加文件的操作步骤如下：

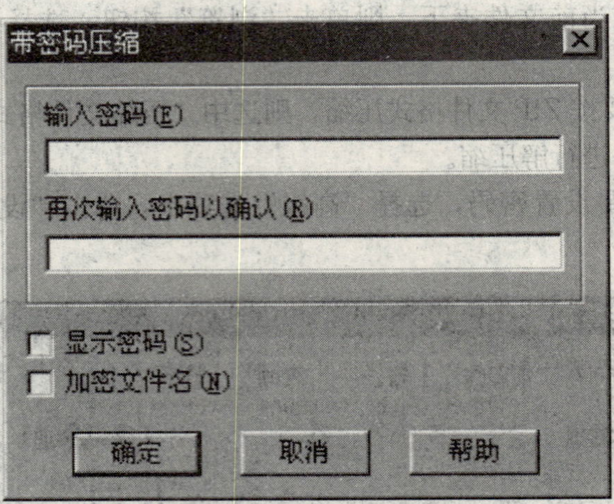

图 11—7　“带密码压缩”对话框

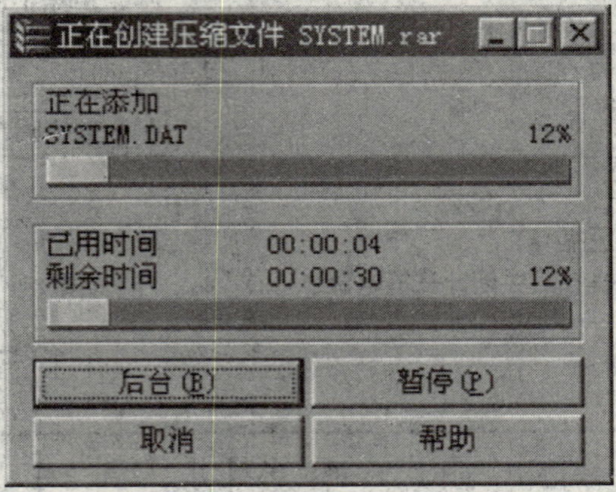

图 11—8　“正在创建压缩文件”窗口

第一步：打开资源管理器，选择要压缩的文件。

第二步：单击鼠标的右键，在快捷菜单中选择“添加到压缩文件”。

第三步：在出现的“压缩文件名和参数”对话框中（见图 11—5），单击“压缩文件名”下组合框右边的箭头，打开列表框，在其中选择压缩包。

第四步：如果需要设置密码，选择“高级”选项卡，单击“设置密码”按钮，如图 11—6 所示。

第五步：在出现的“带密码压缩”对话框中，输入密码，单击“确定”按钮，如图 11—7 所示。

第六步：单击“确定”按钮，出现“正在创建压缩文件”窗口（见图 11—8），同时显示压缩的进度。

如果准备压缩的文件和压缩包在同一文件夹下，则还有一个更简便的方法，那就是选中所有要准备压缩的文件，用鼠标将它们拖曳到压缩包中即可。

2. 在压缩包中删除文件

在压缩包中删除文件的操作步骤如下：

第一步：打开资源管理器，鼠标双击包含准备删除的压缩文件的压缩包。

第二步：在出现的 WinRAR 主界面窗口中，选择需要删除的压缩文件，单击工具栏上的“删除”按钮。

第三步：关闭 WinRAR 主界面窗口。

需要注意的是：如果压缩包的最后一个压缩文件被删除的话，该压缩包也将被删除。

五、解压缩文件

所谓解压缩文件就是将以紧凑格式存放的数据还原成原来的格式，以便正常使用。换言之，在未解压缩之前，该文件不能使用。

解压缩文件的操作步骤如下：

第一步：打开包含需要解压缩文件的压缩包。

第二步：在出现的 WinRAR 主界面窗口中，选择需要解压缩的文件（如果不选择任何文件，相当于选择所有文件），单击工具栏中的“解压缩到”按钮。

第三步：在出现的“解压缩路径和选项”对话框中指定解压缩后的路径，单击“确定”按钮。

第四步：如果在压缩时曾设置过密码的话，会出现“输入密码”对话框，输入正确的密码，单击“确定”按钮。

第五步：WinRAR 实施解压文件。

六、创建自解压文件

WinRAR 还提供了创建自解压文件的功能。创建了自解压文件后，即便其他计算机上没有安装 WinRAR，也可以将该文件解压。

1. 创建自解压文件

创建自解压文件的操作步骤如下：

第一步：打开资源管理器，选择要压缩的文件。

第二步：单击鼠标的右键，在快捷菜单中选择“添加到压缩文件”。

第三步：在出现的“压缩文件名和参数”对话框中（见图 11—5），选中“压缩选项”框中的“创建自解压格式压缩文件”，并输入“压缩文件名”，如果不是存放在当前文件夹下，则单击“浏览”按钮，选择存放压缩文件的路径（注意，此时文件的扩展名为 .exe）。

第四步：如果需要设置密码，选择“高级”选项卡，单击“设置密码”按钮，如图 11—6 所示。

第五步：在出现的“带密码压缩”对话框中，输入密码，单击“确定”按钮，如图

11—7 所示。

第六步：单击“确定”按钮，出现“正在创建压缩文件”窗口（见图 11—8），同步显示压缩的进度。

2. 自解压文件的解压

自解压文件的解压极其简单，只要用鼠标双击该文件，在出现的“WinRAR 自解压文件”对话框（见图 11—9）中，选择目标路径，单击“安装”按钮即可。

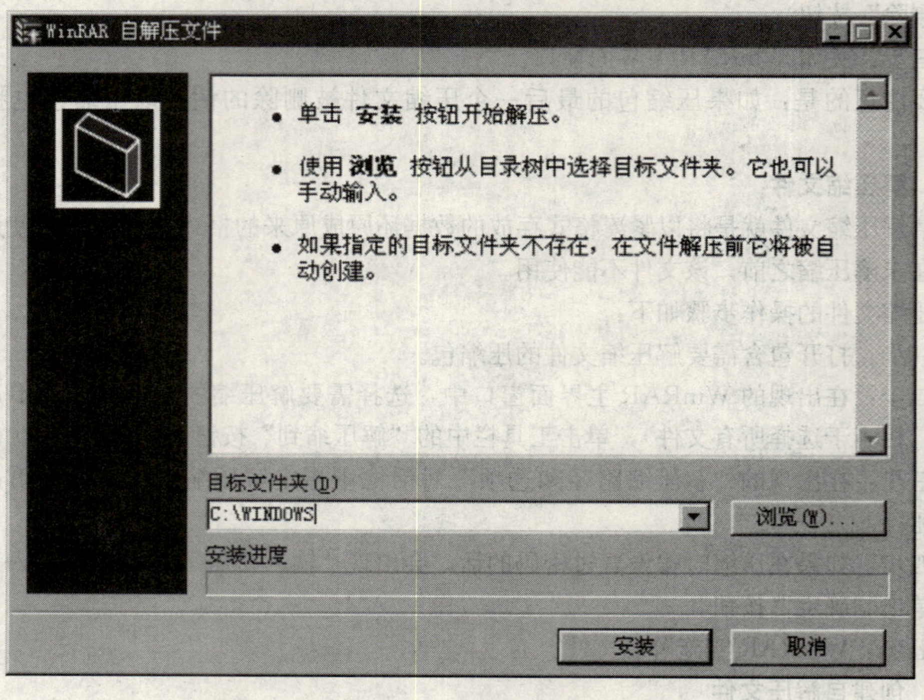
WinRAR 自解压文件
单击 安装 按钮开始解压。
使用 浏览 按钮从目录树中选择目标文件夹。它也可以手动输入。
如果指定的目标文件夹不存在，在文件解压前它将被自动创建。
目标文件夹(D)
C:\WINDOWS
浏览(W)...
安装进度
安装
取消

图 11—9 “WinRAR 自解压文件”对话框

第二节 CleanPC 的使用

一、CleanPC 概述

CleanPC 是帮助用户清理计算机硬盘内不必要的文件的程序。它能扫描系统，让用户选择不再需要的文件进行删除，并能备份文件以避免误删除有用的文件。此备份功能可以将不必要的文件扔进回收站，这样，在必要的时候可以恢复文件。

二、CleanPC 的基本操作

1. 安装和启动

CleanPC 软件可从相关网站下载，网址为 http://www.firase.com。下载得到的是安装程序，执行该程序就会自动进行安装。

安装完毕，在"开始"菜单中建立了一个"CleanPC"的程序组，其中包括"CleanPC""卸载 CleanPC""关于汉化版"三个程序项。单击"CleanPC"程序项即可启动。启动后出现如图 11—10 所示的主界面。

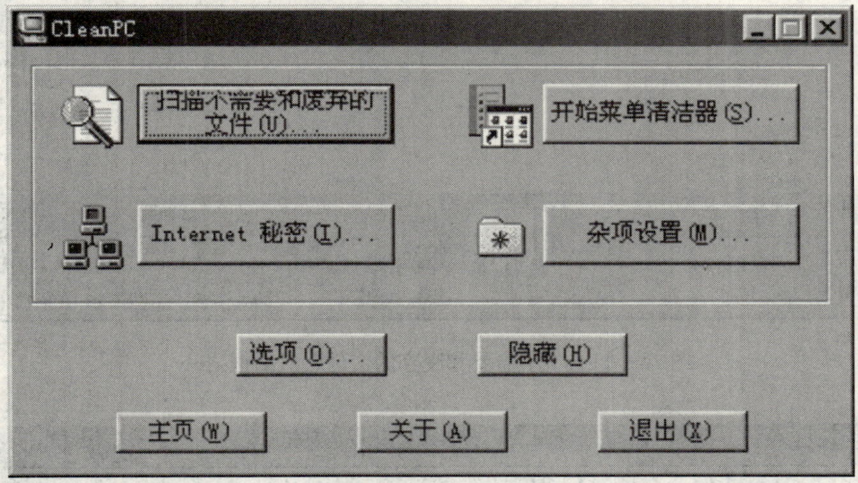

图 11—10　CleanPC 的主界面

2. 扫描不需要和废弃的文件

在 CleanPC 的主界面上，单击"扫描不需要和废弃的文件"按钮，可以扫描计算机上所有不再需要的文件，如临时文件（*.tmp)、备份文件（*.bak）等，可以根据具体情况选择其中全部或部分进行删除，以便充分利用硬盘的存储空间。

当单击"扫描不需要和废弃的文件"按钮后，出现如图 11—11 所示的对话框，单击"扫描"按钮即开始扫描。扫描结束后，在文件列表区内显示所有不需要的文件，如图 11—12 所示。可以根据情况选择其中部分文件或全部文件（按"全选"按钮），按"删除"按钮将其删除。操作完毕，按"关闭"按钮返回主界面。

3. 开始菜单清洁器

在 CleanPC 的主界面上，单击"开始菜单清洁器"按钮，可以扫描"开始菜单"（StartUp 文件夹）下所有无用的链接文件（*.lnk）等，可以根据具体情况选择其中全部或部分进行删除，以充分利用硬盘的存储空间。

当单击"开始菜单清洁器"按钮后，出现如图 11—13 所示对话框，单击"扫描"按钮即开始扫描。扫描结束后，在文件列表区内显示所有不需要的文件，如图 11—14 所示。可以根据情况选择其中部分文件或全部文件（按"全选"按钮），按"删除"按钮将其删除。操作完毕，按"关闭"按钮返回主界面。

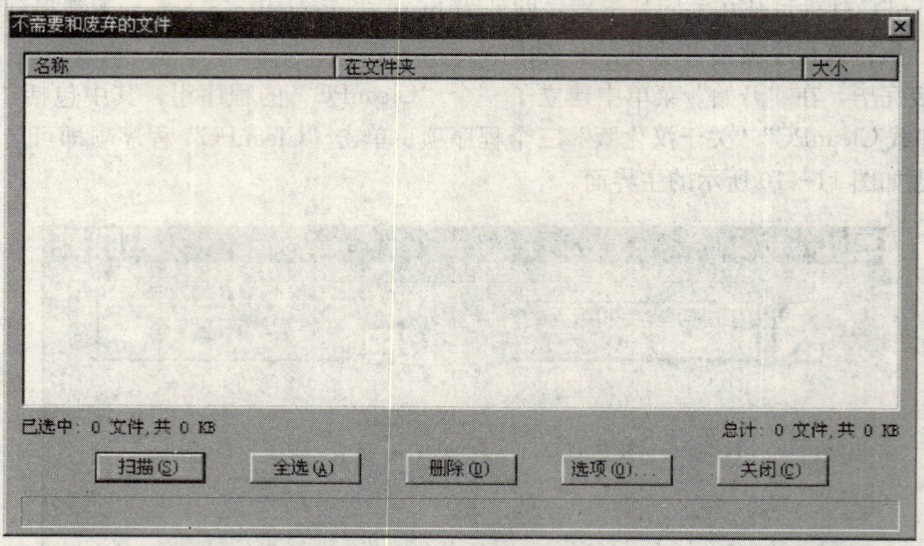

图 11—11 “不需要和废弃的文件”对话框之一

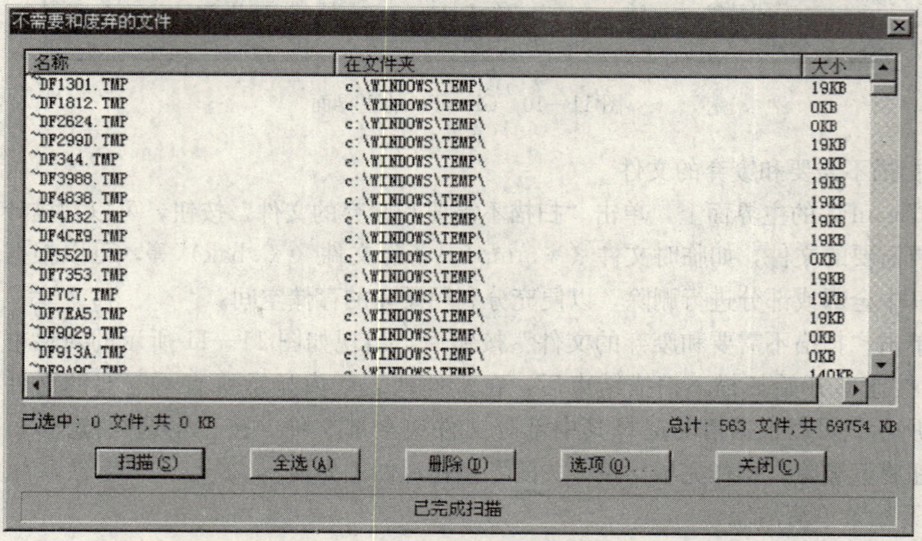

图 11—12 “不需要和废弃的文件”对话框之二

4. Internet 秘密

在 CleanPC 的主界面上，单击“Internet 秘密”按钮，可以扫描上网浏览时，在硬盘中保存的一些临时文件。单击“Internet 秘密”按钮后，弹出“Internet 秘密”对话框，如图 11—15 所示。该对话框中包括 Microsoft Internet Explorer 和 Netscape Navigator 两种浏览器的设置，这里仅介绍 Microsoft Internet Explorer 的设置。

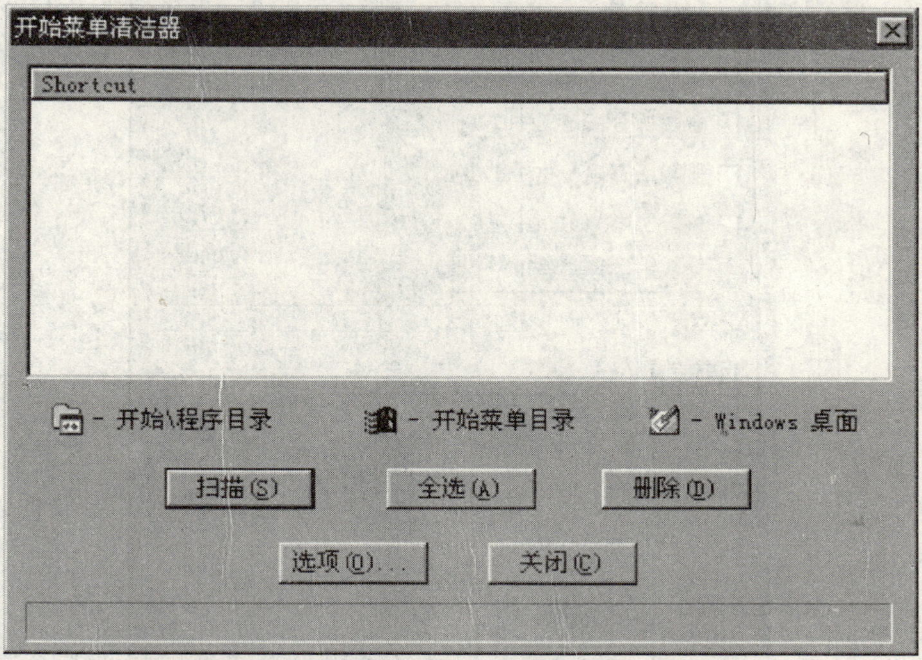

图 11—13 “开始菜单清洁器”对话框之一

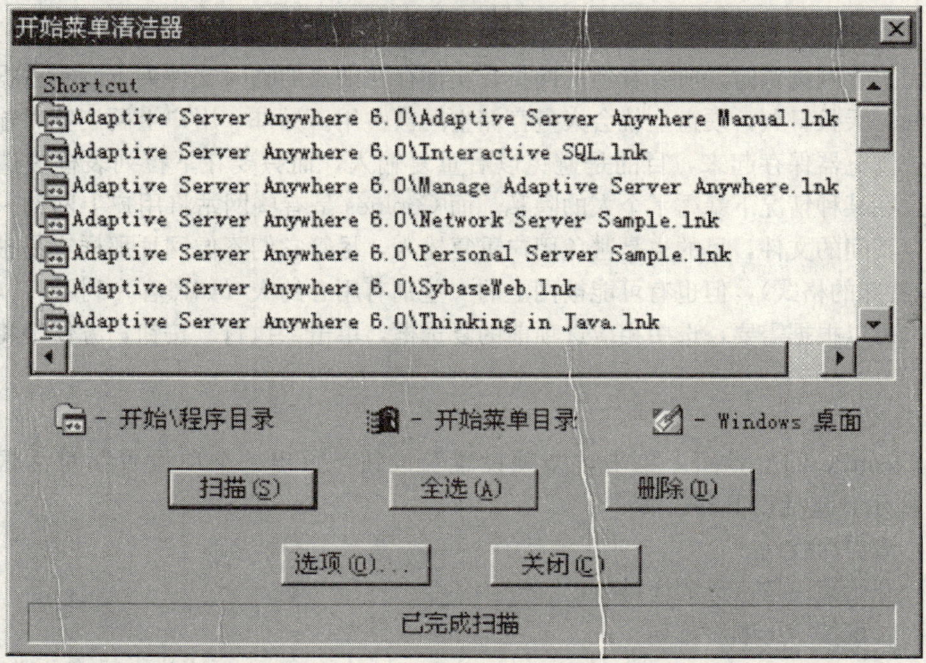

图 11—14 “开始菜单清洁器”对话框之二

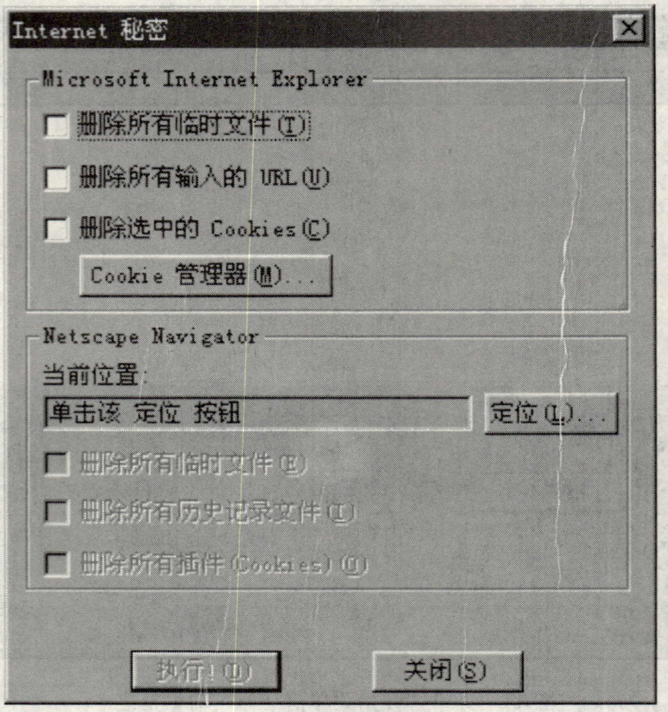

图 11--15　“Internet 秘密”对话框

当用户上网浏览时，所有看到的网页其实都存在硬盘的临时文件夹下，它占据一定的存储空间。天长日久，硬盘上就会大量存储空间被占用。另外，用户上网浏览时输入的网址，都被浏览器保存起来，目的是避免以后重复输入，而只要在下拉列表框中选择就行了。但这在某种情况下暴露了个人的隐私。而 Cookies 是有些网站将用户上网的一些个人信息保存其间的文件，目的也是避免用户重复输入，尽管它们不像网址那样容易被人了解（它们有特殊的格式），但也有可能被网上的一些别有用心的人（如黑客）利用。

用户可以根据需要，选中相应选项前的复选框，单击“执行”按钮，方便地将它们删除。

5. 杂项设置

在 CleanPC 的主界面上单击“杂项设置”按钮，弹出“杂项设置”对话框，如图 11—16 所示，包括以下各选项：

(1) 清空回收站。

(2) 开始菜单按字母顺序排列。

(3) 收藏按字母顺序排列。

(4) 清除开始菜单中的文档列表；

(5) 清除开始菜单中的运行列表。

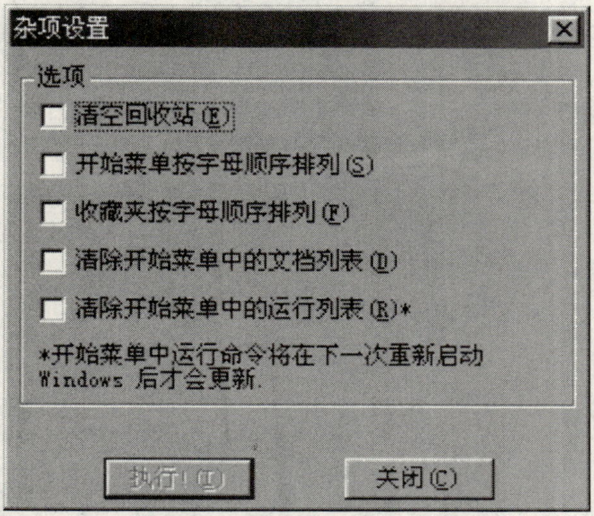

图 11—16 “杂项设置”对话框

它们的含义很清楚，这里不多解释。用户可以根据需要，选中相应选项前的复选框，单击“执行”按钮。